教育部高等农林院校理科基础课程
教学指导委员会推荐示范教材

高等农林教育"十三五"规划教材

高等数学学习指导

Guidance for College Mathematics

第2版

杨丽明　主编

中国农业大学出版社
·北京·

内容简介

本书是教育部高等农林院校理科基础课程教学指导委员会推荐示范教材《高等数学》(第2版)(多学时,王来生、卢恩双主编)的配套辅导教材。本书每一章首先给出本章的内容要点,根据知识点分类总结,给出基本概念、重要定理与常用公式,很方便学生的学习。在典型例题的选择上,相当一部分典型例题综合性较强并具有一定的深度,目的是帮助学生正确理解和掌握基本的数学概念、理论和方法,培养学生综合分析和解决问题的能力。对于教材中习题给出了比较详细的解答,可供教师和学生使用《高等数学》(第2版)教材时参考。

图书在版编目(CIP)数据

高等数学学习指导/杨丽明主编.—2版.—北京:中国农业大学出版社,2018.1
ISBN 978-7-5655-1955-0

Ⅰ.①高… Ⅱ.①杨… Ⅲ.①高等数学-高等学校-教学参考资料 Ⅳ.①O13

中国版本图书馆CIP数据核字(2017)第305642号

书　　名　高等数学学习指导　第2版
作　　者　杨丽明　主编

策划编辑　张秀环　　**责任编辑**　韩元凤
封面设计　郑　川
出版发行　中国农业大学出版社
社　　址　北京市海淀区圆明园西路2号　　**邮政编码**　100193
电　　话　发行部 010-62818525,8625　　读者服务部 010-62732336
　　　　　　编辑部 010-62732617,2618　　出　版　部 010-62733440
网　　址　http://www.caupress.cn　　**E-mail**　cbsszs @ cau.edu.cn
经　　销　新华书店
印　　刷　涿州市星河印刷有限公司
版　　次　2018年1月第2版　　2018年1月第1次印刷
规　　格　787×1 092　　16开本　　14.5印张　　360千字
定　　价　39.00元

图书如有质量问题本社发行部负责调换

教育部高等农林院校理科基础课程教学指导委员会
推荐示范教材编审指导委员会

主　任　江树人

副主任　杜忠复　程备久

委　员（以姓氏笔画为序）

王来生　王国栋　方炎明　李宝华　张文杰　张良云
杨婉身　吴　坚　陈长水　林家栋　周训芳　周志强
高孟宁　戚大伟　梁保松　曹　阳　焦群英　傅承新

教育部高等农林院校理科基础课程教学指导委员会
推荐数学类示范教材编审指导委员会

主　任　高孟宁

委　员（以姓氏笔画为序）

王来生　石　峰　卢恩双　吴　坚　杜忠复　张良云
杜晓林　孟　军　房少梅　梁保松　惠淑荣

第2版编写人员

主　编　杨丽明

副主编　李国辉　孙　燕　曾善玉

编　者（以姓氏拼音排序）

白春阳　河南科技学院

关　驰　沈阳农业大学

郭　英　黑龙江八一农垦大学

郭运瑞　河南科技学院

孙　燕　内蒙古民族大学

李国辉　中国农业大学

吕　雄　内蒙古农业大学

汪宏喜　安徽农业大学

吴国荣　内蒙古农业大学

杨丽明　中国农业大学

于晓娟　黑龙江八一农垦大学

岳超慧　安徽农业大学

张　阚　沈阳农业大学

曾善玉　中国农业大学

主　审　王来生　中国农业大学

第1版编写人员

主　编　杨丽明

副主编　吴国荣　李国辉　曾善玉

编　者（以姓氏拼音排序）

白春阳　河南科技学院
关　驰　沈阳农业大学
郭　英　黑龙江八一农垦大学
郭运瑞　河南科技学院
李国辉　中国农业大学
吕　雄　内蒙古农业大学
汪宏喜　安徽农业大学
吴国荣　内蒙古农业大学
杨丽明　中国农业大学
于晓娟　黑龙江八一农垦大学
岳超慧　安徽农业大学
张　阚　沈阳农业大学
曾善玉　中国农业大学

主　审　王来生　中国农业大学

出版说明

在教育部高教司农林医药处的关怀指导下，由教育部高等农林院校理科基础课程教学指导委员会（以下简称“基础课教指委”）推荐的本科农林类专业数学、物理、化学基础课程系列示范性教材现在与广大师生见面了。这是近些年全国高等农林院校为贯彻落实“质量工程”有关精神，广大一线教师深化改革，积极探索加强基础、注重应用、提高能力、培养高素质本科人才的立项研究成果，是具体体现“基础课教指委”组织编制的相关课程教学基本要求的物化成果。其目的在于引导深化高等农林教育教学改革，推动各农林院校紧密联系教学实际和培养人才需求，创建具有特色的数理化精品课程和精品教材，大力提高教学质量。

课程教学基本要求是高等学校制定相应课程教学计划和教学大纲的基本依据，也是规范教学和检查教学质量的依据，同时还是编写课程教材的依据。“基础课教指委”在教育部高教司农林医药处的统一部署下，经过批准立项，于 2007 年底开始组织农林院校有关数学、物理、化学基础课程专家成立专题研究组，研究编制农林类专业相关基础课程的教学基本要求，经过多次研讨和广泛征求全国农林院校一线教师意见，于 2009 年 4 月完成教学基本要求的编制工作，由“基础课教指委”审定并报教育部农林医药处审批。

为了配合农林类专业数理化基础课程教学基本要求的试行，“基础课教指委”统一规划了名为“教育部高等农林院校理科基础课程教学指导委员会推荐示范教材”（以下简称“推荐示范教材”）。“推荐示范教材”由“基础课教指委”统一组织编写出版，不仅确保教材的高质量，同时也使其具有比较鲜明的特色。

一、“推荐示范教材”与教学基本要求并行 教育部专门立项研究制定农林类专业理科基础课程教学基本要求，旨在总结农林类专业理科基础课程教育教学改革经验，规范农林类专业理科基础课程教学工作，全面提高教育教学质量。此次农林类专业数理化基础课程教学基本要求的研制，是迄今为止参与院校和教师最多、研讨最为深入、时间最长的一次教学研讨过程，使教学基本要求的制定具有扎实的基础，使其具有很强的针对性和指导性。通过“推荐示范教材”的使用推动教学基本要求的试行，既体现了“基础课教指委”对推行教学基本要求的决心，又体现了对“推荐示范教材”的重视。

二、规范课程教学与突出农林特色兼备 长期以来各高等农林院校数理化基础课程在教学计划安排和教学内容上存在着较大的趋同性和盲目性，课程定位不准，教学不够规范，必须科学地制定课程教学基本要求。同时由于农林学科的特点和专业培养目标、培养规格的不同，对相关数理化基础课程要求必须突出农林类专业特色。这次编制的相关课程教学基本要求最大限度地体现了各校在此方面的探索成果，“推荐示范教材”比较充分地反映了农林类专业教学改革的新成果。

三、教材内容拓展与考研统一要求接轨 2008 年教育部实行了农学门类硕士研究生统一入学考试制度。这一制度的实行，促使农林类专业理科基础课程教学要求作必要的调整。“推荐示范教材”充分考虑了这一点，各门相关课程教材在内容上和深度上都密切配合这一考试制度的实行。

四、多种辅助教材与课程基本教材相配 为便于导教导学导考，我们以提供整体解决方案的模式，不仅提供课程主教材，还将逐步提供教学辅导书和教学课件等辅助教材，以丰富的教学资源充分满足教师和学生的需求，提高教学效果。

乘着即将编制国家级“十二五”规划教材建设项目之机，“基础课教指委”计划将“推荐示范教材”整体运行，以教材的高质量和新型高效的运行模式，力推本套教材列入“十二五”国家级规划教材项目。

“推荐示范教材”的编写和出版是一种尝试，赢得了许多院校和老师的参与和支持。在此，我们衷心地感谢积极参与的广大教师，同时真诚地希望有更多的读者参与到“推荐示范教材”的进一步建设中，为推进农林类专业理科基础课程教学改革，培养适应经济社会发展需要的基础扎实、能力强、素质高的专门人才做出更大贡献。

中国农业大学出版社

2009 年 8 月

第2版前言

本书自出版以来，经历了多年的教学实践，在此过程中，我们广泛征求了兄弟院校同行及任课教师的意见，综合各方面情况，为了更适应教学的需要，我们对本书进行了此次修订。

本次修订的主要内容有：第1版中第2章导数与微分，第4章空间解析几何和第7章微分方程。这3章的内容根据教学实际，此次做了较大修订，去掉了一些偏难的例题和习题。另外，对于一些错误此次做了更正。

参加本书修订工作的主要有：主编杨丽明（中国农业大学），副主编李国辉（中国农业大学）、孙燕（内蒙古民族大学）、曾善玉（中国农业大学）。

编者感谢中国农业大学出版社对于本书的修订给予的大力支持。

由于编者水平有限，书中缺点和错误在所难免，敬请读者指正。

编　者

2017年9月

第 1 版前言

在教育部高教司的立项支持下，教育部高等农林院校理科基础课程教学指导委员会组织全国高等农林院校的广大教师、专家编制了《普通高等学校农林类专业数理化基础课程教学基本要求》(简称《教学基本要求》)。为配合《教学基本要求》的实施，教指委统一领导组织编写了“教育部高等农林院校理科基础课程教学指导委员会推荐示范教材”。2008 年教育部实行了农学门类硕士研究生公共基础课程统一入学考试，对农林类专业高等数学教学提出了新的要求。为进一步推进《教学基本要求》的落实，配合教指委推荐示范教材《高等数学》(多学时，王来生、卢恩双主编)的使用，帮助学生复习好农学门类硕士研究生数学基础课程统一入学考试有关内容，我们编写了这本《高等数学学习指导》。

本书每一章首先给出本章的内容要点，根据知识点分类总结，给出基本概念、重要定理与常用公式，很方便学生的学习。在典型例题的选择上，相当一部分典型例题综合性较强并具有一定的深度，目的是帮助学生正确理解和掌握基本的数学概念、理论和方法，培养学生综合分析和解决问题的能力。对于教材中习题给出了比较详细的解答，可供教师和学生使用《高等数学》教材时参考。

本书的编写分工为：主编是杨丽明(中国农业大学)；副主编为吴国荣(内蒙古农业大学)，李国辉、曾善玉(中国农业大学)；参加编写的还有郭运瑞、白春阳(河南科技学院)，吕雄(内蒙古农业大学)，汪宏喜、岳超慧(安徽农业大学)，张阚、关弛(沈阳农业大学)，郭英、于晓娟(黑龙江八一农垦大学)。

编者感谢中国农业大学出版社对本书的出版给予的大力支持。

由于编者水平有限，书中缺点和错误在所难免，敬请读者指正。

编　者

2009 年 9 月

目录 CONTENTS

Chapter 1 第 1 章

函数与极限

Function and Limit

一、内容要点

(一)函数

设 D 是实数集 $\mathbf{R}$ 的子集，f 是一个对应法则. 如果对于 D 中的每一个 x，按照对应法则 f，都有唯一确定的实数 y 与之对应，则称 f 为定义在 D 上的函数.

集 D 称为函数 f 的定义域，一般记为 D_f，与 D 中 x 相对应的 y 称为 f 在 x 的函数值，记作 $y=f(x)$. 全体函数值的集

$$R_f=\{y\,|\,y=f(x),\quad x\in D\}$$

称为函数 f 的值域，称 x 为自变量，y 为因变量.

1. 函数的性质

有界性 若存在正数 K，使对一切 $x\in D$ 有 $|f(x)|\leqslant K$，则称 $f(x)$ 在 D 上有界. 否则称 $f(x)$ 在 D 上无界.

单调性 设函数 $f(x)$ 在集 D 上有定义，如果对 D 中任意两个数 x_1、x_2，当 $x_1<x_2$ 时，总有

$$f(x_1)<f(x_2)\quad (\text{或 } f(x_1)>f(x_2)),$$

则称 $f(x)$ 在集 D 上单调增加(或单调减少).

单调增加和单调减少的函数统称为单调函数.

奇偶性 设 $y=f(x)$，$x\in D$，其中 D 关于原点对称，即当 $x\in D$ 时有 $-x\in D$. 如果对任意 $x\in D$，总有

$$f(-x)=-f(x)\quad (\text{或 } f(-x)=f(x)),$$

则称 $f(x)$ 为奇函数(或偶函数).

周期性 设函数 $y=f(x)$，$x\in D$. 若存在常数 $l\neq 0$，使对任意 $x\in D$，总有 $f(x+l)=f(x)$，则称 $f(x)$为周期函数，l 称为 $f(x)$的一个周期.

2. 反函数

设函数 $y=f(x)$的定义域为 D，值域为 W. 若对 W 中每一值 y_0，D 中必有一个值 x_0，使 $f(x_0)=y_0$，则令 x_0 与 y_0 相对应，便可在 W 上确定一个函数，称此函数为函数 $y=f(x)$的反函数，记作 $x=f^{-1}(y)$，$y\in W$.

相对于反函数 $x=f^{-1}(y)$来说，原来的函数 $y=f(x)$称为直接函数.

3. 复合函数

已知两个函数

$$y=f(u),\quad u\in U,$$
$$u=\varphi(x),\quad x\in D.$$

如果 $D_1=\{x\mid\varphi(x)\in U,x\in D\}\neq\varnothing$，则对每个 $x\in D_1$，通过函数 $u=\varphi(x)$有确定的 $u\in U$ 与之对应，又通过函数 $y=f(u)$有确定的实数 y 与 u 对应，从而得到一个以 x 为自变量、y 为因变量、定义在 D_1 上的函数，称它为由函数 $y=f(u)$与 $u=\varphi(x)$复合而成的复合函数，记作

$$y=f[\varphi(x)],\quad x\in D_1,$$

其中 u 称为中间变量.

4. 初等函数

幂函数、指数函数、对数函数、三角函数、反三角函数等五种函数统称为基本初等函数.

由基本初等函数和常数经过有限次的四则运算与有限次的函数复合所产生并且能用一个解析式表示的函数称为初等函数.

(二)函数的极限

1. 数列的极限

设$\{a_n\}$是一个数列，a 是一个确定的数，若对任给的正数 ε，相应地存在正整数 N，使得当 $n>N$ 时，总有

$$|a_n-a|<\varepsilon,$$

则称数列$\{a_n\}$收敛于 a，a 称为它的极限，记作

$$\lim_{n\to\infty}a_n=a \quad 或 \quad a_n\to a \quad (n\to\infty).$$

如果数列$\{a_n\}$没有极限，则称它是发散的或发散数列.

2. 函数的极限

自变量趋于无穷大时函数的极限 设函数 $f(x)$当$|x|$大于某一正数时有定义，A 是一个确定的数. 若对任给的正数 ε，总存在某一个正数 X，使得当$|x|>X$ 时，就有

$$|f(x)-A|<\varepsilon,$$

则称函数 $f(x)$ 当 $x\to\infty$ 时以 A 为极限，记作

$$\lim_{x\to\infty}f(x)=A \quad 或 \quad f(x)=A \quad (x\to\infty).$$

自变量趋于有限值时函数的极限 设函数 $f(x)$ 在 x_0 的某个去心邻域内有定义，A 是一个确定的数.若对任给的正数 ε，总存在某一正数 δ，使得当 $0<|x-x_0|<\delta$ 时，就有

$$|f(x)-A|<\varepsilon,$$

则称 $f(x)$ 当 $x\to x_0$ 时以 A 为极限，记作

$$\lim_{x\to x_0}f(x)=A \quad 或 \quad f(x)\to A \quad (x\to x_0).$$

3.函数极限的性质

唯一性 若极限 $\lim\limits_{x\to x_0}f(x)$ 存在，则它是唯一的.

局部有界性 若 $\lim\limits_{x\to x_0}f(x)$ 存在，则存在 x_0 的某去心邻域 $\mathring{U}(x_0)$，使得 $f(x)$ 在 $\mathring{U}(x_0)$ 内有界.

局部保号性 若 $\lim\limits_{x\to x_0}f(x)>0$（或 <0），则对任意正数 $r(0<r<|A|)$，存在 x_0 的某去心邻域 $\mathring{U}(x_0)$，使对一切 $x\in\mathring{U}(x_0,\delta)$，总有 $f(x)>r>0$（或 $f(x)<-r<0$）.

保不等式性 若 $\lim\limits_{x\to x_0}f(x)$ 与 $\lim\limits_{x\to x_0}g(x)$ 皆存在，且在 x_0 的某去心邻域内 $\mathring{U}(x_0,\delta_0)$ 总有 $f(x)\leqslant g(x)$，则 $\lim\limits_{x\to x_0}f(x)\leqslant\lim\limits_{x\to x_0}g(x)$.

4.函数的左、右极限

如果函数 $f(x)$ 当 x 从 x_0 的左侧（即 $x<x_0$）趋于 x_0 时以数 A 为极限，则 A 称为 $f(x)$ 在 x_0 的左极限，记作

$$\lim_{x\to x_0^-}f(x)=A \quad 或 \quad f(x_0-0)=A.$$

如果函数 $f(x)$ 当 x 从 x_0 的右侧（即 $x>x_0$）趋于 x_0 时以数 B 为极限，则 B 称为 $f(x)$ 在 x_0 的右极限，记作

$$\lim_{x\to x_0^+}f(x)=B \quad 或 \quad f(x_0+0)=B.$$

左极限与右极限统称为单侧极限.

5.函数极限与单侧极限的关系

$$\lim_{x\to x_0}f(x)=A \text{ 的充要条件是 } f(x_0-0)=f(x_0+0)=A.$$

(三)极限运算法则

1.函数极限的四则运算法则

若当 $x\to x_0$（或 $x\to\infty$）时，极限 $\lim f(x)$ 与 $\lim g(x)$ 皆存在，则 $f(x)\pm g(x)$，

$f(x)\cdot g(x),\dfrac{f(x)}{g(x)}(\lim g(x)\neq 0)$极限也存在，且

(1)$\lim[f(x)\pm g(x)]=\lim f(x)\pm\lim g(x)$；

(2)$\lim[f(x)\cdot g(x)]=\lim f(x)\cdot\lim g(x)$；

(3)$\lim\dfrac{f(x)}{g(x)}=\dfrac{\lim f(x)}{\lim g(x)}\ [\lim g(x)\neq 0]$.

2.复合函数的极限运算法

设函数$u=\varphi(x)$当$x\to x_0$时的极限存在且等于a，即$\lim\limits_{x\to x_0}\varphi(x)=a$，但在点$x_0$的某去心邻域内$\varphi(x)\neq a$，又$\lim\limits_{u\to a}f(u)=A$，则复合函数$f[\varphi(x)]$当$x\to x_0$时的极限也存在，且

$$\lim_{x\to x_0}f[\varphi(x)]=\lim_{u\to a}f(u)=A.$$

(四)极限存在准则与两个重要极限

1.极限存在准则

准则Ⅰ(夹逼准则)　如果存在x_0的某去心邻域$\mathring{U}(x_0,\delta_0)$，使对一切$x\in\mathring{U}(x_0,\delta_0)$，总有$g(x)\leqslant f(x)\leqslant h(x)$，且$\lim\limits_{x\to x_0}g(x)=\lim\limits_{x\to x_0}h(x)=A$，则

$$\lim_{x\to x_0}f(x)=A.$$

准则Ⅰ′(夹逼准则)　如果数列$\{x_n\}$，$\{y_n\}$，$\{z_n\}$满足$x_n\leqslant y_n\leqslant z_n$，且$\lim\limits_{n\to\infty}x_n=\lim\limits_{n\to\infty}z_n=a$，则

$$\lim_{n\to\infty}y_n=a.$$

准则Ⅱ　单调有界数列必收敛.

2.两个重要极限

(1)$\lim\limits_{x\to 0}\dfrac{\sin x}{x}=1$；　　(2)$\lim\limits_{x\to\infty}\left(1+\dfrac{1}{x}\right)^x=\mathrm{e}$.

(五)无穷小与无穷大

1.无穷小

设函数$f(x)$在点x_0的某一去心邻域内有定义，且$\lim\limits_{x\to x_0}f(x)=0$，则称函数$f(x)$为$x\to x_0$时的无穷小；设函数$f(x)$在$|x|$大于某一正数时有定义，且$\lim\limits_{x\to\infty}f(x)=0$，则称函数$f(x)$为$x\to\infty$时的无穷小.

无穷小的性质

性质1　有限个无穷小的代数和是无穷小.

性质2　有界函数与无穷小的乘积是无穷小.

性质3　常数与无穷小的乘积是无穷小.

性质4　有限个无穷小的乘积是无穷小.

2. 无穷大

设函数 $f(x)$ 在 x_0 的某一去心邻域内有定义. 若对于任意给定的 $M>0$，总存在 $\delta>0$，当 $0<|x-x_0|<\delta$ 时满足 $|f(x)|>M$，则称函数 $f(x)$ 为 $x\to x_0$ 时的无穷大，记为 $\lim\limits_{x\to x_0}f(x)=\infty$.

3. 无穷小与无穷大的关系

在自变量的同一变化过程中，如果 $f(x)$ 为无穷小，且 $f(x)\neq 0$，则 $\dfrac{1}{f(x)}$ 为无穷大；如果 $f(x)$ 为无穷大，则 $\dfrac{1}{f(x)}$ 为无穷小.

4. 无穷小的比较

设 $\alpha=\alpha(x)$ 和 $\beta=\beta(x)$ 都是在自变量的同一变化过程中的无穷小.

(1) 如果 $\lim\dfrac{\beta}{\alpha}=0$，则称 β 是比 α 高阶的无穷小，记作 $\beta=o(\alpha)$；

(2) 如果 $\lim\dfrac{\beta}{\alpha}=\infty$，则称 β 是比 α 低阶的无穷小；

(3) 如果 $\lim\dfrac{\beta}{\alpha}=c\neq 0$，则称 β 与 α 是同阶的无穷小.

特别地，如果 $\lim\dfrac{\beta}{\alpha}=1$，则称 β 与 α 是等价的无穷小，记作 $\alpha\sim\beta$.

5. 等价无穷小

(1) β 与 α 是等价无穷小的充分必要条件为 $\beta=\alpha+o(\alpha)$.

(2) 设 $\alpha\sim\alpha'$，$\beta\sim\beta'$，且 $\lim\dfrac{\beta'}{\alpha'}$ 存在，则 $\lim\dfrac{\beta}{\alpha}=\lim\dfrac{\beta'}{\alpha'}$.

(六) 函数的连续性与连续函数的运算

1. 函数的连续性

(1) 设函数 $y=f(x)$ 在 x_0 点的某邻域内有定义，令 $\Delta y=f(x_0+\Delta x)-f(x_0)$，若 $\lim\limits_{\Delta x\to 0}\Delta y=0$，则称函数 $y=f(x)$ 在 x_0 点连续，称 x_0 点是 $f(x)$ 的连续点.

(2) 设函数 $y=f(x)$ 在 x_0 点的某邻域内有定义，若 $\lim\limits_{x\to x_0}f(x)=f(x_0)$，那么就称函数 $y=f(x)$ 在 x_0 点连续.

2. 函数的左连续与右连续

设函数 $y=f(x)$ 在 x_0 点的某左邻域内有定义，若 $\lim\limits_{x\to x_0^-}f(x)=f(x_0)$，则称函数 $y=f(x)$ 在 x_0 点左连续.

设函数 $y=f(x)$ 在 x_0 点的某右邻域内有定义，若 $\lim\limits_{x\to x_0^+}f(x)=f(x_0)$，则称函数 $y=f(x)$ 在 x_0 点右连续.

3. 函数的连续性与左右连续性的关系

函数 $f(x)$ 在 x_0 点连续的充要条件是 $f(x)$ 在 x_0 点既左连续又右连续.

4. 函数的间断点

设函数 $y=f(x)$ 在 x_0 点的某去心邻域内有定义，若函数至少满足下列三种情形中的一种：

(1)在 $x=x_0$ 点无定义；

(2) $\lim\limits_{x\to x_0}f(x)$ 不存在；

(3)在 $x=x_0$ 点有定义，且 $\lim\limits_{x\to x_0}f(x)$ 也存在，但 $\lim\limits_{x\to x_0}f(x)\neq f(x_0)$.

则称函数 $f(x)$ 在 x_0 点处不连续或间断，并称 x_0 点为函数 $f(x)$ 的不连续点或间断点.

5. 间断点的类型

若 x_0 点为函数 $f(x)$ 的间断点，但在该点处的左极限及右极限都存在，则称 x_0 点为函数 $f(x)$ 的第一类间断点. 不是第一类间断点的其他间断点，统称为第二类间断点.

6. 连续函数的性质

(1)设函数 $f(x)$，$g(x)$ 在点 x_0 连续，则它们的和(差) $f(x)\pm g(x)$、积 $f(x)\cdot g(x)$、商 $\dfrac{f(x)}{g(x)}$(当 $g(x_0)\neq 0$ 时)均在点 x_0 连续.

(2)设函数 $y=f[g(x)]$ $(x\in I)$ 是由函数 $y=f(u)$ 与 $u=g(x)$ 复合而成的. 若函数 $u=g(x)$ 在 $x=x_0$ 处连续，$u_0=g(x_0)$，且 $y=f(u)$ 在 $u=u_0$ 处连续，则复合函数 $y=f[g(x)]$ 在 $x=x_0$ 处连续.

(七)初等函数的连续性及闭区间上连续函数的性质

1. 初等函数的连续性

基本初等函数在其定义域内都是连续的；一切初等函数在其定义域内都是连续的.

2. 闭区间上连续函数的性质

最大最小值定理 在闭区间上连续的函数在该区间上一定能取得最大值和最小值.

有界性定理 在闭区间上连续的函数一定在该区间上有界.

零点存在定理 设函数 $f(x)$ 在闭区间 $[a,b]$ 上连续，且 $f(a)$ 与 $f(b)$ 异号，则在开区间 (a,b) 内至少有函数 $f(x)$ 的一个零点，即至少存在一点 ξ，$\xi\in(a,b)$，使 $f(\xi)=0$.

介值定理 设函数 $f(x)$ 在闭区间 $[a,b]$ 上连续，且在区间端点处分别取不同的函数值 $f(a)=A$ 和 $f(b)=B$. 那么，对于 A 与 B 之间的任意一个数 C，在开区间 (a,b) 内至少存在一点 ξ，使得 $f(\xi)=C$，$\xi\in(a,b)$.

二、典型例题

例 1 求 $\lim\limits_{x\to 0}\left(\dfrac{a^x+b^x+c^x}{3}\right)^{\frac{1}{x}}$.

解 $$\lim_{x\to 0}\left(\frac{a^x+b^x+c^x}{3}\right)^{\frac{1}{x}}=e^{\lim\limits_{x\to 0}\frac{\ln\frac{a^x+b^x+c^x}{3}}{x}}=e^{\lim\limits_{x\to 0}\frac{\ln\left[1+\left(\frac{a^x+b^x+c^x}{3}-1\right)\right]}{x}}=e^{\left[\lim\limits_{x\to 0}\left(\frac{x\ln a}{3x}+\frac{x\ln b}{3x}+\frac{x\ln c}{3x}\right)\right]}=\sqrt[3]{abc}.$$

例 2 求 $\lim\limits_{n\to\infty}\sum\limits_{k=1}^{n}\dfrac{1}{k(k+1)}$.

解 $$\lim_{n\to\infty}\sum_{k=1}^{n}\frac{1}{k(k+1)}=\lim_{n\to\infty}\left[\left(1-\frac{1}{2}\right)+\left(\frac{1}{2}-\frac{1}{3}\right)+\cdots+\left(\frac{1}{n}-\frac{1}{n+1}\right)\right]$$

$$=\lim_{n\to\infty}\left(1-\frac{1}{n+1}\right)=1.$$

例 3 已知$\lim\limits_{x\to1}\frac{x^2+ax+b}{x-1}=3$,求 a,b.

解 因为$\lim\limits_{x\to1}(x-1)=0$,则有$\lim\limits_{x\to1}(x^2+ax+b)=0$,即有 $1+a+b=0$. 将 $b=-1-a$ 代入原式,得 $a+2=3$,则有 $a=1,b=-2$.

例 4 设 $x_1=1,x_n=\sqrt{2x_{n-1}+3},n=2,3,\cdots$,证明 x_n极限存在.

证 显然有 $0<x_n$并且有 $x_1<3,x_2<3$ 成立. 假设 $n=k$ 时,$x_n<3$ 成立,当 $n=k+1$ 时,$x_{k+1}=\sqrt{2x_k+3}<\sqrt{2\cdot3+3}=3$,所以数列$\{x_n\}$是有界数列. 同样,采用数学归纳法可以证明数列$\{x_n\}$是单调递增的,从而数列$\{x_n\}$必定存在极限.

例 5 设 $f(x)=\begin{cases}\frac{1-\cos x}{2x^2}, & x<0\\ 2+\mathrm{e}^{-x}, & x>0\end{cases}$,判定函数 $f(x)$是否连续.

解 因为 $\lim\limits_{x\to0^-}f(x)=\lim\limits_{x\to0^-}\frac{1-\cos x}{2x^2}=\frac{1}{4}$,$\lim\limits_{x\to0^+}f(x)=\lim\limits_{x\to0^-}2+\mathrm{e}^{-x}=3$. 所以 $f(x)$不连续.

三、教材习题解析

□ 习题 1.1 函数

1. 确定下列函数在指定区间内的单调性:

(1)$y=\frac{x}{1-x}$ $(-\infty,1)$; (2)$y=\mathrm{e}^{\frac{1}{x}}$ $(0,+\infty)$.

解 (1)假设 $x_1<x_2<1$,则有 $f(x_2)-f(x_1)=\frac{x_2-x_1}{(1-x_1)(1-x_2)}>0$,因此 $f(x)$为增函数.

(2)采用同样的方法可证 $f(x)$为减函数.

2. 确定下列函数的奇偶性:

(1)$f(x)=\ln(x+\sqrt{1+x^2})$; (2)$f(x)=\frac{a^x+a^{-x}}{2}$.

解 (1)因为 $f(-x)=\ln(-x+\sqrt{1+x^2})=-\ln(x+\sqrt{1+x^2})=-f(x)$,所以 $f(x)$为奇函数.

(2)采用同样的方法可证 $f(x)$为偶函数.

3. 下列各函数中哪些是周期函数? 对于周期函数,指出其周期.

(1)$y=x\sin x$; (2)$y=\cos^2x$.

解 (1)显然有 $y=x\sin x$ 为非周期函数.

(2)因为 $y=\cos^2x=\frac{1+\cos2x}{2}$且 $\cos2x$ 是周期为 π 的周期函数,则 $y=\cos^2x$ 是周期为 π

的周期函数.

4. 设 $f(x)$ 为定义在 $(-l,l)$ 内的奇函数，若 $f(x)$ 在 $(0,l)$ 内单调增加，证明 $f(x)$ 在 $(-l,0)$ 内也单调增加.

证 假设 $-l<x_1<x_2<0$ 且 $f(x)$ 为定义在 $(-l,l)$ 内的奇函数，则有 $f(x_2)-f(x_1)=-f(-x_2)+f(-x_1)$. 又因为 $l>-x_1>-x_2>0$ 且 $f(x)$ 在 $(0,l)$ 内单调增加，则有 $f(x_2)-f(x_1)>0$ 成立，即 $f(x)$ 在 $(-l,0)$ 内也单调增加.

5. 设下面所考虑的函数都是定义在区间 $(-l,l)$ 上的，证明：

(1) 两个偶函数的和是偶函数，两个奇函数的和是奇函数；

(2) 两个偶函数的乘积是偶函数，两个奇函数的乘积是偶函数，偶函数与奇函数的乘积是奇函数.

证 (1) 假设 $f(x)$, $g(x)$ 均为偶函数且设 $F(x)=f(x)+g(x)$，则有 $F(-x)=f(-x)+g(-x)=f(x)+g(x)=F(x)$，即两个偶函数的和是偶函数. 同理可证两个奇函数的和是奇函数.

(2) 采用同样的方法可证两个偶函数的乘积是偶函数，两个奇函数的乘积是偶函数，偶函数与奇函数的乘积是奇函数.

6. 设函数 $f(x)$ 在数集 X 上有定义，试证：函数 $f(x)$ 在 X 上有界的充分且必要条件是它在 X 上既有上界又有下界.

证 假设函数 $f(x)$ 在 X 上有界，则根据上界与下界的定义知函数 $f(x)$ 必有上界及下界.

假设函数 $f(x)$ 在 X 上既有上界又有下界，则必存在常数 k_1, k_2 使得对任意 $x\in X$ 都有 $f(x)\geqslant k_1$ 且 $f(x)\leqslant k_2$ 成立. 取 $K=\max\{|k_1|,|k_2|\}$，则必有 $|f(x)|\leqslant K$ 对任意 $x\in X$ 成立，即函数 $f(x)$ 在 X 上有界.

□ 习题 1.2 函数的极限

1. 若 $\lim\limits_{n\to\infty}u_n=a$，证明 $\lim\limits_{n\to\infty}|u_n|=|a|$，并举例说明反之不成立.

证 欲证 $\lim\limits_{n\to\infty}|u_n|=|a|$，只需证明对任意 $\varepsilon>0$，存在正整数 N，使得当 $n>N$ 时，都有 $||u_n|-|a||<\varepsilon$ 成立. 因为 $\lim\limits_{n\to\infty}u_n=a$ 以及 $||u_n|-|a||\leqslant|u_n-a|$ 成立，则对任意 $\varepsilon>0$，存在正整数 N，使得当 $n>N$ 时，都有 $||u_n|-|a||<\varepsilon$ 成立. 即 $\lim\limits_{n\to\infty}|u_n|=|a|$. 反之不成立. 如数列 $u_n=(-1)^n$，有 $\lim\limits_{n\to\infty}|u_n|=1$ 但 u_n 的极限不存在.

2. 根据函数极限的定义证明：

(1) $\lim\limits_{x\to2}(2x+5)=9$；　　(2) $\lim\limits_{x\to\infty}\dfrac{1+x^3}{2x^3}=\dfrac{1}{2}$.

证 (1) 因为 $|(2x+5)-9|=2|x-2|$，对任意小的正数 ε，取 $\delta=\dfrac{\varepsilon}{2}$，则当 $0<|x-2|<\dfrac{\varepsilon}{2}$ 时，就有 $|(2x+5)-9|<\varepsilon$ 成立，即 $\lim\limits_{x\to2}(2x+5)=9$.

(2)对任意小的正数 ε，取 $X=\frac{1}{\sqrt[3]{\varepsilon}}$，则当 $|x|>X$ 时，$\left|\frac{1+x^3}{2x^3}-\frac{1}{2}\right|=\left|\frac{1}{2x^3}\right|=\frac{1}{2}\left|\frac{1}{x^3}\right|<\left|\frac{1}{x^3}\right|<\varepsilon$ 成立，即 $\lim\limits_{x\to\infty}\frac{1+x^3}{2x^3}=\frac{1}{2}$.

3. 证明函数 $f(x)=|x|$ 当 $x\to 0$ 时的极限为 0.

证 只需证明对任给的正数 ε，$||x|-0|=|x|<\varepsilon$ 成立即可. 取 $\delta=\varepsilon$，则当 $0<|x-x_0|<\delta$ 时，就有 $||x|-0|=|x|<\varepsilon$ 成立，即函数 $f(x)=|x|$ 当 $x\to 0$ 时的极限为 0.

□ 习题 1.3 极限运算法则

求下列极限：

(1) $\lim\limits_{x\to 1}\frac{x^2-x+1}{(x-1)^2}$；
(2) $\lim\limits_{x\to 0}\frac{3x^3-5x^2+2x}{4x^2+3x}$；

(3) $\lim\limits_{x\to 0}\frac{(x+a)^2-a^2}{x}$；
(4) $\lim\limits_{x\to\infty}\frac{x^3-1}{3x^3-x^2-1}$；

(5) $\lim\limits_{x\to\infty}\frac{x^3+x}{x^4-2x^2+3}$；
(6) $\lim\limits_{n\to\infty}\frac{(n+1)(n+2)(2n+3)}{4n^3}$；

(7) $\lim\limits_{x\to 1}\left(\frac{1}{1-x}-\frac{3}{1-x^3}\right)$；
(8) $\lim\limits_{n\to\infty}\left(1+\frac{1}{3}+\frac{1}{9}+\cdots+\frac{1}{3^n}\right)$；

(9) $\lim\limits_{n\to\infty}\frac{1+2+3+\cdots+(n-1)}{n^2}$；
(10) $\lim\limits_{x\to+\infty}\sqrt{x}\left(\sqrt{a+x}-\sqrt{x}\right)$.

解 (1) 因为 $\lim\limits_{x\to 1}\frac{(x-1)^2}{x^2-x+1}=0$，则有 $\lim\limits_{x\to 1}\frac{x^2-x+1}{(x-1)^2}=\infty$.

(2) $\lim\limits_{x\to 0}\frac{3x^3-5x^2+2x}{4x^2+3x}=\lim\limits_{x\to 0}\frac{3x^2-5x+2}{4x+3}=\frac{2}{3}$.

(3) $\lim\limits_{x\to 0}\frac{(x+a)^2-a^2}{x}=\lim\limits_{x\to 0}\frac{x^2+2ax}{x}=2a$.

(4) $\lim\limits_{x\to\infty}\frac{x^3-1}{3x^3-x^2-1}=\lim\limits_{x\to\infty}\frac{1-\frac{1}{x^3}}{3-\frac{1}{x}-\frac{1}{x^3}}=\frac{1}{3}$.

(5) $\lim\limits_{x\to\infty}\frac{x^3+x}{x^4-2x^2+3}=\lim\limits_{x\to\infty}\frac{\frac{1}{x}+\frac{1}{x^3}}{1-\frac{2}{x^2}+\frac{3}{x^4}}=0$.

(6) $\lim\limits_{n\to\infty}\frac{(n+1)(n+2)(2n+3)}{4n^3}=\lim\limits_{n\to\infty}\frac{\left(1+\frac{1}{n}\right)\left(1+\frac{2}{n}\right)\left(2+\frac{3}{n}\right)}{4}=\frac{1}{2}$.

(7) $\lim\limits_{x\to 1}\left(\frac{1}{1-x}-\frac{3}{1-x^3}\right)=\lim\limits_{x\to 1}\frac{-2-x}{1+x+x^2}=-1$.

(8) $\lim\limits_{n\to\infty}\left(1+\frac{1}{3}+\frac{1}{9}+\cdots+\frac{1}{3^n}\right)=\lim\limits_{n\to\infty}\frac{1-\left(\frac{1}{3}\right)^{n+1}}{1-\frac{1}{3}}=\frac{3}{2}$.

(9) $\lim\limits_{n\to\infty}\dfrac{1+2+3+\cdots+(n-1)}{n^2}=\dfrac{1}{2}$.

(10) $\lim\limits_{x\to+\infty}\sqrt{x}\left(\sqrt{a+x}-\sqrt{x}\right)=\lim\limits_{x\to+\infty}\dfrac{a\sqrt{x}}{\sqrt{a+x}+\sqrt{x}}=\dfrac{a}{2}$.

□ 习题 1.4　极限存在准则与两个重要极限

1. 求下列极限：

$\lim\limits_{n\to\infty}\left(\dfrac{1}{\sqrt{n^2+1}}+\dfrac{1}{\sqrt{n^2+2}}+\cdots+\dfrac{1}{\sqrt{n^2+n}}\right)$.

解　因为 $\dfrac{n}{\sqrt{n^2+n}}\leqslant\dfrac{1}{\sqrt{n^2+1}}+\dfrac{1}{\sqrt{n^2+2}}+\cdots+\dfrac{1}{\sqrt{n^2+n}}\leqslant\dfrac{n}{\sqrt{n^2+1}}$，则有

$$\lim_{n\to\infty}\left(\frac{1}{\sqrt{n^2+1}}+\frac{1}{\sqrt{n^2+2}}+\cdots+\frac{1}{\sqrt{n^2+n}}\right)=1.$$

2. 利用两个重要极限计算下列极限：

(1) $\lim\limits_{x\to0}\dfrac{\tan x-\sin x}{\sin^3 x}$；　(2) $\lim\limits_{x\to1}(1-x)\tan\dfrac{\pi x}{2}$；

(3) $\lim\limits_{n\to\infty}2^n\sin\dfrac{\pi}{2^n}$；　(4) $\lim\limits_{x\to\infty}\left(1-\dfrac{2}{x}\right)^{3x}$.

解　(1) $\lim\limits_{x\to0}\dfrac{\tan x-\sin x}{\sin^3 x}=\lim\limits_{x\to0}\dfrac{\tan x(1-\cos x)}{\sin^3 x}=\dfrac{1}{2}$.

(2) $\lim\limits_{x\to1}(1-x)\tan\dfrac{\pi x}{2}=\lim\limits_{x\to1}\dfrac{1-x}{\tan\dfrac{\pi}{2}(1-x)}=\dfrac{2}{\pi}$.

(3) $\lim\limits_{n\to\infty}2^n\sin\dfrac{\pi}{2^n}=\lim\limits_{n\to\infty}\pi\dfrac{\sin\dfrac{\pi}{2^n}}{\dfrac{\pi}{2^n}}=\pi$.

(4) $\lim\limits_{x\to\infty}\left(1-\dfrac{2}{x}\right)^{3x}=\lim\limits_{x\to\infty}\left[1+\left(-\dfrac{2}{x}\right)\right]^{\left(-\frac{x}{2}\right)(-6)}=\mathrm{e}^{-6}$.

□ 习题 1.5　无穷大与无穷小

利用等价无穷小计算下列极限：

(1) $\lim\limits_{x\to0}\dfrac{\sin x^3}{\sin^2 x}$；　(2) $\lim\limits_{x\to0}\dfrac{\tan x-\sin x}{x\sin^2 x}$；

(3) $\lim\limits_{x\to\infty}\dfrac{3x^2+8}{5x+1}\sin\dfrac{1}{x}$；　(4) $\lim\limits_{x\to\infty}x\sin\dfrac{2x}{x^2+1}$.

解　(1) $\lim\limits_{x\to0}\dfrac{\sin x^3}{\sin^2 x}=\lim\limits_{x\to0}\dfrac{x^3}{x^2}=\lim\limits_{x\to0}x=0$.

(2) $\lim\limits_{x\to0}\dfrac{\tan x-\sin x}{x\sin^2 x}=\lim\limits_{x\to0}\dfrac{\tan x(1-\cos x)}{x^3}=\lim\limits_{x\to0}\dfrac{x}{x^3}\cdot\dfrac{x^2}{2}=\dfrac{1}{2}$.

(3) $\lim\limits_{x\to\infty}\dfrac{3x^2+8}{5x+1}\sin\dfrac{1}{x}=\lim\limits_{x\to\infty}\dfrac{3x^2+8}{x(5x+1)}=\dfrac{3}{5}$.

(4) $\lim\limits_{x\to\infty}x\sin\dfrac{2x}{x^2+1}=\lim\limits_{x\to\infty}x\cdot\dfrac{2x}{x^2+1}=2$.

习题 1.6 函数的连续性与连续函数的运算

1. 讨论函数 $f(x)=\begin{cases}\dfrac{\sin x}{x}, & x<0\\ a, & x=0\\ x\sin\dfrac{1}{x}+b, & x>0\end{cases}$，在 a,b 为何值时，$f(x)$ 在 $x=0$ 处连续.

解 $a=f(0)=\lim\limits_{x\to0^-}f(x)=\lim\limits_{x\to0^-}\dfrac{\sin x}{x}=1$；

$\lim\limits_{x\to0^+}f(x)=\lim\limits_{x\to0^+}\left(x\sin\dfrac{1}{x}+b\right)=b=f(0)=1$，即 $b=1$.

2. 求 $f(x)=\dfrac{x}{\tan x}$ 的间断点，并指出间断点的类型.

解 当 $x=0$ 时，$\lim\limits_{x\to0}f(x)=\lim\limits_{x\to0}\dfrac{x}{\tan x}=1$；

当 $x=k\pi+\dfrac{\pi}{2}(k=0,\pm1,\cdots)$ 时，$\lim\limits_{x\to k\pi+\frac{\pi}{2}}f(x)=\lim\limits_{x\to k\pi+\frac{\pi}{2}}\dfrac{x}{\tan x}=0$，且此时 $f(x)$ 无定义.

因此 $x=0$ 及 $x=k\pi+\dfrac{\pi}{2}(k=0,\pm1,\cdots)$ 为第一类可去间断点.

当 $x=k\pi(k=\pm1,\pm2,\cdots)$ 时，$\lim\limits_{x\to k\pi}f(x)=\lim\limits_{x\to k\pi}\dfrac{x}{\tan x}=\infty$，因此 $x=k\pi$ 为无穷间断点 $(k=\pm1,\pm2,\cdots)$.

3. 求函数 $f(x)=\dfrac{x+1}{x^2-x-2}$ 的间断点，并判断其类型. 如果是可去间断点，则补充定义或改变函数的定义，使它连续.

解 令 $x^2-x-2=0$，得 $x=-1$ 或 $x=2$.

$\lim\limits_{x\to-1}f(x)=\lim\limits_{x\to-1}\dfrac{x+1}{x^2-x-2}=\lim\limits_{x\to-1}\dfrac{1}{x-2}=-\dfrac{1}{3}$，因此 $x=-1$ 是函数 $f(x)$ 的可去间断点. 补充定义，使 $f(-1)=-\dfrac{1}{3}$，此时函数 $f(x)$ 在 $x=-1$ 处连续.

$\lim\limits_{x\to2}f(x)=\lim\limits_{x\to2}\dfrac{x+1}{x^2-x-2}=\lim\limits_{x\to2}\dfrac{1}{x-2}=\infty$，因此 $x=2$ 是函数 $f(x)$ 的无穷间断点.

习题 1.7 初等函数的连续性及闭区间上连续函数的性质

1. 设 $a>0,b>0$，试证明方程 $x=a\sin x+b$ 至少有一个正根，且不大于 $a+b$.

证 令 $f(x)=a\sin x+b-x$，$f(a+b)=a\sin(a+b)+b-(a+b)=a\sin(a+b)-a\leqslant 0$.

若 $f(a+b)=0$，则 $x=a+b$ 为所求的方程的根.

若 $f(a+b)<0$，又 $f(x)$ 在闭区间 $[0,a+b]$ 上连续，在开区间 $(0,a+b)$ 内可导，且 $f(0)=b>0$，由闭区间上连续函数的零点存在定理可得，函数 $f(x)$ 在开区间 $(0,a+b)$ 内至少存在一个零点.

综上所述，方程 $x=a\sin x+b$ 至少有一个正根，且不大于 $a+b$.

2. 证明：方程 $x-2\sin x=0$ 在 $\left(\frac{\pi}{2},\pi\right)$ 内至少有一个根.

证 令 $f(x)=x-2\sin x$，$f(x)$ 在闭区间 $\left[\frac{\pi}{2},\pi\right]$ 上连续且在开区间 $\left(\frac{\pi}{2},\pi\right)$ 内可导，又 $f\left(\frac{\pi}{2}\right)=\frac{\pi}{2}-2<0$ 和 $f(\pi)=\pi>0$，由闭区间上连续函数的零点存在定理可得，函数 $f(x)$ 在开区间 $\left(\frac{\pi}{2},\pi\right)$ 内至少存在一个零点，即方程 $x-2\sin x=0$ 在 $\left(\frac{\pi}{2},\pi\right)$ 内至少有一个根.

总习题 1

1. 填空题

(1) 已知 $f(x)=\sin x$，$f[\varphi(x)]=1-x^2$，则 $\varphi(x)=$________的定义域为________.

(2) 当 $x\to 0$ 时，$f(x)=2^x+3^x-2$ 是 x 的________无穷小量.

(3) $\lim\limits_{n\to\infty}\frac{n^{2009}}{n^k-(n-1)^k}=A(A\neq 0,\neq\infty)$，则 $A=$________，$k=$________.

(4) 若 $\lim\limits_{x\to 0}\frac{\sin x}{e^x-a}(\cos x-b)=2$，则 $a=$________，$b=$________.

(5) 设对任意的 x，总有 $\varphi(x)\leqslant f(x)\leqslant g(x)$，且 $\lim\limits_{x\to\infty}[g(x)-\varphi(x)]=0$，则 $\lim\limits_{x\to\infty}f(x)$________.

解 (1) $\arcsin(1-x^2)$，$[-\sqrt{2},\sqrt{2}]$.

(2) 同阶但非等价. 提示：考察极限 $\lim\limits_{x\to 0}\frac{2^x+3^x-2}{x}=\lim\limits_{x\to 0}\frac{2^x-1}{x}+\lim\limits_{x\to 0}\frac{3^x-1}{x}$.

(3) $\frac{1}{2010}$，2010. 提示：分母中的最高次幂项为 $C_k^1\cdot n^{k-1}$.

(4) 1，−1. 提示：由于 $\lim\limits_{x\to 0}(e^x-a)=0$，得 $a=1$，再求 b.

(5) 不一定存在. 例如，$\varphi(x)=\sqrt{|x|}$，$f(x)=\sqrt{|x|+1}$，$g(x)=\sqrt{|x|+2}$.

2. 选择题

(1) 设函数 $f(x)=x\tan x\cdot e^{\sin x}$，则 $f(x)$ 是(　　).

A. 偶函数　　　　B. 无界函数

C. 周期函数　　　　D. 单调函数

(2) 当 $x\to 0$ 时，$\sin(\arctan x)$ 与 x 是(　　)无穷小.

A. 低阶　　B. 同阶但非等价
C. 等价　　D. 高阶

(3)设数列的通项为 $x_n=\begin{cases}\dfrac{n^2+\sqrt{n}}{2n}, & n\text{ 为奇数}\\ \dfrac{1}{n}, & n\text{ 为偶数}\end{cases}$,则当 $n\to\infty$ 时,x_n 是(　　).

A. 无穷大量　　B. 无穷小量
C. 有界变量　　D. 无界变量

(4)设函数 $f(x)=\lim\limits_{n\to+\infty}\dfrac{1+x}{1+x^{2n}}$,讨论函数 $f(x)$ 的间断点,其结论为(　　).

A. 不存在间断点　　B. 存在间断点 $x=1$
C. 存在间断点 $x=0$　　D. 存在间断点 $x=-1$

(5)函数 $f(x)=\dfrac{|x|\sin(x-2)}{x(x-1)(x-2)^2}$ 在下列哪个区间有界?(　　)

A. $(-1,0)$　　B. $(0,1)$　　C. $(1,2)$　　D. $(2,3)$

解　(1)B. (2)C. 提示:$\lim\limits_{x\to0}\dfrac{\sin(\arctan x)}{x}=1$. (3)D. 提示:利用无穷大量与无界变量的定义,并通过此题体会无穷大量与无界变量的区别. (4)B. 提示:当 $x>1$ 时,$\lim\limits_{n\to+\infty}\dfrac{1+x}{1+x^{2n}}=0$;当 $|x|<1$ 时,$\lim\limits_{n\to+\infty}\dfrac{1+x}{1+x^{2n}}=1+x$;当 $x=1$ 时,$\lim\limits_{n\to+\infty}\dfrac{1+x}{1+x^{2n}}=1$;当 $x=-1$ 时,$\lim\limits_{n\to+\infty}\dfrac{1+x}{1+x^{2n}}=0$. (5)A. 提示:考察 $f(x)$ 在 $x=1$ 和 $x=2$ 处的左、右极限.

3. 求下列极限:

(1) $\lim\limits_{x\to0}(1+xe^x)^{\frac{1}{x}}$;　(2) $\lim\limits_{x\to0^+}x\left[\dfrac{1}{x}\right]$;　(3) $\lim\limits_{x\to0}x\sin\dfrac{1}{x^2}$.

解　(1)e. $\lim\limits_{x\to0}(1+xe^x)^{\frac{1}{x}}=\lim\limits_{x\to0}e^{\frac{1}{x}\ln(1+xe^x)}=e^{\lim\limits_{x\to0}\frac{1}{x}\ln(1+xe^x)}=e^{\lim\limits_{x\to0}\frac{xe^x}{x}}=e$.

(2)1. 提示:由取整函数的定义知,$\dfrac{1}{x}-1\leqslant\left[\dfrac{1}{x}\right]\leqslant\dfrac{1}{x}$.

(3)0. 提示:是有界变量与无穷小量的乘积.

4. 设 $\lim\limits_{x\to1}f(x)$ 存在,$f(x)=3x^2+2x\lim\limits_{x\to1}f(x)$,求 $f(x)$.

解　令 $A=\lim\limits_{x\to1}f(x)$,则 $f(x)=3x^2+2Ax$,且 $A=\lim\limits_{x\to1}f(x)=\lim\limits_{x\to1}(3x^2+2Ax)=3+2A$,得 $A=-3$. 则 $f(x)=3x^2-6x$.

5. 设 $f(x)=\lim\limits_{n\to+\infty}\dfrac{1-e^{-nx}}{1+e^{-nx}}$,求 $f(x)$,并讨论它的连续性;若不连续,给出间断点及其类型.

解　当 $x=0$ 时,$f(x)=\lim\limits_{n\to+\infty}\dfrac{1-e^{-nx}}{1+e^{-nx}}=0$;当 $x>0$ 时,$f(x)=\lim\limits_{n\to+\infty}\dfrac{1-e^{-nx}}{1+e^{-nx}}=1$. 当 $x<0$ 时,$f(x)=\lim\limits_{n\to+\infty}\dfrac{1-e^{-nx}}{1+e^{-nx}}=-1$. 综上可知

$$f(x)=\begin{cases}-1, & x<0\\ 0, & x=0,\\ 1, & x>0\end{cases}$$

$f(x)$在 $x=0$ 处间断，在 $x\neq 0$ 处均连续. $x=0$ 为 $f(x)$的第一类间断点（跳跃间断点）.

6. 求函数 $f(x)=\dfrac{x^2-1}{x^2-x-2}$的间断点，并指出这些间断点的类型；若有可去间断点，则补充或改变函数的定义使它连续.

解 令 $x^2-x-2=0$，得 $x=-1$ 或 $x=2$.

$\lim\limits_{x\to -1}f(x)=\lim\limits_{x\to -1}\dfrac{x^2-1}{x^2-x-2}=\lim\limits_{x\to -1}\dfrac{x-1}{x-2}=\dfrac{2}{3}$，因此 $x=-1$ 是函数 $f(x)$的可去间断点. 补充定义，使 $f(-1)=\dfrac{2}{3}$，此时函数 $f(x)$在 $x=-1$ 处连续.

$\lim\limits_{x\to 2}f(x)=\lim\limits_{x\to 2}\dfrac{x^2-1}{x^2-x-2}=\lim\limits_{x\to 2}\dfrac{x-1}{x-2}=\infty$，因此 $x=2$ 是函数 $f(x)$的无穷间断点.

四、单元同步测验

1. 填空题

(1) 函数 $f(x)=\dfrac{1}{\sqrt{1+x}}+\arcsin\dfrac{2x}{1+x}$的定义域为________.

(2) 设 $f(x)=\begin{cases}\dfrac{\sin x}{x}, & x<0\\ a, & x=0\\ x\sin\dfrac{1}{x}+b, & x>0\end{cases}$，则当常数 $a=$________，$b=$________时，$f(x)$在定义域内连续.

(3) 若$\lim\limits_{x\to\infty}\left(\dfrac{x^2}{2x+1}-ax-b\right)=0$，则 $a=$________，$b=$________.

(4) 极限$\lim\limits_{x\to 0}\dfrac{x^2\sin\dfrac{1}{x}}{\sin x}=$________.

(5) 若$\lim\limits_{x\to 2}\dfrac{x^2+ax+b}{x^2-x-2}=2$，则 $a=$________，$b=$________.

2. 选择题

(1) 设函数 $f(x)=\begin{cases}e^{\frac{1}{x}}, & x>-1\\ \ln(2+x), & -2<x\leqslant -1\end{cases}$，则 $f(x)$的间断点为（　　）.

A. $x=0$ 为第一类，$x=-1$ 为第一类

B. $x=0$ 为第一类，$x=-1$ 为第二类

C. $x=0$ 为第二类，$x=-1$ 为第一类

D. $x=0$ 为第二类，$x=-1$ 为第二类

(2)设函数 $f(x)=\dfrac{e^x-a}{x(x-2)}$,当 $a=($　　$)$时,$x=0$ 和 $x=2$ 分别是 $f(x)$的无穷间断点和可去间断点.

A. 1　　　　B. 2　　　　C. e　　　　D. e^2

(3)极限 $\lim\limits_{n\to\infty}\dfrac{2^{n+1}+3^{n+1}}{2^n+3^n}=($　　$)$.

A. 2　　　　B. 3　　　　C. $\dfrac{1}{2}$　　　　D. $\dfrac{1}{3}$

(4)当 $x\to 0$ 时,与 2^x-1 为等价无穷小的是(　　).

A. x　　　　B. x^2　　　　C. $x\ln 2$　　　　D. $\dfrac{x}{\ln 2}$

3. 求下列极限:

(1) $\lim\limits_{x\to\infty}\left(\sin\dfrac{1}{x}+\cos\dfrac{1}{x}\right)^x$;

(2) $\lim\limits_{x\to 0}\dfrac{\sin 3x\cdot\arctan 5x}{\ln(1+2x)\cdot\arcsin x}$;

(3) $\lim\limits_{x\to\infty}\dfrac{\sqrt{4x^2+x-1}+x+1}{\sqrt{x^2+\sin x}}$;

(4) $\lim\limits_{n\to+\infty}\sqrt[n]{1^n+2^n+\cdots+10^n}$.

4. 设函数 $f(x)$在$(-\infty,+\infty)$内有定义,且 $\lim\limits_{x\to\infty}f(x)=a$,$g(x)=\begin{cases}f\left(\dfrac{1}{x}\right), & x\neq 0\\ 0, & x=0\end{cases}$,讨论 $g(x)$在$(-\infty,+\infty)$内的连续性. 若不连续,指出间断点及其类型.

5. 设函数 $f(x)=\lim\limits_{n\to\infty}\dfrac{1-x^{2n}}{1+x^{2n}}x$,求出间断点并判断其类型.

6. 设 $a_1,a_2,\cdots,a_k$为 k 个正数. 证明:

$$\lim_{n\to+\infty}\sqrt[n]{a_1{}^n+a_2{}^n+\cdots+a_k{}^n}=\max(a_1,a_2,\cdots,a_k).$$

7. 设 $f(x)=\dfrac{4x^2+3}{x-1}+ax+b$,若已知:(1) $\lim\limits_{x\to\infty}f(x)=0$;(2) $\lim\limits_{x\to\infty}f(x)=2$;(3) $\lim\limits_{x\to\infty}f(x)=\infty$. 分别求这三种情况下的 a,b.

□ 单元同步测验答案

1. 填空题

(1) $-\dfrac{1}{3}\leqslant x\leqslant 1$;　(2) $a=1,b=1$;　(3) $a=\dfrac{1}{2},b=-\dfrac{1}{4}$;　(4) 0;　(5) $a=2,b=-8$.

2. 选择题

(1)C;　(2)D;　(3)B;　(4)C.

3. 求下列极限

(1)e. 提示:利用等价无穷小,原式 $=e^{\lim\limits_{x\to\infty}\frac{x}{2}\ln\left(\sin\frac{1}{x}+\cos\frac{1}{x}\right)^2}=e^{\lim\limits_{x\to\infty}\frac{x}{2}\ln\left(1+\sin\frac{2}{x}\right)}$.

(2)$\frac{15}{2}$.　(3)3.　(4)10. 提示:$10\sqrt[n]{1}\leqslant\sqrt[n]{1^n+2^n+\cdots+10^n}\leqslant10\sqrt[n]{10}$.

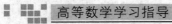

4. 当 $a=0$ 时,$g(x)$在$(-\infty,\infty)$内连续;当 $a\neq0$ 时,$g(x)$在$(-\infty,0)\cup(0,+\infty)$内连续,在 $x=0$ 处间断,为可去间断点.

5. $x=-1$ 和 $x=1$ 是跳跃间断点.

6. 提示:设 $A=\max(a_1,a_2,\cdots,a_k)$,则 $A\leqslant\sqrt[n]{a_1^n+a_2^n+\cdots+a_k^n}\leqslant A\sqrt[n]{k}$.

7. (1)$a=-4,b=-4$;　(2)$a=-4,b=-2$;　(3)$a\neq-4$,b 任意.

Chapter 2 第2章

导数与微分

Derivative and Differential

一、内容要点

(一)导数概念

1. 导数的定义

设函数 $y=f(x)$ 在 x_0 的某个邻域内有定义，称极限值

$$f'(x_0)=\lim_{\Delta x\to 0}\frac{\Delta y}{\Delta x}=\lim_{\Delta x\to 0}\frac{f(x_0+\Delta x)-f(x_0)}{\Delta x}=\lim_{x\to x_0}\frac{f(x)-f(x_0)}{x-x_0}$$

为函数 $y=f(x)$ 在点 x_0 处的导数. 导数也记作，$y'\big|_{x=x_0}$，$\left.\frac{\mathrm{d}y}{\mathrm{d}x}\right|_{x=x_0}$ 或 $\frac{\mathrm{d}f(x)}{\mathrm{d}x}\big|_{x=x_0}$. 若极限不存在，则称函数在点 x_0 处不可导.

左导数 $f'(x_0-0)=f'_-(x_0)=\lim\limits_{x\to x_0^-}\dfrac{f(x)-f(x_0)}{x-x_0}=\lim\limits_{\Delta x\to 0^-}\dfrac{f(x_0+\Delta x)-f(x_0)}{\Delta x}$.

右导数 $f'(x_0+0)=f'_+(x_0)=\lim\limits_{x\to x_0^+}\dfrac{f(x)-f(x_0)}{x-x_0}=\lim\limits_{\Delta x\to 0^+}\dfrac{f(x_0+\Delta x)-f(x_0)}{\Delta x}$.

$f(x)$ 在点 x_0 处可导的充要条件是左导数 $f'_-(x_0)$ 和右导数 $f'_+(x_0)$ 都存在且相等.

2. 导数的几何意义

导数 $f'(x_0)$ 的几何意义是曲线在点 x_0 处切线的斜率.

曲线 $y=f(x)$ 在 $M(x_0,y_0)$ 处的切线方程为

$$y-y_0=f'(x_0)(x-x_0)$$

法线方程为

$$y-y_0=\frac{-1}{f'(x_0)}(x-x_0)$$

函数 $y=f(x)$ 在 x_0 处可导，则一定在 x_0 处连续. $y=f(x)$ 在 x_0 处连续，不一定可导.

(二)导数运算法则

1. 常数和基本初等函数的导数公式

$(C)'=0$　　$(x^{\mu})'=\mu x^{\mu-1}$

$(\sin x)'=\cos x$　　$(\cos x)'=-\sin x$

$(\tan x)'=\sec^2 x$　　$(\cot x)'=-\csc^2 x$

$(\sec x)'=\sec x\tan x$　　$(\csc x)'=-\csc x\cot x$

$(a^x)'=a^x\ln a$　　$(e^x)'=e^x$

$(\log_a x)'=\dfrac{1}{x\ln a}$　　$(\ln x)'=\dfrac{1}{x}$

$(\arcsin x)'=\dfrac{1}{\sqrt{1-x^2}}$　　$(\arccos x)'=-\dfrac{1}{\sqrt{1-x^2}}$

$(\arctan x)'=\dfrac{1}{1+x^2}$　　$(\text{arccot}\, x)'=-\dfrac{1}{1+x^2}$

2. 函数的和、差、积、商的求导法

设 $u=u(x)$，$v=v(x)$ 可导，则

(1) $(u\pm v)'=u'\pm v'$　　(2) $(cu)'=cu'$　(c 是常数)

(3) $(uv)'=u'v+uv'$　　(4) $\left(\dfrac{u}{v}\right)'=\dfrac{u'v-uv'}{v^2}$　$(v\neq 0)$

3. 复合函数的求导法

设 $y=f(u)$，$u=\varphi(x)$ 都是可导的函数，则复合函数 $y=f[\varphi(x)]$ 的导数为

$$\frac{dy}{dx}=\frac{dy}{du}\cdot\frac{du}{dx}\quad 或\quad y'(x)=f'(u)\cdot\varphi'(x)$$

4. 反函数求导法

若严格单调连续函数 $x=\varphi(y)$ 在点 y 处可导，并且 $\varphi'(y)\neq 0$，则它的反函数 $y=f(x)$ 在相应的点 x 处可导，且有

$$f'(x)=\frac{1}{\varphi'(y)}$$

5. 高阶导数

二阶导数　$f''(x)=(f'(x))'=\lim\limits_{\Delta x\to 0}\dfrac{f'(x+\Delta x)-f'(x)}{\Delta x}$

***n* 阶导数**　$f^{(n)}(x)=(f^{(n-1)}(x))'=\lim\limits_{\Delta x\to 0}\dfrac{f^{(n-1)}(x+\Delta x)-f^{(n-1)}(x)}{\Delta x}$

(1) $(u\pm v)^{(n)}=u^{(n)}\pm v^{(n)}$

(2) $(cu)^{(n)}=c\cdot u^{(n)}$

(3) $(u\cdot v)^{(n)}=u^{(n)}v+nu^{(n-1)}v'+\dfrac{n(n-1)}{2!}u^{(n-2)}v''+\cdots+\dfrac{n(n-1)\cdots(n-k+1)}{k!}u^{(n-k)}v^{(k)}+\cdots+uv^{(n)}$

$$= \sum_{k=0}^{n} C_n^k u^{(n-k)} v^{(k)}$$（莱布尼兹公式）.

6. 隐函数求导法

将表示隐函数的方程两端对 x 求导，在求导过程中，将 y 看作 x 的函数，将 y 的函数看作是 x 的复合函数，然后从所得到的关系式中解出导数 y'.

7. 参数方程求导法

设 $\begin{cases} x=\varphi(t) \\ y=\psi(t) \end{cases}$，则 $\frac{dy}{dx}=\psi'(t)(\varphi^{-1}(x))'=\psi'(t)\frac{1}{\varphi'(t)}=\frac{\psi'(t)}{\varphi'(t)}$，

$$\frac{d^2y}{dx^2}=\frac{d}{dx}\left(\frac{dy}{dx}\right)=\frac{\left(\frac{dy}{dx}\right)'_t}{\varphi'_{(t)}}=\frac{\psi''(t)\varphi'(t)-\psi'(t)\varphi''(t)}{[\varphi'(t)]^3}.$$

（三）函数的微分

1. 微分定义

设函数 $y=f(x)$ 在某区间内有意义，x_0 及 $x_0+\Delta x$ 在区间内，如果函数的增量可以表示为

$$\Delta y=f(x_0+\Delta x)-f(x_0)=A\cdot\Delta x+o(\Delta x)$$，其中 A 为常数，

则称函数 $y=f(x)$ 在 x_0 点可微，并称 $A\Delta x$ 为函数在 x_0 点的微分，记作 $dy|_{x=x_0}$ 或 $df(x_0)$.

如果函数 $y=f(x)$ 在 x_0 点可导，则微分 $dy=f'(x_0)\cdot\Delta x=f'(x_0)\cdot dx$.

2. 常数和基本初等函数的微分公式

$d(C)=0$　　　　$dx^\mu=\mu x^{\mu-1}dx$

$d\sin x=\cos x dx$　　　　$d\cos x=-\sin x dx$

$d\tan x=\sec^2 x dx$　　　　$d\cot x=-\csc^2 x dx$

$d\sec x=\sec x\tan x dx$　　　　$d\csc x=-\csc x\cot x dx$

$da^x=a^x\ln a dx$　　　　$de^x=e^x dx$

$d\log_a x=\frac{dx}{x\ln a}$　　　　$d\ln x=\frac{dx}{x}$

$d\arcsin x=\frac{dx}{\sqrt{1-x^2}}$　　　　$d\arccos x=-\frac{dx}{\sqrt{1-x^2}}$

$d\arctan x=\frac{dx}{1+x^2}$　　　　$d\text{arccot} x=-\frac{dx}{1+x^2}$

3. 函数的和、差、积、商的微分法则

设 $u=u(x)$，$v=v(x)$ 可导，则

(1) $d(u\pm v)=du\pm dv$，　　(2) $d(cu)=Cdu$　（C 是常数）

(3) $d(uv)=udv+vdu$　　(4) $d\left(\frac{u}{v}\right)=\frac{vdu-udv}{v^2}$　$(v\neq 0)$

4. 微分形式不变性

如果函数 $u=\varphi(x)$ 和 $y=f(u)$ 可导，则复合函数 $y=f[\varphi(x)]$ 的微分为

$$dy=f'(u)du \text{ 或 } \quad dy=f'(u)\cdot\varphi'(x)dx$$

即不论 u 是自变量还是中间变量，$dy=f'(u)du$ 总成立.

5. 近似计算公式

$$f(x_0+\Delta x)\approx f(x_0)+f'(x_0)\cdot\Delta x \quad (|\Delta x|\text{很小时}).$$

$$f(x)\approx f(0)+f'(0)\cdot x \quad (|x|\text{很小时}).$$

(四)中值定理

1. 罗尔定理

如果函数 $f(x)$ 在闭区间 $[a,b]$ 上连续，在开区间 (a,b) 内可导，在区间端点的函数值相等，即 $f(a)=f(b)$，则在 (a,b) 内至少有一点 $\xi(a<\xi<b)$，使得函数 $f(x)$ 在该点的导数等于零，即 $f'(\xi)=0$.

2. 拉格朗日中值定理

如果函数 $f(x)$ 在闭区间 $[a,b]$ 上连续，在开区间 (a,b) 内可导，则在 (a,b) 内至少有一点 $\xi(a<\xi<b)$，使等式 $f'(\xi)=\dfrac{f(b)-f(a)}{b-a}$ 成立.

有限增量公式 如果 x、Δx 都在区间 (a,b) 内，则有

$$f(x_0+\Delta x)-f(x_0)=f'(x_0+\theta\Delta x)\Delta x, \quad (0<\theta<1)$$

推论 1 如果函数在某个区间内的导数恒为零，则函数在该区间上是一个常数.

推论 2 如果在某个区间内的导数存在恒相等，$f'(x)=g'(x)$，则在区间内有 $f(x)=g(x)$.

3. 柯西中值定理

如果函数 $f(x)$ 及 $g(x)$ 在闭区间 $[a,b]$ 上连续，在开区间 (a,b) 内可导，且 $g'(x)$ 在 (a,b) 内每一点处均不为零，则在 (a,b) 内至少有一点 $\xi(a<\xi<b)$，使等式

$$\frac{f(b)-f(a)}{g(b)-g(a)}=\frac{f'(\xi)}{g'(\xi)}\text{成立.}$$

(五)洛必达法则$\left(\dfrac{0}{0}\text{或}\dfrac{\infty}{\infty}\text{型未定式}\right)$

(1)当 $x\to x_0(x\to\infty)$ 时，函数 $f(x)$、$g(x)$ 都趋于零(无穷大)；

(2)在 x_0 点的某邻域内(除 x_0 点外)，$f'(x)$、$g'(x)$ 都存在，且 $g'(x)\neq 0$；

(3) $\lim\dfrac{f'(x)}{g'(x)}$ 存在(或无穷大)；

则
$$\lim\frac{f(x)}{g(x)}=\lim\frac{f'(x)}{g'(x)}$$

也就是说 $\lim\dfrac{f'(x)}{g'(x)}$ 存在时，$\lim\dfrac{f(x)}{g(x)}$ 也存在且相等；$\lim\dfrac{f'(x)}{g'(x)}$ 为无穷大时，$\lim\dfrac{f(x)}{g(x)}$ 也是无穷大.

如果 $\lim\dfrac{f'(x)}{g'(x)}$ 仍然是 $\dfrac{0}{0}$ 或 $\dfrac{\infty}{\infty}$ 型未定式，并且 $f'(x)$、$g'(x)$ 仍然满足上述洛必达法则中

$f(x)$、$g(x)$所满足的条件，则可以继续应用洛必达法则，即

$$\lim \frac{f(x)}{g(x)}=\lim \frac{f'(x)}{g'(x)}=\lim \frac{f''(x)}{g''(x)}.$$

(六)泰勒公式

泰勒定理 如果函数 $y=f(x)$在包含 x_0 的某个开区间(a,b)内具有直到 $n+1$ 阶导数，x 为该区间内的任一点，则 $f(x)$可以表示为

$$f(x)=f(x_0)+\frac{f'(x_0)}{1!}(x-x_0)+\frac{f''(x_0)}{2!}(x-x_0)^2+\cdots+\frac{f^{(n)}(x_0)}{n!}(x-x_0)^n+R_n(x)$$

其中，$R_n(x)=\dfrac{f^{(n+1)}(\xi)}{(n+1)!}(x-x_0)^{n+1}$($\xi$ 介于 x 和 x_0 之间).

麦克劳林公式 如果函数 $y=f(x)$在原点附近有直到 $n+1$ 阶导数，x 为该区间内的任一点

$$f(x)=f(0)+\frac{f'(0)}{1!}x+\frac{f''(0)}{2!}x^2+\cdots+\frac{f^{(n)}(0)}{n!}x^n+R_n(x)$$

此时 $R_n(x)$是比 x^n 高阶的无穷小.

(七)函数的性质

1. 函数单调性

设函数 $y=f(x)$在$[a,b]$上连续，在(a,b)内可导. 如果在(a,b)内 $f'(x)>0$，则函数 $y=f(x)$在$[a,b]$上单调增加. 如果在(a,b)内 $f'(x)<0$，则函数 $y=f(x)$在$[a,b]$上单调减少.

2. 曲线的凹凸性

设函数 $y=f(x)$在$[a,b]$上连续，在(a,b)内二阶可导. 如果在(a,b)内 $f''(x)>0$，则函数 $y=f(x)$在$[a,b]$上的图形是凹的. 如果在(a,b)内 $f''(x)<0$，则函数 $y=f(x)$在$[a,b]$上的图形是凸的.

3. 拐点

如果$(x_0,f(x_0))$是曲线拐点，且 $f(x)$二阶可导，则 $f''(x_0)=0$. 如果 $f''(x_0)=0$(或不存在)，且在 x_0 两侧 $f''(x)$改变符号，则$(x_0,f(x_0))$是曲线拐点.

4. 极值

极值存在的必要条件 如果 $f(x)$在点 x_0 处有导数，且在 x_0 处取得极值，则有$f'(x_0)=0$.

极值存在的第一判别法则 假设 $f'(x_0)=0$(或不存在)，

(1)如果在 x_0 左侧附近，有 $f'(x)>0$；而在 x_0 右侧附近，有 $f'(x)<0$，则 $f(x)$在 x_0 处取得极大值.

(2)如果在 x_0 左侧附近，有 $f'(x)<0$；而在 x_0 右侧附近，有 $f'(x)>0$，则 $f(x)$在 x_0 处取得极小值.

(3)如果在 x_0 左右两侧，$f'(x)$符号相同，则 $f(x)$在 x_0 处无极值.

极值存在的第二判别法则 设 $f(x)$ 在 x_0 处具有二阶导数，且 $f'(x_0)=0$，$f''(x_0)\neq 0$，

(1)当 $f''(x_0)<0$ 时，函数 $f(x)$ 在 x_0 处取得极大值；

(2)当 $f''(x_0)>0$ 时，函数 $f(x)$ 在 x_0 处取得极小值.

在函数只有一个极值的情况下，若这个极值是极大值，则一定是最大值. 同理，若极小值是函数唯一的极值，则也一定是最小值.

5. 渐近线

如果当 $x\to a$(或 $x\to a^+$、$x\to a^-$)时，函数 $f(x)\to\infty$，则直线 $x=a$ 为函数 $y=f(x)$ 的垂直渐近线.

如果 $y=kx+b$ 是 $x\to+\infty$($x\to\infty$ 或 $x\to-\infty$)时函数 $y=f(x)$ 的斜渐近线，则

$$k=\lim_{x\to+\infty}\frac{f(x)}{x},b=\lim_{x\to+\infty}(f(x)-kx).$$

6. 函数作图

函数的导数可以描述函数曲线的单调性、凹凸性、极值、拐点等许多性质，因此在描绘函数的图形之前，首先用导数研究函数，从总体上把握函数的特点，可以使函数图形的绘制更精确.

函数作图的一般步骤可以归纳如下：

(1)确定函数的定义域、值域，讨论函数的奇偶性、周期性；

(2)求出曲线的渐近线；

(3)求出函数 $f(x)$ 的一阶导数和二阶导数，求出使 $f'(x)=0$ 及 $f''(x)=0$ 的全部实数根，并求出所有一阶导数不存在的点和二阶导数不存在的点；

(4)按上述结果作表，确定函数的单调性、凹凸性、极值和拐点；

(5)求出曲线与坐标轴的交点，并求出曲线上若干其他点；

(6)描点做出函数图形.

二、典型例题

例 1 求函数 $y=\ln\sin e^{\sqrt{x+1}}$ 的导数.

解 将函数分解成几个初等函数的复合函数

$y=\ln u, u=\sin v, v=e^t, t=\sqrt{x+1}$，则

$$y'=y'_u\cdot u'_v\cdot v'_t\cdot t'_x=\frac{1}{u}\cdot\cos v\cdot e^t\cdot\frac{1}{2\sqrt{x+1}}$$

$$=\frac{1}{\sin e^{\sqrt{x+1}}}\cdot\cos e^{\sqrt{x+1}}\cdot e^{\sqrt{x+1}}\cdot\frac{1}{2\sqrt{x+1}}=\frac{e^{\sqrt{x+1}}\cdot\cot e^{\sqrt{x+1}}}{2\sqrt{x+1}}.$$

例 2 $f(x)=\sqrt[3]{x^2}\sin\sqrt[3]{x^2}$，求 $f'(0)$.

解 $f'(0)=\lim\limits_{x\to0}\dfrac{f(x)-f(0)}{x}=\lim\limits_{x\to0}\dfrac{\sqrt[3]{x^2}\sin\sqrt[3]{x^2}}{x}$

$$=\lim_{x\to 0}\frac{\sqrt[3]{x}\sin\sqrt[3]{x^2}}{\sqrt[3]{x^2}}=0.$$

例 3 求极限$\lim\limits_{\Delta x\to 0}\dfrac{\sin e^{(1+\Delta x)^2}-\sin e}{\Delta x}$.

解 令 $f(x)=\sin e^{x^2}$，则 $f'(x)=2xe^{x^2}\cos e^{x^2}$，

$$\lim_{\Delta x\to 0}\frac{\sin e^{(1+\Delta x)^2}-\sin e}{\Delta x}=\lim_{\Delta x\to 0}\frac{f(1+\Delta x)-f(1)}{\Delta x}$$

$$=f'(1)=2xe^{x^2}\cos e^{x^2}\big|_{x=1}=2e\cos e.$$

例 4 设 $f(x)=\begin{cases}\dfrac{\sqrt{1+x^2}-1}{x}, & x\neq 0\\ 0, & x=0\end{cases}$，求 $f'(0)$.

解 $f'(0)=\lim\limits_{x\to 0}\dfrac{f(x)-f(0)}{x}=\lim\limits_{x\to 0}\dfrac{\sqrt{1+x^2}-1}{x^2}$

$$=\lim_{x\to 0}\frac{(\sqrt{1+x^2}-1)(\sqrt{1+x^2}+1)}{x^2(\sqrt{1+x^2}+1)}=\lim_{x\to 0}\frac{1}{\sqrt{1+x^2}+1}=\frac{1}{2}.$$

例 5 求隐函数 $y^2=2xy+\tan(x^2+y^2)$的导数.

解 对 $y^2=2xy+\tan(x^2+y^2)$两端求导，

$$2yy'=2y+2xy'+\sec^2(x^2+y^2)\cdot(2x+2yy'),$$

所以 $y'=-\dfrac{y+x\sec^2(x^2+y^2)}{x+y\tan^2(x^2+y^2)}$.

例 6 $x^y=y^{y+x}$，求隐函数的导数.

解 取对数得，$y\ln x=(y+x)\ln y$，求导数

$y'\ln x+\dfrac{y}{x}=(y'+1)\ln y+\dfrac{y+x}{y}y'$，解出

$$y'=\frac{\ln y-\dfrac{y}{x}}{\ln x-\dfrac{y+x}{y}-\ln y}=\frac{x\ln y-y}{y\ln x-y\ln y-y-x}\cdot\frac{y}{x}.$$

例 7 求函数 $y=\sqrt{\dfrac{(x+1)\ln x}{x^3+1}}$的导数.

解 取对数得，$\ln y=\dfrac{1}{2}[\ln(x+1)+\ln\ln x-\ln(x^3+1)]$，

两端求导数 $\dfrac{y'}{y}=\dfrac{1}{2}\left(\dfrac{1}{x+1}+\dfrac{1}{x\ln x}-\dfrac{3x^2}{x^3+1}\right)$，

即 $y'=\dfrac{1}{2}\sqrt{\dfrac{(x+1)\ln x}{x^3+1}}\left(\dfrac{1}{x+1}+\dfrac{1}{x\ln x}-\dfrac{3x^2}{x^3+1}\right)$.

例 8 求函数 $y=x^{\sin x}+(\sin x)^x$ 的导数.

解 用对数求导法求 $u=x^{\sin x}$ 与 $v=(\sin x)^x$ 的导数，

$$u'=x^{\sin x}\left(\cos x\ln x+\frac{\sin x}{x}\right),v'=(\sin x)^x(\ln\sin x+x\cot x),$$

所以 $y'=x^{\sin x}\left(\cos x\ln x+\frac{\sin x}{x}\right)+(\sin x)^x(\ln\sin x+x\cot x)$.

例 9 $\begin{cases}x=\tan t\\y=\cos t\end{cases}$,求一阶、二阶导数.

解 $\frac{dy}{dx}=\frac{-\sin t}{\sec^2 t}=-\sin t\cos^2 t$,

$$\frac{d^2y}{dx^2}=\frac{-(\sin t\cos^2 t)'}{\sec^2 t}=-\frac{\cos^3 t-2\sin^2 t\cos t}{\sec^2 t}$$

$$=2\sin^2 t\cos^3 t-\cos^5 t=\cos^3 t(2-3\cos^2 t).$$

例 10 已知 $x^2+y^2=9$,求三阶导数 y'''.

解 $2x+2yy'=0,y'=-\frac{x}{y}$,

$$y''=-\left(\frac{x}{y}\right)'=-\frac{y-xy'}{y^2}=-\frac{y-x\left(-\frac{x}{y}\right)}{y^2}=-\frac{y^2+x^2}{y^3}=-\frac{9}{y^3},$$

$$y'''=-\left(\frac{9}{y^3}\right)'=-\frac{-27y'}{y^4}=-\frac{27x}{y^5}.$$

例 11 设 $f(x)=x\ln x$,求 $f^{(99)}(1)$

解 $f'(x)=\ln x+1,f''=x^{-1}$, $f'''(x)=-1\cdot x^{-2},f^{(4)}(x)=-1(-2)x^{-3}$,
$f^{(5)}(x)=-1(-2)(-3)x^{-4},\cdots,f^{(99)}(x)=-1(-2)\cdots(-97)x^{-98}=-97!x^{-98}$,
$f^{(99)}(1)=-97!$

例 12 设 $f(x)$是单调的二阶可导函数,反函数为 $g(x)$,已知 $f(1)=2,f'(1)=-\frac{1}{\sqrt{3}}$,
$f''(1)=1$,求 $g'(2),g''(2)$.

解 函数与反函数的导数满足 $f'(x)g'(y)=1$,所以 $g'(2)=\frac{1}{f'(1)}=-\sqrt{3}$

将上式求导,得 $f''(x)g'(y)+f'(x)g''(y)y'=0$,即 $f''(x)g'(y)+[f'(x)]^2g''(y)=0$,

所以 $g''(2)=-\frac{f''(1)g'(2)}{[f'(1)]^2}=\frac{1\cdot\sqrt{3}}{\left(-\frac{1}{\sqrt{3}}\right)^2}=3\sqrt{3}$.

例 13 函数 $f(x)$二阶可导,且$\lim\limits_{x\to0}\left(1+x+\frac{f(x)}{x}\right)^{\frac{1}{x}}=e^3$,求 $f'(0),f''(0)$.

解 显然,$f(0)=\lim\limits_{x\to0}f(x)=0,f'(0)=\lim\limits_{x\to0}\frac{f(x)-f(0)}{x}=\lim\limits_{x\to0}\frac{f(x)}{x}=0$,

由 $e^3=\lim\limits_{x\to0}\left(1+x+\frac{f(x)}{x}\right)^{\frac{1}{x}}=e^{\lim\limits_{x\to0}\frac{\ln\left(1+x+\frac{f(x)}{x}\right)}{x}}$ 可知,

$$3=\lim_{x\to0}\frac{\ln\left(1+x+\frac{f(x)}{x}\right)}{x}=\lim_{x\to0}\frac{\ln\left(1+x+\frac{f(x)}{x}\right)}{x+\frac{f(x)}{x}}\cdot\frac{x+\frac{f(x)}{x}}{x}=1+\lim_{x\to0}\frac{f(x)}{x^2},$$

所以 $2=\lim\limits_{x\to0}\frac{f(x)}{x^2}=\lim\limits_{x\to0}\frac{f'(x)}{2x}=\lim\limits_{x\to0}\frac{f''(x)}{2}=\frac{f''(0)}{2}$, $f''(0)=4$.

例 14 函数 $f(x)$在闭区间$[a,b]$连续,在开区间(a,b)可导,
则在(a,b)内存在点 ξ,使得

$$\frac{bf(b)-af(a)}{b-a}=\xi f'(\xi)+f(\xi).$$

证 令 $F(x)=xf(x)$, $F'(x)=xf'(x)+f(x)$, $F(x)$在$[a,b]$上满足拉格朗日中值定理的条件,所以在(a,b)内存在点 ξ,使得

$$\frac{F(b)-F(a)}{b-a}=F'(\xi),$$

即

$$\frac{bf(b)-af(a)}{b-a}=\xi f'(\xi)+f(\xi).$$

例 15 设 $f(x)$可导,且 $f'(x)=f(x)$,则 $f(x)=ce^x$

解 因为$[\ln f(x)-x]'=\frac{f'(x)}{f(x)}-1=0$,所以 $\ln f(x)-x=C$, $f(x)=e^{C+x}=ce^x$, $c=e^C$.

例 16 求极限 $\lim\limits_{x\to1^-}\ln x\cdot\ln(1-x)$.

解 $\lim\limits_{x\to1^-}\ln x\cdot\ln(1-x)=\lim\limits_{x\to1^-}\frac{\ln(1-x)}{\frac{1}{\ln x}}=\lim\limits_{x\to1^-}\frac{\frac{-1}{1-x}}{-\frac{1}{\ln^2x}\cdot\frac{1}{x}}$

$$=\lim_{x\to1^-}\frac{x\ln^2x}{1-x}=\lim_{x\to1^-}\frac{\ln^2x}{1-x}=\lim_{x\to1^-}\frac{2\ln x\cdot\frac{1}{x}}{-1}=0.$$

例 17 求极限$\lim\limits_{x\to0}\left(\frac{\arcsin x}{x}\right)^{\frac{1}{x^2}}$.

解 令 $y=\left(\frac{\arcsin x}{x}\right)^{\frac{1}{x^2}}$,则 $\ln y=\frac{\ln\arcsin x-\ln x}{x^2}$

$$\lim_{x\to0}\ln y=\lim_{x\to0}\frac{\ln\arcsin x-\ln x}{x^2}=\lim_{x\to0}\frac{\frac{1}{\arcsin x}\cdot\frac{1}{\sqrt{1-x^2}}-\frac{1}{x}}{2x}$$

$$=\lim_{x\to0}\frac{x-\sqrt{1-x^2}\arcsin x}{2x^2\sqrt{1-x^2}\arcsin x}=\frac{1}{2}\lim_{x\to0}\frac{x-\sqrt{1-x^2}\arcsin x}{x^3}\cdot\frac{x}{\sqrt{1-x^2}\arcsin x}$$

$$=\frac{1}{2}\lim_{x\to0}\frac{x-\sqrt{1-x^2}\arcsin x}{x^3}=\frac{1}{2}\lim_{x\to0}\frac{\frac{x}{\sqrt{1-x^2}}\arcsin x}{3x^2}=\frac{1}{6},$$

$$\lim_{x\to0}\left(\frac{\arcsin x}{x}\right)^{\frac{1}{x^2}}=\lim_{x\to0}e^{\ln y}=e^{\lim\limits_{x\to0}\ln y}=e^{\frac{1}{6}}.$$

例 18 设函数 $f(x)$ 有连续的导数，且 $f(0)=f'(0)=1$，求 $\lim\limits_{x\to 0}\dfrac{f(\sin x)-1}{\ln f(x)}$.

解 $\lim\limits_{x\to 0}\dfrac{f(\sin x)-1}{\ln f(x)}=\lim\limits_{x\to 0}\dfrac{f'(\sin x)\cos x}{\dfrac{f'(x)}{f(x)}}=\dfrac{f(x)f'(\sin x)\cos x}{f'(x)}\Bigg|_{x=0}=f(0)=1.$

例 19 $f(x)=2\sin x+a\sin 3x$ 在 $x=\dfrac{\pi}{3}$ 处取得极小值，求 a.

解 $f'(x)=2\cos x+3a\cos 3x$，所以 $f\left(\dfrac{\pi}{3}\right)=2\cos\dfrac{\pi}{3}+3a\cos\pi=0, a=\dfrac{1}{3}.$

例 20 函数 $f(x)$ 满足 $f''(x)+\sqrt{1+x^2}f'(x)-3f(x)=0$，若 x_0 是 $f(x)$ 的一个驻点，且 $f(x_0)<0$，问 $f(x_0)$ 是否为极值？是极大值还是极小值？

解 因为 x_0 是 $f(x)$ 的一个驻点，所以 $f'(x_0)=0$，因而 $f''(x_0)=3f(x_0)<0$，$f(x_0)$ 是极大值。

例 21 求证 $e^{\frac{x}{1-x}}>1+x, 1>x>0$.

解 令 $f(x)=\dfrac{x}{1-x}-\ln(1+x)$，则 $f'(x)=\dfrac{1}{(1-x)^2}-\dfrac{1}{1+x}>0$，函数单调增加，当 $x>0$ 时，$f(x)>f(0)=0$，即 $\dfrac{x}{1-x}>\ln(1+x)$.

三、教材习题解析

□ 习题 2.1 函数的导数

1. 设 $f(x)=5x^4$，用定义求 $f'(1)$.

解 $f'(1)=\lim\limits_{x\to 1}\dfrac{f(x)-f(1)}{x-1}=\lim\limits_{x\to 1}\dfrac{5x^4-5}{x-1}=5\lim\limits_{x\to 1}(x^3+x^2+x+1)=20.$

2. 设 $f(x)=ax^2+bx+c$，用定义求 $f'(x)$.

解
$$f'(x)=\lim_{x\to x_0}\frac{f(x)-f(x_0)}{x-x_0}=\lim_{x\to x_0}\frac{(ax^2+bx+c)-(ax_0^2+bx_0+c)}{x-x_0}$$
$$=\lim_{x\to x_0}[a(x+x_0)+b]=2ax_0+b.$$

3. 已知物体的运动规律为 $s=\sqrt{t^3}$，求 $t=3$ 时的运动速度.

解 $v(3)=s'(3)=(t^{\frac{3}{2}})'\big|_{t=3}=\dfrac{3}{2}t^{\frac{1}{2}}\big|_{t=3}=\dfrac{3\sqrt{3}}{2}.$

4. 求曲线 $y=2^x$ 在点 $(1,2)$ 处的切线方程和法线方程.

解 切线斜率为 $f'(1)=2^x\ln 2|_{x=1}=2\ln 2$，

切线方程为 $y-2=2\ln 2(x-1)$，

法线方程为 $y-2=-\dfrac{1}{2\ln 2}(x-1)$，即 $x+2y\ln 2-4\ln 2-1=0$.

5. 函数 $f(x)=\begin{cases} a\sin x, & x\leqslant 0 \\ e^x+b, & x>0 \end{cases}$ 可导，求 a、b.

解 由函数在 $x=0$ 处的可导性和连续性可知

$$f(0^+)=1+b=f(0)=0, b=-1.$$

左导数 $f'_-(0)=\lim\limits_{x\to 0^-}\dfrac{f(x)-f(0)}{x-0}=\lim\limits_{x\to 0^-}\dfrac{a\sin x}{x}=a$，

右导数 $f'_+(0)=\lim\limits_{x\to 0^+}\dfrac{f(x)-f(0)}{x-0}=\lim\limits_{x\to 0^+}\dfrac{e^x-1}{x}=1$，所以 $a=1$.

6. 已知函数可导，将下列极限用导数表示出来.

(1) $\lim\limits_{h\to 0}\dfrac{f(x-h)-f(x)}{h}$； (2) $\lim\limits_{h\to 0}\dfrac{f(x+h)-f(x-h)}{h}$； (3) 设 $f(0)=0$，求 $\lim\limits_{h\to 0}\dfrac{f(h)}{h}$.

解 (1) 令 $\Delta x=-h$，则

$$\lim_{h\to 0}\frac{f(x-h)-f(x)}{h}=\lim_{\Delta x\to 0}\frac{f(x+\Delta x)-f(x)}{-\Delta x}=-f'(x).$$

(2) $\lim\limits_{h\to 0}\dfrac{f(x+h)-f(x-h)}{h}=\lim\limits_{h\to 0}\dfrac{f(x+h)-f(x)}{h}+\lim\limits_{h\to 0}\dfrac{f(x)-f(x-h)}{h}=2f'(x)$.

(3) $\lim\limits_{h\to 0}\dfrac{f(h)}{h}=\lim\limits_{h\to 0}\dfrac{f(h)-f(0)}{h-0}=f'(0)$.

7. 讨论函数在 $x=0$ 的可导性.

(1) $y=|x|$； (2) $f(x)=\begin{cases} x^2\cos\dfrac{1}{x}, & x\neq 0 \\ 0, & x=0 \end{cases}$.

解 (1) $f'_-(0)=\lim\limits_{x\to 0^-}\dfrac{f(x)-f(0)}{x-0}=\lim\limits_{x\to 0^-}\dfrac{|x|}{x}=-1$，$f'_+(0)=\lim\limits_{x\to 0^+}\dfrac{f(x)-f(0)}{x-0}=\lim\limits_{x\to 0^+}\dfrac{|x|}{x}=1$，左右导数不相等，不可导.

(2) $f'(0)=\lim\limits_{x\to 0}\dfrac{f(x)-f(0)}{x-0}=\lim\limits_{x\to 0}\dfrac{x^2\cos\frac{1}{x}}{x}=\lim\limits_{x\to 0}x\cos\dfrac{1}{x}=0$.

□ 习题 2.2 函数的求导法则

1. 求下列函数的导数：

(1) $y=5x^4+4x^3-2$； (2) $y=x^5\left(\dfrac{1}{x}+\sqrt{x}\right)$；

(3) $y=\sin x-2^x$； (4) $y=(1+\tan x)\ln x$；

(5) $y=(x^e+e^x)^2$； (6) $y=e^x(x^3-3x^2+6x-6)$；

(7) $y=x(x-1)(x-2)(x-3)$； (8) $y=\dfrac{\cos x}{1+\ln x}$；

(9) $y=\frac{e^{-x}-e^{x}}{e^{-x}+e^{x}}$； (10) $y=\frac{1+\ln x}{x^{2}}$；

(11) $y=\ln a+\tan x$； (12) $y=\frac{1-x}{1+x}$；

(13) $s=\frac{1+\cos t}{t+\sin t}$； (14) $y=\frac{2\sec x}{1+x^{2}}$.

解 (1) $y'=5(x^{4})'+4(x^{3})'-(2)'=20x^{3}+12x^{2}$.

(2) $y'=(x^{4}+x^{\frac{11}{2}})'=4x^{3}+\frac{11}{2}x^{\frac{9}{2}}$.

(3) $y'=(\sin x)'-(2^{x})'=\cos x-2^{x}\ln 2$.

(4) $y'=(1+\tan x)'\ln x+(1+\tan x)(\ln x)'=\sec^{2}x\ln x+\frac{1+\tan x}{x}$.

(5) $y'=(x^{2e}+2x^{e}e^{x}+(e^{2})^{x})'=2ex^{2e-1}+2(ex^{e-1}e^{x}+x^{e}e^{x})+(e^{2})^{x}\ln e^{2}$
$=2ex^{2e-1}+2ex^{e-1}e^{x}+2x^{e}e^{x}+2e^{2x}$.

(6) $y'=(e^{x})'(x^{3}-3x^{2}+6x-6)+e^{x}(x^{3}-3x^{2}+6x-6)'$
$=e^{x}(x^{3}-3x^{2}+6x-6)+e^{x}(3x^{2}-6x+6)=x^{3}e^{x}$.

(7) $y'=(x-1)(x-2)(x-3)+x(x-2)(x-3)+x(x-1)(x-3)+x(x-1)(x-2)$.

(8) $y'=\frac{(\cos x)'(1+\ln x)-\cos x(1+\ln x)'}{(1+\ln x)^{2}}$

$=\frac{-\sin x(1+\ln x)-\cos x\cdot\frac{1}{x}}{(1+\ln x)^{2}}=-\frac{x\sin x(1+\ln x)+\cos x}{x(1+\ln x)^{2}}$.

(9) $y'=\frac{(e^{-x}-e^{x})'(e^{-x}+e^{x})-(e^{-x}-e^{x})(e^{-x}+e^{x})'}{(e^{-x}+e^{x})^{2}}$

$=\frac{(-e^{-x}-e^{x})(e^{-x}+e^{x})-(e^{-x}-e^{x})(-e^{-x}+e^{x})}{(e^{-x}+e^{x})^{2}}=\frac{-4}{(e^{-x}+e^{x})^{2}}$.

(10) $y'=\frac{(1+\ln x)'x^{2}-(1+\ln x)(x^{2})'}{(x^{2})^{2}}=\frac{\frac{1}{x}\cdot x^{2}-(1+\ln x)\cdot 2x}{x^{4}}=\frac{-2\ln x-1}{x^{3}}$.

(11) $y'=\sec^{2}x$.

(12) $y'=\frac{(1-x)'(1+x)-(1-x)(1+x)'}{(1+x)^{2}}=\frac{-(1+x)-(1-x)}{(1+x)^{2}}=\frac{-2}{(1+x)^{2}}$.

(13) $s'=\frac{(1+\cos t)'(t+\sin t)-(1+\cos t)(t+\sin t)'}{(t+\sin t)^{2}}$

$=\frac{-\sin t(t+\sin t)-(1+\cos t)(1+\cos t)}{(t+\sin t)^{2}}=-\frac{t\sin t+2\cos t+2}{(t+\sin t)^{2}}$.

(14) $y'=\frac{(2\sec x)'(1+x^{2})-2\sec x(1+x^{2})'}{(1+x^{2})^{2}}=\frac{2\sec x\tan x(1+x^{2})-2\sec x\cdot 2x}{(1+x^{2})^{2}}$

$=2\sec x\frac{\tan x(1+x^{2})-2x}{(1+x^{2})^{2}}$.

2. 求函数在给定点的导数：

(1) $y=\sin x+\cos x$，求 $y'|_{x=\frac{\pi}{4}}$； (2) $\rho=2(1+\cos\theta)$ 求 $\rho'|_{\vartheta=\frac{\pi}{3}}$；

(3) $y=\frac{x+\sqrt{x}}{1+\sqrt{x}}$，求 $y'|_{x=1}$；　　(4) $f(x)=(1-x^2)(2-x^4)(3-x^6)$，求 $f'(1)$；

(5) 设 $\varphi(x)$ 是连续函数，$f(x)=(1-x^2)\varphi(x)$，求 $f'(1)$.

解　(1) $y'=\cos x-\sin x$，$y'|_{x=\frac{\pi}{4}}=(\cos x-\sin x)|_{x=\frac{\pi}{4}}=0$.

(2) $\rho'=-2\sin\theta$，$\rho'|_{\vartheta=\frac{\pi}{3}}=-2\sin\frac{\pi}{3}=-\sqrt{3}$.

(3) $y=\frac{x+\sqrt{x}}{1+\sqrt{x}}=\sqrt{x}$，$y'=\frac{1}{2\sqrt{x}}$，　$y'|_{x=1}=\frac{1}{2}$.

(4) $f'(x)=-2x(2-x^4)(3-x^6)+(1-x^2)[(2-x^4)(3-x^6)]'$，

$f'(1)=-2(2-1)(3-1)=-4$.

(5) $f'(1)=\lim\limits_{x\to1}\frac{f(x)-f(1)}{x-1}=\lim\limits_{x\to1}\frac{(1-x^2)\varphi(x)}{x-1}=-\lim\limits_{x\to1}(1+x)\varphi(x)=-2\varphi(1)$.

3. 求曲线 $y=x-\frac{1}{x}$ 与坐标轴交点处的切线方程和法线方程.

解　令 $y=0$，得到曲线与坐标轴的交点 $(1,0)$ 和 $(-1,0)$.

$y'=1+\frac{1}{x^2}$，切线斜率为 $y'|_{x=\pm1}=\left(1+\frac{1}{x^2}\right)\Big|_{x=\pm1}=2$，

在 $(1,0)$ 处切线方程为 $y-0=2(x-1)$，即 $y=2x-2$

法线方程为 $y-0=\frac{-1}{2}(x-1)$，即 $x+2y=1$.

同理，在 $(-1,0)$ 处，切线方程为 $y=2x+2$，法线方程为 $x+2y+1=0$.

4. 求下列函数的导数：

(1) $y=(2x-3)^5$；　　(2) $y=\sin x^5$；

(3) $y=\sqrt{\cot x}$；　　(4) $y=\mathrm{e}^{\cos 2x}$；

(5) $y=x\sqrt{\frac{1-x}{1+x}}$；　　(6) $y=\sin nx\sin^n x$；

(7) $y=\arccos x+\arcsin x$；　　(8) $y=\arctan\frac{1+x}{1-x}$；

(9) $y=\frac{1}{2}\ln\frac{1+x}{1-x}+\arctan x$.

解　(1) $y'=5(2x-3)^4(2x-3)'=10(2x-3)^4$.

(2) $y'=\cos x^5(x^5)'=5x^4\cos x^5$.

(3) $y'=\frac{1}{2\sqrt{\cot x}}(\cot x)'=\frac{-\csc^2 x}{2\sqrt{\cot x}}$.

(4) $y'=(\mathrm{e}^{\cos 2x})'=\mathrm{e}^{\cos 2x}(\cos 2x)'=\mathrm{e}^{\cos 2x}(-2\sin 2x)=-2\sin 2x\,\mathrm{e}^{\cos 2x}$.

(5) $y'=\sqrt{\frac{1-x}{1+x}}+x\left(\sqrt{\frac{1-x}{1+x}}\right)'$

$$=\sqrt{\frac{1-x}{1+x}}+x\frac{1}{2\sqrt{\frac{1-x}{1+x}}}\left(\frac{1-x}{1+x}\right)'=\sqrt{\frac{1-x}{1+x}}-\frac{x}{\sqrt{(1-x)(1+x)^3}}.$$

(6) $y'=(\sin nx)'\sin^n x+\sin nx(\sin^n x)'=n\cos nx\sin^n x+\sin nx(n\sin^{n-1}x\cos x)$
$=n\sin^{n-1}x(\cos nx\sin x+\sin nx\cos x)=n\sin^{n-1}x\sin(n+1)x$.

(7) $y'=-\dfrac{1}{\sqrt{1-x^2}}+\dfrac{1}{\sqrt{1-x^2}}=0$.

(8) $y'=\left(\arctan\dfrac{1+x}{1-x}\right)'=\dfrac{1}{1+\left(\dfrac{1+x}{1-x}\right)^2}\left(\dfrac{1+x}{1-x}\right)'=\dfrac{1}{1+\left(\dfrac{1+x}{1-x}\right)^2}\dfrac{2}{(1-x)^2}=\dfrac{1}{1+x^2}$.

(9) $y'=\left[\dfrac{1}{2}\ln(1+x)-\dfrac{1}{2}\ln(1-x)+\arctan x\right]'=\dfrac{1}{2}\cdot\dfrac{1}{1+x}-\dfrac{1}{2}\cdot\dfrac{-1}{1-x}+\dfrac{1}{1+x^2}$
$=\dfrac{1}{1-x^2}+\dfrac{1}{1+x^2}=\dfrac{2}{1-x^4}$.

□ 习题 2.3 高阶导数

1. 求下列函数的二阶导数：

(1) $y=x^3e^{-3x}$； (2) $y=\ln(x+\sqrt{x^2+4})$；

(3) $y=\ln x\cos x$； (4) $y=\ln(x^2+1)$；

(5) $y=\dfrac{e^x}{x}$； (6) $y=\sin 2x$.

解 (1) $y'=3x^2e^{-3x}-3x^3e^{-3x}$,
$y''=6xe^{-3x}-9x^2e^{-3x}-9x^2e^{-3x}+9x^3e^{-3x}=3x(2-6x+3x^2)e^{-3x}$.

(2) $y'=\dfrac{1}{x+\sqrt{x^2+4}}\left(1+\dfrac{x}{\sqrt{x^2+4}}\right)=\dfrac{1}{\sqrt{x^2+4}}$,

$y''=[(x^2+4)^{-\frac{1}{2}}]'=-\dfrac{1}{2}(x^2+4)^{-\frac{3}{2}}\cdot 2x=-\dfrac{x}{\sqrt{(x^2+4)^3}}$.

(3) $y'=\dfrac{\cos x}{x}-\sin x\ln x$,

$y''=\dfrac{-x\sin x-\cos x}{x^2}-\cos x\ln x-\dfrac{\sin x}{x}=\dfrac{-2x\sin x-\cos x}{x^2}-\cos x\ln x$.

(4) $y'=\dfrac{2x}{x^2+1}$, $y''=\dfrac{2(x^2+1)-2x\cdot 2x}{(x^2+1)^2}=\dfrac{2(1-x^2)}{(x^2+1)^2}$.

(5) $y''=(x^{-1}e^x)''=(x^{-1})''e^x+2(x^{-1})'(e^x)'+x^{-1}(e^x)''$
$=\dfrac{2}{x^3}e^x+2\cdot\dfrac{-1}{x^2}\cdot e^x+\dfrac{1}{x}e^x=\dfrac{(2-2x+x^2)e^x}{x^3}$.

(6) $y'=2\cos 2x$, $y''=-4\sin 2x$.

2. 若 $f(x)$ 的二阶导数存在，求下列函数 y 的二阶导数 $\dfrac{d^2y}{dx^2}$.

(1) $y=f(\cos x)$； (2) $y=\ln f(x)$.

解 (1) $y'=f'(\cos x)(-\sin x)=-\sin xf'(\cos x)$, $y''=-\cos xf'(\cos x)+\sin^2 xf''(\cos x)$；

(2) $y'=\dfrac{f'(x)}{f(x)}$, $y''=\dfrac{f''(x)f(x)-[f'(x)]^2}{[f(x)]^2}$.

3. 验证函数关系式

(1) $y=e^{\sqrt{x}}+e^{-\sqrt{x}}$ 满足关系式 $4xy''+2y'-y=0$；

(2) $y=\dfrac{x-3}{x-4}$ 满足关系式 $2y'^2=(y-1)y''$.

解 (1) $y'=\dfrac{e^{\sqrt{x}}-e^{-\sqrt{x}}}{2\sqrt{x}}, y''=\dfrac{e^{\sqrt{x}}+e^{-\sqrt{x}}}{4x}-\dfrac{e^{\sqrt{x}}-e^{-\sqrt{x}}}{4\sqrt{x^3}}$,

$$4xy''+2y'-y=4x\left(\frac{e^{\sqrt{x}}+e^{-\sqrt{x}}}{4x}-\frac{e^{\sqrt{x}}-e^{-\sqrt{x}}}{4\sqrt{x^3}}\right)+2\,\frac{e^{\sqrt{x}}-e^{-\sqrt{x}}}{2\sqrt{x}}-(e^{\sqrt{x}}+e^{-\sqrt{x}})=0.$$

(2) $y-1=\dfrac{1}{x-4}, y'=-\dfrac{1}{(x-4)^2}, y''=\dfrac{2}{(x-4)^3}$,

$$2y'^2-(y-1)y''=\frac{2}{(x-4)^4}-\frac{1}{x-4}\cdot\frac{2}{(x-4)^3}=0.$$

4. 求下列函数的高阶导数.

(1) $y=x\ln|x^2-1|$，求 $y^{(50)}|_{x=0}$；　　(2) $y=x(e^x+e^{-x})$，求 $y^{(99)}$.

解 (1) $y=x\ln|x-1|+x\ln|x+1|, y'=\ln|x-1|+\ln|x+1|+\dfrac{x}{x-1}+\dfrac{x}{x+1}$,

$$y''=\frac{1}{x-1}+\frac{1}{x+1}-\frac{1}{(x-1)^2}+\frac{1}{(x+1)^2}, y'''=-\frac{1}{(x-1)^2}-\frac{1}{(x+1)^2}+\frac{2}{(x-1)^3}-\frac{2}{(x+1)^3},$$

$$y^{(50)}=(-1)^{50}48!\left[\frac{1}{(x-1)^{49}}+\frac{1}{(x+1)^{49}}\right]+(-1)^{51}49!\left[\frac{1}{(x-1)^{50}}-\frac{1}{(x+1)^{50}}\right],$$

$y^{(50)}|_{x=0}=-2\cdot 49!$；

$$\begin{aligned}(2)\ y^{(99)}&=x(e^x+e^{-x})^{(99)}+99\,(x)'(e^x+e^{-x})^{(98)}+C_{99}^2(x)''(e^x+e^{-x})^{(97)}+\cdots\\&=x(e^x-e^{-x})+99(e^x+e^{-x}).\end{aligned}$$

习题 2.4 隐函数与参数方程所确定的函数的导数

1. 求下列隐函数所确定的函数的导数：

(1) $x^3+y^3-3xy=0$；　　(2) $y-\sin x-\cos(x-y)=0$；

(3) $e^{x+y}-xy=1$；　　(4) $\ln(x^2+y^2)-2\arctan\dfrac{x}{y}=0$；

(5) $y=\tan(x+y)$.

解 (1) 对 $x^3+y^3-3xy=0$ 两端求导，得

$3x^2+3y^2y'-3y-3xy'=0$，解出 $y'=\dfrac{x^2-y}{x-y^2}$.

(2) 对 $y-\sin x-\cos(x-y)=0$ 两端求导，得

$y'-\cos x+\sin(x-y)(1-y')=0$，解出 $y'=\dfrac{\cos x-\sin(x-y)}{1-\sin(x-y)}$.

(3) 对 $e^{x+y}-xy=1$ 两端求导，得

$e^{x+y}(1+y')-y-xy'=0$，解出 $y'=\dfrac{y-e^{x+y}}{e^{x+y}-x}$.

(4)对$\ln(x^2+y^2)-2\arctan\dfrac{x}{y}=0$两端求导，得

$\dfrac{(x^2+y^2)'}{x^2+y^2}-2\dfrac{1}{1+\left(\dfrac{x}{y}\right)^2}\left(\dfrac{x}{y}\right)'=0$，即

$\dfrac{2x+2yy'}{x^2+y^2}-2\dfrac{y-xy'}{x^2+y^2}=0$，解出$y'=\dfrac{y-x}{y+x}$.

(5)对$y=\tan(x+y)$两端求导，得

$$y'=\sec^2(x+y)(1+y'),$$

解出$y'=\dfrac{\sec^2(x+y)}{1-\sec^2(x+y)}=-\csc^2(x+y)$.

2.求$x^{\frac{2}{3}}+y^{\frac{2}{3}}=2a^{\frac{2}{3}}$在点$(a,a)$处的切线方程和法线方程.

解 对$x^{\frac{2}{3}}+y^{\frac{2}{3}}=2a^{\frac{2}{3}}$两端求导，得

$\dfrac{2}{3}x^{-\frac{1}{3}}+\dfrac{2}{3}y^{-\frac{1}{3}}y'=0$，所以$y'=-\left(\dfrac{y}{x}\right)^{\frac{1}{3}}$，切线斜率为$y'\Big|_{\substack{x=a\\y=a}}=-1$，法线斜率为1，

切线方程为$y-a=-1(x-a)$，即$y+x=2a$.

法线方程为$y-a=1(x-a)$，即$y-x=0$.

3.$y=1+xe^y$，求$y'\Big|_{x=0}$、$y''\Big|_{x=0}$.

解 当$x=0$时，$y=1$.

对$y=1+xe^y$两端求导，得

$y'=e^y+xe^yy'$，所以$y'|_{x=0}=e^1+0e^1\ y'|_{x=0}=e$，

对$y'=e^y+xe^yy'$两端求导，得$y''=e^yy'+e^yy'+xe^y\ (y')^2+xe^yy''$，

将$y|_{x=0}=1$，$y'|_{x=0}=e$代入，得$y''|_{x=0}=2e^yy'=2e^2$.

4.用对数求导法求下列导数：

(1)$y=x^x$；　　(2)$y=\sqrt[3]{\dfrac{(x+1)(x^2+2)}{x(2x-1)^2}}$；

(3)$y=\left(1+\dfrac{1}{x}\right)^x$.

解 (1)对$y=x^x$两端取对数，得$\ln y=x\ln x$，两端求导数

$$\frac{y'}{y}=\ln x+1，所以\ y'=x^x(\ln x+1).$$

(2)对$y=\sqrt[3]{\dfrac{(x+1)(x^2+2)}{x(2x-1)^2}}$两端取对数，得

$\ln y=\dfrac{1}{3}[\ln(x+1)+\ln(x^2+2)-\ln x-2\ln(2x-1)]$，求导数

$\dfrac{y'}{y}=\dfrac{1}{3}\left[\dfrac{1}{x+1}+\dfrac{2x}{x^2+2}-\dfrac{1}{x}-\dfrac{4}{2x-1}\right]$，所以

$$y'=\frac{1}{3}\sqrt[3]{\frac{(x+1)(x^2+2)}{x(2x-1)^2}}\left[\frac{1}{x+1}+\frac{2x}{x^2+2}-\frac{1}{x}-\frac{4}{2x-1}\right].$$

(3)对 $y=\left(1+\frac{1}{x}\right)^x$ 两端取对数,得 $\ln y=x[\ln(x+1)-\ln x]$,求导数

$$\frac{y'}{y}=x\left[\frac{1}{x+1}-\frac{1}{x}\right]+\ln(x+1)-\ln x,$$

所以 $y'=\left(1+\frac{1}{x}\right)^x\left\{x\left[\frac{1}{x+1}-\frac{1}{x}\right]+\ln(x+1)-\ln x\right\}$.

5.求参数方程所确定的函数的导数及二阶导数:

(1) $\begin{cases}x=a(t-\sin t)\\ y=a(1-\cos t)\end{cases}$; (2) $\begin{cases}x=f'(t)\\ y=tf'(t)-f(t)\end{cases}$,其中 $f''(t)$ 存在且不为零.

解 (1) $\frac{\mathrm{d}y}{\mathrm{d}x}=\frac{y'_t}{x'_t}=\frac{a\sin t}{a(1-\cos t)}=\frac{\sin t}{1-\cos t}$,

$$\frac{\mathrm{d}^2y}{\mathrm{d}x^2}=\frac{\left(\frac{\mathrm{d}y}{\mathrm{d}x}\right)'_t}{x'_t}=\frac{\left(\frac{\sin t}{1-\cos t}\right)'}{a(1-\cos t)}=\frac{\frac{\cos t-1}{(1-\cos t)^2}}{a(1-\cos t)}=-\frac{1}{a(1-\cos t)^2}.$$

(2) $\frac{\mathrm{d}y}{\mathrm{d}x}=\frac{y'_t}{x'_t}=\frac{tf''(t)}{f''(t)}=t$, $\frac{\mathrm{d}^2y}{\mathrm{d}x^2}=\frac{\left(\frac{\mathrm{d}y}{\mathrm{d}x}\right)'_t}{x'_t}=\frac{1}{f''(t)}$.

6.设参数方程为 $\begin{cases}x=e^t\sin t,\\ y=e^t\cos t,\end{cases}$

(1)求曲线在 $t=\frac{\pi}{3}$ 处的切线方程;

(2)验证函数满足关系式

$$\frac{\mathrm{d}^2y}{\mathrm{d}x^2}(x+y)^2=2\left(x\frac{\mathrm{d}y}{\mathrm{d}x}-y\right).$$

解 (1) $t=\frac{\pi}{3}$ 时, $x=\frac{\sqrt{3}}{2}e^{\frac{\pi}{3}}$, $y=\frac{1}{2}e^{\frac{\pi}{3}}$,

$$\frac{\mathrm{d}y}{\mathrm{d}x}=\frac{y'_t}{x'_t}=\frac{e^t\cos t-e^t\sin t}{e^t\sin t+e^t\cos t}=\frac{\cos t-\sin t}{\sin t+\cos t},$$

切线斜率为 $\left.\frac{\mathrm{d}y}{\mathrm{d}x}\right|_{t=\frac{\pi}{3}}=\left.\frac{\cos t-\sin t}{\sin t+\cos t}\right|_{t=\frac{\pi}{3}}=\frac{1-\sqrt{3}}{1+\sqrt{3}}=\sqrt{3}-2$,

切线方程为 $y-\frac{1}{2}e^{\frac{\pi}{3}}=(\sqrt{3}-2)\left(x-\frac{\sqrt{3}}{2}e^{\frac{\pi}{3}}\right)$,

即 $y+(2-\sqrt{3})x=(\sqrt{3}-1)e^{\frac{\pi}{3}}$.

(2) $\frac{\mathrm{d}^2y}{\mathrm{d}x^2}=\frac{\left(\frac{\mathrm{d}y}{\mathrm{d}x}\right)'_t}{x'_t}=\frac{\left(\frac{\cos t-\sin t}{\sin t+\cos t}\right)'}{e^t(\sin t+\cos t)}$

$$=\frac{\frac{(-\sin t-\cos t)(\sin t+\cos t)-(\cos t-\sin t)(\cos t-\sin t)}{(\sin t+\cos t)^2}}{e^t(\sin t+\cos t)}=-\frac{2}{e^t(\sin t+\cos t)^3}$$

$$\frac{d^2y}{dx^2}(x+y)^2-2\left(x\frac{dy}{dx}-y\right)$$

$$=-\frac{2}{e^t(\sin t+\cos t)^3}(e^t\sin t+e^t\cos t)^2-2\left(e^t\sin t\frac{\cos t-\sin t}{\sin t+\cos t}-e^t\cos t\right)$$

$$=-\frac{2e^t}{\sin t+\cos t}+2e^t\frac{\cos^2 t+\sin^2 t}{\sin t+\cos t}=0,$$

即
$$\frac{d^2y}{dx^2}(x+y)^2=2\left(x\frac{dy}{dx}-y\right).$$

□ 习题 2.5 函数的微分

1. 已知 $y=x^2+1$，计算在 $x=1$ 点处当 $\Delta x=0.1$ 和 0.01 时的 Δy 及 dy.

解 $\Delta y=f(x+\Delta x)-f(x)=2x\Delta x+(\Delta x)^2$，$dy=2x\Delta x$.

当 $x=1,\Delta x=0.1$ 时，$\Delta y=2\Delta x+(\Delta x)^2=0.21$，$dy=2\Delta x=0.2$；

$x=1,\Delta x=0.01$ 时，$\Delta y=2\Delta x+(\Delta x)^2=0.0201$，$dy=2\Delta x=0.02$.

2. 求下列函数的微分：

(1) $y=x^2+\sqrt{x}$；　(2) $y=\sqrt{x^2+2x}$；

(3) $y=e^{x^2+x}$；　(4) $y=e^{1-3x}\cos x$；

(5) $y=\ln(1+x^2)$；　(6) $y=\arccos\sqrt{1-x^2}$；

(7) $y=\arctan\dfrac{1-x}{1+x}$；　(8) $y=\ln\tan\dfrac{x}{2}$；

(9) $x^3+y^3-3x^2y-3y^2x=4a^3$；　(10) $y=x^{\cos x}$.

解 (1) $dy=(x^2+\sqrt{x})'dx=\left(2x+\dfrac{1}{2\sqrt{x}}\right)dx$；

(2) $dy=(\sqrt{x^2+2x})'dx=\dfrac{x+1}{\sqrt{x^2+2x}}dx$；

(3) $dy=(e^{x^2+x})'dx=(2x+1)e^{x^2+x}dx$；

(4) $dy=(e^{1-3x}\cos x)'dx=-(3\cos x+\sin x)e^{1-3x}dx$；

(5) $dy=[\ln(1+x^2)]'dx=\dfrac{2xdx}{1+x^2}$；

(6) $dy=(\arccos\sqrt{1-x^2})'dx=-\dfrac{(\sqrt{1-x^2})'dx}{\sqrt{1-(\sqrt{1-x^2})^2}}=\dfrac{dx}{\sqrt{1-x^2}}$；

(7) $dy=\left(\arctan\dfrac{1-x}{1+x}\right)'dx=\dfrac{\left(\dfrac{1-x}{1+x}\right)'dx}{1+\left(\dfrac{1-x}{1+x}\right)^2}=-\dfrac{\dfrac{2dx}{(1+x)^2}}{1+\left(\dfrac{1-x}{1+x}\right)^2}=-\dfrac{dx}{1+x^2}$；

(8) $dy=\left(\ln\tan\dfrac{x}{2}\right)'dx=\dfrac{1}{\tan\dfrac{x}{2}}\cdot\sec^2\dfrac{x}{2}\cdot\dfrac{1}{2}\cdot dx=\dfrac{dx}{\sin x}$；

(9) 对等式两端微分，得 $3x^2dx+3y^2dy-6xydx-3x^2dy-6xydy-3y^2dx=0$，所以 $dy=$

$\dfrac{x^2-2xy-y^2}{x^2+2xy-y^2}dx$；

(10)取对数 $\ln y=\cos x\cdot\ln x$，两端微分得 $\dfrac{dy}{y}=\cos x\cdot d\ln x+\ln x\cdot d\cos x$，

即 $$dy=x^{\cos x}\left(\cos x\cdot\frac{dx}{x}-\ln x\cdot\sin x dx\right)=x^{\cos x}\left(\frac{\cos x}{x}-\ln x\cdot\sin x\right)dx.$$

3. 将适当的函数填入括号内，使下列等式成立.

(1)$d(\quad)=2xdx$；　　(2)$d(\quad)=\dfrac{1}{x^2}dx$；

(3)$d(\quad)=\dfrac{x}{\sqrt{x^2+1}}dx$；　　(4)$d(\quad)=e^{-2x}dx$；

(5)$d(\quad)=\sec^2 xdx$；　　(6)$d(\quad)=\dfrac{\arctan x}{x^2+1}dx$.

解　(1)x^2；(2)$-\dfrac{1}{x}$；(3)$\sqrt{x^2+1}$；(4)$-\dfrac{1}{2}e^{-2x}$；(5)$\tan x$；(6)$\dfrac{1}{2}\arctan^2 x$.

4. 求下列近似值：

(1)$\tan 46°$；(2)$e^{1.01}$；(3)$\sqrt[3]{30}$.

解　(1)$\tan 46°=\tan\left(\dfrac{\pi}{4}+\dfrac{\pi}{180}\right)$，设 $f(x)=\tan x$，$x_0=\dfrac{\pi}{4}$，$\Delta x=\dfrac{\pi}{180}$，则 $f'(x)=\sec^2 x$，由近似计算公式 $f(x_0+\Delta x)\approx f(x_0)+f'(x_0)\cdot\Delta x$ 可得

$$\tan 46°=\tan\left(\frac{\pi}{4}+\frac{\pi}{180}\right)\approx\tan\left(\frac{\pi}{4}\right)+\sec^2\frac{\pi}{4}\cdot\frac{\pi}{180}$$
$$=1+(\sqrt{2})^2\cdot\frac{\pi}{180}\approx 1.034\,9;$$

(2)设 $f(x)=e^x$，　$x_0=1$，$\Delta x=0.01$，则 $f'(x)=e^x$，由近似计算公式可得，

$$e^{1.01}\approx e^1+e^1\cdot 0.01\approx 2.745$$

(3) $\sqrt[3]{30}=\sqrt[3]{27+3}=3\sqrt[3]{1+\dfrac{1}{9}}$，设 $f(x)=\sqrt[3]{1+x}$，$x=\dfrac{1}{9}$，则 $f'(x)=\dfrac{1}{3}(1+x)^{-\frac{2}{3}}$，由近似计算公式 $f(x)\approx f(0)+f'(0)\cdot x$ 可得 $\sqrt[3]{1+\dfrac{1}{9}}\approx 1+\dfrac{1}{3}\cdot\dfrac{1}{9}$，所以

$$\sqrt[3]{30}=3\sqrt[3]{1+\frac{1}{9}}\approx 3\left(1+\frac{1}{3}\cdot\frac{1}{9}\right)=3+\frac{1}{9}\approx 3.111\,1$$

5. 当 x 很小时，证明近似公式

(1)$\arctan x\approx x$；(2)$\ln(1+\sin x)\approx x$；(3)$\dfrac{1+x}{1-x}\approx 1+2x$.

解　(1)取 $f(x)=\arctan x$，则 $f'(x)=\dfrac{1}{1+x^2}$，$f'(0)=1$. 由近似计算公式 $f(x)\approx f(0)+f'(0)\cdot x$ 可得 $\arctan x\approx\arctan 0+\dfrac{1}{1+0^2}x=x$.

(2)取 $f(x)=\ln(1+\sin x)$，则 $f'(x)=\dfrac{\cos x}{1+\sin x}$，$f'(0)=1$. 由近似计算公式 $f(x)\approx f(0)+f'(0)\cdot x$ 可得 $\ln(1+\sin x)\approx\ln(1+\sin 0)+\dfrac{1}{1+0}x=x$.

(3)取 $f(x)=\dfrac{1+x}{1-x}$，则 $f'(x)=\dfrac{2}{(1-x)^2}$. 由近似计算公式 $f(x)\approx f(0)+f'(0)\cdot x$ 可得 $\dfrac{1+x}{1-x}\approx\dfrac{1+0}{1-0}+\dfrac{2}{(1-0)^2}x=1+2x$.

6. 球形容器的内半径为 r，容器材料厚度为 h，求这个容器所用材料的体积近似值.

解 球体积公式为 $V=\dfrac{4}{3}\pi r^3$，$\Delta r=h$，所用材料为 $\Delta V\approx \mathrm{d}V=\left(\dfrac{4}{3}\pi r^3\right)'\Delta r=4\pi r^2 h$.

7. 已知单摆的运动规律为 $y=2\pi\sqrt{\dfrac{x}{g}}$，其中 y 是运动周期，g 为重力加速度，x 为摆长. 如果摆长增加 1%，单摆的运动周期约增加多少？

解 本题问 $\dfrac{\Delta x}{x}=1\%$ 时，$\dfrac{\Delta y}{y}$ 为多少.

$$\frac{\Delta y}{y}\approx\frac{\mathrm{d}y}{y}=\frac{\left(2\pi\sqrt{\dfrac{x}{g}}\right)'\Delta x}{2\pi\sqrt{\dfrac{x}{g}}}=\frac{\dfrac{2\pi}{2\sqrt{gx}}\Delta x}{2\pi\sqrt{\dfrac{x}{g}}}=\frac{\Delta x}{2x}=0.5\%.$$

习题 2.6 微分中值定理

1. 验证函数 $f(x)=x\sqrt{1-x^2}$ 在 $[-1,1]$ 满足罗尔定理.

证 $f(x)=x\sqrt{1-x^2}$ 在 $[-1,1]$ 连续，$f'(x)=\sqrt{1-x^2}-\dfrac{x^2}{\sqrt{1-x^2}}$ 在 $(-1,1)$ 存在，$f(1)=f(-1)=0$.

2. 设 $f(x)$ 为可导函数，证明：若方程 $f'(x)=0$ 没有实根，则方程 $f(x)=0$ 至多只有一个实根.

证 设 $f(x)=0$ 有两个实根 $x_1,x_2,x_1<x_2$，则 $f(x)$ 在 $[x_1,x_2]$ 满足罗尔定理的条件，所以存在 $\xi\in(x_1,x_2)$，使得 $f'(\xi)=0$ 成立，与 $f'(x)=0$ 没有实根矛盾.

3. 设 $f(x)$ 在 $[a,b]$ 连续可微，在 (a,b) 二阶可微，且 $f(a)=f(b)=f'(a)=0$，证明：$f''(x)=0$ 在 (a,b) 内至少有一个根.

证 $f(x)$ 在 $[a,b]$ 满足罗尔定理的条件，存在 $\xi\in(a,b)$，$f'(\xi)=0$.

在 $[a,\xi]$ 上，$f'(x)$ 还满足罗尔的条件，所以存在 $\eta\in(a,\xi)$，使得 $[f'(\eta)]'=f''(\eta)=0$ 成立，即 $f''(x)=0$ 有实根.

4. 已知 $c_0+\dfrac{c_1}{2}+\cdots+\dfrac{c_n}{n+1}=0$，证明：$p(x)=c_0+c_1x+\cdots+c_nx^n=0$ 至少有一正实根.

证 设 $f(x)=c_0x+\dfrac{c_1}{2}x^2+\cdots+\dfrac{c_n}{n+1}x^{n+1}$，则 $f'(x)=p(x)=c_0+c_1x+\cdots+c_nx^n$，$f(x)$

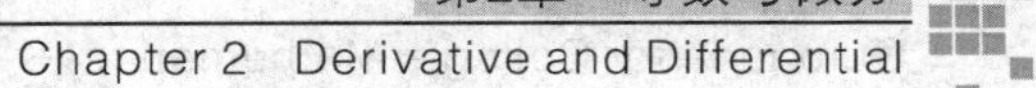

在$[0,1]$上满足罗尔定理的条件，存在$\xi\in(0,1)$，$f'(\xi)=p(\xi)=0$.

5. 验证下列函数是否满足拉格朗日定理的条件，并求中值ξ.

(1)$f(x)=\ln x, x\in[1,\mathrm{e}]$ (2)$f(x)=px^2+qx+r, x\in[a,b]$

证 (1)$f(x)=\ln x, x\in[1,\mathrm{e}]$连续，$f'(x)=\dfrac{1}{x}$在$[1,\mathrm{e}]$存在，满足拉格朗日定理的条件.

存在$\xi\in(1,\mathrm{e})$，$\dfrac{1}{\xi}=\dfrac{\ln\mathrm{e}-\ln 1}{\mathrm{e}-1}$，即$\xi=\mathrm{e}-1$.

(2)$f(x)=px^2+qx+r, x\in[a,b]$连续，$f'(x)=2px+q$在$[a,b]$存在，满足拉格朗日定理的条件. 存在$\xi\in(a,b)$，$\dfrac{[pb^2+qb+r]-[pa^2+qa+r]}{b-a}=2p\xi+q$，即$\xi=\dfrac{b+a}{2}$.

6. 求证：$\arcsin x+\arccos x=\dfrac{\pi}{2}(|x|\leqslant 1)$.

证 设$f(x)=\arcsin x+\arccos x$，则$f'(x)=\dfrac{1}{\sqrt{1-x^2}}-\dfrac{1}{\sqrt{1-x^2}}=0$，所以$f(x)=C$.

取$x=0$，得$C=f(0)=\dfrac{\pi}{2}$，即$\arcsin x+\arccos x=\dfrac{\pi}{2}$.

7. 证明：当$a>b>0$时，$\dfrac{a-b}{a}<\ln\dfrac{a}{b}<\dfrac{a-b}{b}$.

证 设$f(x)=\ln x, x\in[b,a]$，则$f'(x)=\dfrac{1}{x}$. 由拉格朗日中值定理，存在$\xi\in(b,a)$，$\dfrac{\ln a-\ln b}{a-b}=\dfrac{1}{\xi}$，由于$\dfrac{1}{a}<\dfrac{1}{\xi}<\dfrac{1}{b}$，所以$\dfrac{1}{a}<\dfrac{\ln a-\ln b}{a-b}<\dfrac{1}{b}$，即$\dfrac{a-b}{a}<\ln\dfrac{a}{b}<\dfrac{a-b}{b}$.

8. 证明：$|\sin x-\sin y|\leqslant|x-y|$.

证 设$f(x)=\sin x$，则$f'(x)=\cos x$，在$[y,x]$上应用拉格朗日中值定理，存在ξ，使得$\sin x-\sin y=\cos\xi(x-y)$，所以$|\sin x-\sin y|=|\cos\xi||x-y|\leqslant|x-y|$.

9. 设函数$f(x)$在区间$[a,b]$上连续，在(a,b)内可导，且有$f(a)=f(b)=0$.

利用$g(x)=\mathrm{e}^{-x}f(x)$证明：存在$\xi\in(a,b)$，使得$f(\xi)-f'(\xi)=0$.

证 $g(x)=\mathrm{e}^{-x}f(x)$连续，$g'(x)=\mathrm{e}^{-x}[f'(x)-f(x)]$存在，$g(a)=\mathrm{e}^{-a}f(a)=0$，$g(b)=\mathrm{e}^{-b}f(b)=0$，$g(x)$在$[a,b]$上满足罗尔定理的条件，存在$\xi\in(a,b)$，使得$g'(\xi)=\mathrm{e}^{-\xi}[f'(\xi)-f(\xi)]=0$，即$f'(\xi)-f(\xi)=0$.

10. 求证：设$f(x)$在$[a,b](b>a>0)$上连续，在(a,b)内可导，则存在$\xi\in(a,b)$，使得

$$f(b)-f(a)=\xi f'(\xi)\ln\frac{b}{a}$$

证 设$g(x)=\ln x$连续，则$f(x),g(x)$在$[a,b]$上满足柯西中值定理的条件，$\exists\xi\in(a,b)$，使得

$$\frac{f(b)-f(a)}{\ln b-\ln a}=\frac{f'(\xi)}{\frac{1}{\xi}}\text{，即 } f(b)-f(a)=\xi f'(\xi)\ln\frac{b}{a}.$$

习题 2.7　洛必达法则

1. 应用洛必达法则求下列$\frac{0}{0}$或$\frac{\infty}{\infty}$型未定式的极限

(1) $\lim\limits_{x\to 0}\frac{\tan ax}{\sin bx}$；

(2) $\lim\limits_{x\to 0}\frac{1-\cos x^2}{x^3\sin x}$；

(3) $\lim\limits_{x\to 0}\frac{\ln(1+x)-x}{\cos x-1}$；

(4) $\lim\limits_{x\to 0}\frac{\tan x-x}{x-\sin x}$；

(5) $\lim\limits_{x\to 0}\frac{\ln\cos ax}{\ln\cos bx}$；

(6) $\lim\limits_{x\to 0}\frac{e^{-2x}-e^{-5x}}{x}$；

(7) $\lim\limits_{x\to +\infty}\frac{\frac{\pi}{2}-\arctan x}{\sin\frac{1}{x}}$；

(8) $\lim\limits_{x\to \frac{\pi}{6}}\frac{1-2\sin x}{\cos 3x}$；

(9) $\lim\limits_{x\to \frac{\pi}{2}}\frac{\tan x-6}{\sec x+5}$；

(10) $\lim\limits_{x\to +\infty}\frac{x^b}{e^{ax}}(a,b>0)$；

(11) $\lim\limits_{x\to +\infty}\frac{\ln^c x}{x^b}(b,c>0)$；

(12) $\lim\limits_{x\to 0^+}\frac{\ln x}{\cot x}$.

解　(1) $\lim\limits_{x\to 0}\frac{\tan ax}{\sin bx}=\lim\limits_{x\to 0}\frac{a\sec^2 ax}{b\cos bx}=\frac{a}{b}$；

(2) $\lim\limits_{x\to 0}\frac{1-\cos x^2}{x^3\sin x}=\lim\limits_{x\to 0}\frac{1-\cos x^2}{x^4}\cdot\lim\limits_{x\to 0}\frac{x}{\sin x}=\lim\limits_{x\to 0}\frac{2x\sin x^2}{4x^3}=\lim\limits_{x\to 0}\frac{\sin x^2}{2x^2}=\frac{1}{2}$；

(3) $\lim\limits_{x\to 0}\frac{\ln(1+x)-x}{\cos x-1}=\lim\limits_{x\to 0}\frac{\frac{1}{1+x}-1}{-\sin x}=\lim\limits_{x\to 0}\frac{x}{(1+x)\sin x}=1$；

(4) $\lim\limits_{x\to 0}\frac{\tan x-x}{x-\sin x}=\lim\limits_{x\to 0}\frac{\sec^2 x-1}{1-\cos x}=\lim\limits_{x\to 0}\frac{1+\cos x}{\cos^2 x}=2$；

(5) $\lim\limits_{x\to 0}\frac{\ln\cos ax}{\ln\cos bx}=\lim\limits_{x\to 0}\frac{\frac{-a\sin ax}{\cos ax}}{\frac{-b\sin bx}{\cos bx}}=\frac{a}{b}\lim\limits_{x\to 0}\frac{\sin ax}{\sin bx}\cdot\frac{\cos bx}{\cos ax}=\frac{a}{b}\lim\limits_{x\to 0}\frac{\sin ax}{\sin bx}=\frac{a^2}{b^2}$；

(6) $\lim\limits_{x\to 0}\frac{e^{-2x}-e^{-5x}}{x}=\lim\limits_{x\to 0}\frac{-2e^{-2x}+5e^{-5x}}{1}=3$；

(7) $\lim\limits_{x\to +\infty}\frac{\frac{\pi}{2}-\arctan x}{\sin\frac{1}{x}}=\lim\limits_{x\to +\infty}\frac{\frac{-1}{1+x^2}}{-\frac{1}{x^2}\cos\frac{1}{x}}=\lim\limits_{x\to \infty}\frac{x^2}{1+x^2}\cdot\frac{1}{\cos\frac{1}{x}}=1$；

(8) $\lim\limits_{x\to \frac{\pi}{6}}\frac{1-2\sin x}{\cos 3x}=\lim\limits_{x\to \frac{\pi}{6}}\frac{-2\cos x}{-3\sin 3x}=\frac{\sqrt{3}}{3}$；

(9) $\lim\limits_{x\to \frac{\pi}{2}}\frac{\tan x-6}{\sec x+5}=\lim\limits_{x\to \frac{\pi}{2}}\frac{\sec^2 x}{\sec x\tan x}=\lim\limits_{x\to \frac{\pi}{2}}\frac{1}{\sin x}=1$；

(10) $\lim\limits_{x\to +\infty}\frac{x^b}{e^{ax}}=\lim\limits_{x\to +\infty}\frac{bx^{b-1}}{ae^{ax}}=\lim\limits_{x\to +\infty}\frac{b(b-1)x^{b-2}}{a^2e^{ax}}=\cdots=0$；

(11) $\lim\limits_{x\to+\infty}\dfrac{\ln^c x}{x^b}\overset{\ln x=t}{=}\lim\limits_{t\to+\infty}\dfrac{t^c}{e^{bt}}=0$;

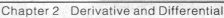

(12) $\lim\limits_{x\to0^+}\dfrac{\ln x}{\cot x}=\lim\limits_{x\to0^+}\dfrac{\dfrac{1}{x}}{-\csc^2 x}=-\lim\limits_{x\to0^+}\dfrac{\sin x}{x}\cdot\sin x=0.$

2.应用洛必达法则求下列极限：

(1) $\lim\limits_{x\to\pi}(\pi-x)\tan\dfrac{x}{2}$;

(2) $\lim\limits_{x\to0^+}x^b\ln^c x(b,c>0)$;

(3) $\lim\limits_{x\to0^+}\sin x\ln x$;

(4) $\lim\limits_{x\to\infty}\left(\dfrac{1}{x}-\dfrac{1}{\sin x}\right)$;

(5) $\lim\limits_{x\to1}\left(\dfrac{1}{\ln x}-\dfrac{1}{x-1}\right)$;

(6) $\lim\limits_{x\to0}\left(\dfrac{1}{x^2}-\dfrac{1}{\sin^2 x}\right)$;

(7) $\lim\limits_{x\to+\infty}(\sqrt[3]{x^3+3x^2}-\sqrt{x^2-2x})$;

(8) $\lim\limits_{x\to0^+}x^{\sin x}$;

(9) $\lim\limits_{x\to1}x^{\frac{1}{1-x}}$;

(10) $\lim\limits_{x\to+\infty}\left(\dfrac{2}{\pi}\arctan x\right)^x$;

(11) $\lim\limits_{x\to0^+}\left(\ln\dfrac{1}{x}\right)^x$.

解　(1) $\lim\limits_{x\to\pi}(\pi-x)\tan\dfrac{x}{2}=\lim\limits_{x\to\pi}\dfrac{\pi-x}{\cot\dfrac{x}{2}}=\lim\limits_{x\to\pi}\dfrac{-1}{-\dfrac{1}{2}\csc^2\dfrac{x}{2}}=2$;

(2) $\lim\limits_{x\to0^+}x^b\ln^c x=\lim\limits_{x\to0^+}\left(\dfrac{\ln x}{x^{-\frac{b}{c}}}\right)^c=\left(\lim\limits_{x\to0^+}\dfrac{\ln x}{x^{-\frac{b}{c}}}\right)^c=\left(\lim\limits_{x\to0^+}\dfrac{\dfrac{1}{x}}{-\dfrac{b}{c}x^{-\frac{b}{c}-1}}\right)^c=\left(-\lim\limits_{x\to0^+}\dfrac{cx^{\frac{b}{c}}}{b}\right)^c=0$;

(3) $\lim\limits_{x\to0^+}\sin x\ln x=\lim\limits_{x\to0^+}\dfrac{\ln x}{\csc x}=-\lim\limits_{x\to0^+}\dfrac{\dfrac{1}{x}}{\csc x\cot x}=-\lim\limits_{x\to0^+}\dfrac{\sin x}{x}\cdot\tan x=0$;

(4) $\lim\limits_{x\to0}\left(\dfrac{1}{x}-\dfrac{1}{\sin x}\right)=\lim\limits_{x\to0}\dfrac{\sin x-x}{x\sin x}=\lim\limits_{x\to0}\dfrac{\cos x-1}{\sin x+x\cos x}=\lim\limits_{x\to0}\dfrac{-\sin x}{2\cos x-x\sin x}=0$;

(5) $\lim\limits_{x\to1}\left(\dfrac{1}{\ln x}-\dfrac{1}{x-1}\right)=\lim\limits_{x\to1}\dfrac{x-1-\ln x}{(x-1)\ln x}=\lim\limits_{x\to1}\dfrac{1-\dfrac{1}{x}}{\dfrac{x-1}{x}+\ln x}=\lim\limits_{x\to1}\dfrac{\dfrac{1}{x^2}}{\dfrac{1}{x^2}+\dfrac{1}{x}}=\dfrac{1}{2}$;

(6) $\lim\limits_{x\to0}\left(\dfrac{1}{x^2}-\dfrac{1}{\sin^2 x}\right)=\lim\limits_{x\to0}\dfrac{\sin^2 x-x^2}{x^2\sin^2 x}=\lim\limits_{x\to0}\dfrac{\sin x-x}{x^3}\cdot\lim\limits_{x\to0}\dfrac{\sin x+x}{\sin x}\cdot\dfrac{x}{\sin x}$

$$=2\lim\limits_{x\to0}\dfrac{\sin x-x}{x^3}=2\lim\limits_{x\to0}\dfrac{\cos x-1}{3x^2}=-\dfrac{1}{3}$$

(7) $\lim\limits_{x\to+\infty}(\sqrt[3]{x^3+3x^2}-\sqrt{x^2-2x})=\lim\limits_{x\to+\infty}x\left(\sqrt[3]{1+\dfrac{3}{x}}-\sqrt{1-\dfrac{2}{x}}\right)$

$$=\lim\limits_{x\to+\infty}\dfrac{\sqrt[3]{1+\dfrac{3}{x}}-\sqrt{1-\dfrac{2}{x}}}{\dfrac{1}{x}}=\lim\limits_{x\to+\infty}\dfrac{-\dfrac{1}{3}\cdot\dfrac{3}{x^2}\left(1+\dfrac{3}{x}\right)^{-\frac{2}{3}}-\dfrac{1}{2}\cdot\dfrac{2}{x^2}\left(1-\dfrac{2}{x}\right)^{-\frac{1}{2}}}{-\dfrac{1}{x^2}}$$

$$=\lim_{x\to+\infty}\left[\left(1+\frac{3}{x}\right)^{-\frac{2}{3}}+\left(1-\frac{2}{x}\right)^{-\frac{1}{2}}\right]=2;$$

(8)令 $y=x^{\sin x}$，则 $\ln y=\sin x\ln x$，

$$\lim_{x\to0^+}\ln y=\lim_{x\to0^+}\sin x\ln x=\lim_{x\to0^+}\frac{\ln x}{\csc x}=-\lim_{x\to0^+}\frac{\frac{1}{x}}{\csc x\cot x}=-\lim_{x\to0^+}\frac{\sin x}{x}\cdot\tan x=0,$$

所以 $\lim\limits_{x\to0^+}x^{\sin x}=\lim\limits_{x\to0^+}e^{\ln y}=e^{\lim\limits_{x\to0^+}\ln y}=e^0=1$；

(9)令 $y=x^{\frac{1}{1-x}}$，则 $\ln y=\dfrac{\ln x}{1-x}$，$\lim\limits_{x\to1}\ln y=\lim\limits_{x\to1}\dfrac{\ln x}{1-x}=\lim\limits_{x\to1}\dfrac{\frac{1}{x}}{-1}=-1$，

所以 $\lim\limits_{x\to1}x^{\frac{1}{1-x}}=\lim\limits_{x\to1}e^{\ln y}=e^{-1}$；

(10)令 $y=\left(\dfrac{2}{\pi}\arctan x\right)^x$，则 $\ln y=x\left(\ln\dfrac{2}{\pi}+\ln\arctan x\right)$，

$$\lim_{x\to+\infty}\ln y=\lim_{x\to+\infty}x\left(\ln\frac{2}{\pi}+\ln\arctan x\right)=\lim_{x\to+\infty}\frac{\ln\frac{2}{\pi}+\ln\arctan x}{\frac{1}{x}}$$

$$=\lim_{x\to+\infty}\frac{\frac{1}{\arctan x}\cdot\frac{1}{1+x^2}}{-\frac{1}{x^2}}=-\lim_{x\to+\infty}\frac{1}{\arctan x}\cdot\frac{x^2}{1+x^2}=-\frac{2}{\pi},$$

所以 $\lim\limits_{x\to+\infty}\left(\dfrac{2}{\pi}\arctan x\right)^x=\lim\limits_{x\to+\infty}e^{\ln y}=e^{-\frac{2}{\pi}}$；

(11)令 $y=\left(\ln\dfrac{1}{x}\right)^x$，则 $\ln y=x\ln\left(\ln\dfrac{1}{x}\right)=x\ln(-\ln x)$，

$$\lim_{x\to0^+}\ln y=\lim_{x\to0^+}x\ln(-\ln x)=\lim_{x\to0^+}\frac{\ln(-\ln x)}{\frac{1}{x}}=\lim_{x\to0^+}\frac{\frac{1}{-\ln x}\left(-\frac{1}{x}\right)}{-\frac{1}{x^2}}=-\lim_{x\to0^+}\frac{x}{\ln x}=0,$$

所以 $\lim\limits_{x\to0^+}\left(\ln\dfrac{1}{x}\right)^x=\lim\limits_{x\to0^+}e^{\ln y}=e^0=1$.

3. 求 $\lim\limits_{x\to0}\dfrac{x^2\sin\frac{1}{x}}{\sin x}$ 极限，并验证计算时不能应用洛必达法则.

解 $\lim\limits_{x\to0}\dfrac{x^2\sin\frac{1}{x}}{\sin x}=\lim\limits_{x\to0}\dfrac{x}{\sin x}\cdot\lim\limits_{x\to0}x\sin\dfrac{1}{x}=1\cdot0=0.$

如果用洛必达法则

$$\lim_{x\to0}\frac{x^2\sin\frac{1}{x}}{\sin x}=\lim_{x\to0}\frac{2x\sin\frac{1}{x}-\cos\frac{1}{x}}{\cos x}\text{无极限.}$$

习题 2.8　泰勒公式

1. 求函数 $f(x)=\dfrac{1}{3-x}$ 在指定的点 $x_0=2$ 的泰勒展开式.

解　$f(x)=\dfrac{1}{3-x}=\dfrac{1}{1-(x-2)}=1+(x-2)+(x-2)^2+\cdots+(x-2)^n+R_n$.

2. 求下列函数的麦克劳林展开式：

(1) e^{x^2}；　(2) $\sin^2 x$；　(3) $\dfrac{x}{1+x-2x^2}$.

解　(1) $e^{x^2}=1+x^2+\dfrac{(x^2)^2}{2}+\dfrac{(x^2)^3}{3!}+\cdots+\dfrac{(x^2)^n}{n!}+R_{2n}$

$$=1+x^2+\frac{x^4}{2}+\frac{x^6}{3!}+\cdots+\frac{x^{2n}}{n!}+R_{2n}.$$

(2) $\sin^2 x=\dfrac{1}{2}(1-\cos 2x)=\dfrac{1}{2}\left(1-\dfrac{(2x)^2}{2}+\dfrac{(2x)^4}{4!}-\cdots+(-1)^n\dfrac{(2x)^{2n}}{(2n)!}\right)+R_{2n}$

$$=\frac{1}{2}-x^2+\frac{1}{3}x^4-\cdots+\frac{(-1)^n}{2}\frac{(2x)^{2n}}{(2n)!}+R_{2n}.$$

(3) $\dfrac{x}{1+x-2x^2}=\dfrac{1}{3}\left(\dfrac{1}{1-x}-\dfrac{1}{1+2x}\right)$

$$=\frac{1}{3}((1+x+x^2+\cdots+x^n)-(1-2x+(2x)^2-\cdots+(-2x)^n))+R_n$$

$$=\frac{1}{3}(3x-3x^2+9x^3\cdots+(1-(-2)^n)x^n)+R_n$$

$$=x-x^2+3x^3-5x^4+\cdots+\frac{1-(-2)^n}{3}x^n+R_n.$$

习题 2.9　函数的单调性与曲线的凹凸性

1. 确定下列函数的单调区间：

(1) $y=x^3-6x$；　　(2) $y=\sqrt{2x-x^2}$；

(3) $y=\dfrac{x^2-1}{x}$；　　(4) $y=x^n e^{-x}(n>0,x\geqslant 0)$.

解　(1) $y'=3x^2-6$，令 $y'=0$，得 $x_1=-\sqrt{2},x_2=\sqrt{2}$，

当 $x<-\sqrt{2}$ 或 $x>\sqrt{2}$ 时，$y'>0$ 函数递增；

当 $-\sqrt{2}<x<\sqrt{2}$ 时，$y'<0$ 函数递减；

增区间 $(-\infty,-\sqrt{2})$，$(\sqrt{2},+\infty)$；减区间 $(-\sqrt{2},\sqrt{2})$.

(2) 定义域为 $[0,2]$，$y'=\dfrac{1-x}{\sqrt{2x-x^2}}$，令 $y'=0$，得 $x=1$，

当 $x<1$ 时，$y'>0$ 函数递增；当 $1<x$ 时，$y'<0$ 函数递减；

增区间 $(0,1)$，减区间 $(1,2)$.

(3) $y'=1+\frac{1}{x^2}>0$，函数递增，增区间$(-\infty,+\infty)$.

(4) $y'=x^{n-1}e^{-x}(n-x)$，令 $y'=0$，得 $x=n$，

当 $x<n$ 时，$y'>0$ 函数递增；当 $x>n$ 时，$y'<0$ 函数递减；

增区间$(0,n)$，减区间$(n,+\infty)$.

2. 应用函数的单调性证明下列不等式：

(1) $2\sqrt{x}>3-\frac{1}{x}$，$x>1$； (2) $\ln(1+x)>x-\frac{x^2}{2}$，$x>0$；

(3) $\frac{2}{\pi}x<\sin x<x$，$0<x<\frac{\pi}{2}$.

证 (1) 令 $f(x)=2\sqrt{x}-3+\frac{1}{x}$，则 $f'(x)=\frac{1}{\sqrt{x}}-\frac{1}{x^2}>0$，函数递增，

当 $x>1$ 时，$f(x)>f(1)=0$，即 $2\sqrt{x}-3+\frac{1}{x}>0$；

(2) 令 $f(x)=\ln(1+x)-x+\frac{x^2}{2}$，则 $f'(x)=\frac{1}{1+x}-1+x=\frac{x^2}{1+x}>0$，函数递增，

当 $x>0$ 时，$f(x)>f(0)=0$，即 $\ln(1+x)-x+\frac{x^2}{2}>0$；

(3) 令 $f(x)=\begin{cases}\frac{\sin x}{x}, & 0<x\leqslant\frac{\pi}{2}\\ 1, & x=0\end{cases}$，则 $f'(x)=\frac{x\cos x-\sin x}{x^2}$，

令 $g(x)=x\cos x-\sin x$，则 $g'(x)=-x\sin x<0$，所以 $g(x)$ 递减，$g(x)<g(0)=0$，

因而 $f'(x)<0$，函数 $f(x)$ 递减，在 $0<x<\frac{\pi}{2}$ 时，$f(0)>f(x)>f\left(\frac{\pi}{2}\right)$，即 $\frac{2}{\pi}<\frac{\sin x}{x}<1$，$0<x<\frac{\pi}{2}$.

3. 确定下列函数的凹凸区间与拐点：

(1) $y=3x^2-x^3$； (2) $y=\ln(1+x^2)$；

(3) $y=(x^2+2x-1)e^{-x}$.

解 (1) $y'=6x-3x^2$，$y''=6-6x$，令 $y''=0$，得 $x=1$，

当 $x<1$ 时，$y''>0$ 曲线凹；当 $x>1$ 时，$y''<0$ 曲线凸；(1,2) 两侧凹凸性不同，(1,2) 是拐点.

(2) $y'=\frac{2x}{1+x^2}$，$y''=\frac{2(1-x^2)}{(1+x^2)^2}$，令 $y''=0$，得 $x=\pm1$，

当 $x<-1$ 或 $x>1$ 时，$y''<0$，曲线凸；当 $|x|<1$ 时，$y''>0$，曲线凹；$(\pm1,\ln2)$ 两侧凹凸性不同，是曲线的拐点.

(3) $y'=(3-x^2)e^{-x}$，$y''=(x-3)(x+1)e^{-x}$，令 $y''=0$，得 $x_1=-1$，$x_2=3$，

当 $x<-1$ 或 $x>3$ 时，$y''>0$，曲线凹；当 $-1<x<3$ 时，$y''<0$，曲线凸；$(-1,-2e)$，$(3,14e^{-3})$ 是曲线的拐点.

4. 求参数 $h>0$，使曲线

$$y=\frac{h}{\sqrt{\pi}}e^{-h^2x^2}$$

在 $x=\pm\sigma$($\sigma>0$ 为给定的常数)处有拐点.

解　$y'=-\dfrac{2h^3}{\sqrt{\pi}}x\mathrm{e}^{-h^2x^2}$，$y''=-\dfrac{2h^3}{\sqrt{\pi}}(1-2h^2x^2)\mathrm{e}^{-h^2x^2}$，在拐点处二阶导数等于零，所以 $y''|_{x=\pm\sigma}=-\dfrac{2h^3}{\sqrt{\pi}}(1-2h^2\sigma^2)\mathrm{e}^{-h^2\sigma^2}=0$，解出 $h=\dfrac{1}{\sqrt{2}\sigma}$.

5. 证明：若 $f(x)$ 二阶可导，且 $f''(x)>0$，$f(0)=0$，则 $F(x)=\dfrac{f(x)}{x}$ 在 $(0,+\infty)$ 内单调递增.

证　$F'(x)=\dfrac{xf'(x)-f(x)}{x^2}$，令 $g(x)=xf'(x)-f(x)$，则 $g'(x)=xf''(x)>0$，$g(x)$ 单调递增，$x>0$ 时，$g(x)>g(0)=0$，所以 $F'(x)>0$，即 $F(x)$ 单调递增.

□ 习题 2.10　函数的极值与最大值最小值

1. 求下列函数的极值：

(1) $y=2x^3-3x^2-12x+20$；　　(2) $y=\dfrac{\ln x}{x}$；

(3) $y=1-(1-x)^{\frac{2}{3}}$；　　(4) $y=\dfrac{\mathrm{e}^x+\mathrm{e}^{-x}}{2}$；

(5) $y=x-\ln x$.

解　(1) $y'=6x^2-6x-12=6(x+1)(x-2)$，令 $y'=0$，得到驻点 $x_1=-1$，$x_2=2$，
当 $x<-1$ 时，$y'>0$，当 $-1<x<2$ 时，$y'<0$，在 $x_1=-1$ 有极大值，$y|_{x=-1}=27$；
当 $-1<x<2$ 时，$y'<0$，当 $x>2$ 时，$y'>0$，在 $x_2=2$ 有极小值，$y|_{x=2}=0$.

(2) $y'=\dfrac{1-\ln x}{x^2}$，令 $y'=0$，得到驻点 $x=\mathrm{e}$，

当 $x<\mathrm{e}$ 时，$y'>0$，当 $x>\mathrm{e}$ 时，$y'<0$，在 $x=\mathrm{e}$ 有极大值，$y|_{x=\mathrm{e}}=\dfrac{1}{\mathrm{e}}$.

(3) $y'=\dfrac{2}{3}(1-x)^{-\frac{1}{3}}$，在 $x=1$ 处不可导，

当 $x<1$ 时，$y'>0$，当 $x>1$ 时，$y'<0$，在 $x=1$ 有极大值，$y|_{x=1}=1$.

(4) 记 $f(x)=\dfrac{\mathrm{e}^x+\mathrm{e}^{-x}}{2}$，$f'(x)=\dfrac{\mathrm{e}^x-\mathrm{e}^{-x}}{2}$，令 $f'(x)=0$，得到驻点 $x=0$，

因为 $f''(x)=\dfrac{\mathrm{e}^x+\mathrm{e}^{-x}}{2}$，$f''(0)>0$，所以 $f(0)=1$ 为极小值.

(5) 记 $f(x)=x-\ln x$，$f'(x)=1-\dfrac{1}{x}$，令 $f'(x)=0$，得到驻点 $x=1$，

因为 $f''(x)=\dfrac{1}{x^2}$，$f''(1)>0$，所以 $f(1)=1$ 为极小值.

2. 设 $f(x)=a\ln x+bx^2+x$ 在 $x_1=1$，$x_2=2$ 处都取得极值，求 a 和 b 的值，并确定是取得极大值还是极小值.

解　$f'(x)=\dfrac{a}{x}+2bx+1$，函数在极值点的导数为零，所以

$f'(1)=a+2b+1=0$，$f'(2)=\frac{a}{2}+4b+1=0$，解出 $a=-\frac{2}{3}$，$b=-\frac{1}{6}$.

$f''(x)=\frac{2}{3x^2}-\frac{1}{3}$，因为 $f''(1)>0$，所以 $f(1)=\frac{5}{6}$ 是极小值.

同理，因为 $f''(2)<0$，所以 $f(2)=\frac{4-2\ln 2}{3}$ 是极大值.

3. 设 I 是函数 $f(x)$ 的凹区间，证明：若 $x_0\in I$ 为 $f(x)$ 的极小值点，则 x_0 为 $f(x)$ 在 I 上的最小值点.

证 由于 $x_0\in I$ 为 $f(x)$ 的极小值点，可知 $f'(x_0)=0$.

在函数 $f(x)$ 的凹区间上，$f''(x)>0$，所以 $f'(x)$ 为区间 I 上的单调增函数.

在 $x<x_0$ 时，$f'(x)<0$，$f(x)$ 单调减小，所以 $f(x)>f(x_0)$；

在 $x>x_0$ 时，$f'(x)>0$，$f(x)$ 单调增加，所以 $f(x)>f(x_0)$，

即对于区间上的所有点，都有 $f(x)\geqslant f(x_0)$.

4. 求下列函数在指定区间上的最大值与最小值：

(1) $y=x^5-5x^4+5x^3+1$，$[-1,2]$；　　(2) $y=2\tan x-\tan^2 x$，$\left[0,\frac{\pi}{2}\right)$；

(3) $y=\sqrt{x}\ln x$，　$(0,+\infty)$.

解 (1) $f'(x)=5x^4-20x^3+15x^2=5x^2(x-1)(x-3)$，$y=f(x)$ 在定义域中的驻点是 $x=0$ 和 $x=1$. 计算 $f(-1)=-10$，$f(0)=1$，$f(1)=2$，$f(2)=-7$，比较可知，最大值为 2，最小值为 -10.

(2) $f'(x)=2\sec^2 x-2\tan x\cdot\sec^2 x=2\sec^2 x(1-\tan x)$，驻点为 $x=\frac{\pi}{4}$. 在 $0<x<\frac{\pi}{4}$ 时，$f'(x)>0$，在 $\frac{\pi}{4}<x<\frac{\pi}{2}$ 时，$f'(x)<0$，所以 $f\left(\frac{\pi}{4}\right)=1$ 为极大值，它也是函数的最大值.

由于 $f(x)=\tan x(2-\tan x)$

$$\lim_{x\to\frac{\pi}{2}^-} f(x)=\lim_{x\to\frac{\pi}{2}^-}\tan x(2-\tan x)=-\infty,$$

所以函数没有最小值.

(3) $f'(x)=\frac{2+\ln x}{2\sqrt{x}}$，驻点为 $x=\mathrm{e}^{-2}$. 在 $x<\mathrm{e}^{-2}$ 时，$f'(x)<0$，在 $x>\mathrm{e}^{-2}$ 时，$f'(x)>0$，所以在 $x=\mathrm{e}^{-2}$ 处函数值 $f(\mathrm{e}^{-2})=-2\mathrm{e}^{-1}$ 为极小值. 函数只有一个极小值，这个极小值一定也是最小值.

5. 制造一个圆柱形开口容器，问怎样设计用料最省？

解 设容积为 V，底半径为 r，高为 h，则用料为 $y=\pi r^2+2\pi rh$

由 $V=\pi r^2 h$ 可得 $y=\pi r^2+\frac{2V}{r}$

令 $\frac{\mathrm{d}y}{\mathrm{d}r}=2\pi r-\frac{2V}{r^2}=0$，得驻点 $r=\sqrt[3]{\frac{V}{\pi}}$，由 $\frac{\mathrm{d}^2y}{\mathrm{d}r^2}=2\pi+\frac{4V}{r^3}>0$ 可知，$r=\sqrt[3]{\frac{V}{\pi}}$ 是极小值点，这个极小值一定是最小值.

6. 铁路线 AB 长 1 000 km，C 与铁路的距离 $AC=200$ km，在 AB 之间选择点 D，从 D 向 C 修一条公路. 已知铁路与公路的运费之比值为 3 ∶ 5，选择 D 点使从 B 到 C 的运费最省.

解 设 D 点与 A 距离 $AD=x$，则运费 $y=3(1\,000-x)+5\sqrt{200^2+x^2}$，

令 $y'=\dfrac{5x}{\sqrt{200^2+x^2}}-3=0$，得最小值点 $x=150$ km.

7. 求内接于上半椭圆 $\dfrac{x^2}{3^2}+\dfrac{y^2}{4^2}=1,y>0$ 的矩形的最大面积.

解 设矩形在第一象限的顶点为 (x,y)，则矩形面积为 $s=2xy=\dfrac{8}{3}x\sqrt{9-x^2}(0\leqslant x\leqslant 3)$，令 $s'=\dfrac{8}{3}\left(\sqrt{9-x^2}-\dfrac{x^2}{\sqrt{9-x^2}}\right)=0$，得极值点 $x=\dfrac{3\sqrt{2}}{2}$. 显然这个点也是面积的最大值点，最大值为 $s\big|_{x=\frac{3\sqrt{2}}{2}}=12$.

□ 习题 2.11 函数作图

1. 求下列曲线的渐近线：

(1) $y=\dfrac{2x^3-3}{(x-2)^2}$；　　(2) $y=\sqrt{4x^2+4x-1}$；

(3) $y=x+\ln x$；　　(4) $y=\dfrac{\mathrm{e}^x+x^2}{\mathrm{e}^x+2x}$.

解 (1) 因为 $\lim\limits_{x\to 2}y=\lim\limits_{x\to 2}\dfrac{2x^3-3}{(x-2)^2}=\infty$，所以 $x=2$ 是垂直渐近线.

因为

$$k=\lim_{x\to\infty}\frac{y}{x}=\lim_{x\to\infty}\frac{2x^3-3}{(x-2)^2x}=2,$$

$$b=\lim_{x\to\infty}(y-kx)=\lim_{x\to\infty}\left[\frac{2x^3-3}{(x-2)^2}-2x\right]$$

$$=\lim_{x\to\infty}\frac{8x^2-8x-3}{(x-2)^2}=8,$$

所以斜渐近线为 $y=2x+8$.

(2) $k_1=\lim\limits_{x\to+\infty}\dfrac{y}{x}=\lim\limits_{x\to+\infty}\dfrac{\sqrt{4x^2+4x-1}}{x}=2$，

$$b_1=\lim_{x\to+\infty}(y-k_1x)=\lim_{x\to+\infty}\left[\sqrt{4x^2+4x-1}-2x\right]$$

$$=\lim_{x\to+\infty}\frac{4x-1}{\sqrt{4x^2+4x-1}+2x}=1,$$

$y=2x+1$ 为斜渐近线；

$$k_2=\lim_{x\to-\infty}\frac{y}{x}=\lim_{x\to-\infty}\frac{\sqrt{4x^2+4x-1}}{x}=-2,$$

$$b_2=\lim_{x\to-\infty}(y-k_2x)=\lim_{x\to-\infty}\left[\sqrt{4x^2+4x-1}+2x\right]$$

$$=\lim_{x\to-\infty}\frac{4x-1}{\sqrt{4x^2+4x-1}-2x}=-1,$$

$y=-2x-1$ 为斜渐近线.

(3)因为 $\lim\limits_{x\to0^+}y=\lim\limits_{x\to0^+}(x+\ln x)=\infty$,所以 $x=0$ 是垂直渐近线.

$$k=\lim_{x\to+\infty}\frac{y}{x}=\lim_{x\to+\infty}\frac{x+\ln x}{x}=1,$$

$$b=\lim_{x\to+\infty}(y-kx)=\lim_{x\to+\infty}\ln x=\infty,$$

所以没有斜渐近线.

(4)$k_1=\lim\limits_{x\to+\infty}\dfrac{y}{x}=\lim\limits_{x\to+\infty}\dfrac{\frac{e^x+x^2}{e^x+2x}}{x}=0$,$b_1=\lim\limits_{x\to+\infty}(y-k_1x)=\lim\limits_{x\to+\infty}\dfrac{e^x+x^2}{e^x+2x}=1$,

$y=1$ 为水平渐近线;

$$k_2=\lim_{x\to-\infty}\frac{y}{x}=\lim_{x\to-\infty}\frac{\frac{e^x+x^2}{e^x+2x}}{x}=\frac{1}{2},$$

$$b_2=\lim_{x\to-\infty}(y-k_2x)=\lim_{x\to-\infty}\left[\frac{e^x+x^2}{e^x+2x}-\frac{x}{2}\right]=\lim_{x\to-\infty}\frac{2e^x-xe^x}{2(e^x+2x)}=0,$$

$y=\dfrac{x}{2}$ 为斜渐近线.

另外,由于 $e^x+2x=0$ 有解 $x=x_0$,所以 $x=x_0$ 是垂直渐近线。

2. 讨论函数性质并作图:

(1)$y=x^3-x$;　(2)$y=\dfrac{1}{\sqrt{2\pi}}e^{-\frac{x^2}{2}}$　(3)$y=xe^x$.

解　(1)$y'=3x^2-1$,$y''=6x$,令 $y'=0$,$y''=0$ 得 $x_1=\dfrac{1}{\sqrt3}$,$x_2=-\dfrac{1}{\sqrt3}$,$x_3=0$.

列表讨论函数性质:

x	$\left(-\infty,-\frac{1}{\sqrt3}\right)$	$-\frac{1}{\sqrt3}$	$\left(-\frac{1}{\sqrt3},0\right)$	0	$\left(0,\frac{1}{\sqrt3}\right)$	$\frac{1}{\sqrt3}$	$\left(\frac{1}{\sqrt3},+\infty\right)$
y'	+	0	−	−	−	0	+
y''	−	−	−	0	+	+	+
$y=f(x)$	↗	$\frac{2}{3\sqrt3}$	↘	0	↘	$-\frac{2}{3\sqrt3}$	↗
曲线	增、凸	极大	减、凸	拐点	减、凹	极小	增、凹

描点作出函数的曲线图形,见图 2-1。

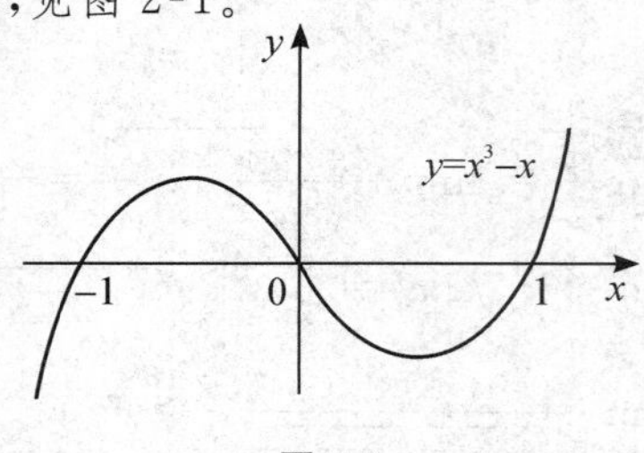

图 2-1

(2) $y'=-\dfrac{x}{\sqrt{2\pi}}e^{-\frac{x^2}{2}}$，$y''=\dfrac{x^2-1}{\sqrt{2\pi}}e^{-\frac{x^2}{2}}$

令 $y'=0, y''=0$ 得 $x=0,\pm1$.

列表讨论函数性质：

x	$(-\infty,-1)$	-1	$(-1,0)$	0	$(0,1)$	1	$(1,+\infty)$
y'	+	+	+	0	−	−	−
y''	+	0	−	−	−	0	+
$y=f(x)$	↗	$\frac{1}{\sqrt{2\pi}}e^{-\frac{1}{2}}$	↗	0	↘	$\frac{1}{\sqrt{2\pi}}e^{-\frac{1}{2}}$	↘
曲线	增、凹	拐点	增、凸	极大	减、凸	拐点	减、凹

根据以上结果，作出曲线图形(图 2-2)。

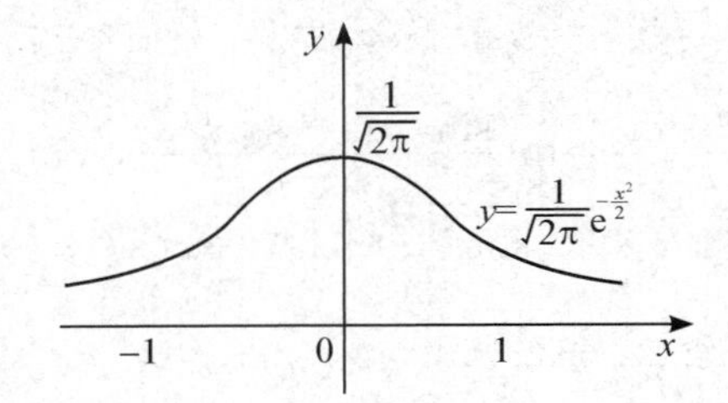

图 2-2

(3) $y'=(x+1)e^x$，$y''=(x+2)e^x$，令 $y'=0, y''=0$ 得 $x=-2,-1$.

列表讨论函数性质：

x	$(-\infty,-2)$	-2	$(-2,-1)$	-1	$(-1,+\infty)$
y'	−	−	−	0	+
y''	−	0	+	+	+
$y=f(x)$	↘	$-2e^{-2}$	↘	$-e^{-1}$	↗
曲线	减、凸	拐点	减、凹	极小	增、凹

根据以上讨论结果，作出函数图形(图 2-3).

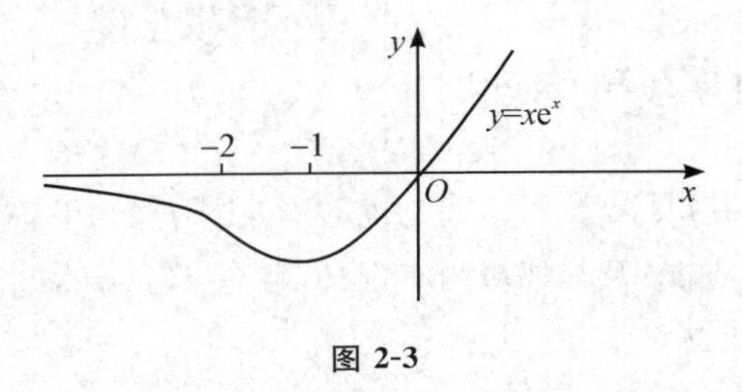

图 2-3

总习题 2

1. 填空题

(1)曲线 $y=ax^2$ 与 $y=\ln x$ 相切，则 $a=$________.

(2)设 $\lim\limits_{x\to a}\dfrac{f(x)-b}{x-a}=k$，则 $\lim\limits_{x\to a}\dfrac{\sin f(x)-\sin b}{x-a}=$________.

(3)设 $f(x)=\dfrac{2\sin x}{1+x^2}$，如果 $f'(x)=\dfrac{2g(x)}{(1+x^2)^2}$，则 $g(x)=$________.

(4)设 $f(x)=x^3+ax^2+bx+1$，在 $x=1$ 处取得极值 -1，则 $a=$________，$b=$________.

(5)曲线 $y=k(x^2-3)^2+1$ 在拐点处的法线通过原点，$k=$________.

解 (1)在切点处两个函数值相等，导数也相等. $ax_0^2=\ln x_0$，$2ax_0=\dfrac{1}{x_0}$，所以 $a=\dfrac{1}{2\mathrm{e}}$.

(2)令 $f(a)=b$，则 $f(x)$ 连续可导，且 $f'(a)=k$，

$$\lim_{x\to a}\frac{\sin f(x)-\sin b}{x-a}=\lim_{x\to a}\frac{\sin f(x)-\sin f(a)}{x-a}$$

$$=[\sin f(x)]'\big|_{x=a}=\cos f(a)\cdot f'(a)=k\cos b.$$

(3) $f'(x)=\dfrac{2[(1+x^2)\cos x-2x\sin x]}{(1+x^2)^2}$，所以 $g(x)=(1+x^2)\cos x-2x\sin x$.

(4)由已知条件可以得到两个方程 $f(1)=-1$，$f'(-1)=0$，

即 $1+a+b+1=-1$，$3-2a+b=0$，所以 $a=0$，$b=-3$.

(5)这是个偶函数，我们只讨论 $x>0$ 情形.

$f'(x)=4kx(x^2-3)$，$f''(x)=12k(x^2-1)$，在 $x=1$，$y=4k+1$ 处是拐点.

拐点处的导数为 $f'(1)=-8k$，法线方程为 $y-4k-1=\dfrac{1}{8k}(x-1)$，

将原点坐标代入法线方程，得到 $32k^2+8k-1=0$，解出 $k=\dfrac{-1\pm\sqrt{3}}{8}$.

2. 选择题

(1)设 $y=f(x)$ 在 x 处可导，a、b 是常数，则 $\lim\limits_{\Delta x\to 0}\dfrac{f(x+a\Delta x)-f(x-b\Delta x)}{\Delta x}=$( ).

A. $f'(x)$　　B. $(a+b)f'(x)$

C. $(a-b)f'(x)$　　D. $\dfrac{a+b}{2}f'(x)$

(2)已知 $f(x)$ 二阶可导，$y=\mathrm{e}^{f(x)}$，则 $f''(x)=$( ).

A. $\mathrm{e}^{f(x)}$　　B. $\mathrm{e}^{f(x)}\cdot f''(x)$

C. $\mathrm{e}^{f(x)}\cdot[f'(x)+f''(x)]$　　D. $\mathrm{e}^{f(x)}\cdot\{[f'(x)]^2+f''(x)\}$

(3)已知函数 $f(x)$ 在点 x_0 及其邻域内有定义，且有 $f(x_0+\Delta x)-f(x_0)=a\Delta x+b(\Delta x)^2$，$a$、$b$ 是常数，则( )不成立.

A. $f(x)$ 在点 x_0 处连续

B. $f(x)$在点 x_0 处可导，且 $f'(x)=a$

C. $f(x)$在点 x_0 处可微，且 $\mathrm{d}f(x_0)=a\mathrm{d}x$

D. 当 Δx 很小时，$f(x_0+\Delta x)=f(x_0)+a\Delta x$

(4)下列函数中在所给区间上满足罗尔定理条件的是(　　).

A. $f(x)=x\mathrm{e}^x$，$[0,1]$　　　　B. $f(x)=\begin{cases}x+2, & x<5\\ 1, & x\geqslant 5\end{cases}$，$[0,5]$

C. $f(x)=|x|$，$[-1,1]$　　　　D. $f(x)=x\sqrt{1-x^2}$，$[-1,1]$

(5)曲线 $y=(x-5)^{\frac{5}{3}}+2$ 的特点是(　　).

A. 有极值点 $x=5$，无拐点　　　　B. 有拐点$(5,2)$，无极值点

C. 有拐点$(5,2)$，$x=5$ 是极值点　　　　D. 既无极值点也无拐点

解　(1) $\lim\limits_{\Delta x\to 0}\dfrac{f(x+a\Delta x)-f(x-b\Delta x)}{\Delta x}$

$=a\lim\limits_{\Delta x\to 0}\dfrac{f(x+a\Delta x)-f(x)}{a\Delta x}+b\lim\limits_{\Delta x\to 0}\dfrac{f(x-b\Delta x)-f(x)}{-b\Delta x}$

$=af'(x)+bf'(x)$，选 B.

(2) $y'=\mathrm{e}^{f(x)}f'(x)$，$y''=\mathrm{e}^{f(x)}[f'(x)]^2+\mathrm{e}^{f(x)}f''(x)$，选 D.

(3) $f(x_0+\Delta x)-f(x_0)=a\Delta x+b(\Delta x)^2\neq a\Delta x$，D 错.

(4) $f(x)=x\sqrt{1-x^2}$在$[-1,1]$连续，在$(-1,1)$可导，$f(1)=f(-1)$，选 D.

(5)在点 $x=5$ 处 $y'=\dfrac{5}{3}(x-5)^{\frac{2}{3}}$不变号，函数无极值；由 $y''=\dfrac{10}{9}(x-5)^{-\frac{1}{3}}$可知在 $x=5$ 左右曲线凹凸性不同，$(5,2)$是拐点，选 B.

3. 求下列函数 $y=f(x)$的导数：

(1) $y=\ln[\ln(\ln x)]$；　　　　(2) $y=10^{\sqrt{\ln x}}$；

(3) $\mathrm{e}^x\sin y=\mathrm{e}^{-y}\sin x$；　　　　(4) $\begin{cases}x=(\mathrm{e}^t+\mathrm{e}^{-t})\cos t\\ y=(\mathrm{e}^t+\mathrm{e}^{-t})\sin t\end{cases}$.

解　(1) $y'=\dfrac{1}{\ln\ln x}(\ln\ln x)'=\dfrac{1}{\ln\ln x}\cdot\dfrac{1}{\ln x}(\ln x)'=\dfrac{1}{\ln\ln x}\cdot\dfrac{1}{\ln x}\cdot\dfrac{1}{x}$.

(2) $y'=10^{\sqrt{\ln x}}\ln 10(\sqrt{\ln x})'=10^{\sqrt{\ln x}}\ln 10\dfrac{1}{2\sqrt{\ln x}}(\ln x)'$

$=10^{\sqrt{\ln x}}\ln 10\dfrac{1}{2\sqrt{\ln x}}\cdot\dfrac{1}{x}=\dfrac{10^{\sqrt{\ln x}}\ln 10}{2x\sqrt{\ln x}}$.

(3)两端求导，$\mathrm{e}^x\sin y+\mathrm{e}^x\cos y\cdot y'=\mathrm{e}^{-y}\cos x-\mathrm{e}^{-y}\sin x\cdot y'$，

解出 $y'=\dfrac{\mathrm{e}^{-y}\cos x-\mathrm{e}^x\sin y}{\mathrm{e}^{-y}\sin x+\mathrm{e}^x\cos y}$.

(4) $\dfrac{\mathrm{d}y}{\mathrm{d}x}=\dfrac{y'_t}{x'_t}=\dfrac{(\mathrm{e}^t+\mathrm{e}^{-t})\cos t+(\mathrm{e}^t-\mathrm{e}^{-t})\sin t}{(\mathrm{e}^t-\mathrm{e}^{-t})\cos t-(\mathrm{e}^t+\mathrm{e}^{-t})\sin t}$.

4. 设 $f(x)$二阶可导，求 $y=f(\ln x)$的二阶导数.

解　$y'=f'(\ln x)\cdot\dfrac{1}{x}$，$y''=f''(\ln x)\cdot\dfrac{1}{x}-f'(\ln x)\cdot\dfrac{1}{x^2}=\dfrac{xf''(\ln x)-f'(\ln x)}{x^2}$.

5. 求下列函数的微分：

(1) $y=\dfrac{\cos x}{1+x^2}$；　　(2) $y=\arcsin\sqrt{1-e^x}$.

解　(1) $dy=y'dx=\left(\dfrac{\cos x}{1+x^2}\right)'dx=-\dfrac{\sin x(1+x^2)+2x\cos x}{(1+x^2)^2}dx$

(2) $dy=(\arcsin\sqrt{1-e^x})'dx=\dfrac{(\sqrt{1-e^x})'}{\sqrt{1-(\sqrt{1-e^x})^2}}dx=\dfrac{1}{\sqrt{e^x}}\cdot\dfrac{-e^x}{2\sqrt{1-e^x}}dx=\dfrac{-e^{\frac{x}{2}}}{2\sqrt{1-e^x}}dx$

6. 求极限：

(1) $\lim\limits_{x\to+\infty}(2^x+3^x+4^x)^{\frac{1}{x}}$；　　(2) $\lim\limits_{x\to0}\dfrac{(1+x)^{\frac{1}{x}}-e}{x}$；

(3) $\lim\limits_{n\to\infty}n(\sqrt[n]{a}-1)\quad(a>0)$.

解　(1) 令 $y=(2^x+3^x+4^x)^{\frac{1}{x}}$, $\ln y=\dfrac{\ln(2^x+3^x+4^x)}{x}$,

$$\lim_{x\to+\infty}\ln y=\lim_{x\to+\infty}\frac{\ln(2^x+3^x+4^x)}{x}=\lim_{x\to+\infty}\frac{\dfrac{2^x\ln2+3^x\ln3+4^x\ln4}{2^x+3^x+4^x}}{1}$$

$$=\lim_{x\to+\infty}\frac{\left(\dfrac{2}{4}\right)^x\ln2+\left(\dfrac{3}{4}\right)^x\ln3+\ln4}{\left(\dfrac{2}{4}\right)^x+\left(\dfrac{3}{4}\right)^x+1}=\ln4,$$

$$\lim_{x\to+\infty}(2^x+3^x+4^x)^{\frac{1}{x}}=\lim_{x\to+\infty}e^{\ln y}=e^{\ln4}=4.$$

(2) 先用对数求导法求出 $y=(1+x)^{\frac{1}{x}}$ 的导数，$y'=(1+x)^{\frac{1}{x}}\left(\dfrac{\dfrac{x}{1+x}-\ln(1+x)}{x^2}\right)$,

用洛必达法则，$\lim\limits_{x\to0}\dfrac{(1+x)^{\frac{1}{x}}-e}{x}=\lim\limits_{x\to0}(1+x)^{\frac{1}{x}}\left(\dfrac{\dfrac{x}{1+x}-\ln(1+x)}{x^2}\right)$

$$=\lim_{x\to0}(1+x)^{\frac{1}{x}}\lim_{x\to0}\frac{\dfrac{x}{1+x}-\ln(1+x)}{x^2}$$

$$=e\lim_{x\to0}\left(\frac{\dfrac{x}{1+x}-\ln(1+x)}{x^2}\right)=e\lim_{x\to0}\frac{\dfrac{1}{(1+x)^2}-\dfrac{1}{1+x}}{2x}$$

$$=e\lim_{x\to0}\frac{-1}{2(1+x)^2}=-\frac{e}{2}.$$

(3) 数列极限问题不能用洛必达法则，所以我们先求函数极限.

$$\lim_{x\to+\infty}x(a^{\frac{1}{x}}-1)=\lim_{x\to+\infty}\frac{a^{\frac{1}{x}}-1}{\dfrac{1}{x}}=\lim_{x\to+\infty}\frac{a^{\frac{1}{x}}\ln a\cdot\dfrac{-1}{x^2}}{\dfrac{-1}{x^2}}=\lim_{x\to+\infty}a^{\frac{1}{x}}\ln a=\ln a,$$

所以　$$\lim_{n\to\infty}n(\sqrt[n]{a}-1)=\ln a.$$

7. 设 $f(x)$ 二阶可导，求 $\lim\limits_{x\to 0}\dfrac{f(a+x)-2f(a)+f(a-x)}{x^2}$.

解　$\lim\limits_{x\to 0}\dfrac{f(a+x)-2f(a)+f(a-x)}{x^2}=\lim\limits_{x\to 0}\dfrac{f'(a+x)-f'(a-x)}{2x}$

$$=\lim_{x\to 0}\frac{f''(a+x)+f''(a-x)}{2}=f''(a).$$

8. 问 a,b 为何值时，点 $(1,3)$ 为曲线 $y=ax^3+bx^2$ 的拐点？

解　函数满足 $f(1)=3,f''(1)=0$，即 $a+b=3,6a+2b=0$，所以 $a=-\dfrac{3}{2},b=\dfrac{9}{2}$.

9. 在曲线 $y=\dfrac{1}{x}$ 上求一点，使过该点的切线被坐标轴所截线段长度最短.

解　设曲线上的点为 $\left(a,\dfrac{1}{a}\right)$，则该点切线方程为 $a^2y+x-2a=0$，被坐标轴所截线段长度为 $u=\sqrt{\left(\dfrac{2}{a}\right)^2+(2a)^2}$，只要求 a 的值，使 $u^2=\left(\dfrac{2}{a}\right)^2+(2a)^2$ 最小. 令 $\dfrac{\mathrm{d}(u^2)}{\mathrm{d}a}=8a-\dfrac{8}{a^3}=0$，得 $a=\pm 1$.

10. 求函数 $f(x)=\begin{cases}\ln(1+x^2), & x<0\\ 2x-x^2, & x\geqslant 0\end{cases}$ 的单调区间和极值.

解　$f'(x)=\begin{cases}\dfrac{2x}{1+x^2}, & x<0\\ 2-2x, & x>0\end{cases}$，令 $f'(x)=0$ 得驻点 $x=1$，在 $x=0$ 不可导.

当 $x<0$ 时，$f'(x)<0$，$0<x<1$ 时，$f'(x)>0$，所以 $f(0)=0$ 为极小值.

当 $0<x<1$ 时，$f'(x)>0$，$x>1$ 时，$f'(x)<0$ 所以 $f(1)=1$ 为极大值.

减区间为 $(-\infty,0),(1,+\infty)$，增区间为 $(0,1)$.

11. 证明：如果 $b^2<3ac$，则函数 $f(x)=ax^3+bx^2+cx+d$ 没有极值.

证　$f'(x)=3ax^2+2bx+c$，判别式 $4b^2-12ac<0$，所以函数没有驻点，不可能有极值.

12. 证明：

(1) $x>1$ 时，$\mathrm{e}^x>\mathrm{e}x$；　　(2) $0<x<\dfrac{\pi}{4}$ 时，$\tan x<\dfrac{4x}{\pi}$.

证　(1) 令 $f(x)=\mathrm{e}^x-\mathrm{e}x$，则 $f'(x)=\mathrm{e}^x-e>0$，函数单调增加，当 $x>1$ 时，$f(x)>f(1)=0$.

(2) 令 $f(x)=\dfrac{\tan x}{x}$，则 $f'(x)=\dfrac{x\sec^2 x-\tan x}{x^2}=\dfrac{x-\sin x\cos x}{x^2\cos^2 x}>0$，函数单调增加，当 $\dfrac{\pi}{4}>x>0$ 时，$f(\dfrac{\pi}{4})>f(x)>f(0)$，即 $\dfrac{4}{\pi}>\dfrac{\tan x}{x}>1$.

四、单元同步测验

1. 填空题

(1) $y=\begin{cases}x^2-1, & x\leqslant 1\\ ax+b, & x>1\end{cases}$ 在 $[0,2]$ 可导，则 $a=$________，$b=$________.

(2) $y=f(x)$ 是偶函数，在曲线上点 $(1,2)$ 处的切线方程为 $x-3y+5=0$，则曲线在点

$(-1,2)$处的切线方程为________.

(3)b的取值范围为________时，函数$y=x^3+b(x^2+x)$无极值.

(4)设函数$f(x)$有任意阶导数，$f'(x)=f^2(x)$，则$f^{(n)}(x)=$________$(n>2)$.

(5)设点$y=f(x)$由方程$\sqrt{x^2+y^2}=e^{\arctan\frac{y}{x}}$确定，则函数微分$dy=$________.

2.选择题

(1)设函数$y=f(x)$在$(-1,1)$内有定义，且满足$|f(x)|\leqslant x^2$，则$x=0$点是函数的(　　)点.

A.连续不可导　　B.可导，且$f'(0)=0$

C.间断　　D.可导，且$f'(0)\neq 0$

(2)设$y=f(x)$在$x=a$的邻域内有定义，$f(x)$在点$x=a$可导的充要条件为(　　).

A.$\lim\limits_{h\to 0}h\left[f\left(a+\frac{1}{h}\right)-f(a)\right]$存在　　B.$\lim\limits_{h\to 0}\frac{f(a+2h)-f(a+h)}{h}$存在

C.$\lim\limits_{h\to 0}\frac{f(a)-f(a-h)}{h}$存在　　D.$\lim\limits_{h\to 0}\frac{f(a+h)-f(a-h)}{h}$存在

(3)与曲线$y=x^3+3x^2-5$相切且与$6x+2y=1$平行的直线方程是(　　).

A.$x+3y+6=0$　　B.$3x+y+6=0$

C.$3x-y+6=0$　　D.$x-3y+6=0$

(4)设函数$f(x)=x(x-1)(x-2)(x-3)$，由罗尔定理可知，$f'(x)=0$有(　　).

A.一个实根　　B.三个实根

C.没有实根　　D.不能确定

(5)设$f(x)$可导，$y=\sin f(\sin f(x))$，则导数$y'=$(　　).

A.$f'(x)\cdot f'(\sin f(x))\cdot \cos f(\sin f(x))$

B.$f'(x)\cdot \cos f(x)\cdot \cos f(\sin f(x))$

C.$\cos f'(x)\cdot f'(\sin f(x))\cdot \cos f(\sin f(x))$

D.$f'(x)\cdot \cos f(x)\cdot f'(\sin f(x))\cdot \cos f(\sin f(x))$

3.计算题

(1)设$y=\ln\ln(x+\sqrt{x^2+4})$，求y'.

(2)在曲线$\begin{cases}y=a\sin 2t\\ x=a(\ln\tan t+\cos 2t)\end{cases}$，$a>0,0<t<\frac{\pi}{2}$上任意点$A$处的切线交$X$轴于$B$，求$A$、$B$两点的距离.

(3)$y=x^{\frac{x}{2}}\sqrt{\frac{(x-1)(x+2)}{x^2+x+1}}+x$，求$y'$.

(4)求$y=e^{-x}\left(1+x+\frac{x^2}{2}+\cdots+\frac{x^n}{n!}\right)$的极值.

(5)$\lim\limits_{x\to 0}\frac{1-\cos x\cos 2x\cos 3x}{1-\cos x}$.

(6)$\lim\limits_{x\to \frac{\pi}{3}}\frac{1-2\cos x}{\sin 3x}$.

(7) $\lim\limits_{x\to 1}\left(\dfrac{1}{x-1}-\dfrac{1}{\ln x}\right)$.

(8)求对数螺线 $\rho=e^{\theta}$ 在 $\theta=\dfrac{\pi}{2}$ 处切线的直角坐标方程.

(9)讨论 $f(x)=x^4-2x^3+1$ 的极值、拐点、单调区间和凹凸区间.

4. 证明题

(1)设 $x\in(0,1)$ 且 $a>0,b>0$ 时,则 $\dfrac{a^2}{x}+\dfrac{b^2}{1-x}\geqslant(a+b)^2$.

(2)证明不等式 $(x^2-1)\ln x>2(x-1)^2,(x>0)$.

(3)若 $f(x)$ 在 $[0,\pi]$ 上可导,则存在 $\xi\in(0,\pi)$,满足 $f'(\xi)\sin\xi+f(\xi)\cos\xi=0$.

□ 单元同步测验答案

1. (1) $a=2,b=-2$； (2) $x+3y-5=0$； (3) $0\leqslant b\leqslant 3$； (4) $n!\ f^{n+1}(x)$；

(5) $\dfrac{x+y}{x-y}dx$.

2. (1)B； (2)C； (3)B； (4)B； (5)D.

3. (1) $\dfrac{1}{\ln(x+\sqrt{x^2+4})}\cdot\dfrac{1}{\sqrt{x^2+4}}$； (2) a；

(3) $1+\dfrac{x^{\frac{x}{2}}}{2}\sqrt{\dfrac{(x-1)(x+2)}{x^2+x+1}}\left(\ln x+1+\dfrac{1}{x-1}+\dfrac{1}{x+2}-\dfrac{2x+1}{x^2+x+1}\right)$；

(4)当 n 为奇数时,在 $x=0$ 处有极大值 e^{-1},n 为偶数时没有极值；

(5)14； (6) $-\dfrac{\sqrt{3}}{3}$； (7) $-\dfrac{1}{2}$； (8) $x+y=e^{\frac{\pi}{2}}$；

(9)极小值 $f\left(\dfrac{3}{2}\right)=-\dfrac{11}{16}$,拐点 $(0,1)$、$(1,0)$. 单调减区间 $\left(-\infty,\dfrac{3}{2}\right)$,单调增区间 $\left(\dfrac{3}{2},+\infty\right)$,凹区间 $(-\infty,0)$、$(1,+\infty)$,凸区间 $(0,1)$.

Chapter 3 第3章

一元函数积分学及其应用

Single Variable Integral Calculus and Application

一、内容要点

(一)不定积分

1. 原函数与不定积分

设 $f(x)$是定义在区间 I 上的一个函数,如果 $F(x)$是区间 I 上的可导函数,并且对任意的 $x\in I$,都有 $F'(x)=f(x)$或 $\mathrm{d}F(x)=f(x)\mathrm{d}x$,则称 $F(x)$是 $f(x)$在区间 I 上的一个原函数.

如果函数 $f(x)$在区间 I 上有原函数,那么 $f(x)$在 I 上的全体原函数组成的函数族称为 $f(x)$在区间 I 上的不定积分,记作 $\int f(x)\mathrm{d}x$. 若 $F(x)$为 $f(x)$在区间 I 上的一个原函数,则 $\int f(x)\mathrm{d}x=F(x)+C$,其中 C 为任意常数.

2. 基本积分公式

(1) $\int k\mathrm{d}x = kx + C$;

(2) $\int x^{\mu}\mathrm{d}x = \frac{x^{\mu+1}}{\mu+1} + C \quad (\mu\neq -1)$;

(3) $\int \frac{1}{x}\mathrm{d}x = \ln|x| + C$;

(4) $\int \frac{1}{1+x^2}\mathrm{d}x = \arctan x + C$;

(5) $\int \frac{1}{\sqrt{1-x^2}}\mathrm{d}x = \arcsin x + C$;

(6) $\int \cos x\mathrm{d}x = \sin x + C$;

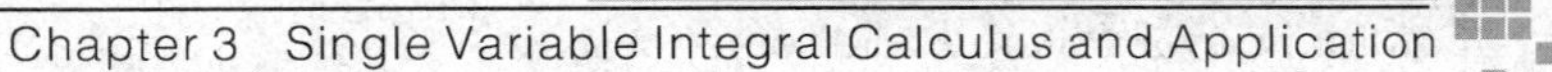

(7) $\int \sin x \mathrm{d}x = -\cos x + C$;

(8) $\int \sec^2 x \mathrm{d}x = \tan x + C$;

(9) $\int \csc^2 x \mathrm{d}x = -\cot x + C$;

(10) $\int \sec x \tan x \mathrm{d}x = \sec x + C$;

(11) $\int \csc x \cot x \mathrm{d}x = -\csc x + C$;

(12) $\int \mathrm{e}^x \mathrm{d}x = \mathrm{e}^x + C$;

(13) $\int a^x \mathrm{d}x = \dfrac{a^x}{\ln a} + C$;

(14) $\int \tan x \mathrm{d}x = -\ln|\cos x| + C$;

(15) $\int \cot x \mathrm{d}x = \ln|\sin x| + C$;

(16) $\int \sec x \mathrm{d}x = \ln|\sec x + \tan x| + C$;

(17) $\int \csc x \mathrm{d}x = \ln|\csc x - \cot x| + C$;

(18) $\int \dfrac{1}{a^2 + x^2} \mathrm{d}x = \dfrac{1}{a} \arctan \dfrac{x}{a} + C$;

(19) $\int \dfrac{1}{\sqrt{a^2 - x^2}} \mathrm{d}x = \arcsin \dfrac{x}{a} + C$;

(20) $\int \dfrac{1}{x^2 - a^2} \mathrm{d}x = \dfrac{1}{2a} \ln\left|\dfrac{x-a}{x+a}\right| + C$.

3. 不定积分的性质

性质 1 $\left[\int f(x)\mathrm{d}x\right]' = f(x)$ 或 $\mathrm{d}\int f(x)\mathrm{d}x = f(x)\mathrm{d}x$.

性质 2 $\int F'(x)\mathrm{d}x = F(x) + C$ 或 $\int \mathrm{d}F(x) = F(x) + C$.

性质 3 两个函数代数和的不定积分等于两函数的不定积分的代数和，即

$$\int [f(x) \pm g(x)]\mathrm{d}x = \int f(x)\mathrm{d}x \pm \int g(x)\mathrm{d}x.$$

此性质可推广到有限多个函数代数和的情形.

性质 4 被积函数中非零的常数因子可以提到积分号外面，即

$$\int kf(x)\mathrm{d}x = k\int f(x)\mathrm{d}x，其中 k 为非零的常数.$$

4. 换元积分法

(1)第一换元法(凑微分法)

设 $F(u)$ 是 $f(u)$ 的一个原函数,且 $u=\varphi(x)$ 可导,则

$$\int f[\varphi(x)]\varphi'(x)\mathrm{d}x = F[\varphi(x)] + C.$$

(2)第二换元法

设函数 $x=\psi(t)$ 单调、可导,并且 $\psi'(t)\neq 0$,若函数 $f[\psi(t)]\psi'(t)$ 的一个原函数为 $F(t)$,则

$$\int f(x)\,\mathrm{d}x = \int f[\psi(t)]\,\psi'(t)\mathrm{d}t = F(t) + C = F[\psi^{-1}(x)] + C,$$

其中 $t=\psi^{-1}(x)$ 为 $x=\psi(t)$ 的反函数.

5. 分部积分法

设函数 $u=u(x)$,$v=v(x)$ 具有连续导数,则有

$$\int u\mathrm{d}v = uv - \int v\mathrm{d}u$$

(二)定积分

1. 定积分的定义

$$\int_a^b f(x)\mathrm{d}x = \lim_{\lambda\to 0}\sum_{i=1}^{n} f(\xi_i)\Delta x_i.$$

2. 定积分的性质

性质 1 常数因子可以提到积分号前面,即

$$\int_a^b kf(x)\mathrm{d}x = k\int_a^b f(x)\mathrm{d}x \quad (k\text{ 为常数}).$$

性质 2 两个函数的代数和的定积分等于它们的定积分的代数和,即

$$\int_a^b [f(x)\pm g(x)]\mathrm{d}x = \int_a^b f(x)\mathrm{d}x \pm \int_a^b g(x)\mathrm{d}x.$$

此性质可以推广到任意有限多个函数代数和的情况.

性质 3(定积分对区间的可加性) 如果积分区间 $[a,b]$ 被分点 c 分成两个小区间 $[a,c]$ 与 $[c,b]$,则

$$\int_a^b f(x)\mathrm{d}x = \int_a^c f(x)\mathrm{d}x + \int_c^b f(x)\mathrm{d}x,$$

并且,不论 a,b,c 的相对位置如何,此等式仍成立.

性质 4 如果在区间 $[a,b]$ 上恒有 $f(x)\geqslant 0$,则 $\int_a^b f(x)\mathrm{d}x \geqslant 0$.

推论 1 如果在区间 $[a,b]$ 上恒有 $f(x)\leqslant g(x)$,则 $\int_a^b f(x)\mathrm{d}x \leqslant \int_a^b g(x)\mathrm{d}x$.

推论 2　在区间$[a,b]$上，有 $\left|\int_a^b f(x)\mathrm{d}x\right| \leqslant \int_a^b |f(x)|\mathrm{d}x$.

性质 5　如果函数 $f(x)$在区间$[a,b]$上的最大值与最小值分别为 M 与 m，则

$$m(b-a) \leqslant \int_a^b f(x)\mathrm{d}x \leqslant M(b-a).$$

性质 6(积分中值定理)　如果函数 $f(x)$在区间$[a,b]$上连续，则在$[a,b]$上至少存在一点 ξ，使得

$$\int_a^b f(x)\mathrm{d}x = f(\xi)(b-a), \xi \in [a,b].$$

这个公式称积分中值公式.

(三)定积分的计算

1. 积分上限的函数及其性质

设函数 $f(x)$在区间$[a,b]$上连续，则积分上限的函数 $\Phi(x) = \int_a^x f(t)\mathrm{d}t$ 在$[a,b]$上可导，并且它的导数

$$\Phi'(x) = \frac{\mathrm{d}}{\mathrm{d}x}\int_a^x f(t)\mathrm{d}t = f(x),\ a\leqslant x\leqslant b.$$

性质 1　若 $f(x)$在区间$[a,b]$上连续，则 $\frac{\mathrm{d}}{\mathrm{d}x}\int_x^b f(t)\mathrm{d}t = -f(x)$.

性质 2　若 $f(x)$在区间$[a,b]$上连续，$\varphi(x)$可导，则 $\frac{\mathrm{d}}{\mathrm{d}x}\int_a^{\varphi(x)} f(t)\mathrm{d}t = f[\varphi(x)]\cdot \varphi'(x)$.

2. 牛顿-莱布尼兹公式

设函数 $f(x)$在区间$[a,b]$上连续，$F(x)$是 $f(x)$在$[a,b]$上的一个原函数，则

$$\int_a^b f(x)\mathrm{d}x = F(b) - F(a).$$

3. 定积分的换元积分法

设函数 $f(x)$在区间$[a,b]$上连续，$x=\varphi(t)$满足条件

(1)$\varphi(t)$在区间$[\alpha,\beta]$上具有连续导数；

(2)$\varphi(\alpha)=a, \varphi(\beta)=b$，且当 $\alpha\leqslant t\leqslant\beta$ 时，$a\leqslant\varphi(t)\leqslant b$.

则有

$$\int_a^b f(x)\mathrm{d}x = \int_\alpha^\beta f[\varphi(t)]\varphi'(t)\mathrm{d}t.$$

4. 定积分的分部积分法

设函数 $u=u(x)$，$v=v(x)$在区间$[a,b]$上具有连续导数，则有

$$\int_a^b u\mathrm{d}v = (uv)\Big|_a^b - \int_a^b v\mathrm{d}u.$$

(四)定积分的应用

1. 平面图形的面积

设平面图形由连续曲线 $y=f(x)$, $y=g(x)$ 与直线 $x=a$, $x=b$ 所围成，其中 $f(x)\geqslant g(x)$, $a<b$，则其面积 $A=\int_a^b[f(x)-g(x)]\mathrm{d}x$.

若平面图形由连续曲线 $x=\varphi(y)$, $x=h(y)$ 与直线 $y=c$, $y=d$ 所围成，其中 $\varphi(y)\geqslant h(y)$, $c<d$，则其面积 $A=\int_c^d[\varphi(y)-h(y)]\mathrm{d}y$.

若曲线 $\rho=\varphi(\theta)$ 在 $[\alpha,\beta]$ 上连续，且 $\varphi(\theta)\geqslant 0$，则由曲线 $\rho=\varphi(\theta)$ 及射线 $\theta=\alpha$, $\theta=\beta$ 所围成的曲边扇形的面积 $A=\frac{1}{2}\int_\alpha^\beta\varphi^2(\theta)\mathrm{d}\theta$.

2. 平面曲线的弧长

设 L 是一条光滑的平面曲线弧，它在直角坐标系里的方程为 $y=f(x)(a\leqslant x\leqslant b)$，则曲线的弧长 $s=\int_a^b\sqrt{1+(y')^2}\mathrm{d}x$.

若曲线 L 是由参数方程 $\begin{cases}x=\varphi(t)\\y=\psi(t)\end{cases}$ $(\alpha\leqslant t\leqslant\beta)$ 给出，其中 $\varphi(t)$、$\psi(t)$ 在区间 $[\alpha,\beta]$ 上具有一阶连续导数，则弧长 $s=\int_\alpha^\beta\sqrt{[\varphi'(t)]^2+[\psi'(t)]^2}\mathrm{d}t$.

3. 空间立体的体积

一立体位于过点 $x=a$, $x=b$ 且垂直于 x 轴的两个平面之间，已知其垂直于 x 轴的平行截面的面积 $A(x)$ 是 x 的连续函数，则立体的体积 $V=\int_a^b A(x)\mathrm{d}x$.

由连续曲线 $y=f(x)$，直线 $x=a$, $x=b$ 与 x 轴所围成的曲边梯形绕 x 轴旋转一周所成旋转体的体积 $V=\int_a^b\pi[f(x)]^2\mathrm{d}x$.

由连续曲线 $x=\varphi(y)$，直线 $y=c$, $y=d$ 与 y 轴所围成的曲边梯形绕 y 轴旋转一周所成旋转体的体积 $V=\int_c^d\pi[\varphi(y)]^2\mathrm{d}y$.

4. 定积分在物理上的应用

(1)变力所做的功

设物体在变力 $F(x)$ 作用下沿 x 轴由点 a 移动到点 b，且 $F(x)$ 在区间 $[a,b]$ 上连续，则变力对物体所做的功 $W=\int_a^b F(x)\mathrm{d}x$.

(2)液体的压力

设液体的密度为 ρ，将某一薄板垂直于液面插入液体中(图 3-1)，则此薄板的一侧所受到的液体压力 $P=\rho g\int_a^b xf(x)\mathrm{d}x$.

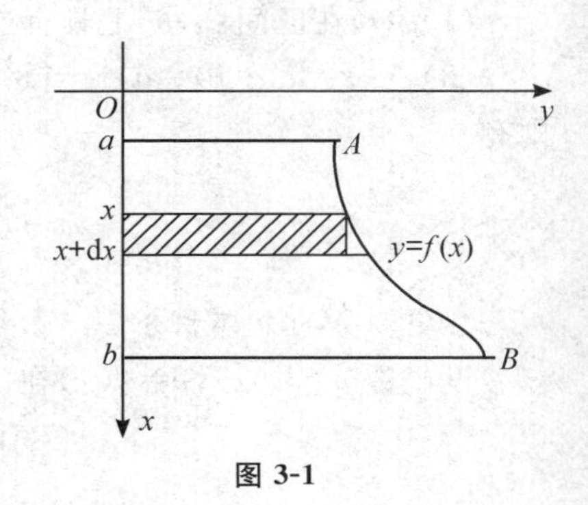

图 3-1

(五)广义积分

1. 无穷区间上的广义积分

设函数 $f(x)$ 在区间 $[a,+\infty)$ 上连续，且 $b>a$，如果极限 $\lim\limits_{b\to+\infty}\int_a^b f(x)\mathrm{d}x$ 存在，则称此极限为函数 $f(x)$ 在无穷区间 $[a,+\infty)$ 上的广义积分，并记作 $\int_a^{+\infty} f(x)\mathrm{d}x$，即 $\int_a^{+\infty} f(x)\mathrm{d}x=\lim\limits_{b\to+\infty}\int_a^b f(x)\mathrm{d}x$.

类似地，$\int_{-\infty}^b f(x)\mathrm{d}x=\lim\limits_{a\to-\infty}\int_a^b f(x)\mathrm{d}x$；$\int_{-\infty}^{+\infty} f(x)\mathrm{d}x=\int_{-\infty}^0 f(x)\mathrm{d}x+\int_0^{+\infty} f(x)\mathrm{d}x$.

2. 无界函数的广义积分

设 $f(x)$ 在区间 $(a,b]$ 上连续，且 $x\to a^+$ 时，$f(x)\to\infty$. 如果极限 $\lim\limits_{\varepsilon\to0^+}\int_{a+\varepsilon}^b f(x)\mathrm{d}x$ 存在，则称此极限为函数 $f(x)$ 在 $(a,b]$ 上的广义积分，并记作 $\int_a^b f(x)\mathrm{d}x$，即

$$\int_a^b f(x)\mathrm{d}x=\lim_{\varepsilon\to0^+}\int_{a+\varepsilon}^b f(x)\mathrm{d}x.$$

类似地，设函数 $f(x)$ 在区间 $[a,b)$ 上连续，且 $x\to b^-$ 时，$f(x)\to\infty$. 则定义 $\int_a^b f(x)\mathrm{d}x=\lim\limits_{\varepsilon\to0^+}\int_a^{b-\varepsilon} f(x)\mathrm{d}x$.

设函数 $f(x)$ 在区间 $[a,b]$ 上除点 $c(a<c<b)$ 外连续，点 c 是 $f(x)$ 的无穷间断点，则定义 $\int_a^b f(x)\mathrm{d}x=\int_a^c f(x)\mathrm{d}x+\int_c^b f(x)\mathrm{d}x$.

3. Γ 函数及其性质

广义积分 $\Gamma(s)=\int_0^{+\infty} x^{s-1}\mathrm{e}^{-x}\mathrm{d}x$ 称为 Γ 函数.

性质 1 $\Gamma(1)=1$.

性质 2 $\Gamma(s+1)=s\Gamma(s)(s>0)$.

一般地，对任何正整数 n，有

$$\Gamma(n+1)=n!.$$

二、典型例题

例 1 一物体自 100 m 高处以初速度 $v_0=0$ 自由下落，问经过多长时间能到达地面？到达地面时的速度是多少？

解 设物体在下落过程中 t 时刻的速度是 v，则有 $v'=g$，从而

$$v=\int g\mathrm{d}t=gt+C_1.$$

由初速度 $v_0=0$，得 $C_1=0$，于是 $v=gt$.

又因为 $s'=v=gt$，故

$$s=\int gt\,\mathrm{d}t=\frac{1}{2}gt^2+C_2.$$

由 $s(0)=0$，得 $C_2=0$，求得 $s=\frac{1}{2}gt^2$.

到达地面时，$s=100$ m，所需时间为 $t=\sqrt{\frac{2s}{g}}\approx 4.518$ s.

到达地面时的速度为 $v=g\sqrt{\frac{2s}{g}}\approx 44.272$ m/s.

例 2 求下列不定积分：

(1) $\int\frac{\ln(\arctan x)}{1+x^2}\mathrm{d}x$；　　(2) $\int x^3\ln^2 x\mathrm{d}x$；

(3) $\int\sin(\ln x)\mathrm{d}x$；　　(4) $\int\frac{x+\sin x}{1+\cos x}\mathrm{d}x$.

解 (1)
$$\begin{aligned}\int\frac{\ln(\arctan x)}{1+x^2}\mathrm{d}x&=\int\ln(\arctan x)\mathrm{d}(\arctan x)\\&=\arctan x\ln(\arctan x)-\int(\arctan x)\mathrm{d}[\ln(\arctan x)]\\&=\arctan x\ln(\arctan x)-\int\frac{1}{1+x^2}\mathrm{d}x\\&=\arctan x[\ln(\arctan x)-1]+C.\end{aligned}$$

(2)
$$\begin{aligned}\int x^3\ln^2 x\mathrm{d}x&=\int\ln^2 x\mathrm{d}\left(\frac{x^4}{4}\right)=\frac{x^4}{4}\ln^2 x-\frac{1}{4}\int x^4\mathrm{d}(\ln^2 x)\\&=\frac{x^4}{4}\ln^2 x-\frac{1}{2}\int x^3\ \ln x\mathrm{d}x=\frac{x^4}{4}\ln^2 x-\frac{1}{2}\int\ln x\mathrm{d}\left(\frac{x^4}{4}\right)\\&=\frac{x^4}{4}\ln^2 x-\frac{x^4}{8}\ln x+\frac{1}{8}\int x^3\mathrm{d}x=\frac{1}{32}x^4(8\ln^2 x-4\ln x+1)+C.\end{aligned}$$

(3)
$$\begin{aligned}\int\sin(\ln x)\mathrm{d}x&=x\sin(\ln x)-\int x\mathrm{d}[\sin(\ln x)]=x\sin(\ln x)-\int\cos(\ln x)\mathrm{d}x\\&=x\sin(\ln x)-x\cos(\ln x)+\int x\mathrm{d}[\cos(\ln x)]\\&=x\sin(\ln x)-x\cos(\ln x)-\int\sin(\ln x)\mathrm{d}x.\end{aligned}$$

注意到结果中又有积分 $\int\sin(\ln x)\mathrm{d}x$ 出现，将它移到等号左端去，两端再同除以 2，便得

$$\int\sin(\ln x)\mathrm{d}x=\frac{1}{2}x[\sin(\ln x)-\cos(\ln x)]+C.$$

(4)
$$\begin{aligned}\int\frac{x+\sin x}{1+\cos x}\mathrm{d}x&=\int\frac{x}{1+\cos x}\mathrm{d}x+\int\frac{\sin x}{1+\cos x}\mathrm{d}x\\&=\int\frac{x}{2\cos^2\frac{x}{2}}\mathrm{d}x-\int\frac{1}{1+\cos x}\mathrm{d}(1+\cos x)=\int x\mathrm{d}\left(\tan\frac{x}{2}\right)-\ln(1+\cos x)\end{aligned}$$

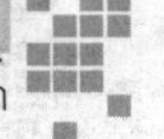

$$= x\tan\frac{x}{2} - \int\tan\frac{x}{2}\mathrm{d}x - \ln(1+\cos x)$$

$$= x\tan\frac{x}{2} + 2\ln\left|\cos\frac{x}{2}\right| - \ln\left(2\cos^2\frac{x}{2}\right) + C_1$$

$$= x\tan\frac{x}{2} + C\text{，其中 } C = C_1 - \ln 2.$$

例 3　求下列不定积分：

(1) $\int\frac{1}{(x^2-2)(x^2+3)}\mathrm{d}x$；　(2) $\int\frac{x\mathrm{e}^x}{(x+1)^2}\mathrm{d}x$；　(3) $\int\frac{\arcsin\sqrt{1-x}}{\sqrt{x-x^2}}\mathrm{d}x$.

解　(1)
$$\int\frac{1}{(x^2-2)(x^2+3)}\mathrm{d}x = \frac{1}{5}\int\left(\frac{1}{x^2-2} - \frac{1}{x^2+3}\right)\mathrm{d}x$$

$$= \frac{1}{5}\int\frac{1}{x^2-2}\mathrm{d}x - \frac{1}{5}\int\frac{1}{x^2+3}\mathrm{d}x$$

$$= \frac{1}{10\sqrt{2}}\int\left(\frac{1}{x-\sqrt{2}} - \frac{1}{x+\sqrt{2}}\right)\mathrm{d}x - \frac{1}{5}\int\frac{1}{x^2+\sqrt{3}^2}\mathrm{d}x$$

$$= \frac{1}{10\sqrt{2}}\ln\left|\frac{x-\sqrt{2}}{x+\sqrt{2}}\right| - \frac{1}{5\sqrt{3}}\arctan\frac{x}{\sqrt{3}} + C.$$

(2)
$$\int\frac{x\mathrm{e}^x}{(x+1)^2}\mathrm{d}x = -\int x\mathrm{e}^x\,\mathrm{d}\left(\frac{1}{x+1}\right) = -\left[\frac{x\mathrm{e}^x}{x+1} - \int\frac{1}{x+1}\,\mathrm{d}(x\mathrm{e}^x)\right]$$

$$= -\left(\frac{x\mathrm{e}^x}{x+1} - \int\mathrm{e}^x\,\mathrm{d}x\right) = -\left(\frac{x\mathrm{e}^x}{x+1} - \mathrm{e}^x\right) + C = \frac{\mathrm{e}^x}{x+1} + C.$$

(3)
$$\int\frac{\arcsin\sqrt{1-x}}{\sqrt{x-x^2}}\mathrm{d}x = \int\frac{\arcsin\sqrt{1-x}}{\sqrt{x}\cdot\sqrt{1-x}}\mathrm{d}x = -2\int\frac{\arcsin\sqrt{1-x}}{\sqrt{x}\cdot 2\sqrt{1-x}}\mathrm{d}(1-x)$$

$$= -2\int\frac{\arcsin\sqrt{1-x}}{\sqrt{x}}\,\mathrm{d}(\sqrt{1-x}) = -2\int\frac{\arcsin\sqrt{1-x}}{\sqrt{1-\sqrt{1-x}^2}}\,\mathrm{d}(\sqrt{1-x})$$

$$= -2\int\arcsin\sqrt{1-x}\,\mathrm{d}(\arcsin\sqrt{1-x}) = -(\arcsin\sqrt{1-x})^2 + C.$$

例 4　已知 $f(x)=\begin{cases} x\mathrm{e}^{-x^2}, & x\geqslant 0 \\ \dfrac{1}{1+\cos x}, & -1<x<0 \end{cases}$，求 $\int_1^4 f(x-2)\mathrm{d}x$.

解　令 $t=x-2$，则 $\mathrm{d}x=\mathrm{d}t$，且当 $x=1$ 时，$t=-1$；当 $x=4$ 时，$t=2$. 所以

$$\int_1^4 f(x-2)\mathrm{d}x = \int_{-1}^2 f(t)\mathrm{d}t = \int_{-1}^0 f(t)\mathrm{d}t + \int_0^2 f(t)\mathrm{d}t$$

$$= \int_{-1}^0\frac{1}{1+\cos t}\mathrm{d}t + \int_0^2 t\mathrm{e}^{-t^2}\,\mathrm{d}t$$

$$= \int_{-1}^0\frac{1}{2\cos^2\frac{t}{2}}\mathrm{d}t - \frac{1}{2}\int_0^2\mathrm{e}^{-t^2}\,\mathrm{d}(-t^2)$$

$$= \tan\frac{t}{2}\Big|_{-1}^0 - \frac{1}{2}\mathrm{e}^{-t^2}\Big|_0^2 = \tan\frac{1}{2} - \frac{1}{2}\mathrm{e}^{-4} + \frac{1}{2}.$$

例 5 设 $f(x)=3x-\sqrt{1-x^2}\int_0^1 f^2(x)\mathrm{d}x$，求 $f(x)$.

解 令 $\int_0^1 f^2(x)\mathrm{d}x=a$（$a$ 是常数），则

$$f(x)=3x-\sqrt{1-x^2}a,$$

$$f^2(x)=9x^2-6ax\sqrt{1-x^2}+a^2(1-x^2)\text{，两端积分得}$$

$$\int_0^1 f^2(x)\mathrm{d}x=\int_0^1 9x^2\mathrm{d}x-6a\int_0^1 x\sqrt{1-x^2}\mathrm{d}x+a^2\int_0^1(1-x^2)\mathrm{d}x.$$

即 $a=3-2a+\frac{2}{3}a^2$，解得 $a=3$ 或 $a=\frac{3}{2}$.

所以，$f(x)=3x-3\sqrt{1-x^2}$，或 $f(x)=3x-\frac{3}{2}\sqrt{1-x^2}$.

例 6 设函数 $f(x)=\begin{cases}\mathrm{e}^{-x}, & x<0\\ x, & x\geqslant 0\end{cases}$，求 $F(x)=\int_{-1}^{x}f(t)\mathrm{d}t$.

解 当 $x<0$ 时，$F(x)=\int_{-1}^{x}\mathrm{e}^{-t}\mathrm{d}t=\mathrm{e}-\mathrm{e}^{-x}$；

当 $x\geqslant 0$ 时，$F(x)=\int_{-1}^{0}\mathrm{e}^{-t}\mathrm{d}t+\int_0^x t\mathrm{d}t=\mathrm{e}-1+\frac{x^2}{2}$.

所以，$F(x)=\begin{cases}\mathrm{e}-\mathrm{e}^{-x}, & x<0\\ \mathrm{e}-1+\frac{x^2}{2}, & x\geqslant 0\end{cases}$.

例 7 设 $f(x)$ 与 $g(x)$ 都在 $[a,b]$ 上连续，且 $g(x)\geqslant 0$. 试证明在 $[a,b]$ 上至少存在一点 ξ，使得 $\int_a^b f(x)g(x)\mathrm{d}x=f(\xi)\int_a^b g(x)\mathrm{d}x$.

证 设 $f(x)$ 在 $[a,b]$ 上的最小值为 m，最大值为 M，则 $mg(x)\leqslant f(x)g(x)\leqslant Mg(x)$，从而

$$m\int_a^b g(x)\mathrm{d}x\leqslant\int_a^b f(x)g(x)\mathrm{d}x\leqslant M\int_a^b g(x)\mathrm{d}x.$$

若 $g(x)$ 在 $[a,b]$ 上不恒等于零，则

$$\int_a^b g(x)\mathrm{d}x>0,\ m\leqslant\frac{\int_a^b f(x)g(x)\mathrm{d}x}{\int_a^b g(x)\mathrm{d}x}\leqslant M,$$

由介值定理可得，在 $[a,b]$ 上至少存在一点 ξ，使得 $f(\xi)=\frac{\int_a^b f(x)g(x)\mathrm{d}x}{\int_a^b g(x)\mathrm{d}x}$ 成立，即

$$\int_a^b f(x)g(x)\mathrm{d}x=f(\xi)\int_a^b g(x)\mathrm{d}x.$$

而若 $g(x)$ 在 $[a,b]$ 上恒等于零，则所证等式显然成立.

例 8 求下列各曲线所围成的图形的面积：

(1) $r=3\cos\theta$，$r=1+\cos\theta$；

(2)$x=a(t-\sin t)$，$y=a(1-\cos t)(0\leqslant t\leqslant 2\pi)$及 x 轴.

解 (1)$r=3\cos\theta$ 表示圆，$r=1+\cos\theta$ 为心形线，两曲线的交点对应于 $\theta=\pm\frac{\pi}{3}$，由对称性，所求面积

$$A=2\left[\int_0^{\frac{\pi}{3}}\frac{1}{2}(1+\cos\theta)^2\mathrm{d}\theta+\int_{\frac{\pi}{3}}^{\frac{\pi}{2}}\frac{1}{2}(3\cos\theta)^2\mathrm{d}\theta\right]$$

$$=\int_0^{\frac{\pi}{3}}\left(1+2\cos\theta+\frac{1+\cos 2\theta}{2}\right)\mathrm{d}\theta+9\int_{\frac{\pi}{3}}^{\frac{\pi}{2}}\frac{1+\cos 2\theta}{2}\mathrm{d}\theta=\frac{5}{4}\pi.$$

(2)$$A=\int_0^{2\pi}a(1-\cos t)\mathrm{d}[a(t-\sin t)]=a^2\int_0^{2\pi}(1-\cos t)^2\mathrm{d}t$$

$$=a^2\int_0^{2\pi}\left(1-2\cos t+\frac{1+\cos 2t}{2}\right)\mathrm{d}t=3\pi a^2.$$

例 9 已知曲线 $y=\ln x$，过原点作此曲线的切线.

(1)求此切线的方程；

(2)求曲线、上述切线以及 x 轴所围成的图形的面积；

(3)求上述图形绕 x 轴旋转一周所得的旋转体的体积.

解 (1)设切点为(x_0,y_0)，则由 $y'\Big|_{x=x_0}=\frac{1}{x_0}=\frac{\ln x_0}{x_0}$ 得 $x_0=\mathrm{e}$，即 $y_0=1$，故切线方程为 $y=\frac{x}{\mathrm{e}}$.

(2)曲线、上述切线以及 x 轴所围成的图形的面积

$$A=\int_0^1(\mathrm{e}^y-\mathrm{e}y)\mathrm{d}y=\frac{1}{2}\mathrm{e}-1.$$

(3)上述图形绕 x 轴旋转一周所得的旋转体的体积

$$V=\frac{1}{3}\pi\mathrm{e}-\int_1^{\mathrm{e}}\pi(\ln x)^2\mathrm{d}x=\frac{1}{3}\pi\mathrm{e}-\pi(x\ln^2x-2x\ln x+2x)\Big|_1^{\mathrm{e}}=2\pi-\frac{2}{3}\pi\mathrm{e}.$$

例 10 把一个带$+q$电量的点电荷放在 r 轴上坐标原点处，它产生一个电场. 这个电场对周围的电荷有作用力. 求一个单位正电荷在电场中沿 r 轴方向从 $r=a$ 移动到 $r=b$ 处时，电场力对它所做的功(图 3-2).

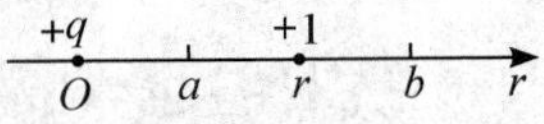

+q　　　+1
O　a　r　b　r

图 3-2

解 由物理学知道，一单位正电荷放在电场中距离原点为 r 的地方，电场对它的作用力的大小为

$$F(r)=k\frac{q}{r^2}\quad(k\text{ 是常数}).$$

于是所求的功为

$$W=\int_a^bF(r)\mathrm{d}r=\int_a^bk\frac{q}{r^2}\mathrm{d}r=-kq\frac{1}{r}\Big|_a^b=kq\left(\frac{1}{a}-\frac{1}{b}\right).$$

若将单位正电荷从 $r=a$ 处移动到无限远处时，电场力所作的功就是电场中 $r=a$ 处的电位 V. 于是有

$$V=\int_a^{+\infty}k\frac{q}{r^2}\mathrm{d}r=-kq\frac{1}{r}\Big|_a^{+\infty}=\frac{kq}{a}.$$

三、教材习题解析

习题 3.1 不定积分

1. 计算下列不定积分：

(1) $\int \frac{3-\sqrt{x^3}+x\sin x}{x}\mathrm{d}x$；

(2) $\int\left(\frac{1}{\sqrt{x}}-\frac{2}{\sqrt{1-x^2}}+3\mathrm{e}^x\right)\mathrm{d}x$；

(3) $\int \sin^2\frac{x}{2}\mathrm{d}x$；

(4) $\int \frac{\mathrm{e}^{2x}-1}{\mathrm{e}^x+1}\mathrm{d}x$；

(5) $\int(\tan x+\cot x)^2\mathrm{d}x$；

(6) $\int(2^x\mathrm{e}^x+1)\mathrm{d}x$；

(7) $\int \frac{x^4}{1+x^2}\mathrm{d}x$；

(8) $\int \frac{1-x+x^2}{x+x^3}\mathrm{d}x$；

(9) $\int \frac{1+\cos^2 x}{1+\cos 2x}\mathrm{d}x$；

(10) $\int \frac{\cos 2x}{\cos^2 x\sin^2 x}\mathrm{d}x$.

解 (1) $\int \frac{3-\sqrt{x^3}+x\sin x}{x}\mathrm{d}x=\int\left(\frac{3}{x}-x^{\frac{1}{2}}+\sin x\right)\mathrm{d}x=3\ln|x|-\frac{2}{3}x^{\frac{3}{2}}-\cos x+C.$

(2) $\int\left(\frac{1}{\sqrt{x}}-\frac{2}{\sqrt{1-x^2}}+3\mathrm{e}^x\right)\mathrm{d}x=2\sqrt{x}-2\arcsin x+3\mathrm{e}^x+C.$

(3) $\int \sin^2\frac{x}{2}\mathrm{d}x=\int\frac{1}{2}(1-\cos x)\mathrm{d}x=\frac{1}{2}(x-\sin x)+C.$

(4) $\int \frac{\mathrm{e}^{2x}-1}{\mathrm{e}^x+1}\mathrm{d}x=\int(\mathrm{e}^x-1)\mathrm{d}x=\mathrm{e}^x-x+C.$

(5)
$$\int(\tan x+\cot x)^2\mathrm{d}x=\int(\tan^2 x+2+\cot^2 x)\mathrm{d}x$$
$$=\int(\sec^2 x+\csc^2 x)\mathrm{d}x=\tan x-\cot x+C.$$

(6) $\int(2^x\mathrm{e}^x+1)\mathrm{d}x=\int[(2\mathrm{e})^x+1]\mathrm{d}x=\frac{(2\mathrm{e})^x}{\ln(2\mathrm{e})}+x+C=\frac{2^x\mathrm{e}^x}{1+\ln 2}+x+C.$

(7)
$$\int \frac{x^4}{1+x^2}\mathrm{d}x=\int\frac{(x^4-1)+1}{1+x^2}\mathrm{d}x=\int\left(x^2-1+\frac{1}{1+x^2}\right)\mathrm{d}x$$
$$=\frac{1}{3}x^3-x+\arctan x+C.$$

(8) $\int \frac{1-x+x^2}{x+x^3}\mathrm{d}x=\int\frac{(1+x^2)-x}{x(1+x^2)}\mathrm{d}x=\int\left(\frac{1}{x}-\frac{1}{1+x^2}\right)\mathrm{d}x=\ln|x|-\arctan x+C.$

(9) $\int \frac{1+\cos^2 x}{1+\cos 2x}\mathrm{d}x=\int\frac{1+\cos^2 x}{2\cos^2 x}\mathrm{d}x=\frac{1}{2}\int(\sec^2 x+1)\mathrm{d}x=\frac{1}{2}(\tan x+x)+C.$

(10)
$$\int \frac{\cos 2x}{\cos^2 x\sin^2 x}\mathrm{d}x=\int\frac{\cos^2 x-\sin^2 x}{\cos^2 x\sin^2 x}\mathrm{d}x=\int(\csc^2 x-\sec^2 x)\mathrm{d}x$$
$$=-(\cot x+\tan x)+C.$$

2. 若某曲线过点 (1,1)，且在任一点 x 处切线的斜率为 $\frac{2}{x}$，求此曲线方程.

解 设所求曲线的方程为 $y=y(x)$，由题意

$$y'(x)=\frac{2}{x},$$

故 $y(x)=\int\frac{2}{x}\,\mathrm{d}x=2\ln x+C$. 由曲线过点 (1,1)，可得 $C=1$.

于是所求曲线为

$$y=2\ln x+1.$$

3. 设 $f'(\mathrm{e}^x)=1+\mathrm{e}^{3x}$，且 $f(0)=1$，求 $f(x)$.

解 设 $t=\mathrm{e}^x$，由 $f'(\mathrm{e}^x)=1+\mathrm{e}^{3x}$ 可得

$$f'(t)=1+t^3,$$

所以 $f(t)$ 是 $1+t^3$ 的一个原函数，

$$f(t)=\int(1+t^3)\mathrm{d}t=t+\frac{1}{4}t^4+C.$$

又 $f(0)=1$，得 $C=1$. 于是 $f(t)=t+\frac{1}{4}t^4+1$，从而所求

$$f(x)=\frac{1}{4}x^4+x+1.$$

4. 计算下列不定积分：

(1) $\int\frac{1}{(2x-5)^{10}}\mathrm{d}x$；　(2) $\int\sqrt{1-3x}\,\mathrm{d}x$；

(3) $\int\frac{x}{\sqrt{1+x^2}}\mathrm{d}x$；　(4) $\int\frac{\sqrt[3]{\arctan\theta}}{1+\theta^2}\mathrm{d}\theta$；

(5) $\int x^2\,\mathrm{e}^{2x^3}\,\mathrm{d}x$；　(6) $\int\frac{x}{3-2x^2}\mathrm{d}x$；

(7) $\int\frac{\sqrt{1+3\ln x}}{x}\mathrm{d}x$；　(8) $\int\frac{1}{x^2}\cos\frac{1}{x}\mathrm{d}x$；

(9) $\int\frac{2x-1}{\sqrt{1-x^2}}\mathrm{d}x$；　(10) $\int\frac{\mathrm{e}^x}{1+\mathrm{e}^{2x}}\mathrm{d}x$；

(11) $\int\frac{1}{4+9x^2}\mathrm{d}x$；　(12) $\int\frac{1}{\sqrt{2-3x^2}}\mathrm{d}x$；

(13) $\int\sin^2x\cos^2x\,\mathrm{d}x$；　(14) $\int\frac{\sin x}{2+\cos^2x}\mathrm{d}x$；

(15) $\int x(2x-3)^{10}\,\mathrm{d}x$；　(16) $\int\frac{1}{\sqrt{(1-x^2)^3}}\mathrm{d}x$；

(17) $\int\frac{1}{x^2\sqrt{1+x^2}}\mathrm{d}x$；　(18) $\int\frac{1}{x^2\sqrt{x^2-9}}\mathrm{d}x$.

解 (1) $\int \frac{1}{(2x-5)^{10}}\mathrm{d}x = \frac{1}{2}\int \frac{1}{(2x-5)^{10}}\mathrm{d}(2x-5) = -\frac{1}{18}\cdot\frac{1}{(2x-5)^9}+C.$

(2) $\int \sqrt{1-3x}\,\mathrm{d}x = -\frac{1}{3}\int (1-3x)^{\frac{1}{2}}\,\mathrm{d}(1-3x) = -\frac{2}{9}(1-3x)^{\frac{3}{2}}+C.$

(3) $\int \frac{x}{\sqrt{1+x^2}}\mathrm{d}x = \int \frac{1}{2\sqrt{1+x^2}}\mathrm{d}(1+x^2) = \sqrt{1+x^2}+C.$

(4) $\int \frac{\sqrt[3]{\arctan\theta}}{1+\theta^2}\,\mathrm{d}\theta = \int \sqrt[3]{\arctan\theta}\,\mathrm{d}(\arctan\theta) = \frac{3}{4}(\arctan\theta)^{\frac{4}{3}}+C.$

(5) $\int x^2 \mathrm{e}^{2x^3}\,\mathrm{d}x = \frac{1}{6}\int \mathrm{e}^{2x^3}\,\mathrm{d}(2x^3) = \frac{1}{6}\mathrm{e}^{2x^3}+C.$

(6) $\int \frac{x}{3-2x^2}\mathrm{d}x = -\frac{1}{4}\int \frac{1}{3-2x^2}\mathrm{d}(3-2x^2) = -\frac{1}{4}\ln|3-2x^2|+C.$

(7) $\int \frac{\sqrt{1+3\ln x}}{x}\mathrm{d}x = \frac{1}{3}\int \sqrt{1+3\ln x}\,\mathrm{d}(1+3\ln x) = \frac{2}{9}(1+3\ln x)^{\frac{3}{2}}+C.$

(8) $\int \frac{1}{x^2}\cos\frac{1}{x}\mathrm{d}x = -\int \cos\frac{1}{x}\mathrm{d}\left(\frac{1}{x}\right) = -\sin\frac{1}{x}+C.$

(9) $\int \frac{2x-1}{\sqrt{1-x^2}}\mathrm{d}x = -\int \frac{1}{\sqrt{1-x^2}}\mathrm{d}(1-x^2) - \int \frac{1}{\sqrt{1-x^2}}\mathrm{d}x = -2\sqrt{1-x^2}-\arcsin x+C.$

(10) $\int \frac{\mathrm{e}^x}{1+\mathrm{e}^{2x}}\mathrm{d}x = \int \frac{1}{1+(\mathrm{e}^x)^2}\mathrm{d}(\mathrm{e}^x) = \arctan(\mathrm{e}^x)+C.$

(11) $\int \frac{1}{4+9x^2}\mathrm{d}x = \frac{1}{4}\int \frac{1}{1+\left(\frac{3}{2}x\right)^2}\mathrm{d}x = \frac{1}{6}\int \frac{1}{1+\left(\frac{3}{2}x\right)^2}\mathrm{d}\left(\frac{3}{2}x\right) = \frac{1}{6}\arctan\left(\frac{3}{2}x\right)+C.$

(12) $\int \frac{1}{\sqrt{2-3x^2}}\mathrm{d}x = \frac{1}{\sqrt{2}}\int \frac{1}{\sqrt{1-\left(\frac{\sqrt{3}}{\sqrt{2}}x\right)^2}}\mathrm{d}x = \frac{1}{\sqrt{3}}\int \frac{1}{\sqrt{1-\left(\frac{\sqrt{3}}{\sqrt{2}}x\right)^2}}\mathrm{d}\left(\frac{\sqrt{3}}{\sqrt{2}}x\right)$

$= \frac{1}{\sqrt{3}}\arcsin\left(\frac{\sqrt{3}}{6}x\right)+C.$

(13) $\int \sin^2 x\cos^2 x\,\mathrm{d}x = \frac{1}{4}\int \sin^2 2x\,\mathrm{d}x = \frac{1}{8}\int (1-\cos 4x)\,\mathrm{d}x = \frac{1}{8}x-\frac{1}{32}\sin 4x+C.$

(14) $\int \frac{\sin x}{2+\cos^2 x}\mathrm{d}x = -\int \frac{1}{2+\cos^2 x}\mathrm{d}(\cos x) = -\frac{1}{\sqrt{2}}\int \frac{1}{1+\left(\frac{\cos x}{\sqrt{2}}\right)^2}\mathrm{d}\left(\frac{\cos x}{\sqrt{2}}\right)$

$= -\frac{1}{\sqrt{2}}\arctan\left(\frac{\cos x}{\sqrt{2}}\right)+C.$

(15) $\int x(2x-3)^{10}\,\mathrm{d}x = \frac{1}{2}\int [(2x-3)(2x-3)^{10}+3(2x-3)^{10}]\,\mathrm{d}x$

$= \frac{1}{2}\int (2x-3)^{11}\,\mathrm{d}x + \frac{3}{2}\int (2x-3)^{10}\,\mathrm{d}x$

$= \frac{1}{4}\int (2x-3)^{11}\,\mathrm{d}(2x-3) + \frac{3}{4}\int (2x-3)^{10}\,\mathrm{d}(2x-3)$

$$=\frac{1}{48}(2x-3)^{12}+\frac{3}{44}(2x-3)^{11}+C.$$

(16)利用三角公式 $\sin^2 t+\cos^2 t=1$，作变量代换 $x=\sin t$，$t\in\left(-\frac{\pi}{2},\frac{\pi}{2}\right)$，则

$$\int\frac{1}{\sqrt{(1-x^2)^3}}\mathrm{d}x=\int\frac{1}{\cos^3 t}\cdot\cos t\mathrm{d}t=\int\sec^2 t\mathrm{d}t=\tan t+C.$$

因为 $t\in\left(-\frac{\pi}{2},\frac{\pi}{2}\right)$，所以 $\cos t=\sqrt{1-\sin^2 t}=\sqrt{1-x^2}$，$\tan t=\frac{x}{\sqrt{1-x^2}}$，于是

$$\int\frac{1}{\sqrt{(1-x^2)^3}}\mathrm{d}x=\frac{x}{\sqrt{1-x^2}}+C.$$

(17)利用三角公式 $1+\tan^2 t=\sec^2 t$，设 $x=\tan t$，$t\in\left(-\frac{\pi}{2},\frac{\pi}{2}\right)$，则

$$\int\frac{1}{x^2\sqrt{1+x^2}}\mathrm{d}x=\int\frac{1}{\tan^2 t\sec t}\cdot\sec^2 t\mathrm{d}t=\int\frac{\cos t}{\sin^2 t}\mathrm{d}t=\int\frac{1}{\sin^2 t}\mathrm{d}(\sin t)=-\frac{1}{\sin t}+C.$$

而 $\sin t=\tan t\cos t=\frac{\tan t}{\sec t}=\frac{\tan t}{\sqrt{1+\tan^2 t}}=\frac{x}{\sqrt{1+x^2}}$，于是

$$\int\frac{1}{x^2\sqrt{1+x^2}}\mathrm{d}x=-\frac{\sqrt{1+x^2}}{x}+C.$$

(18)设 $x=3\sec t$，$t\in\left(0,\frac{\pi}{2}\right)$，则

$$\int\frac{1}{x^2\sqrt{x^2-9}}\mathrm{d}x=\int\frac{1}{9\sec^2 t\cdot 3\tan t}\cdot 3\sec t\tan t\mathrm{d}t=\frac{1}{9}\int\cos t\mathrm{d}t=\frac{1}{9}\sin t+C$$

$$=\frac{\sqrt{x^2-9}}{9x}+C.$$

5. 计算下列不定积分：

(1) $\int xe^{\frac{x}{2}}\mathrm{d}x$；　　(2) $\int x\cos(5x+2)\mathrm{d}x$；

(3) $\int x\tan^2 x\mathrm{d}x$；　　(4) $\int\frac{\ln x}{\sqrt{x}}\mathrm{d}x$；

(5) $\int\arcsin x\mathrm{d}x$；　　(6) $\int\ln(1+x^2)\mathrm{d}x$；

(7) $\int\frac{x^2}{1+x^2}\arctan x\mathrm{d}x$；

(8)设 $f(x)$ 的一个原函数为 $x\cos x$，求积分 $\int xf'(x)\mathrm{d}x$.

解　(1) $\int xe^{\frac{x}{2}}\mathrm{d}x=2\int x\mathrm{d}(e^{\frac{x}{2}})=2\left(xe^{\frac{x}{2}}-\int e^{\frac{x}{2}}\mathrm{d}x\right)=2(x-2)e^{\frac{x}{2}}+C.$

(2) $\int x\cos(5x+2)\mathrm{d}x=\frac{1}{5}\int x\mathrm{d}[\sin(5x+2)]=\frac{1}{5}[x\sin(5x+2)-\int\sin(5x+2)\mathrm{d}x]$

$=\frac{1}{5}x\sin(5x+2)+\frac{1}{25}\cos(5x+2)+C.$

(3) $\int x\tan^2 x\mathrm{d}x=\int x(\sec^2 x-1)\mathrm{d}x=\int x\mathrm{d}(\tan x)-\int x\mathrm{d}x$

$=x\tan x-\int\tan x\mathrm{d}x-\int x\mathrm{d}x=x\tan x+\ln|\cos x|-\frac{1}{2}x^2+C.$

(4) $\int\frac{\ln x}{\sqrt{x}}\mathrm{d}x=2\int\ln x\mathrm{d}(\sqrt{x})=2[\sqrt{x}\ln x-\int\sqrt{x}\mathrm{d}(\ln x)]$

$=2\sqrt{x}(\ln x-2)+C.$

(5) $\int\arcsin x\mathrm{d}x=x\arcsin x-\int x\mathrm{d}(\arcsin x)=x\arcsin x-\int\frac{x}{\sqrt{1-x^2}}\mathrm{d}x$

$=x\arcsin x+\int\frac{1}{2\sqrt{1-x^2}}\mathrm{d}(1-x^2)=x\arcsin x+\sqrt{1-x^2}+C.$

(6) $\int\ln(1+x^2)\mathrm{d}x=x\ln(1+x^2)-\int x\mathrm{d}[\ln(1+x^2)]=x\ln(1+x^2)-2\int\frac{x^2}{1+x^2}\mathrm{d}x$

$=x\ln(1+x^2)-2x+2\arctan x+C.$

(7) $\int\frac{x^2}{1+x^2}\arctan x\mathrm{d}x=\int\arctan x\mathrm{d}x-\int\frac{1}{1+x^2}\arctan x\mathrm{d}x$

$=x\arctan x-\int x\mathrm{d}(\arctan x)-\int\arctan x\mathrm{d}(\arctan x)$

$=x\arctan x-\frac{1}{2}\ln(1+x^2)-\frac{1}{2}(\arctan x)^2+C.$

(8) $\int xf'(x)\mathrm{d}x=\int x\mathrm{d}f(x)=xf(x)-\int f(x)\mathrm{d}x=x(x\cos x)'-x\cos x+C$

$=-x^2\sin x+C.$

6. 计算下列不定积分：

(1) $\int\frac{1}{3+\sin^2 x}\mathrm{d}x$；

(2) $\int\tan^4 x\mathrm{d}x$；

(3) $\int\cos x\cos 5x\mathrm{d}x$；

(4) $\int\sec^3 x\mathrm{d}x$；

(5) $\int\frac{2x+5}{x^2+4x+8}\mathrm{d}x$；

(6) $\int\frac{1}{x(x^6+4)}\mathrm{d}x$；

(7) $\int\frac{x}{\sqrt{3+4x}}\mathrm{d}x$.

解 (1) $\int\frac{1}{3+\sin^2 x}\mathrm{d}x=\int\frac{1}{4-\cos^2 x}\mathrm{d}x=\int\frac{\sec^2 x}{4\sec^2 x-1}\mathrm{d}x=\int\frac{1}{4\tan^2 x+3}\mathrm{d}(\tan x)$

$=\frac{1}{2}\int\frac{1}{(2\tan x)^2+(\sqrt{3})^2}\mathrm{d}(2\tan x)=\frac{1}{2\sqrt{3}}\arctan\left(\frac{2\tan x}{\sqrt{3}}\right)+C.$

(2) $\int\tan^4 x\mathrm{d}x=\int\tan^2 x(\sec^2 x-1)\mathrm{d}x=\int\tan^2 x\sec^2 x\mathrm{d}x-\int\tan^2 x\mathrm{d}x$

$$=\int\tan^2 x\mathrm{d}(\tan x)-\int(\sec^2 x-1)\mathrm{d}x=\frac{1}{3}\tan^3 x-\tan x+x+C.$$

(3)由三角函数的积化和差公式 $\cos\alpha\cos\beta=\frac{1}{2}[\cos(\alpha+\beta)+\cos(\alpha-\beta)]$ 可得

$$\int\cos x\cos 5x\mathrm{d}x=\frac{1}{2}\int(\cos 6x+\cos 4x)\mathrm{d}x=\frac{1}{12}\sin 6x+\frac{1}{8}\sin 4x+C.$$

(4) $\int\sec^3 x\mathrm{d}x=\int\sec x\mathrm{d}(\tan x)=\sec x\tan x-\int\tan x\sec x\tan x\mathrm{d}x$

$$=\sec x\tan x-\int\sec x\ (\sec^2 x-1)\mathrm{d}x=\sec x\tan x-\int\sec^3 x\mathrm{d}x+\int\sec x\mathrm{d}x$$

$$=\sec x\tan x+\ln|\sec x+\tan x|-\int\sec^3 x\mathrm{d}x.$$

上式右端中又有所求积分 $\int\sec^3 x\mathrm{d}x$ 出现，将它移到等号左端去，两端再同除以 2，便得

$$\int\sec^3 x\mathrm{d}x=\frac{1}{2}(\sec x\tan x+\ln|\sec x+\tan x|)+C.$$

(5) $\int\frac{2x+5}{x^2+4x+8}\mathrm{d}x=\int\frac{(2x+4)+1}{x^2+4x+8}\mathrm{d}x=\int\frac{\mathrm{d}(x^2+4x+8)}{x^2+4x+8}+\int\frac{\mathrm{d}x}{(x+2)^2+2^2}$

$$=\ln(x^2+4x+8)+\frac{1}{2}\arctan\frac{x+2}{2}+C.$$

(6) $\int\frac{1}{x(x^6+4)}\mathrm{d}x=\frac{1}{4}\int\frac{(x^6+4)-x^6}{x(x^6+4)}\mathrm{d}x=\frac{1}{4}\int\left(\frac{1}{x}-\frac{x^5}{x^6+4}\right)\mathrm{d}x$

$$=\frac{1}{4}\int\frac{1}{x}\mathrm{d}x-\frac{1}{24}\int\frac{1}{x^6+4}\mathrm{d}(x^6+4)=\frac{1}{4}\ln|x|-\frac{1}{24}\ln(x^6+4)+C.$$

(7)此题属于无理函数的积分，只要令根式 $\sqrt{3+4x}$ 为 t，就能消去根号，将无理函数的积分化为有理函数的积分.

令 $t=\sqrt{3+4x}$，则 $x=\frac{t^2-3}{4}$，$\mathrm{d}x=\frac{1}{2}t\mathrm{d}t$，于是

$$\int\frac{x}{\sqrt{3+4x}}\mathrm{d}x=\int\frac{t^2-3}{4t}\cdot\frac{1}{2}t\mathrm{d}t=\frac{1}{8}\int(t^2-3)\mathrm{d}t$$

$$=\frac{1}{8}\left(\frac{t^3}{3}-3t\right)+C=\frac{1}{24}t(t^2-9)+C$$

$$=\frac{1}{12}(2x-3)\sqrt{3+4x}+C.$$

□ 习题 3.2 定积分

1. 定积分 $\int_0^{\frac{\pi}{2}}\cos x\mathrm{d}x$ 和不定积分 $\int\cos x\mathrm{d}x$ 有什么不同？它们的几何意义分别是什么？

解 定积分 $\int_0^{\frac{\pi}{2}}\cos x\mathrm{d}x$ 是个常数，它表示图形的面积；而不定积分 $\int\cos x\mathrm{d}x$ 是函数，它表示一族积分曲线.

2. 设 x 轴上有一根细棒，位于 $x=a$ 到 $x=b$ 的区间上，这细棒在 x 处的线密度为 $\rho(x)$. 试用定积分表示这细棒的质量.

解 在区间 $[a,b]$ 上用 $n+1$ 个分点：$a=x_0<x_1<\cdots<x_{n-1}<x_n=b$，把 $[a,b]$ 任意分割成 n 个小区间 $[x_0,x_1],[x_1,x_2],\cdots,[x_{n-1},x_n]$，各区间长度分别记为 $\Delta x_1=x_1-x_0,\Delta x_2=x_2-x_1,\cdots,\Delta x_n=x_n-x_{n-1}$. 这样细棒就被分为 n 个小段，其质量依次记作 $\Delta M_1,\Delta M_2,\cdots,\Delta M_n$. 在每个小区间 $[x_{i-1},x_i](i=1,2,\cdots,n)$ 上任取一点 $\xi_i(x_{i-1}\leqslant\xi_i\leqslant x_i)$，以 $\rho(\xi_i)$ 作为该小段上所有点的线密度，则该小段的质量近似为 $\rho(\xi_i)\Delta x_i$，即

$$\Delta M_i\approx\rho(\xi_i)\Delta x_i(i=1,2,\cdots,n).$$

n 个小段的质量之和作为所求细棒质量的近似值，即 $M=\sum\limits_{i=1}^{n}\Delta M_i\approx\sum\limits_{i=1}^{n}\rho(\xi_i)\Delta x_i$. 记 $\lambda=\max\{\Delta x_1,\Delta x_2,\cdots,\Delta x_n\}$，则当 $\lambda\to0$ 时，$\sum\limits_{i=1}^{n}\rho(\xi_i)\Delta x_i$ 的极限值就是所求细棒质量的精确值，即

$$M=\lim_{\lambda\to0}\sum_{i=1}^{n}\rho(\xi_i)\Delta x_i=\int_a^b\rho(x)\mathrm{d}x.$$

3. 利用定积分的几何意义，给出下列定积分的值：

(1) $\int_a^b x\mathrm{d}x$； (2) $\int_{-2}^{2}\sqrt{4-x^2}\mathrm{d}x$； (3) $\int_{-\pi}^{\pi}\sin x\mathrm{d}x$；

(4) $\int_{-1}^{2}|x|\mathrm{d}x$； (5) $\int_0^4(2-x)\mathrm{d}x$.

解 (1) $\int_a^b x\mathrm{d}x$ 表示直线 $y=x,x=a,x=b$ 及 x 轴所围梯形的面积，因此

$$\int_a^b x\mathrm{d}x=\frac{1}{2}(b^2-a^2).$$

(2) $\int_{-2}^{2}\sqrt{4-x^2}\mathrm{d}x$ 表示曲线 $y=\sqrt{4-x^2}$ 及 x 轴所围半圆的面积，因此 $\int_{-2}^{2}\sqrt{4-x^2}\mathrm{d}x=2\pi$.

(3) $\int_{-\pi}^{\pi}\sin x\mathrm{d}x$ 等于曲线 $y=\sin x$，直线 $x=-\pi,x=\pi$ 及 x 轴所围图形在 x 轴上方部分的面积减去在 x 轴下方部分的面积，因此 $\int_{-\pi}^{\pi}\sin x\mathrm{d}x=0$.

(4) $\int_{-1}^{2}|x|\mathrm{d}x$ 表示 $y=|x|,x=-1,x=2$ 及 x 轴所围两三角形的面积之和，因此 $\int_{-1}^{2}|x|\mathrm{d}x=\frac{5}{2}$.

(5) $\int_0^4(2-x)\mathrm{d}x$ 等于直线 $y=2-x,x=0,x=4$ 及 x 轴所围图形在 x 轴上方部分的面

积减去在 x 轴下方部分的面积，因此 $\int_0^4(2-x)\mathrm{d}x=0$.

4. 利用定积分的性质，比较下列各组积分值的大小：

(1) $\int_1^{\mathrm{e}}\ln x\mathrm{d}x$ 与 $\int_1^{\mathrm{e}}\ln^3x\mathrm{d}x$；　　(2) $\int_0^1\mathrm{e}^x\mathrm{d}x$ 与 $\int_0^1(1+x)\mathrm{d}x$.

解　(1)因为在 $[1,\mathrm{e}]$ 上 $\ln x\geqslant\ln^3x$，且 $\ln x$ 不恒等于 $\ln^3x$，所以 $\int_1^{\mathrm{e}}\ln x\mathrm{d}x>\int_1^{\mathrm{e}}\ln^3x\mathrm{d}x$.

(2)设 $y=\mathrm{e}^x-(1+x)$，则当 $x>0$ 时，$y'=\mathrm{e}^x-1>0$，$y=\mathrm{e}^x-(1+x)$ 在区间 $[0,1]$ 上单调增加，因此 $y=\mathrm{e}^x-(1+x)\geqslant y(0)=0$，从而在 $[0,1]$ 上 $\mathrm{e}^x\geqslant1+x$，且 e^x 不恒等于 $1+x$，所以 $\int_0^1\mathrm{e}^x\mathrm{d}x>\int_0^1(1+x)\mathrm{d}x$.

5. 证明下列不等式：

(1) $\frac{\pi}{21}<\int_{\frac{\pi}{4}}^{\frac{\pi}{3}}\frac{1}{1+\sin^2x}\mathrm{d}x<\frac{\pi}{18}$；　　(2) $2\mathrm{e}^{-\frac{1}{4}}<\int_0^2\mathrm{e}^{x^2-x}\mathrm{d}x<2\mathrm{e}^2$.

解　(1)在区间 $\left[\frac{\pi}{4},\frac{\pi}{3}\right]$ 上，函数 $\frac{1}{1+\sin^2x}$ 的最大值 $M=\frac{2}{3}$，最小值 $m=\frac{4}{7}$. 因此

$$\frac{4}{7}\left(\frac{\pi}{3}-\frac{\pi}{4}\right)<\int_{\frac{\pi}{4}}^{\frac{\pi}{3}}\frac{1}{1+\sin^2x}\mathrm{d}x<\frac{2}{3}\left(\frac{\pi}{3}-\frac{\pi}{4}\right),$$

即

$$\frac{\pi}{21}<\int_{\frac{\pi}{4}}^{\frac{\pi}{3}}\frac{1}{1+\sin^2x}\mathrm{d}x<\frac{\pi}{18}.$$

(2)在区间 $[0,2]$ 上，函数 e^{x^2-x} 的最大值 $M=\mathrm{e}^2$，最小值 $m=\mathrm{e}^{-\frac{1}{4}}$. 因此

$$(2-0)\mathrm{e}^{-\frac{1}{4}}<\int_0^2\mathrm{e}^{x^2-x}\mathrm{d}x<(2-0)\mathrm{e}^2,$$

即

$$2\mathrm{e}^{-\frac{1}{4}}<\int_0^2\mathrm{e}^{x^2-x}\mathrm{d}x<2\mathrm{e}^2.$$

6. 设函数 $f(x)$ 在区间 $[1,3]$ 上的平均值为 6，求定积分 $\int_1^3f(x)\mathrm{d}x$.

解　由于函数 $f(x)$ 在区间 $[a,b]$ 上的平均值是 $\frac{1}{b-a}\int_a^bf(x)\mathrm{d}x$，因此

$$\frac{1}{3-1}\int_1^3f(x)\mathrm{d}x=6,$$

从而

$$\int_1^3f(x)\mathrm{d}x=12.$$

□ 习题 3.3　定积分的计算

1. 计算下列各题：

(1)设 $f(x)=\int_0^x\frac{1-t+t^2}{1+t+t^2}\mathrm{d}t$，求 $f'(x)$ 与 $f'(1)$；　(2)设 $f(x)=\int_0^x\mathrm{e}^{-t^2}\mathrm{d}t$，求 $f''(1)$；

(3)设 $f(x)=\int_x^2 \ln(1+t^2)\mathrm{d}t$，求 $f'(x)$； (4)求 $\frac{\mathrm{d}}{\mathrm{d}x}\int_{x^2}^{x^3}\frac{1}{\sqrt{1+u^4}}\mathrm{d}u$；

(5)求极限 $\lim\limits_{x\to 0}\frac{1}{x}\int_x^0 \frac{\sin t}{t}\mathrm{d}t$； (6)求极限 $\lim\limits_{x\to 0}\frac{\int_0^x t(t+\sin t)\mathrm{d}t}{\int_x^0 \ln(1+t^2)\mathrm{d}t}$.

解 (1) $f'(x)=\frac{1-x+x^2}{1+x+x^2}$，$f'(1)=\frac{1}{3}$.

(2) $f'(x)=\mathrm{e}^{-x^2}$，$f''(x)=-2x\mathrm{e}^{-x^2}$，$f''(1)=-\frac{2}{\mathrm{e}}$.

(3) $f'(x)=-\ln(1+x^2)$.

(4)
$$\frac{\mathrm{d}}{\mathrm{d}x}\int_{x^2}^{x^3}\frac{1}{\sqrt{1+u^4}}\mathrm{d}u=\frac{\mathrm{d}}{\mathrm{d}x}\int_{x^2}^{0}\frac{1}{\sqrt{1+u^4}}\mathrm{d}u+\frac{\mathrm{d}}{\mathrm{d}x}\int_{0}^{x^3}\frac{1}{\sqrt{1+u^4}}\mathrm{d}u$$
$$=-\frac{1}{\sqrt{1+x^8}}\cdot 2x+\frac{1}{\sqrt{1+x^{12}}}\cdot 3x^2=\frac{3x^2}{\sqrt{1+x^{12}}}-\frac{2x}{\sqrt{1+x^8}}.$$

(5)
$$\lim_{x\to 0}\frac{1}{x}\int_x^0\frac{\sin t}{t}\mathrm{d}t=\lim_{x\to 0}\frac{\int_x^0\frac{\sin t}{t}\mathrm{d}t}{x}=-\lim_{x\to 0}\frac{\sin x}{x}=-1.$$

(6)
$$\lim_{x\to 0}\frac{\int_0^x t(t+\sin t)\mathrm{d}t}{\int_x^0\ln(1+t^2)\mathrm{d}t}=\lim_{x\to 0}\frac{x(x+\sin x)}{-\ln(1+x^2)}=-\lim_{x\to 0}\frac{2x+\sin x+x\cos x}{\frac{2x}{1+x^2}}=-2.$$

2. 设 $y=f(x)$ 是由方程 $x^2y=\int_0^y\sqrt{1+t^2}\mathrm{d}t$ 确定的隐函数，试求 $y=f(x)$ 的微分 $\mathrm{d}y$.

解 方程 $x^2y=\int_0^y\sqrt{1+t^2}\mathrm{d}t$ 两边对 x 求导，得 $2xy+x^2y'=\sqrt{1+y^2}\,y'$，$y'=\frac{2xy}{\sqrt{1+y^2}-x^2}$，于是 $\mathrm{d}y=\frac{2xy}{\sqrt{1+y^2}-x^2}\mathrm{d}x$.

3. 设函数 $f(x)$ 在区间 $[a,b]$ 上连续且单调增加，令

$$F(x)=\frac{1}{x-a}\int_a^x f(x)\mathrm{d}x\quad(a<x\leqslant b).$$

试证明在区间 $(a,b]$ 上恒有 $F'(x)\geqslant 0$.

证 由定积分的中值定理，得

$$F'(x)=\frac{f(x)(x-a)-\int_a^x f(x)\mathrm{d}x}{(x-a)^2}=\frac{f(x)(x-a)-f(\xi)(x-a)}{(x-a)^2}$$
$$=\frac{f(x)-f(\xi)}{x-a}\geqslant 0，其中\ a<\xi\leqslant x.$$

4. 计算下列定积分：

(1) $\int_0^4(2-\sqrt{x})^2\mathrm{d}x$； (2) $\int_{-\sqrt{3}}^1\frac{1}{1+t^2}\mathrm{d}t$； (3) $\int_0^1\frac{1}{\sqrt{4-u^2}}\mathrm{d}u$；

(4) $\int_{-1}^{3}|2-x|\mathrm{d}x$；　(5)设 $f(x)=\begin{cases}\dfrac{x}{2}+1, & 0\leqslant x\leqslant 2\\ x, & 2<x\leqslant 3\end{cases}$，求 $\int_{0}^{3}f(x)\mathrm{d}x$；

(6) $\int_{0}^{1}\dfrac{1}{9x^2+6x+1}\mathrm{d}x$；　(7) $\int_{0}^{2}(2-x)^2(2+x)\mathrm{d}x$；

(8) $\int_{0}^{\frac{\pi}{4}}\tan^2 x\mathrm{d}x$；　(9) $\int_{0}^{\pi}(1-\sin^3\varphi)\mathrm{d}\varphi$；　(10) $\int_{-1}^{1}\dfrac{\mathrm{e}^x}{\mathrm{e}^x+1}\mathrm{d}x$.

解　(1) $\int_{0}^{4}(2-\sqrt{x})^2\mathrm{d}x=\int_{0}^{4}(4-4\sqrt{x}+x)\mathrm{d}x=\left(4x-\dfrac{8}{3}x^{\frac{3}{2}}+\dfrac{1}{2}x^2\right)\Big|_{0}^{4}=\dfrac{8}{3}$.

(2) $\int_{-\sqrt{3}}^{1}\dfrac{1}{1+t^2}\mathrm{d}t=\arctan t\Big|_{-\sqrt{3}}^{1}=\dfrac{7\pi}{12}$.

(3) $\int_{0}^{1}\dfrac{1}{\sqrt{4-u^2}}\mathrm{d}u=\arcsin\dfrac{u}{2}\Big|_{0}^{1}=\dfrac{\pi}{6}$.

(4) $\int_{-1}^{3}|2-x|\mathrm{d}x=\int_{-1}^{2}(2-x)\mathrm{d}x+\int_{2}^{3}(x-2)\mathrm{d}x=\left(2x-\dfrac{1}{2}x^2\right)\Big|_{-1}^{2}+\left(\dfrac{1}{2}x^2-2x\right)\Big|_{2}^{3}=5$.

(5) $\int_{0}^{3}f(x)\mathrm{d}x=\int_{0}^{2}f(x)\mathrm{d}x+\int_{2}^{3}f(x)\mathrm{d}x=\int_{0}^{2}\left(\dfrac{x}{2}+1\right)\mathrm{d}x+\int_{2}^{3}x\mathrm{d}x$

$$=\left(\frac{1}{4}x^2+x\right)\Big|_{0}^{2}+\frac{1}{2}x^2\Big|_{2}^{3}=\frac{11}{2}.$$

(6) $\int_{0}^{1}\dfrac{1}{9x^2+6x+1}\mathrm{d}x=\int_{0}^{1}\dfrac{1}{(3x+1)^2}\mathrm{d}x=\dfrac{1}{3}\int_{0}^{1}\dfrac{1}{(3x+1)^2}\mathrm{d}(3x+1)$

$$=-\frac{1}{3(3x+1)}\Big|_{0}^{1}=\frac{1}{4}.$$

(7) $\int_{0}^{2}(2-x)^2(2+x)\mathrm{d}x=\int_{0}^{2}(x^3-2x^2-4x+8)\mathrm{d}x$

$$=\left(\frac{1}{4}x^4-\frac{2}{3}x^3-2x^2+8x\right)\Big|_{0}^{2}=\frac{20}{3}.$$

(8) $\int_{0}^{\frac{\pi}{4}}\tan^2 x\mathrm{d}x=\int_{0}^{\frac{\pi}{4}}(\sec^2 x-1)\mathrm{d}x=(\tan x-x)\Big|_{0}^{\frac{\pi}{4}}=1-\dfrac{\pi}{4}$.

(9) $\int_{0}^{\pi}(1-\sin^3\varphi)\mathrm{d}\varphi=\int_{0}^{\pi}\mathrm{d}\varphi+\int_{0}^{\pi}(1-\cos^2\varphi)\mathrm{d}(\cos\varphi)=\pi+\left(\cos\varphi-\dfrac{\cos^3\varphi}{3}\right)\Big|_{0}^{\pi}=\pi-\dfrac{4}{3}$.

(10) $\int_{-1}^{1}\dfrac{\mathrm{e}^x}{\mathrm{e}^x+1}\mathrm{d}x=\int_{-1}^{1}\dfrac{1}{\mathrm{e}^x+1}\mathrm{d}(\mathrm{e}^x+1)=\ln(\mathrm{e}^x+1)\Big|_{-1}^{1}=1$.

5. 计算下列定积分：

(1) $\int_{\frac{\pi}{6}}^{\frac{\pi}{2}}\cos^2 t\mathrm{d}t$；　(2) $\int_{0}^{\pi}\dfrac{\sin x}{1+\cos^2 x}\mathrm{d}x$；　(3) $\int_{0}^{1}\dfrac{1}{1+\mathrm{e}^x}\mathrm{d}x$；

(4) $\int_{0}^{1}x^2\sqrt{1-x^2}\mathrm{d}x$；　(5) $\int_{0}^{1}\dfrac{1}{\sqrt{(1+x^2)^3}}\mathrm{d}x$；　(6) $\int_{1}^{2}\dfrac{\sqrt{x^2-1}}{x}\mathrm{d}x$；

(7) $\int_{0}^{4}\dfrac{\sqrt{x}}{1+\sqrt{x}}\mathrm{d}x$；　(8) $\int_{-1}^{1}\dfrac{x}{\sqrt{5-4x}}\mathrm{d}x$.

解　(1) $\int_{\frac{\pi}{6}}^{\frac{\pi}{2}}\cos^2 t\mathrm{d}t=\dfrac{1}{2}\int_{\frac{\pi}{6}}^{\frac{\pi}{2}}(1+\cos 2t)\mathrm{d}t=\dfrac{1}{2}\left(t+\dfrac{\sin 2t}{2}\right)\Big|_{\frac{\pi}{6}}^{\frac{\pi}{2}}=\dfrac{\pi}{6}-\dfrac{\sqrt{3}}{8}$.

(2) $\int_0^{\pi}\frac{\sin x}{1+\cos^2 x}dx=-\int_0^{\pi}\frac{1}{1+\cos^2 x}d(\cos x)=-\arctan(\cos x)\Big|_0^{\pi}=\frac{\pi}{2}.$

(3) $\int_0^1\frac{1}{1+e^x}dx=\int_0^1\left(1-\frac{e^x}{1+e^x}\right)dx=\int_0^1dx-\int_0^1\frac{1}{1+e^x}d(1+e^x)$

$$=1-\ln(1+e^x)\Big|_0^1=\ln\frac{2e}{e+1}.$$

(4)令 $x=\sin t$，则 $dx=\cos tdt$，且当 $x=0$ 时，$t=0$；当 $x=1$ 时，$t=\frac{\pi}{2}$. 所以

$$\int_0^1x^2\sqrt{1-x^2}dx=\int_0^{\frac{\pi}{2}}\sin^2t\cos t\cos tdt=\frac{1}{4}\int_0^{\frac{\pi}{2}}\sin^2 2tdt=\frac{1}{8}\int_0^{\frac{\pi}{2}}(1-\cos4t)dt$$
$$=\frac{1}{8}\left(t-\frac{1}{4}\sin4t\right)\Big|_0^{\frac{\pi}{2}}=\frac{\pi}{16}.$$

(5)令 $x=\tan t$，则 $dx=\sec^2tdt$，且当 $x=0$ 时，$t=0$；当 $x=1$ 时，$t=\frac{\pi}{4}$.

$$\int_0^1\frac{1}{\sqrt{(1+x^2)^3}}dx=\int_0^{\frac{\pi}{4}}\frac{1}{\sec^3t}\cdot\sec^2tdt=\int_0^{\frac{\pi}{4}}\cos tdt=\sin t\Big|_0^{\frac{\pi}{4}}=\frac{\sqrt{2}}{2}.$$

(6)令 $x=\sec t$，则 $dx=\sec t\tan tdt$，且当 $x=1$ 时，$t=0$；当 $x=2$ 时，$t=\frac{\pi}{3}$.

$$\int_1^2\frac{\sqrt{x^2-1}}{x}dx=\int_0^{\frac{\pi}{3}}\frac{\tan t}{\sec t}\cdot\sec t\tan tdt=\int_0^{\frac{\pi}{3}}(\sec^2t-1)dt=(\tan t-t)\Big|_0^{\frac{\pi}{3}}=\sqrt{3}-\frac{\pi}{3}.$$

(7)令 $\sqrt{x}=t$，则 $x=t^2$，$dx=2tdt$，且当 $x=0$ 时，$t=0$；当 $x=4$ 时，$t=2$.

$$\int_0^4\frac{\sqrt{x}}{1+\sqrt{x}}dx=\int_0^2\frac{t}{1+t}\cdot2tdt=2\int_0^2\left(t-1+\frac{1}{1+t}\right)dt=2\left(\frac{t^2}{2}-t+\ln|1+t|\right)\Big|_0^2=2\ln3.$$

(8)令 $\sqrt{5-4x}=t$，则 $x=\frac{1}{4}(5-t^2)$，$dx=-\frac{1}{2}tdt$，且当 $x=-1$ 时，$t=3$；当 $x=1$ 时，$t=1$.

$$\int_{-1}^1\frac{x}{\sqrt{5-4x}}dx=\int_3^1\frac{1}{4}\cdot\frac{5-t^2}{t}\cdot\left(-\frac{1}{2}tdt\right)=\frac{1}{8}\int_1^3(5-t^2)dt=\frac{1}{8}\left(5t-\frac{1}{3}t^3\right)\Big|_1^3=\frac{1}{6}.$$

6. 计算下列定积分：

(1) $\int_0^1x\ln(1+x)dx$；　(2) $\int_0^1x\cos(\pi x)dx$；　(3) $\int_0^{\sqrt{3}}\ln(x+\sqrt{1+x^2})dx$；

(4) $\int_0^1xe^{-x}dx$；　(5) $\int_0^{\frac{\sqrt{2}}{2}}\arccos xdx$；　(6) $\int_{\frac{\pi}{4}}^{\frac{\pi}{3}}\frac{x}{\sin^2x}dx$；

(7) $\int_{-1}^1\frac{x^2\sin^5x+1}{1+x^2}dx$；　(8) $\int_{-1}^1(x+2)\arctan\frac{x}{2}dx$.

解　(1) $\int_0^1x\ln(1+x)dx=\int_0^1\ln(1+x)d\left(\frac{x^2}{2}\right)=\frac{x^2}{2}\ln(1+x)\Big|_0^1-\int_0^1\frac{x^2}{2}d[\ln(1+x)]$

$$=\frac{1}{2}\ln2-\frac{1}{2}\int_0^1\frac{x^2}{1+x}dx=\frac{1}{2}\ln2-\frac{1}{2}\int_0^1\left(x-1+\frac{1}{1+x}\right)dx$$
$$=\frac{1}{2}\ln2-\frac{1}{2}\left[\frac{x^2}{2}-x+\ln(1+x)\right]\Big|_0^1=\frac{1}{4}.$$

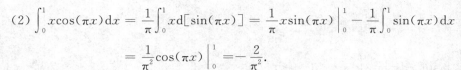

(2) $\int_0^1 x\cos(\pi x)\mathrm{d}x = \frac{1}{\pi}\int_0^1 x\mathrm{d}[\sin(\pi x)] = \frac{1}{\pi}x\sin(\pi x)\Big|_0^1 - \frac{1}{\pi}\int_0^1 \sin(\pi x)\mathrm{d}x$

$= \frac{1}{\pi^2}\cos(\pi x)\Big|_0^1 = -\frac{2}{\pi^2}.$

(3) $\int_0^{\sqrt{3}} \ln(x+\sqrt{1+x^2})\mathrm{d}x = x\ln(x+\sqrt{1+x^2})\Big|_0^{\sqrt{3}} - \int_0^{\sqrt{3}} x\mathrm{d}[\ln(x+\sqrt{1+x^2})]$

$= \sqrt{3}\ln(\sqrt{3}+2) - \int_0^{\sqrt{3}} \frac{x}{\sqrt{1+x^2}}\mathrm{d}x$

$= \sqrt{3}\ln(\sqrt{3}+2) - \sqrt{1+x^2}\Big|_0^{\sqrt{3}} = \sqrt{3}\ln(\sqrt{3}+2) - 1.$

(4) $\int_0^1 x\mathrm{e}^{-x}\mathrm{d}x = \int_0^1 x\mathrm{d}(-\mathrm{e}^{-x}) = -x\mathrm{e}^{-x}\Big|_0^1 + \int_0^1 \mathrm{e}^{-x}\mathrm{d}x = -\frac{1}{\mathrm{e}} - \mathrm{e}^{-x}\Big|_0^1 = 1 - \frac{2}{\mathrm{e}}.$

(5) $\int_0^{\frac{\sqrt{2}}{2}} \arccos x\mathrm{d}x = x\arccos x\Big|_0^{\frac{\sqrt{2}}{2}} - \int_0^{\frac{\sqrt{2}}{2}} x\mathrm{d}(\arccos x) = \frac{\sqrt{2}}{8}\pi + \int_0^{\frac{\sqrt{2}}{2}} \frac{x}{\sqrt{1-x^2}}\mathrm{d}x$

$= \frac{\sqrt{2}}{8}\pi - \sqrt{1-x^2}\Big|_0^{\frac{\sqrt{2}}{2}} = \frac{\sqrt{2}}{8}\pi - \frac{\sqrt{2}}{2} + 1.$

(6) $\int_{\frac{\pi}{4}}^{\frac{\pi}{3}} \frac{x}{\sin^2 x}\mathrm{d}x = \int_{\frac{\pi}{4}}^{\frac{\pi}{3}} x\mathrm{d}(-\cot x) = x(-\cot x)\Big|_{\frac{\pi}{4}}^{\frac{\pi}{3}} + \int_{\frac{\pi}{4}}^{\frac{\pi}{3}} \cot x\mathrm{d}x$

$= \frac{9-4\sqrt{3}}{36}\pi + \ln(\sin x)\Big|_{\frac{\pi}{4}}^{\frac{\pi}{3}} = \frac{9-4\sqrt{3}}{36}\pi + \frac{1}{2}\ln\frac{3}{2}.$

(7) $\int_{-1}^1 \frac{x^2\sin^5 x+1}{1+x^2}\mathrm{d}x = \int_{-1}^1 \frac{x^2\sin^5 x}{1+x^2}\mathrm{d}x + 2\int_0^1 \frac{1}{1+x^2}\mathrm{d}x = 2\arctan x\Big|_0^1 = \frac{1}{2}\pi.$

(8) $\int_{-1}^1 (x+2)\arctan\frac{x}{2}\mathrm{d}x = 2\int_0^1 x\arctan\frac{x}{2}\mathrm{d}x + 2\int_{-1}^1 \arctan\frac{x}{2}\mathrm{d}x$

$= \int_0^1 \arctan\frac{x}{2}\mathrm{d}(x^2) = x^2\arctan\frac{x}{2}\Big|_0^1 - \int_0^1 x^2\mathrm{d}\left(\arctan\frac{x}{2}\right)$

$= \arctan\frac{1}{2} - 2\int_0^1 \frac{x^2}{4+x^2}\mathrm{d}x = \arctan\frac{1}{2} - 2\int_0^1\left(1-\frac{4}{4+x^2}\right)\mathrm{d}x$

$= \arctan\frac{1}{2} - 2\left(x - 2\arctan\frac{x}{2}\right)\Big|_0^1 = 5\arctan\frac{1}{2} - 2.$

7. 设 $f(x)$ 在 $[a,b]$ 上连续,证明: $\int_a^b f(x)\mathrm{d}x = \int_a^b f(a+b-x)\mathrm{d}x$.

证 作变换 $x = a+b-t$,则 $\mathrm{d}x = -\mathrm{d}t$,且当 $x = a$ 时,$t = b$;当 $x = b$ 时,$t = a$. 所以

$$\int_a^b f(x)\mathrm{d}x = \int_b^a f(a+b-t)(-\mathrm{d}t) = \int_a^b f(a+b-t)\mathrm{d}t = \int_a^b f(a+b-x)\mathrm{d}x.$$

8. 设 $a > 0$,试证明: $\int_0^a x^3 f(x^2)\mathrm{d}x = \frac{1}{2}\int_0^{a^2} xf(x)\mathrm{d}x$.

证 作变换 $x^2 = t$,则 $\mathrm{d}t = 2x\mathrm{d}x$,且当 $x = 0$ 时,$t = 0$;当 $x = a$ 时,$t = a^2$. 所以

$$\int_0^a x^3 f(x^2)\mathrm{d}x = \frac{1}{2}\int_0^a x^2 f(x^2)\cdot 2x\mathrm{d}x = \frac{1}{2}\int_0^a x^2 f(x^2)\mathrm{d}(x^2) = \frac{1}{2}\int_0^{a^2} tf(t)\mathrm{d}t$$

$$=\frac{1}{2}\int_0^{a^2} xf(x)\mathrm{d}x.$$

9. 证明：$\int_0^{\pi}\sin^n x\,\mathrm{d}x=2\int_0^{\frac{\pi}{2}}\sin^n x\,\mathrm{d}x$.

证 $\int_0^{\pi}\sin^n x\,\mathrm{d}x=\int_0^{\frac{\pi}{2}}\sin^n x\,\mathrm{d}x+\int_{\frac{\pi}{2}}^{\pi}\sin^n x\,\mathrm{d}x$.

对 $\int_{\frac{\pi}{2}}^{\pi}\sin^n x\,\mathrm{d}x$，令 $x=\pi-t$，则 $\mathrm{d}x=-\mathrm{d}t$，且当 $x=\frac{\pi}{2}$ 时，$t=\frac{\pi}{2}$；当 $x=\pi$ 时，$t=0$. 所以

$$\int_{\frac{\pi}{2}}^{\pi}\sin^n x\,\mathrm{d}x=\int_{\frac{\pi}{2}}^{0}\sin^n t(-\mathrm{d}t)=\int_0^{\frac{\pi}{2}}\sin^n t\,\mathrm{d}t=\int_0^{\frac{\pi}{2}}\sin^n x\,\mathrm{d}x,$$

于是
$$\int_0^{\pi}\sin^n x\,\mathrm{d}x=2\int_0^{\frac{\pi}{2}}\sin^n x\,\mathrm{d}x.$$

□ 习题 3.4　定积分的应用

1. 求下列各曲线所围成的图形的面积：

(1) $y=9-x^2,y=0$；　(2) $y=x,y=\frac{1}{x},x=2$；

(3) $y=x^3,x=0,y=1$；　(4) $y=x^2+1,x+y=3$；

(5) $y=\sin x,x=-\pi,x=\frac{\pi}{2},y=0$；　(6) $y=\ln x,x=0,y=\ln a,y=\ln b(b>a>0)$；

(7) $r=2a(2+\cos\theta)$.

解 (1) $A=\int_{-3}^{3}(9-x^2)\mathrm{d}x=2\int_0^3(9-x^2)\mathrm{d}x=36$.

(2) $A=\int_1^2\left(x-\frac{1}{x}\right)\mathrm{d}x=\left(\frac{1}{2}x^2-\ln x\right)\Big|_1^2=\frac{3}{2}-\ln 2$.

(3) $A=\int_0^1(1-x^3)\mathrm{d}x=\frac{3}{4}$ 或 $A=\int_0^1 y^{\frac{1}{3}}\mathrm{d}x=\frac{3}{4}$.

(4) 联立方程组 $\begin{cases}y=x^2+1\\x+y=3\end{cases}$，得抛物线 $y=x^2+1$ 与直线 $x+y=3$ 的交点：$(1,2),(-2,5)$，

于是
$$A=\int_{-2}^{1}[(3-x)-(x^2+1)]\mathrm{d}x=\frac{9}{2}.$$

(5) $A=-\int_{-\pi}^{0}\sin x\mathrm{d}x+\int_0^{\frac{\pi}{2}}\sin x\mathrm{d}x=3$.

(6) $A=\int_{\ln a}^{\ln b}\mathrm{e}^y\mathrm{d}y=\mathrm{e}^y\Big|_{\ln a}^{\ln b}=b-a$.

(7) $A=2\int_0^{\pi}\frac{1}{2}r^2\mathrm{d}\theta=4a^2\int_0^{\pi}(2+\cos\theta)^2\mathrm{d}\theta=4a^2\int_0^{\pi}\left(4+4\cos\theta+\frac{1+\cos 2\theta}{2}\right)\mathrm{d}\theta=18\pi a^2$.

2. 求抛物线 $y=-x^2+4x-3$ 与其在点 $(0,-3)$ 和 $(3,0)$ 处的切线所围成的平面图形的

面积.

解　由 $y'=-2x+4$，$y'(0)=4$，$y'(3)=-2$ 可得抛物线在点 $(0,-3)$ 和 $(3,0)$ 处的切线方程分别为 $y=4x-3$ 和 $y=-2x+6$，这两条切线的交点为 $\left(\frac{3}{2},3\right)$，所求面积

$$A=\int_0^{\frac{3}{2}}[(4x-3)-(-x^2+4x-3)]\mathrm{d}x+\int_{\frac{3}{2}}^3[(-2x+6)-(-x^2+4x-3)]\mathrm{d}x$$
$$=\int_0^{\frac{3}{2}}x^2\mathrm{d}x+\int_{\frac{3}{2}}^3(x^2-6x+9)\mathrm{d}x=\frac{9}{4}.$$

3. 计算曲线 $y=\ln(1-x^2)$ 上相应于 $0\leqslant x\leqslant\frac{1}{2}$ 的一段弧的长度.

解　$y'=\frac{-2x}{1-x^2}$，所求弧的长度

$$s=\int_0^{\frac{1}{2}}\sqrt{1+(y')^2}\mathrm{d}x=\int_0^{\frac{1}{2}}\sqrt{1+\frac{4x^2}{(1-x^2)^2}}\mathrm{d}x=\int_0^{\frac{1}{2}}\frac{1+x^2}{1-x^2}\mathrm{d}x$$
$$=\int_0^{\frac{1}{2}}\left(-1+\frac{1}{1-x}+\frac{1}{1+x}\right)\mathrm{d}x=\left(-x+\ln\frac{1+x}{1-x}\right)\Bigg|_0^{\frac{1}{2}}=\ln3-\frac{1}{2}.$$

4. 求摆线 $x=a(t-\sin t)$，$y=a(1-\cos t)$ 的一拱 $(0\leqslant t\leqslant 2\pi)$ 的长度.

解　所求摆线的长度

$$s=\int_0^{2\pi}\sqrt{(x')^2+(y')^2}\mathrm{d}t=\int_0^{2\pi}\sqrt{[a(1-\cos t)]^2+(a\sin t)^2}\mathrm{d}t$$
$$=a\int_0^{2\pi}\sqrt{2(1-\cos t)}\mathrm{d}t=a\int_0^{2\pi}2\sin\frac{t}{2}\mathrm{d}t=8a.$$

5. 求由曲线 $y=\sqrt{x+\sin x}\,(0\leqslant x\leqslant\pi)$ 与 x 轴及直线 $x=\pi$ 所围平面图形绕 x 轴旋转一周所生成的旋转体体积.

解　$V_x=\int_0^{\pi}\pi y^2\mathrm{d}x=\int_0^{\pi}\pi(x+\sin x)\mathrm{d}x=\pi\left(\frac{\pi^2}{2}+2\right).$

6. 设抛物线 $y^2=2x$ 与直线 $y=x-4$ 围成的平面区域为 D，求

(1) D 的面积；

(2) D 绕 x 轴旋转一周所生成的旋转体体积.

解　联立方程组 $\begin{cases}y^2=2x\\y=x-4\end{cases}$ 得抛物线 $y^2=2x$ 与直线 $y=x-4$ 的交点：$(2,-2)$，$(8,4)$，于是

(1) D 的面积

$$A=\int_{-2}^4\left(4+y-\frac{1}{2}y^2\right)\mathrm{d}y=18.$$

(2) D 绕 x 轴旋转一周所生成的旋转体体积

$$V_x=\int_0^8\pi 2x\mathrm{d}x-\int_4^8\pi(x-4)^2\mathrm{d}x=64\pi-\frac{64}{3}\pi=\frac{128}{3}\pi.$$

7. 求 $y=\cos x$ 与 $y=\sin x$ 与直线 $x=0, x=\frac{\pi}{2}$ 所围的平面区域绕 x 轴旋转一周的体积.

解 $V_x=\int_0^{\frac{\pi}{4}}\pi(\cos^2x-\sin^2x)\mathrm{d}x+\int_{\frac{\pi}{4}}^{\frac{\pi}{2}}\pi(\sin^2x-\cos^2x)\mathrm{d}x$

$=\frac{1}{2}\pi\sin 2x\Big|_0^{\frac{\pi}{4}}-\frac{1}{2}\pi\sin 2x\Big|_{\frac{\pi}{4}}^{\frac{\pi}{2}}=\pi.$

8. 求曲线 $xy=1$ 与直线 $x=1, x=2, y=0$ 所围平面区域绕 y 轴旋转一周所生成的旋转体体积.

解 $V_y=\pi\cdot 2^2\cdot\frac{1}{2}+\int_{\frac{1}{2}}^{1}\pi\left(\frac{1}{y}\right)^2\mathrm{d}y-\pi\cdot 1^2\cdot 1=2\pi.$

9. 求由抛物线 $y=2-x^2$ 与直线 $y=x$ 以及 y 轴在第一象限内围成的平面图形分别绕 x 轴和 y 轴旋转一周而成的旋转体体积.

解 所围平面图形绕 x 轴旋转一周而成的旋转体体积

$$V_x=\int_0^1\pi(2-x^2)^2\mathrm{d}x-\frac{1}{3}\pi=\frac{38}{15}\pi.$$

而绕 y 轴旋转一周而成的旋转体体积

$$V_y=\int_1^2\pi(2-y)\mathrm{d}y+\frac{1}{3}\pi=\frac{5}{6}\pi.$$

10. 设某水库的闸门为一等腰梯形,下底为 2 m,上底为 6 m,高为 10 m. 当水库水齐闸门顶时,求闸门所受的水压力.

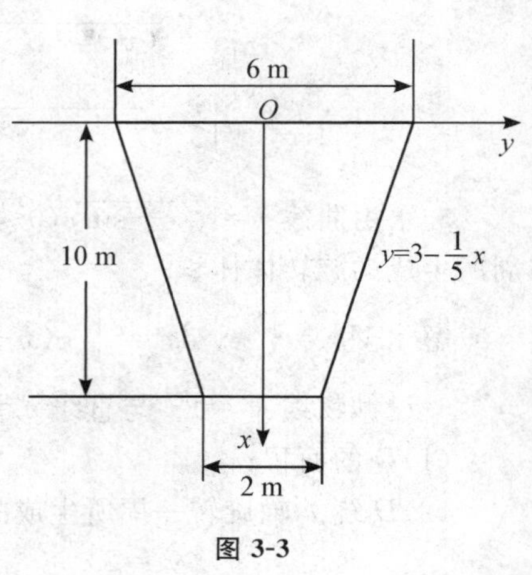

图 3-3

解 建立如图 3-3 所示的坐标系,由于闸门关于 x 轴对称,只要计算一半闸门的水压力,然后再 2 倍就得闸门所受总的水压力.

取水深 x 为积分变量,积分区间为[0,10],直线方程为 $y=3-\frac{1}{5}x$. 因此,闸门所受的水压力为

$$P=2\int_0^{10}\rho gx\left(3-\frac{1}{5}x\right)\mathrm{d}x=2\rho g\left(\frac{3}{2}x^2-\frac{1}{15}x^3\right)\Big|_0^{10}$$

$$=\frac{500}{3}\rho g.$$

□ 习题 3.5 广义积分

1. 计算下列广义积分:

(1) $\int_0^{+\infty}\mathrm{e}^{-3x}\mathrm{d}x$; (2) $\int_2^{+\infty}\frac{x}{\sqrt{1+x^2}}\mathrm{d}x$;

(3) $\int_{-\infty}^{+\infty}\frac{1}{x^2+2x+2}dx$；　　(4) $\int_{1}^{+\infty}\frac{1}{\sqrt{x}(1+x)}dx$；

(5) $\int_{1}^{2}\frac{x}{\sqrt{x-1}}dx$；　　(6) $\int_{0}^{2}\frac{1}{(1-x)^2}dx$.

解　(1) $\int_{0}^{+\infty}e^{-3x}dx=-\frac{1}{3}e^{-3x}\Big|_{0}^{+\infty}=-\frac{1}{3}\lim\limits_{x\to+\infty}e^{-3x}+\frac{1}{3}=\frac{1}{3}$.

(2) $\int_{2}^{+\infty}\frac{x}{\sqrt{1+x^2}}dx=\int_{2}^{+\infty}\frac{1}{2\sqrt{1+x^2}}d(1+x^2)=\sqrt{1+x^2}\Big|_{2}^{+\infty}=\lim\limits_{x\to+\infty}\sqrt{1+x^2}-\sqrt{5}=+\infty$,

故该广义积分发散.

(3) $\int_{-\infty}^{+\infty}\frac{1}{x^2+2x+2}dx=\int_{-\infty}^{+\infty}\frac{1}{(x+1)^2+1}dx=\arctan(x+1)\Big|_{-\infty}^{+\infty}$

$$=\lim_{x\to+\infty}\arctan(x+1)-\lim_{x\to-\infty}\arctan(x+1)=\frac{\pi}{2}-\left(-\frac{\pi}{2}\right)=\pi.$$

(4) $\int_{1}^{+\infty}\frac{1}{\sqrt{x}(1+x)}dx=2\int_{1}^{+\infty}\frac{1}{1+x}d(\sqrt{x})=2\int_{1}^{+\infty}\frac{1}{1+(\sqrt{x})^2}d(\sqrt{x})=2\arctan\sqrt{x}\Big|_{1}^{+\infty}$

$$=2\lim_{x\to+\infty}\arctan\sqrt{x}-\frac{\pi}{2}=\frac{\pi}{2}.$$

(5) $x=1$ 是函数 $\frac{x}{\sqrt{x-1}}$ 的无穷间断点，于是

$$\int_{1}^{2}\frac{x}{\sqrt{x-1}}dx=\int_{1}^{2}\frac{(x-1)+1}{\sqrt{x-1}}dx=\int_{1}^{2}\left(\sqrt{x-1}+\frac{1}{\sqrt{x-1}}\right)dx$$

$$=\left[\frac{2}{3}(x-1)^{\frac{3}{2}}+2\sqrt{x-1}\right]\Big|_{1}^{2}=\frac{8}{3}-\lim_{x\to1^+}\left[\frac{2}{3}(x-1)^{\frac{3}{2}}+2\sqrt{x-1}\right]$$

$$=\frac{8}{3}.$$

(6)被积函数在区间[0,2]上除 $x=1$ 外处处连续，且 $\lim\limits_{x\to1}\frac{1}{(1-x)^2}=\infty$，即 $x=1$ 是函数 $\frac{1}{(1-x)^2}$ 的无穷间断点，所以

$$\int_{0}^{2}\frac{1}{(1-x)^2}dx=\int_{0}^{1}\frac{1}{(1-x)^2}dx+\int_{1}^{2}\frac{1}{(1-x)^2}dx.$$

因为 $\int_{1}^{2}\frac{1}{(1-x)^2}dx=\frac{1}{1-x}\Big|_{1}^{2}=+\infty$，所以广义积分 $\int_{1}^{2}\frac{1}{(1-x)^2}dx$ 发散，从而广义积分 $\int_{0}^{2}\frac{1}{(1-x)^2}dx$ 也发散.

2. 讨论广义积分 $\int_{2}^{+\infty}\frac{1}{x(\ln x)^k}dx$ 的敛散性. 若收敛，求其值. 又当 k 为何值时，该广义积分取得最小值？

解　当 $k=1$ 时，$\int_{2}^{+\infty}\frac{1}{x(\ln x)^k}dx=\int_{2}^{+\infty}\frac{1}{\ln x}d(\ln x)=\ln(\ln x)\Big|_{2}^{+\infty}=+\infty$.

当 $k\neq1$ 时，$\int_2^{+\infty}\frac{1}{x(\ln x)^k}\mathrm{d}x=\int_2^{+\infty}\frac{1}{(\ln x)^k}\mathrm{d}(\ln x)=\frac{1}{1-k}(\ln x)^{1-k}\Big|_2^{+\infty}$

$$=\begin{cases}+\infty, & k<1\\ \frac{1}{k-1}(\ln2)^{1-k}, & k>1\end{cases}.$$

综上讨论可知，当 $k\leqslant1$ 时，积分 $\int_2^{+\infty}\frac{1}{x(\ln x)^k}\mathrm{d}x$ 发散；当 $k>1$ 时，积分 $\int_2^{+\infty}\frac{1}{x(\ln x)^k}\mathrm{d}x$ 收敛，并收敛于 $\frac{1}{k-1}(\ln2)^{1-k}$.

现求 $\frac{1}{k-1}(\ln2)^{1-k}=\frac{1}{(k-1)(\ln2)^{k-1}}$ 的最小值. 设 $f(k)=(k-1)(\ln2)^{k-1}$，则 $f'(k)=(\ln2)^{k-1}+(k-1)(\ln2)^{k-1}\ln(\ln2)$，令 $f'(k)=0$，得驻点 $k_0=1-\frac{1}{\ln(\ln2)}$.

由于当 $1<k<k_0$ 时 $f'(k)>0$，而当 $k>k_0$ 时 $f'(k)<0$，因此在 k_0 点 $f(k)$ 取得最大值，从而 $\int_2^{+\infty}\frac{1}{x(\ln x)^k}\mathrm{d}x$ 取得最小值.

3. 设 $f(x)=\begin{cases}\lambda\mathrm{e}^{-\lambda x}, & x\geqslant0(\lambda>0)\\ 0, & x<0\end{cases}$，试求 $\int_{-\infty}^{+\infty}xf(x)\mathrm{d}x$ 与 $\int_{-\infty}^{+\infty}x^2f(x)\mathrm{d}x$.

解 $\int_{-\infty}^{+\infty}xf(x)\mathrm{d}x=\int_0^{+\infty}x\lambda\mathrm{e}^{-\lambda x}\mathrm{d}x=\int_0^{+\infty}x\mathrm{d}(-\mathrm{e}^{-\lambda x})=-x\mathrm{e}^{-\lambda x}\Big|_0^{+\infty}-\int_0^{+\infty}(-\mathrm{e}^{-\lambda x})\mathrm{d}x$

$$=-\frac{1}{\lambda}\mathrm{e}^{-\lambda x}\Big|_0^{+\infty}=\frac{1}{\lambda};$$

$$\int_{-\infty}^{+\infty}x^2f(x)\mathrm{d}x=\int_0^{+\infty}x^2\lambda\mathrm{e}^{-\lambda x}\mathrm{d}x=\int_0^{+\infty}x^2\mathrm{d}(-\mathrm{e}^{-\lambda x})$$

$$=-x^2\mathrm{e}^{-\lambda x}\Big|_0^{+\infty}-\int_0^{+\infty}(-\mathrm{e}^{-\lambda x})\mathrm{d}(x^2)$$

$$=\int_0^{+\infty}2x\mathrm{e}^{-\lambda x}\mathrm{d}x=\frac{2}{\lambda}\int_0^{+\infty}x\lambda\mathrm{e}^{-\lambda x}\mathrm{d}x=\frac{2}{\lambda^2}.$$

□ 总习题 3

1. 填空题

(1) 若 $\int f(x)\mathrm{d}x=\sin2x+C$，则 $f(x)=$________.

(2) 设 $\mathrm{e}^x+\sin x$ 是 $f(x)$ 的一个原函数，则 $f'(x)=$________.

(3) 若 $\int f(x)\mathrm{d}x=F(x)+C$，则 $\int xf(1-x^2)\mathrm{d}x=$________.

(4) $\int_0^{\sqrt5}\sqrt{5-x^2}\mathrm{d}x=$________.

(5) 若 $\Phi(x)=\int_0^{\sqrt{x}}t\sin t^2\mathrm{d}t$，则 $\Phi'(x)=$________.

解　(1)$2\cos 2x$；　(2)$e^x-\sin x$；　(3)$-\dfrac{1}{2}F(1-x^2)+C$；　(4)$\dfrac{5}{4}\pi$；　(5)$\dfrac{1}{2}\sin x$.

2. 选择题

(1)下列式子中正确的是(　　).

A. $\int \mathrm{d}f(x)=f(x)$　　　B. $\mathrm{d}\int f(x)\mathrm{d}x=f(x)\mathrm{d}x$

C. $\mathrm{d}\int f(x)\mathrm{d}x=f(x)$　　　D. $\mathrm{d}\int f(x)\mathrm{d}x=f(x)+C$

(2)$\int \dfrac{1}{\sin^2 x}\mathrm{d}\sin x=$(　　).

A. $-\csc x+C$　　B. $\csc x+C$　　C. $-\cot x+C$　　D. $\cot x+C$

(3)由连续函数 $y=f(x)$，$x=a$，$x=b(a<b)$，x 轴围成的平面图形的面积是(　　).

A. $\int_a^b f(x)\mathrm{d}x$　　　B. $\left|\int_a^b f(x)\mathrm{d}x\right|$

C. $\int_a^b |f(x)|\mathrm{d}x$　　　D. $-\int_a^b f(x)\mathrm{d}x$

(4)设 $f(x)=\int_0^x (t-1)e^t\mathrm{d}t$，则 $f(x)$ 有(　　).

A. 极大值 $2-e$　　　B. 极大值 $e-2$

C. 极小值 $2-e$　　　D. 极小值 $e-2$

(5)设 $f(x)$ 为连续函数，则积分 $\int_{\frac{1}{3}}^{3}\left(1-\dfrac{1}{t^2}\right)f\left(t+\dfrac{1}{t}\right)\mathrm{d}t$ 等于(　　).

A. 0　　B. 1　　C. 3　　D. $\dfrac{1}{3}$

解　(1)B；　(2)A；　(3)C；　(4)C；　(5)A.

3. 求下列不定积分：

(1) $\int e^{-3x+5}\,\mathrm{d}x$；　(2) $\int \dfrac{1}{x^2-2x-8}\mathrm{d}x$；　(3) $\int \dfrac{1}{1+\sin x}\mathrm{d}x$；

(4) $\int \sqrt{e^x-2}\,\mathrm{d}x$；　(5) $\int \dfrac{1}{x\sqrt{a^2-x^2}}\mathrm{d}x\ (a>0)$；　(6) $\int \dfrac{\ln x}{\sqrt{x-1}}\mathrm{d}x$.

解　(1) $\int e^{-3x+5}\,\mathrm{d}x=-\dfrac{1}{3}\int e^{-3x+5}\,\mathrm{d}(-3x+5)=-\dfrac{1}{3}e^{-3x+5}+C$.

(2)
$$\int \frac{1}{x^2-2x-8}\mathrm{d}x=\frac{1}{6}\int\left(\frac{1}{x-4}-\frac{1}{x+2}\right)\mathrm{d}x$$
$$=\frac{1}{6}\int\left(\frac{1}{x-4}-\frac{1}{x+2}\right)\mathrm{d}x=\frac{1}{6}\ln\left|\frac{x-4}{x+2}\right|+C.$$

(3)
$$\int \frac{1}{1+\sin x}\mathrm{d}x=\int \frac{1-\sin x}{1-\sin^2 x}\mathrm{d}x=\int\left(\frac{1}{\cos^2 x}-\frac{\sin x}{\cos^2 x}\right)\mathrm{d}x$$
$$=\int \sec^2 x\mathrm{d}x+\int \frac{1}{\cos^2 x}\mathrm{d}(\cos x)=\tan x-\sec x+C.$$

(4)令 $\sqrt{e^x-2}=t$，则 $x=\ln(t^2+2)$，$\mathrm{d}x=\dfrac{2t}{t^2+2}\mathrm{d}t$，于是

$$\int\sqrt{e^x-2}\,dx=\int t\cdot\frac{2t}{t^2+2}dt=2\int\frac{(t^2+2)-2}{t^2+2}dt=2\int\left(1-\frac{2}{t^2+2}\right)dt$$

$$=2\left(t-\frac{2}{\sqrt{2}}\arctan\frac{t}{\sqrt{2}}\right)+C=2\sqrt{e^x-2}-\frac{4}{\sqrt{2}}\arctan\frac{\sqrt{e^x-2}}{\sqrt{2}}+C.$$

(5)利用三角公式 $\sin^2 t+\cos^2 t=1$，作变量代换 $x=a\sin t, t\in\left(-\frac{\pi}{2},\frac{\pi}{2}\right)$，则

$$\int\frac{1}{x\sqrt{a^2-x^2}}dx=\int\frac{1}{a\sin t\cdot a\cos t}\cdot a\cos t\,dt=\frac{1}{a}\int\csc t\,dt$$

$$=\frac{1}{a}\ln|\csc t-\cot t|+C$$

$$=\frac{1}{a}\ln\left|\frac{a-\sqrt{a^2-x^2}}{x}\right|+C.$$

(6) $\int\frac{\ln x}{\sqrt{x-1}}dx=2\int\ln x\,d(\sqrt{x-1})=2\sqrt{x-1}\ln x-2\int\sqrt{x-1}\,d(\ln x)$

$$=2\sqrt{x-1}\ln x-2\int\frac{\sqrt{x-1}}{x}dx,$$

对 $\int\frac{\sqrt{x-1}}{x}dx$，作变换 $\sqrt{x-1}=t$，则 $x=t^2+1$，$dx=2t\,dt$，于是

$$\int\frac{\sqrt{x-1}}{x}dx=\int\frac{t}{t^2+1}\cdot 2t\,dt=2\int\left(1-\frac{1}{t^2+1}\right)dt=2(t-\arctan t)+C$$

$$=2(\sqrt{x-1}-\arctan\sqrt{x-1})+C,$$

从而 $\int\frac{\ln x}{\sqrt{x-1}}dx=2\sqrt{x-1}\ln x-4\sqrt{x-1}+4\arctan\sqrt{x-1}+C.$

4.假设曲线 $y=f(x)$ 上点 (x,y) 处的切线斜率与 x^3 成正比，并且该曲线通过点 $A(1,6)$ 和 $B(2,-9)$，试求该曲线的方程.

解 由题意 $f'(x)=kx^3$，故 $f(x)=\int kx^3dx=\frac{1}{4}kx^4+C.$

由曲线通过点 $A(1,6)$ 和 $B(2,-9)$，可得 $k=-4, C=7$.

于是所求曲线的方程为 $y=-x^4+7$.

5.求下列积分：

(1) $\int_1^{e^2}\frac{1}{x\sqrt{1+\ln x}}dx$；　(2) $\int_{\frac{3}{4}}^{1}\frac{1}{\sqrt{1-x}-1}dx$；　(3) $\int_{\ln 2}^{\ln 3}\frac{1}{e^x-e^{-x}}dx$；

(4) $\int_0^{+\infty}e^{-\sqrt{x}}dx$；　(5) $\int_1^{+\infty}\frac{1}{x^2+x}dx$；　(6) $\int_{-\frac{1}{4}\pi}^{\frac{3}{4}\pi}\frac{1}{\cos^2 x}dx$.

解 (1) $\int_1^{e^2}\frac{1}{x\sqrt{1+\ln x}}dx=\int_1^{e^2}\frac{1}{\sqrt{1+\ln x}}d(1+\ln x)=2\sqrt{1+\ln x}\Big|_1^{e^2}=2(\sqrt{3}-1).$

(2)令 $\sqrt{1-x}=t$，则 $x=1-t^2$，$dx=-2t\,dt$，且当 $x=\frac{3}{4}$ 时，$t=\frac{1}{2}$；当 $x=1$ 时，$t=0$. 所以

$$\int_{\frac{3}{4}}^{1}\frac{1}{\sqrt{1-x}-1}dx=\int_{\frac{1}{2}}^{0}\frac{1}{t-1}\cdot(-2t\,dt)=2\int_0^{\frac{1}{2}}\frac{t}{t-1}dt=2\int_0^{\frac{1}{2}}\left(1+\frac{1}{t-1}\right)dt$$

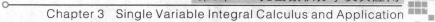

$$=2(t+\ln|t-1|)\Big|_0^{\frac{1}{2}}=1-2\ln 2.$$

(3) $\displaystyle\int_{\ln 2}^{\ln 3}\frac{1}{e^x-e^{-x}}dx=\int_{\ln 2}^{\ln 3}\frac{e^x}{(e^x)^2-1}dx=\int_{\ln 2}^{\ln 3}\frac{1}{(e^x)^2-1}d(e^x)=\int_2^3\frac{1}{u^2-1}du$

$$=\frac{1}{2}\int_2^3\left(\frac{1}{u-1}-\frac{1}{u+1}\right)du=\frac{1}{2}\ln\left|\frac{u-1}{u+1}\right|\Bigg|_2^3=\frac{1}{2}\ln\frac{3}{2}.$$

(4)令$\sqrt{x}=t$，则 $x=t^2$，$dx=2tdt$，

$$\int_0^{+\infty}e^{-\sqrt{x}}dx=2\int_0^{+\infty}e^{-t}t\,dt=-2\int_0^{+\infty}td(e^{-t})=-2\left(te^{-t}\Big|_0^{+\infty}-\int_0^{+\infty}e^{-t}dt\right)$$

$$=-2\lim_{t\to+\infty}te^{-t}-2\lim_{t\to+\infty}e^{-t}+2=2.$$

(5) $\displaystyle\int_1^{+\infty}\frac{1}{x^2+x}dx=\int_1^{+\infty}\frac{1}{x(1+x)}dx=\int_1^{+\infty}\left(\frac{1}{x}-\frac{1}{1+x}\right)dx=\ln\frac{x}{1+x}\Big|_1^{+\infty}=\ln 2.$

(6) $\displaystyle\int_{-\frac{1}{4}\pi}^{\frac{3}{4}\pi}\frac{1}{\cos^2x}dx=\int_{-\frac{1}{4}\pi}^{\frac{1}{2}\pi}\frac{1}{\cos^2x}dx+\int_{\frac{1}{2}\pi}^{\frac{3}{4}\pi}\frac{1}{\cos^2x}dx$，由于

$$\int_{\frac{1}{2}\pi}^{\frac{3}{4}\pi}\frac{1}{\cos^2x}dx=\tan x\Big|_{\frac{1}{2}\pi}^{\frac{3}{4}\pi}=-1-\lim_{x\to\frac{\pi}{2}^+}\tan x=+\infty,$$

因此$\displaystyle\int_{\frac{1}{2}\pi}^{\frac{3}{4}\pi}\frac{1}{\cos^2x}dx$发散，从而$\displaystyle\int_{-\frac{1}{4}\pi}^{\frac{3}{4}\pi}\frac{1}{\cos^2x}dx$也发散.

6. 求极限：

(1) $\displaystyle\lim_{x\to0}\frac{x-\int_0^x\frac{\sin t}{t}dt}{x-\sin x}$；　　(2) $\displaystyle\lim_{x\to\infty}\frac{\left(\int_0^x e^{t^2}dt\right)^2}{\int_0^x e^{2t^2}dt}$.

解　(1)此题为$\frac{0}{0}$型未定式，应用洛必达法则得

$$\lim_{x\to0}\frac{x-\int_0^x\frac{\sin t}{t}dt}{x-\sin x}=\lim_{x\to0}\frac{1-\frac{\sin x}{x}}{1-\cos x}=\lim_{x\to0}\frac{x-\sin x}{x-x\cos x}=\lim_{x\to0}\frac{1-\cos x}{1-\cos x+x\sin x}$$

$$=\lim_{x\to0}\frac{\sin x}{\sin x+\sin x+x\cos x}=\frac{1}{3}.$$

(2)此题为$\frac{\infty}{\infty}$型未定式，应用洛必达法则得

$$\lim_{x\to\infty}\frac{\left(\int_0^x e^{t^2}dt\right)^2}{\int_0^x e^{2t^2}dt}=\lim_{x\to\infty}\frac{2\int_0^x e^{t^2}dt\cdot e^{x^2}}{e^{2x^2}}=2\lim_{x\to\infty}\frac{\int_0^x e^{t^2}dt}{e^{x^2}}=2\lim_{x\to\infty}\frac{e^{x^2}}{2xe^{x^2}}=0.$$

7. 证明下列不等式：

(1) $\displaystyle\frac{\pi}{2}<\int_0^{2\pi}\frac{1}{3-\sin x}dx<\pi$；　　(2) $\displaystyle 0<\int_0^{10}\frac{x}{x^3+16}dx<\frac{5}{6}$.

证　(1)在区间$[0,2\pi]$上，函数$\frac{1}{3-\sin x}$的最大值$M=\frac{1}{2}$，最小值$m=\frac{1}{4}$. 因此

$$\frac{1}{4}\cdot 2\pi<\int_0^{2\pi}\frac{1}{3-\sin x}\mathrm{d}x<\frac{1}{2}\cdot 2\pi,$$

即
$$\frac{\pi}{2}<\int_0^{2\pi}\frac{1}{3-\sin x}\mathrm{d}x<\pi.$$

(2)设 $f(x)=\frac{x}{x^3+16}$，则 $f'(x)=\frac{(x^3+16)-x\cdot 3x^2}{(x^3+16)^2}=\frac{16-2x^3}{(x^3+16)^2}$.

令 $f'(x)=0$，得驻点 $x=2$. 由于 $f(0)=0, f(2)=\frac{1}{12}, f(10)=\frac{5}{508}$，因此在区间 $[0,10]$ 上，函数 $\frac{x}{x^3+16}$ 的最大值 $M=\frac{1}{12}$，最小值 $m=0$. 于是

$$0<\int_0^{10}\frac{x}{x^3+16}\mathrm{d}x<\frac{1}{12}\cdot 10=\frac{5}{6}.$$

8. 求由曲线 $y=x(x-1)(x-2)$ 和 x 轴所围成的区域的面积.

解 所求区域的面积

$$\begin{aligned}A&=\int_0^1 f(x)\mathrm{d}x-\int_1^2 f(x)\mathrm{d}x=\int_0^1 x(x-1)(x-2)\mathrm{d}x-\int_1^2 x(x-1)(x-2)\mathrm{d}x\\&=\int_0^1(x^3-3x^2+2x)\mathrm{d}x-\int_1^2(x^3-3x^2+2x)\mathrm{d}x=\frac{1}{2}.\end{aligned}$$

9. 求由抛物线 $y^2=x+2$ 和直线 $y=x$ 所围成的区域 D 的面积.

解 联立方程组 $\begin{cases}y^2=x+2\\y=x\end{cases}$ 得抛物线与直线的交点：$(2,2)$，$(-1,-1)$，于是所求区域的面积 $A=\int_{-1}^2[y-(y^2-2)]\mathrm{d}y=\frac{9}{2}$.

10. 在曲线 $y=\sin x\left(0\leqslant x\leqslant\frac{\pi}{2}\right)$ 上求一点 P，使得图 3-4 中两个阴影部分的面积之和 S_1+S_2 为最小.

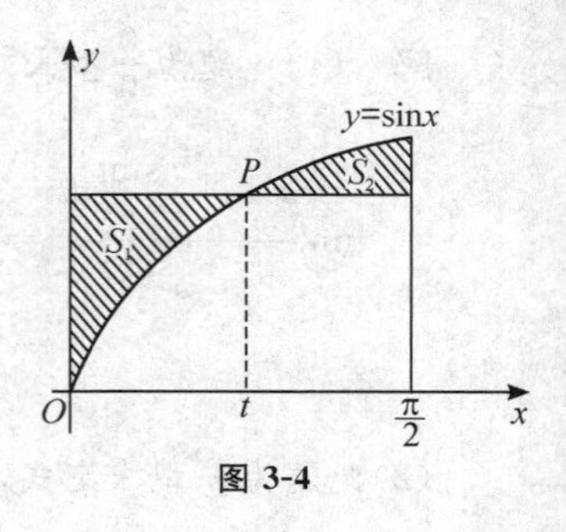

图 3-4

解 设 P 点坐标为 $(t,\sin t)$，则

$$\begin{aligned}S=S_1+S_2&=t\sin t-\int_0^t\sin x\mathrm{d}x+\int_t^{\frac{\pi}{2}}\sin x\mathrm{d}x-\left(\frac{\pi}{2}-t\right)\sin t\\&=2(t\sin t+\cos t)-1-\frac{\pi}{2}\sin t.\end{aligned}$$

令 $S_t'=2\sin t+2t\cos t-2\sin t-\frac{\pi}{2}\cos t=\left(2t-\frac{\pi}{2}\right)\cos t=0$，得 $\left(0,\frac{\pi}{2}\right)$ 内的驻点：$t=\frac{\pi}{4}$. 由 $S(0)=1, S\left(\frac{\pi}{4}\right)=\sqrt{2}-1, S\left(\frac{\pi}{2}\right)=\frac{\pi}{2}-1$ 可知，当 $t=\frac{\pi}{4}$ 时，S 取得在 $\left[0,\frac{\pi}{2}\right]$ 上的最小值，这时 P 点坐标为 $\left(\frac{\pi}{4},\frac{\sqrt{2}}{2}\right)$.

11. 在曲线 $y=x^2(x\geqslant 0)$ 上某点 A 处作一切线，使之与曲线及 x 轴所围成图形的面积为 $\frac{1}{12}$，求：(1)切点 A 的坐标及该点处的切线方程；(2)该平面图形绕 x 轴旋转一周所得的旋转

体的体积.

解　(1)设切点 A 的坐标为 (x_0, y_0)，则由 $y'\Big|_{x=x_0}=2x_0$ 得 A 点处的切线方程为

$$y-x_0^2=2x_0(x-x_0) \quad 或 \quad y=2x_0x-x_0^2.$$

切线与曲线及 x 轴所围成图形的面积

$$S=\int_0^{x_0}x^2\mathrm{d}x-\frac{1}{4}x_0^2=\frac{1}{12}x_0^2=\frac{1}{12},$$

可得 $x_0=1$. 从而切点 A 的坐标为 $(1,1)$，该点处的切线方程为 $y=2x-1$.

(2)所求旋转体的体积

$$V=\int_0^1\pi(x^2)^2\mathrm{d}x-\frac{1}{3}\pi\cdot\frac{1}{2}=\frac{1}{30}\pi.$$

12. 计算由圆

$$x^2+(y-b)^2=a^2 \quad (0<a<b)$$

围成的圆盘绕 x 轴旋转一周而成的旋转体(圆环体)的体积.

解　该圆环体的体积等于由上半圆 $y=b+\sqrt{a^2-x^2}$ 和直线 $x=-a, x=a$ 及 x 轴所围成的平面图形绕 x 轴旋转一周而成的旋转体的体积 V_2 减去由下半圆 $y=b-\sqrt{a^2-x^2}$ 和直线 $x=-a$, $x=a$ 及 x 轴所围成的平面图形绕 x 轴旋转一周而成的旋转体的体积 V_1(图 3-5).

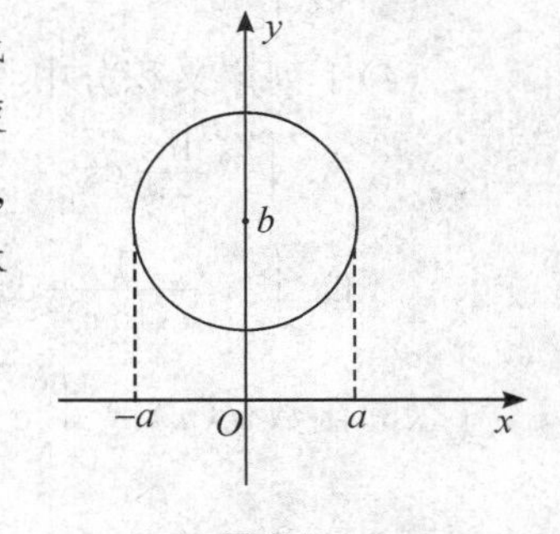

图 3-5

$$V_2=\int_{-a}^{a}\pi(b+\sqrt{a^2-x^2})^2\mathrm{d}x,\quad V_1=\int_{-a}^{a}\pi(b-\sqrt{a^2-x^2})^2\mathrm{d}x.$$

因此，所求圆环体的体积

$$\begin{aligned}V=V_2-V_1&=\int_{-a}^{a}\pi(b+\sqrt{a^2-x^2})^2\mathrm{d}x-\int_{-a}^{a}\pi(b-\sqrt{a^2-x^2})^2\mathrm{d}x\\&=4\pi b\int_{-a}^{a}\sqrt{a^2-x^2}\mathrm{d}x=4\pi b\cdot\frac{1}{2}\pi a^2=2\pi^2a^2b.\end{aligned}$$

四、单元同步测验

1. 填空题

(1)若 $\int f(x)\mathrm{d}x=x\ln x+C$，则 $f'(x)=$________.

(2)设 $F(x)$ 为 e^{-x^2} 的一个原函数，则 $\dfrac{\mathrm{d}F(\sqrt{x})}{\mathrm{d}x}=$________.

(3) $\int_0^{\frac{3}{2}\pi}\sqrt{1+\sin 2x}\mathrm{d}x=$________.

(4)设 $f(x)$ 在区间 $[-a,a]$ 上连续，则 $\int_{-a}^{a}\cos x[f(x)-f(-x)]\mathrm{d}x=$________.

(5)极限 $\lim\limits_{x\to\infty}\dfrac{e^{-x^2}\int_0^x t^2 e^{t^2}\,dt}{x}=$ ________.

2.选择题

(1)若 $F(x)$ 为 $f(x)$ 的一个原函数,则 $\int xf'(x)dx=$ (　　).

A. $xF'(x)-f(x)+C$　　B. $xF'(x)-F(x)+C$

C. $xf'(x)-F(x)+C$　　D. $xf'(x)-f(x)+C$

(2)若 $f(x)$ 在区间 $[a,b]$ 上连续,则 $\int_a^b f(x)dx$ 是(　　).

A. $f(x)$ 的一个原函数　　B. $f(x)$ 的全体原函数

C. 任意常数　　D. 一个确定的常数

(3)若 $f(x)$ 在区间 $[-a,a]$ 上连续,则 $\int_{-a}^a f(x)dx$ 等于(　　).

A. $2\int_0^a f(x)dx$　　B. 0

C. $\int_0^a[f(x)+f(-x)]dx$　　D. $\int_0^a[f(x)-f(-x)]dx$

(4)下列广义积分中收敛的是(　　).

A. $\int_e^{+\infty}\dfrac{\ln x}{x}dx$　　B. $\int_e^{+\infty}\dfrac{1}{x\ln x}dx$

C. $\int_e^{+\infty}\dfrac{1}{x(\ln x)^2}dx$　　D. $\int_e^{+\infty}\dfrac{1}{x\cdot\sqrt[3]{\ln x}}dx$

(5)函数 $f(x)=\int_0^x e^{\sqrt{t}}dt$ 在 $[0,1]$ 上的最大值是(　　).

A. e　　B. $\dfrac{1}{2}$　　C. $e^{\frac{1}{2}}$　　D. 2

3.设 $f'(\ln x)=\dfrac{1}{1+x}$,且 $f(0)=0$,求 $f(x)$.

4.试证明:$I_n=\int\dfrac{dx}{\sin^n x}$ (n 为正整数且 $n\geqslant 2$)的递推公式为

$$I_n=-\frac{\cos x}{(n-1)\sin^{n-1}x}+\frac{n-2}{n-1}I_{n-2}.$$

5.求下列积分:

(1) $\int\cos(\sqrt{x}-1)dx$;　　(2) $\int\dfrac{1}{x}\sqrt{\dfrac{1+x}{1-x}}dx$;　　(3) $\int e^{2x}(\tan x+1)^2\,dx$;

(4) $\int_0^{\ln 3}\dfrac{1}{\sqrt{1+e^x}}dx$;　　(5) $\int_1^3\dfrac{\arctan\sqrt{x}}{\sqrt{x}(1+x)}dx$;　　(6) $\int_0^{\frac{1}{\sqrt{2}}}\dfrac{x^4}{\sqrt{1-x^2}}dt$;

(7) $\int_1^{+\infty}\dfrac{\arctan x}{x^2}dx$;　　(8) $\int_0^1\ln x dx$.

6.设 $f(x)$ 的一个原函数为 $\dfrac{\ln x}{x}$,试求:(1) $\int xf(x)dx$;(2) $\int xf'(x)dx$;(3) $\int xf''(x)dx$.

7. 证明：(1) $\int_0^{\pi} xf(\sin x)\mathrm{d}x = \pi\int_0^{\frac{\pi}{2}} f(\sin x)\mathrm{d}x$，并利用此等式计算 $\int_0^{\pi} x\sin^5 x\mathrm{d}x$.

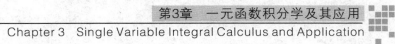

(2) $\int_0^4 \mathrm{e}^{x(4-x)}\mathrm{d}x = 2\int_0^2 \mathrm{e}^{x(4-x)}\mathrm{d}x$.

8. 求抛物线 $y^2=2x$ 与其上一点 $A\left(\frac{1}{2},1\right)$处的法线围成的平面图形的面积.

9. 求由曲线 $y=\frac{1}{x}$，直线 $y=4x$，$x=2$ 所围成的平面图形的面积，以及此图形绕 x 轴旋转一周而得旋转体的体积.

10. 求悬链线 $y=\frac{1}{2}(\mathrm{e}^x+\mathrm{e}^{-x})$上从 $x=-1$ 到 $x=1$ 一段弧的长度.

11. 设圆锥形蓄水池，池中装满了水. 池深 15 m，池口直径为 20 m. 现要将池内的水全部抽出，问需要做多少功？

12. 设 $f(x)=\int_1^x \frac{\ln t}{1+t}\mathrm{d}t\,(x>0)$，试证明：

$$f(x)+f\left(\frac{1}{x}\right)=\frac{1}{2}\ln^2 x.$$

□ 单元同步测验答案

1. (1)$\frac{1}{x}$； (2)$\frac{1}{2\sqrt{x}}\mathrm{e}^{-x}$； (3)$2(\sqrt{2}+1)$； (4)0； (5)$\frac{1}{2}$.

2. (1)B； (2)D； (3)C； (4)C； (5)D.

3. $x-\ln(1+\mathrm{e}^x)+\ln 2$.

4. 提示：用分部积分法.

5. (1)$2(\sqrt{x}-1)\sin(\sqrt{x}-1)+2\cos(\sqrt{x}-1)+2\sin(\sqrt{x}-1)+C$；

(2)$\ln\left|\frac{\sqrt{1+x}-\sqrt{1-x}}{\sqrt{1+x}+\sqrt{1-x}}\right|+2\arctan\sqrt{\frac{1+x}{1-x}}+C$； (3)$\mathrm{e}^{2x}\tan x+C$； (4)$2\ln(1+\sqrt{2})-\ln 3$；

(5)$\frac{7}{144}\pi^2$； (6)$\frac{1}{32}(3\pi-8)$； (7)$\frac{\pi}{4}+\frac{\ln 2}{2}$； (8)0.

6. (1)$\ln x-\frac{1}{2}\ln^2 x+C$； (2)$\frac{1-2\ln x}{x}+C$； (3)$\frac{3\ln x-4}{x^2}+C$.

7. (1)$\frac{8}{15}\pi$.

8. $\frac{16}{3}$.

9. $\frac{15}{2}-2\ln 2$，$\frac{81}{2}\pi$.

10. $\mathrm{e}-\frac{1}{\mathrm{e}}$.

11. $1\,875\rho g\pi$.

Chapter 4 第 4 章

空间解析几何

Space Analytic Geometry

一、内容要点

(一)向量及其线性运算

1. 向量的概念

向量 既有大小,又有方向的量称为向量,表示方法有$\overrightarrow{M_1M_2}$、$\vec{a}$、$\boldsymbol{a}$.

向量的模 向量的大小或向量的长度称为向量的模,记作$|\overrightarrow{M_1M_2}|$、$|\vec{a}|$、$|\boldsymbol{a}|$.

单位向量 模为 1 的向量称为单位向量.

零向量 模为 0 的向量称为零向量;通常记作$\vec{0}$或 $\mathbf{0}$(注:零向量的方向是任意的).

负向量 与向量 $\boldsymbol{a}$ 方向相反,模相等的向量称为向量 $\boldsymbol{a}$ 的负向量,记作$-\boldsymbol{a}$.

向量相等 $\boldsymbol{a}=\boldsymbol{b}\Leftrightarrow\boldsymbol{a}$ 与 $\boldsymbol{b}$ 同向,且模相等$|\boldsymbol{a}|=|\boldsymbol{b}|$,在此意义下,通常的向量都是自由向量.

2. 向量的线性运算

加减法 向量的加、减法遵循平行四边形法则和三角形法则;规定:$\boldsymbol{a}-\boldsymbol{b}=\boldsymbol{a}+(-\boldsymbol{b})$, $\boldsymbol{a}-\boldsymbol{a}=\mathbf{0}$.

数乘(数乘向量) λ 为数量,$\boldsymbol{a}$ 为向量,则 $\lambda\boldsymbol{a}$ 仍然是向量,且当 $\lambda\neq0$ 时,$\lambda\boldsymbol{a}/\!/\boldsymbol{a}$,

$$\lambda\boldsymbol{a}=\begin{cases}\text{与 }\boldsymbol{a}\text{ 同向} & \lambda>0\\ \mathbf{0} & \lambda=0\\ \text{与 }\boldsymbol{a}\text{ 反向} & \lambda<0\end{cases},\quad |\lambda\boldsymbol{a}|=|\lambda||\boldsymbol{a}|=\begin{cases}\lambda|\boldsymbol{a}| & \lambda\geqslant0\\ -\lambda|\boldsymbol{a}| & \lambda<0\end{cases}.$$

向量线性运算的规律

交换律与结合律(加法)

$$\boldsymbol{a}+\boldsymbol{b}=\boldsymbol{b}+\boldsymbol{a},(\boldsymbol{a}+\boldsymbol{b})+\boldsymbol{c}=\boldsymbol{a}+(\boldsymbol{b}+\boldsymbol{c}).$$

结合律与分配律(数乘)

$$\lambda(\mu\boldsymbol{a})=(\lambda\mu)\boldsymbol{a},(\lambda+\mu)\boldsymbol{a}=\lambda\boldsymbol{a}+\mu\boldsymbol{a},\lambda(\boldsymbol{a}+\boldsymbol{b})=\lambda\boldsymbol{a}+\lambda\boldsymbol{b}.$$

(二)空间直角坐标系

1. 空间直角坐标系

过空间一定点 O,作三条相互垂直的数轴,依次记为 $\boldsymbol{x}$ **轴(横轴)**、$\boldsymbol{y}$ **轴(纵轴)**、$\boldsymbol{z}$ **轴(竖轴)**,统称为**坐标轴**. 它们构成一个空间直角坐标系 $Oxyz$,空间直角坐标系有右手系和左手系两种. 我们通常采用右手系.

2. 空间两点间的距离

已知点 $M_1(x_1,y_1,z_1)$、$M_2(x_2,y_2,z_2)$,则

$$|M_1M_2|=\sqrt{(x_2-x_1)^2+(y_2-y_1)^2+(z_2-z_1)^2}.$$

(三)向量的坐标表示

1. 向量的坐标表示

设 $\boldsymbol{a}=(a_x,a_y,a_z)$,$\boldsymbol{b}=(b_x,b_y,b_z)$,则

$$\boldsymbol{a}+\boldsymbol{b}=(a_x+b_x,a_y+b_y,a_z+b_z),$$
$$\lambda\boldsymbol{a}=(\lambda a_x,\lambda a_y,\lambda a_z),$$
$$\boldsymbol{a}=\boldsymbol{b}\Leftrightarrow a_x=b_x,a_y=b_y,a_z=b_z.$$

2. 向量的模、方向角及方向余弦

设向量为 $\boldsymbol{a}=(a_x,a_y,a_z)$时,则

$$|\boldsymbol{a}|=\sqrt{a_x^2+a_y^2+a_z^2},\cos\alpha=\frac{a_x}{|\boldsymbol{a}|},\cos\beta=\frac{a_y}{|\boldsymbol{a}|},\cos\gamma=\frac{a_z}{|\boldsymbol{a}|}.$$

并由此可知,$\cos^2\alpha+\cos^2\beta+\cos^2\gamma=1$.

(四)向量的数量积与向量积

1. 向量的数量积(点积、内积)

定义 $\boldsymbol{a}\cdot\boldsymbol{b}=|\boldsymbol{a}||\boldsymbol{b}|\cos\theta$.(其中 θ 为向量 $\boldsymbol{a}$ 与 $\boldsymbol{b}$ 的夹角)

性质 $\boldsymbol{a}\cdot\boldsymbol{a}=|\boldsymbol{a}|^2$;

交换律 $\boldsymbol{a}\cdot\boldsymbol{b}=\boldsymbol{b}\cdot\boldsymbol{a}$;

分配律 $(\boldsymbol{a}+\boldsymbol{b})\cdot\boldsymbol{c}=\boldsymbol{a}\cdot\boldsymbol{c}+\boldsymbol{b}\cdot\boldsymbol{c}$;

结合律 $(\lambda\boldsymbol{a})\cdot\boldsymbol{b}=\boldsymbol{a}\cdot(\lambda\boldsymbol{b})=\lambda(\boldsymbol{a}\cdot\boldsymbol{b})$.

数量积的坐标运算 设 $\boldsymbol{a}=(a_x,a_y,a_z)$,$\boldsymbol{b}=(b_x,b_y,b_z)$,则

$$\boldsymbol{a}\cdot\boldsymbol{b}=a_xb_x+a_yb_y+a_zb_z.$$

注 $\boldsymbol{a}\cdot\boldsymbol{b}=0\Leftrightarrow\boldsymbol{a}\perp\boldsymbol{b}\Leftrightarrow a_xb_x+a_yb_y+a_zb_z=0$.

2. 向量的向量积(叉积、外积)

定义 设有向量 $\boldsymbol{a}$ 与 $\boldsymbol{b}$,夹角为 $\theta(0\leqslant\theta\leqslant\pi)$,定义一个新的向量 $\boldsymbol{c}$,使其满足

①$|\boldsymbol{c}|=|\boldsymbol{a}||\boldsymbol{b}|\sin\theta$;

②$\boldsymbol{c}\perp\boldsymbol{a}$,$\boldsymbol{c}\perp\boldsymbol{b}$,$\boldsymbol{c}$ 的方向从 $\boldsymbol{a}$ 到 $\boldsymbol{b}$ 按右手系确定,称 $\boldsymbol{c}$ 为向量 $\boldsymbol{a}$ 与 $\boldsymbol{b}$ 的向量积,记作 $\boldsymbol{c}=\boldsymbol{a}\times\boldsymbol{b}$.

性质 $\boldsymbol{a}\times\boldsymbol{a}=\boldsymbol{0}$;

$\boldsymbol{a}\times\boldsymbol{b}=-\boldsymbol{b}\times\boldsymbol{a}$;

分配律 $(\boldsymbol{a}+\boldsymbol{b})\times\boldsymbol{c}=\boldsymbol{a}\times\boldsymbol{c}+\boldsymbol{b}\times\boldsymbol{c}$;

结合律 $(\lambda\boldsymbol{a})\times\boldsymbol{b}=\boldsymbol{a}\times(\lambda\boldsymbol{b})=\lambda(\boldsymbol{a}\times\boldsymbol{b})$.

向量积的坐标计算 设 $\boldsymbol{a}=(a_x,a_y,a_z)$,$\boldsymbol{b}=(b_x,b_y,b_z)$,则

$$\boldsymbol{a}\times\boldsymbol{b}=(a_yb_z-a_zb_y)\boldsymbol{i}+(a_zb_x-a_xb_z)\boldsymbol{j}+(a_xb_y-a_yb_x)\boldsymbol{k},$$

$$\boldsymbol{a}\times\boldsymbol{b}=\begin{vmatrix}\boldsymbol{i} & \boldsymbol{j} & \boldsymbol{k}\\ a_x & a_y & a_z\\ b_x & b_y & b_z\end{vmatrix}=\begin{vmatrix}a_y & a_z\\ b_y & b_z\end{vmatrix}\boldsymbol{i}-\begin{vmatrix}a_x & a_z\\ b_x & b_z\end{vmatrix}\boldsymbol{j}+\begin{vmatrix}a_x & a_y\\ b_x & b_y\end{vmatrix}\boldsymbol{k}.$$

注 设 $\boldsymbol{a}=(a_x,a_y,a_z)$ 与 $\boldsymbol{b}=(b_x,b_y,b_z)$ 均为非零向量,则

$$\boldsymbol{a}\times\boldsymbol{b}=\boldsymbol{0}\Leftrightarrow\boldsymbol{a}/\!/\boldsymbol{b}\Leftrightarrow\frac{b_x}{a_x}=\frac{b_y}{a_y}=\frac{b_z}{a_z}.$$

(五)平面与空间直线

1.平面及其方程

(1)平面的方程

平面的点法式方程 已知过点 $M_0(x_0,y_0,z_0)$,法向量为 $\boldsymbol{n}=(A,B,C)$(其中 A、B、C 不同时为零)的平面方程为

$$A(x-x_0)+B(y-y_0)+C(z-z_0)=0.$$

平面的一般方程 $Ax+By+Cz+D=0$(其中 A、B、C 不同时为零).

平面的三点式方程 过不共线的三点 $M_1(x_1,y_1,z_1)$、$M_2(x_2,y_2,z_2)$、$M_3(x_3,y_3,z_3)$ 的平面方程为

$$\begin{vmatrix}x-x_1 & y-y_1 & z-z_1\\ x_2-x_1 & y_2-y_1 & z_2-z_1\\ x_3-x_1 & y_3-y_1 & z_3-z_1\end{vmatrix}=0.$$

平面的截距式方程 $\frac{x}{a}+\frac{y}{b}+\frac{z}{c}=1$.

注 过原点的平面 $Ax+By+Cz=0$;

平行于坐标轴的平面 $By+Cz+D=0$(平行于 x 轴的平面),

$Ax+Cz+D=0$(平行于 y 轴的平面),

$Ax+By+D=0$(平行于 z 轴的平面);

经过坐标轴的平面 $By+Cz=0$(过 x 轴的平面),

$Ax+Cz=0$(过 y 轴的平面),

$Ax+By=0$(过 z 轴的平面)；

平行于坐标面的平面　平行于 yOz 坐标面的平面方程为 $x=a$，
平行于 xOz 面的平面方程 $y=b$，
平行于 xOy 面的平面方程 $z=c$(其中 a、b、c 为常数).

(2)平面之间的夹角

$$\cos\theta=\left|\frac{\boldsymbol{n}_1\cdot\boldsymbol{n}_2}{|\boldsymbol{n}_1||\boldsymbol{n}_2|}\right|=\frac{|A_1A_2+B_1B_2+C_1C_2|}{\sqrt{A_1^2+B_1^2+C_1^2}\cdot\sqrt{A_2^2+B_2^2+C_2^2}},$$

(两平面方程分别为 $\Pi_1:A_1x+B_1y+C_1z+D_1=0$，$\Pi_2:A_2x+B_2y+C_2z+D_2=0$).

注　$\Pi_1 /\!/ \Pi_2 \Leftrightarrow n_1 /\!/ n_2 \Leftrightarrow \dfrac{A_1}{A_2}=\dfrac{B_1}{B_2}=\dfrac{C_1}{C_2}$；

$\Pi_1\perp\Pi_2\Leftrightarrow n_1\perp n_2\Leftrightarrow A_1A_2+B_1B_2+C_1C_2=0$.

(3)点到平面的距离公式

已知平面 $\Pi:Ax+By+Cz+D=0$，$P_0(x_0,y_0,z_0)$是平面外的一点，P_0 到平面 Π 的距离为

$$d=\frac{|Ax_0+By_0+Cz_0+D|}{\sqrt{A^2+B^2+C^2}}.$$

2.空间直线及其方程

(1)空间直线的方程

直线的点向式方程　$\dfrac{x-x_0}{l}=\dfrac{y-y_0}{m}=\dfrac{z-z_0}{n}$，

其中 $\boldsymbol{s}=(l,m,n)$为直线的方向向量，$M_0(x_0,y_0,z_0)$为直线上的已知点.

注　若 l、m、n 中有一个为零，例如 $m=0$，而 l、$n\neq0$，则方程组应写成

$$\begin{cases}y=y_0\\ \dfrac{x-x_0}{l}=\dfrac{z-z_0}{n}\end{cases};$$

当 l、m、n 中有两个为零时，例如 $m=n=0$，而 $l\neq0$，方程应写成

$$\begin{cases}y=y_0\\ z=z_0\end{cases}.$$

直线的参数式方程

$$\begin{cases}x=x_0+lt\\ y=y_0+mt(t\text{ 为参数}),\\ z=z_0+nt\end{cases}$$

其中 $\boldsymbol{s}=(l,m,n)$为直线的方向向量，$M_0(x_0,y_0,z_0)$为直线上的已知点.

直线的一般方程　直线可以看作为两张不平行平面的交线，故直线的一般方程为

$$\begin{cases} A_1x+B_1y+C_1z+D_1=0 \\ A_2x+B_2y+C_2z+D_2=0 \end{cases}.$$

直线的两点式方程 已知直线过两点 $M_1(x_1,y_1,z_1)$、$M_2(x_2,y_2,z_2)$，则此直线的方程为

$$\frac{x-x_1}{x_2-x_1}=\frac{y-y_1}{y_2-y_1}=\frac{z-z_1}{z_2-z_1}.$$

(2)**两条直线的夹角** 设直线 L_1 与 L_2 的夹角 θ 可由下列公式求得

$$\cos\theta=\frac{|\boldsymbol{s}_1\cdot\boldsymbol{s}_2|}{|\boldsymbol{s}_1||\boldsymbol{s}_2|}=\frac{|l_1l_2+m_1m_2+n_1n_2|}{\sqrt{l_1^2+m_1^2+n_1^2}\cdot\sqrt{l_2^2+m_2^2+n_2^2}},$$

其中 $\boldsymbol{s}_1=(l_1,m_1,n_1)$、$\boldsymbol{s}_2=(l_2,m_2,n_2)$分别为直线 L_1、L_2 的方向向量.

注 $L_1/\!/L_2\Leftrightarrow\boldsymbol{s}_1/\!/\boldsymbol{s}_2\Leftrightarrow\frac{l_1}{l_2}=\frac{m_1}{m_2}=\frac{n_1}{n_2}$；

$L_1\perp L_2\Leftrightarrow\boldsymbol{s}_1\perp\boldsymbol{s}_2\Leftrightarrow l_1l_2+m_1m_2+n_1n_2=0.$

(3)**直线与平面的位置关系** 直线 L 与平面 Π 的夹角 $\varphi(0\leqslant\varphi\leqslant\frac{\pi}{2})$可由下列公式求得

$$\sin\varphi=\frac{|Al+Bm+Cn|}{\sqrt{A^2+B^2+C^2}\cdot\sqrt{l^2+m^2+n^2}},$$

其中 $\boldsymbol{s}=(l,m,n)$为直线 L 的方向向量，$\boldsymbol{n}=(A,B,C)$为平面 Π 的法向量.

注 $L/\!/\Pi\Leftrightarrow\boldsymbol{s}\perp\boldsymbol{n}\Leftrightarrow Al+Bm+Cn=0$；

$L\perp\Pi\Leftrightarrow\boldsymbol{s}/\!/\boldsymbol{n}\Leftrightarrow\frac{A}{l}=\frac{B}{m}=\frac{C}{n}.$

(六)空间曲面与空间曲线

1. 空间曲面

(1)**球面方程**

$$(x-x_0)^2+(y-y_0)^2+(z-z_0)^2=R^2,$$

其中 $M_0(x_0,y_0,z_0)$为球心，R 为球面的半径.

(2)**旋转曲面** 以 yOz 平面上的曲线 $L:F(y,z)=0$ 为母线，旋转轴为 z 轴的旋转曲面方程为

$$F(\pm\sqrt{x^2+y^2},z)=0.$$

注意到此时，z 不变，而 $y\to\pm\sqrt{x^2+y^2}$；

同理，若将上面的曲线 L 绕 y 轴旋转一周，则旋转面的方程为

$$F(y,\pm\sqrt{x^2+z^2})=0.$$

此时，y 不变，而 $z\to\pm\sqrt{x^2+z^2}$.

特点:①总有两个平方项系数相同;②垂直于旋转轴的平面与曲面的截痕(交线)均为圆.

(3)**柱面** 在空间,二元函数方程均表示空间的柱面. $F(x,y)=0$ 表示母线平行于 z 轴的柱面;$G(y,z)=0$ 表示母线平行于 x 轴的柱面;$H(x,z)=0$ 表示母线平行于 y 轴的柱面.

(4)**几种常见的二次曲面**

椭球面 $\frac{x^2}{a^2}+\frac{y^2}{b^2}+\frac{z^2}{c^2}=1$;

椭圆抛物面 $z=\frac{x^2}{2p}+\frac{y^2}{2q}$($p$ 与 q 同号);

双曲抛物面 $-\frac{x^2}{2p}+\frac{y^2}{2q}=z$($p$ 与 q 同号);

单叶双曲面 $\frac{x^2}{a^2}+\frac{y^2}{b^2}-\frac{z^2}{c^2}=1$;

双叶双曲面 $\frac{x^2}{a^2}+\frac{y^2}{b^2}-\frac{z^2}{c^2}=-1$;

二次锥面 $\frac{x^2}{a^2}+\frac{y^2}{b^2}-\frac{z^2}{c^2}=0$.

2. 空间曲线

(1)**空间曲线的一般方程(两张曲面的交线形式)**

$$\begin{cases}F_1(x,y,z)=0\\F_2(x,y,z)=0\end{cases}.$$

(2)**空间曲线的参数方程**

$$\begin{cases}x=x(t)\\y=y(t)\ (t\text{ 为参数}).\\z=z(t)\end{cases}$$

(3)**空间曲线在坐标平面上的投影**

设空间曲线 C 的方程为$\begin{cases}F_1(x,y,z)=0\\F_2(x,y,z)=0\end{cases}$,由这个方程组消去 z,就得到曲线 C 到 xOy 平面的投影柱面

$$\varphi(x,y)=0,$$

曲线 C 在 xOy 平面上的投影为

$$\begin{cases}\varphi(x,y)=0\\z=0\end{cases}.$$

类似地,由曲线 C 的方程消去 x(或 y)所得到的方程表示曲线 C 到 yOz(或 zOx)平面的投影柱面,它与 yOz 平面(或 zOx 平面)的交线就是 C 到 yOz 平面(或 zOx 平面)上的投影.

二、典型例题

题型Ⅰ 向量的运算

解题思路 利用向量的坐标进行向量的线性运算和乘积运算.

例 1 已知两点 $M_1(1,1,1)$、$M_2(2,-1,3)$，试用坐标表示向量$\overrightarrow{M_1M_2}$及$|\overrightarrow{M_1M_2}|$.

解 $\overrightarrow{M_1M_2}=(2-1,-1-1,3-1)=(1,-2,2)$，

$|\overrightarrow{M_1M_2}|=\sqrt{1^2+(-2)^2+2^2}=3$.

例 2 设向量 $\boldsymbol{a}=(2,-1,3)$、$\boldsymbol{b}=(-2,3,1)$、$\boldsymbol{c}=(1,2,3)$，求

(1)$\boldsymbol{a}\cdot\boldsymbol{b}$ 及 $\boldsymbol{a}\times\boldsymbol{b}$；　(2) $(-3)\boldsymbol{a}\cdot 2\boldsymbol{b}$ 及 $2\boldsymbol{a}\times\boldsymbol{b}$.

解 (1) $\boldsymbol{a}\cdot\boldsymbol{b}=2\times(-2)+(-1)\times3+3\times1=-4$，$\boldsymbol{a}\times\boldsymbol{b}=(-10,-8,4)$；

(2)$(-3)\boldsymbol{a}\cdot2\boldsymbol{b}=-6(\boldsymbol{a}\cdot\boldsymbol{b})=24$，$2\boldsymbol{a}\times\boldsymbol{b}=2(-10,-8,4)=(-20,-16,8)$.

题型Ⅱ 曲面、曲线及其方程，平面、直线及其方程

解题思路 根据已知条件，建立空间曲面、曲线和平面、直线方程.

例 3 建立球心在点 $M_0(1,2,-1)$、半径为 5 的球面方程.

解 设 $M(x,y,z)$为球面上任意一点，根据已知条件得$|\overrightarrow{M_0M}|=5$，则有

$$\sqrt{(x-1)^2+(y-2)^2+(z+1)^2}=5,$$

即

$$(x-1)^2+(y-2)^2+(z+1)^2=25.$$

这就是所求球面方程.

例 4 求通过 x 轴和点$(-2,3,1)$的平面方程.

解 依题意，此平面过 x 轴，可设此平面方程为

$$By+Cz=0,$$

又因为此平面过点$(-2,3,1)$，得

$$3B+C=0，即 C=-3B,$$

代入 $By+Cz=0$，消去 B，便得到所求平面方程为

$$y-3z=0.$$

例 5 求过点$(1,-2,4)$且与平面 $2x-3y+z=0$ 垂直的直线方程.

解 由于所求直线垂直于已知平面，所以直线的方向向量为 $\boldsymbol{s}=(2,-3,1)$，由直线的点向式方程得所求直线的方程为

$$\frac{x-1}{2}=\frac{y+2}{-3}=\frac{z-4}{1}.$$

例 6 求通过点 $P(2,-1,-1)$、$Q(1,2,3)$且垂直于平面 $2x+3y-5z+6=0$ 的平面方程.

解 $\overrightarrow{QP}=(1,-3,-4)$，已知平面的法向量为 $\boldsymbol{n}_1=(2,3,-5)$，

$$\overrightarrow{QP}\times\boldsymbol{n}_1=\begin{vmatrix}\boldsymbol{i} & \boldsymbol{j} & \boldsymbol{k}\\ 1 & -3 & -4\\ 2 & 3 & -5\end{vmatrix}=27\boldsymbol{i}-3\boldsymbol{j}+9\boldsymbol{k}，取\ \boldsymbol{n}=(9,-1,3)，$$

所求平面方程为 $9(x-2)-(y+1)+3(z+1)=0$.

三、教材习题解析

习题 4.1 向量及其线性运算

1. 设 $\boldsymbol{u}=\boldsymbol{a}-\boldsymbol{b}+2\boldsymbol{c}$，$\boldsymbol{v}=-\boldsymbol{a}+3\boldsymbol{b}-\boldsymbol{c}$，试用 $\boldsymbol{a}$、$\boldsymbol{b}$、$\boldsymbol{c}$ 表示 $2\boldsymbol{u}-3\boldsymbol{v}$.

解 $2\boldsymbol{u}-3\boldsymbol{v}=2(\boldsymbol{a}-\boldsymbol{b}+2\boldsymbol{c})-3(-\boldsymbol{a}+3\boldsymbol{b}-\boldsymbol{c})=5\boldsymbol{a}-11\boldsymbol{b}+7\boldsymbol{c}$.

2. 已知在平行四边形 $ABCD$ 中，设 $\overrightarrow{AB}=\boldsymbol{a}$、$\overrightarrow{AD}=\boldsymbol{b}$、$M$ 为对角线交点，试用 $\boldsymbol{a}$ 和 $\boldsymbol{b}$ 表示向量 $\overrightarrow{MA}$、$\overrightarrow{MB}$、$\overrightarrow{MC}$、$\overrightarrow{MD}$.

解 因为

$$\overrightarrow{MA}+\overrightarrow{AD}=\overrightarrow{MD}，\overrightarrow{MA}+\overrightarrow{AB}=\overrightarrow{MB}，\overrightarrow{MB}+\overrightarrow{BC}=\overrightarrow{MC}，\overrightarrow{MD}+\overrightarrow{DC}=\overrightarrow{MC}，$$

又因为

$$\overrightarrow{AD}=\overrightarrow{BC}=\boldsymbol{b}，\overrightarrow{AB}=\overrightarrow{DC}=\boldsymbol{a}，\overrightarrow{MA}=-\overrightarrow{MC}，\overrightarrow{MD}=-\overrightarrow{MB}，$$

解得

$$\overrightarrow{MA}=-\frac{1}{2}(\boldsymbol{a}+\boldsymbol{b})，\overrightarrow{MB}=\frac{1}{2}(\boldsymbol{a}-\boldsymbol{b})，$$

$$\overrightarrow{MC}=-\overrightarrow{MA}=\frac{1}{2}(\boldsymbol{a}+\boldsymbol{b})，\overrightarrow{MD}=-\overrightarrow{MB}=-\frac{1}{2}(\boldsymbol{a}-\boldsymbol{b}).$$

3. 设长方体的三个边上的向量为 $\boldsymbol{a}$、$\boldsymbol{b}$、$\boldsymbol{c}$，A、B、C、D、E、F 为各边的中点，求证

$$\overrightarrow{AB}+\overrightarrow{CD}+\overrightarrow{EF}=\boldsymbol{0}（图 4\text{-}1）.$$

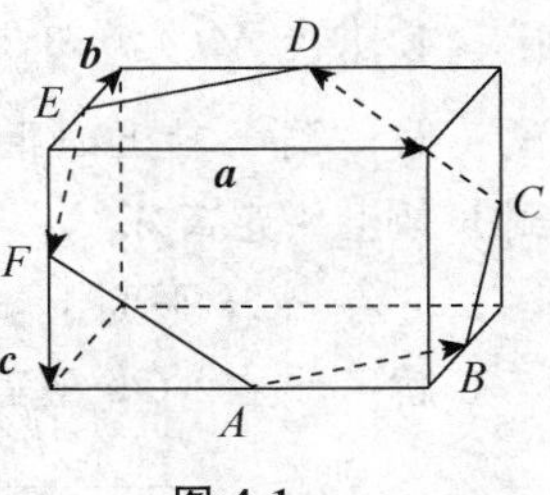

图 4-1

证 因为

$$\overrightarrow{AB}=\frac{1}{2}(\boldsymbol{a}+\boldsymbol{b})，\overrightarrow{CD}=-\frac{1}{2}(\boldsymbol{a}+\boldsymbol{c})，\overrightarrow{EF}=\frac{1}{2}(\boldsymbol{c}-\boldsymbol{b})，$$

所以

$$\overrightarrow{AB}+\overrightarrow{CD}+\overrightarrow{EF}=\boldsymbol{0}.$$

4. 试用向量的线性运算证明：三角形两边中点的连线平行第三边且等于第三边的一半.

证 三角形 ΔABC 中，D 是 $\overrightarrow{AB}$ 的中点，E 是 $\overrightarrow{AC}$ 的中点，则

$$\overrightarrow{AD}=\overrightarrow{DB}=\frac{1}{2}\overrightarrow{AB},\overrightarrow{AE}=\overrightarrow{EC}=\frac{1}{2}\overrightarrow{AC},$$

$$\overrightarrow{DE}=\overrightarrow{AE}-\overrightarrow{AD}=\frac{1}{2}\overrightarrow{AC}-\frac{1}{2}\overrightarrow{AB}=\frac{1}{2}(\overrightarrow{AC}-\overrightarrow{AB})$$

而$\overrightarrow{BC}=\overrightarrow{AC}-\overrightarrow{AB}$，故 $\overrightarrow{DE}=\frac{1}{2}\overrightarrow{BC}$，即$\overrightarrow{DE}/\!/\overrightarrow{BC}$，且$|\overrightarrow{DE}|=\frac{1}{2}|\overrightarrow{BC}|$

即 $\overrightarrow{DE}$平行于$\overrightarrow{BC}$且长度为第三边长度的一半.

□ 习题 4.2　空间直角坐标系

1. 在空间直角坐标系中，指出下列各点在哪个卦限？

$A(5,-3,1)$；　$B(1,2,-2)$；　$C(1,-2,-1)$；　$D(-6,-2,8)$.

解　点 A 在第Ⅳ卦限，点 B 在第Ⅴ卦限，点 C 在第Ⅷ卦限，点 D 在第Ⅲ卦限.

2. 坐标面和坐标轴上点的坐标各有什么特征？指出下列各点的位置.

$A(1,3,0)$；　$B(0,1,2)$；　$C(5,0,0)$；　$D(0,-4,0)$.

解　xOy 坐标面上的点 $z=0$；yOz 坐标面上的点 $x=0$；zOx 坐标面上的点 $y=0$. x 轴上的点 $y=z=0$；y 轴上的点 $x=z=0$；z 轴上的点 $x=y=0$. 所以，点 A 在 xOy 坐标面上；点 B 在 yOz 坐标面上；点 C 在 x 轴上；点 D 在 y 轴上.

3. 求点(a,b,c)关于(1)各坐标平面；(2)各坐标轴；(3)坐标原点的对称点的坐标.

解　(1)关于 xOy 坐标面的对称点的坐标为$(a,b,-c)$，

关于 yOz 坐标面的对称点的坐标为$(-a,b,c)$，

关于 zOx 坐标面的对称点的坐标为$(a,-b,c)$；

(2)关于 x 轴的对称点的坐标为$(a,-b,-c)$，

关于 y 轴的对称点的坐标为$(-a,b,-c)$，

关于 z 轴的对称点的坐标为$(-a,-b,c)$；

(3)关于坐标原点的对称点的坐标为$(-a,-b,-c)$.

4. 求点 $M(4,-3,5)$到各坐标轴的距离.

解　到 x 轴上的距离 $\sqrt{(4-4)^2+(-3-0)^2+(5-0)^2}=\sqrt{34}$；同理到 y 轴上的距离 $\sqrt{41}$；到 z 轴上的距离 5.

5. 在 yOz 平面上，求与三个已知点 $A(3,1,2)$、$B(4,-2,-2)$和 $C(0,5,1)$等距离的点.

解　设在 yOz 平面上的点为 $M(0,y,z)$，根据条件有$|\overrightarrow{MA}|=|\overrightarrow{MB}|=|\overrightarrow{MC}|$，即

$$\begin{aligned}\sqrt{(3-0)^2+(1-y)^2+(2-z)^2}&=\sqrt{(4-0)^2+(-2-y)^2+(-2-z)^2}\\&=\sqrt{(0-0)^2+(5-y)^2+(1-z)^2},\end{aligned}$$

解得

$$y=1,z=-2,$$

于是所求的点为$(0,1,-2)$.

6. 求证：以 $M_1(4,3,1)$，$M_2(7,1,2)$、$M_3(5,2,3)$ 三点为顶点的三角形是一个等腰三角形.

证　因为

$$|\overrightarrow{M_1M_3}|^2=(5-4)^2+(2-3)^2+(3-1)^2=6,$$
$$|\overrightarrow{M_2M_3}|^2=(5-7)^2+(2-1)^2+(3-2)^2=6,$$

可见

$$|\overrightarrow{M_1M_3}|=|\overrightarrow{M_2M_3}|,$$

所以 $\Delta M_1M_2M_3$ 为等腰三角形.

□ 习题 4.3　向量的坐标表示

1. 求平行于向量 $\boldsymbol{a}=(1,-2,2)$ 的单位向量.

解　向量 $\boldsymbol{a}=(1,-2,2)$ 的模 $|\boldsymbol{a}|=\sqrt{1^2+(-2)^2+2^2}=3$，由单位向量的定义有与 $\boldsymbol{a}$ 平行的单位向量为 $\left(\frac{1}{3},-\frac{2}{3},\frac{2}{3}\right)$ 或 $\left(-\frac{1}{3},\frac{2}{3},-\frac{2}{3}\right)$.

2. 已知向量 $\overrightarrow{AB}=(1,2,-2)$，其终点 B 的坐标为 $(3,4,1)$，求起点 A 的坐标.

解　设 A 的坐标为 (x,y,z)，根据条件有 $(3-x,4-y,1-z)=(1,2,-2)$，解得

$$x=2,y=2,z=3,$$

所以点 A 的坐标为 $(2,2,3)$.

3. 设 $\boldsymbol{a}=\boldsymbol{i}-2\boldsymbol{j}+3\boldsymbol{k}$、$\boldsymbol{b}=2\boldsymbol{i}+\boldsymbol{j}-2\boldsymbol{k}$，求 $2\boldsymbol{a}-3\boldsymbol{b}$.

解　$2\boldsymbol{a}-3\boldsymbol{b}=2(\boldsymbol{i}-2\boldsymbol{j}+3\boldsymbol{k})-3(2\boldsymbol{i}+\boldsymbol{j}-2\boldsymbol{k})=-4\boldsymbol{i}-7\boldsymbol{j}+12\boldsymbol{k}$.

4. 已知两点 $M_1(2,0,3)$ 和 $M_2(1,\sqrt{2},4)$，求向量 $\overrightarrow{M_1M_2}$ 的模、方向余弦及方向角.

解　因为

$$\overrightarrow{M_1M_2}=(-1,\sqrt{2},1),|\overrightarrow{M_1M_2}|=\sqrt{(-1)^2+(\sqrt{2})^2+1^2}=2,$$

所以方向余弦为

$$\cos\alpha=-\frac{1}{2},\cos\beta=\frac{\sqrt{2}}{2},\cos\gamma=\frac{1}{2},$$

方向角为

$$\alpha=\frac{2}{3}\pi,\beta=\frac{\pi}{4},\gamma=\frac{\pi}{3}.$$

5. 已给两点 $M_1(-3,5,2)$ 和 $M_2(5,-2,3)$，在直线 M_1M_2 上取一点 M，使

$$\overrightarrow{M_1M}=3\overrightarrow{MM_2},$$

求点 M 的坐标.

解 设点 M 的坐标为 (x,y,z)，则

$$\overrightarrow{M_1M}=(x+3,y-5,z-2),$$
$$\overrightarrow{MM_2}=(5-x,-2-y,3-z),$$

由条件 $\overrightarrow{M_1M}=3\overrightarrow{MM_2}$ 有

$$(x+3,y-5,z-2)=3(5-x,-2-y,3-z),$$

解得

$$x=3,y=-\frac{1}{4},z=\frac{11}{4},$$

即点 M 的坐标为 $\left(3,-\frac{1}{4},\frac{11}{4}\right)$.

6. 从点 $A(2,-1,7)$ 沿向量 $\boldsymbol{a}=8\boldsymbol{i}+9\boldsymbol{j}-12\boldsymbol{k}$ 的方向取一线段 AB，使 $|\overrightarrow{AB}|=34$，求点 B 的坐标.

解 设 B 的坐标为 (x,y,z)，则

$$\overrightarrow{AB}=(x-2,y+1,z-7),$$

所以

$$|\overrightarrow{AB}|=\sqrt{(x-2)^2+(y+1)^2+(z-7)^2}=34,$$

因为 $\overrightarrow{AB}$ 与 $\boldsymbol{a}$ 共线且同向，所以有

$$\frac{x-2}{8}=\frac{y+1}{9}=\frac{z-7}{-12},$$

解得

$$x=18,y=17,z=-17,$$

于是点 B 的坐标为

$$(18,17,-17).$$

7. 已知向量 $\boldsymbol{a}=(\alpha,5,-1)$、$\boldsymbol{b}=(3,1,\gamma)$ 共线，求数 α 和 γ.

解 因为 $\boldsymbol{a}$、$\boldsymbol{b}$ 共线，所以有

$$\frac{\alpha}{3}=\frac{5}{1}=\frac{-1}{\gamma},$$

解得

$$\alpha=15,\gamma=-\frac{1}{5}.$$

□ 习题 4.4　向量的数量积与向量积

1. 已知向量 $\boldsymbol{a}=(1,2,1)$，$\boldsymbol{b}=(1,-1,0)$，求(1) $\boldsymbol{a}\cdot\boldsymbol{b}$；(2) $-2(\boldsymbol{a})\cdot(3\boldsymbol{b})$.

解　(1) $\boldsymbol{a}\cdot\boldsymbol{b}=1\times1+2\times(-1)+1\times0=-1$；

(2) $-2(\boldsymbol{a})\cdot(3\boldsymbol{b})=-6(\boldsymbol{a}\cdot\boldsymbol{b})=6$.

2. 已知向量 $\boldsymbol{a}=(2,1,-1)$，$\boldsymbol{b}=(1,-1,2)$，求(1) $\boldsymbol{a}\times\boldsymbol{b}$；　(2) $(3\boldsymbol{a})\times(5\boldsymbol{b})$；　(3) $\boldsymbol{a}\times\boldsymbol{j}$.

解　(1) $\boldsymbol{a}\times\boldsymbol{b}=\begin{vmatrix}\boldsymbol{i}&\boldsymbol{j}&\boldsymbol{k}\\2&1&-1\\1&-1&2\end{vmatrix}=\boldsymbol{i}-5\boldsymbol{j}-3\boldsymbol{k}$；

(2) $(3\boldsymbol{a})\times(5\boldsymbol{b})=15(\boldsymbol{a}\times\boldsymbol{b})=15\boldsymbol{i}-75\boldsymbol{j}-45\boldsymbol{k}$；

(3) $\boldsymbol{a}\times\boldsymbol{j}=\begin{vmatrix}\boldsymbol{i}&\boldsymbol{j}&\boldsymbol{k}\\2&1&-1\\0&1&0\end{vmatrix}=\boldsymbol{i}+2\boldsymbol{k}$.

3. 已知向量 $\boldsymbol{a}=(c,5,-1)$、$\boldsymbol{b}=(3,1,d)$ 共线，求(1) c 和 d；(2) $\boldsymbol{a}\times\boldsymbol{b}$.

解　(1)因为 $\boldsymbol{a}$、$\boldsymbol{b}$ 共线，所以有

$$\frac{c}{3}=\frac{5}{1}=\frac{-1}{d},$$

解得

$$c=15,d=-\frac{1}{5};$$

(2) $\boldsymbol{a}\times\boldsymbol{b}=\begin{vmatrix}\boldsymbol{i}&\boldsymbol{j}&\boldsymbol{k}\\15&5&-1\\3&1&-\frac{1}{5}\end{vmatrix}=(0,0,0)$.

4. 求以向量 $\boldsymbol{a}=(1,-3,1)$ 与 $\boldsymbol{b}=(2,-1,3)$ 为两邻边的平行四边形的面积.

解　因为

$$\boldsymbol{a}\times\boldsymbol{b}=\begin{vmatrix}\boldsymbol{i}&\boldsymbol{j}&\boldsymbol{k}\\1&-3&1\\2&-1&3\end{vmatrix}=-8\boldsymbol{i}-\boldsymbol{j}+5\boldsymbol{k},$$

所以

$$S=|\boldsymbol{a}\times\boldsymbol{b}|=\sqrt{(-8)^2+(-1)^2+5^2}=3\sqrt{10}.$$

5. 设 $\boldsymbol{a}=(5,-1,4)$，$\boldsymbol{b}=(t,-2,2)$，且 $\boldsymbol{a}\perp\boldsymbol{b}$，求 t 的值.

解　因为 $\boldsymbol{a}\perp\boldsymbol{b}$ 有 $\boldsymbol{a}\cdot\boldsymbol{b}=0$，故 $5\times t+(-1)\times(-2)+4\times2=0$

解得 $t=-2$.

□ 习题 4.5　平面与空间直线

1. 求过下列各已知点且已知法向量的平面方程.

(1) $(1,2,-1)$，$\boldsymbol{n}=(2,1,1)$；　(2)原点，$\boldsymbol{n}=(4,-3,5)$.

解 (1) 由平面的点法式方程,得

$$2\cdot(x-1)+1\cdot(y-2)+1\cdot(z+1)=0,$$

所求平面方程为 $2x+y+z=3$;

(2)$4x-3y+5z=0$.

2.已知两点 $A(1,2,-1)$和 $B(3,1,2)$,求通过点 A 且垂直于线段 AB 的平面方程.

解 因为平面垂直于线段 AB,所以 $\boldsymbol{n}=\overrightarrow{AB}=(2,-1,3)$,平面方程为

$$2(x-1)-(y-2)+3(z+1)=0,$$

即

$$2x-y+3z+3=0.$$

3.指出下列各平面的特殊位置:

(1)$x=0$; (2)$x-2=0$;

(3)$5x-3y-1=0$; (4)$7x+2y-2z=0$;

(5)$2y+z=0$.

解 (1) yOz 坐标平面;(2) 垂直于 x 轴或平行于 yOz 坐标平面的平面;(3)平行于 z 轴的平面;(4) 过原点的平面;(5) 过 x 轴的平面.

4.分别求适合下列条件的平面方程:

(1)过 z 轴和点 $P(4,-1,2)$.

(2)过点$(1,2,3)$且在三个坐标轴上截距相等;

(3)过点$(1,1,1)$和$(2,2,2)$且垂直于 $x+y-z=0$.

解 (1) 过 z 轴的平面方程可设为 $Ax+By=0$,又因该平面过点$(4,-1,2)$,所以有

$$4A-B=0,$$

即

$$B=4A,$$

代入所设方程并除以 $A(A\neq 0)$,便得所求平面方程为

$$x+4y=0;$$

(2)设平面方程为

$$x+y+z=a,$$

又因该平面过点$(1,2,3)$,所以有

$$1+2+3=a,$$

即

$$a=6,$$

代入所设方程,便得所求平面方程为

$$x+y+z=6;$$

(3)解法1 设平面方程为

$$Ax+By+Cz+D=0,$$

因该平面过点(1,1,1)和(2,2,2)，所以有

$$A+B+C+D=0,2A+2B+2C+D=0,$$

又因所求平面和平面 $x+y-z=0$ 垂直，所以有

$$A+B-C=0,$$

求解得

$$\begin{cases}A=A\\B=-A\\C=0\\D=0\end{cases},$$

代入所设方程，便得所求平面方程为

$$x-y=0;$$

解法2 设 $\boldsymbol{n}_1=(2,2,2)-(1,1,1)=(1,1,1)$，而 $x+y-z=0$ 的法向量为 $\boldsymbol{n}_2=(1,1,-1)$，所求平面的法向量

$$\boldsymbol{n}=\boldsymbol{n}_1\times\boldsymbol{n}_2=(-2,2,0),$$

所求方程为

$$-2(x-1)+2(y-1)+0(z-1)=0,\text{即 } x-y=0.$$

5.求点(1,−1,1)到平面 $x+y+z+2=0$ 的距离.

解 $d=\dfrac{|1\times1-1\times1+1\times1+2|}{\sqrt{3}}=\sqrt{3}.$

6.求平行于 y 轴且过点 $P_1(1,-5,1)$ 及 $P_2(3,2,-2)$ 的平面方程.

解 因为平面平行于 y 轴，所以可设平面方程为

$$Ax+Cz+D=0,$$

又因该平面过点 $P_1(1,-5,1)$ 及 $P_2(3,2,-2)$，所以有

$$A+C+D=0,3A-2C+D=0,$$

解得

$$A=-\frac{3}{5}D,C=-\frac{2}{5}D,$$

代入所设方程，得到所求平面方程为

$$3x+2z-5=0.$$

7. 一平面过点(1,0,−1)且平行于向量$\boldsymbol{a}=(2,1,1)$和$\boldsymbol{b}=(1,-1,0)$，求此平面方程.

解 因为平面平行于向量$\boldsymbol{a}$和$\boldsymbol{b}$，设其法向量为$\boldsymbol{n}$，则有$\boldsymbol{n}\perp\boldsymbol{a},\boldsymbol{n}\perp\boldsymbol{b}$，所以

$$\boldsymbol{n}=\boldsymbol{a}\times\boldsymbol{b}=\begin{vmatrix}\boldsymbol{i}&\boldsymbol{j}&\boldsymbol{k}\\2&1&1\\1&-1&0\end{vmatrix}=\boldsymbol{i}+\boldsymbol{j}-3\boldsymbol{k},$$

所求平面方程为

$$x-1+y-3(z+1)=0,\text{即 } x+y-3z-4=0.$$

8. 求过三点(1,1,1)、(−2,1,2)、(−3,3,1)的平面方程.

解 设点P为(1,1,1)，点Q为(−2,1,2)，点R为(−3,3,1).

先求平面法向量$\boldsymbol{n}$. 由于向量$\boldsymbol{n}$与向量$\overrightarrow{PQ}$、$\overrightarrow{PR}$都垂直，而$\overrightarrow{PQ}=(-3,0,1)$，$\overrightarrow{PR}=(-4,2,0)$，故可取$\overrightarrow{PQ}$、$\overrightarrow{PR}$的向量积为向量$\boldsymbol{n}_1$，即

$$\boldsymbol{n}_1=\overrightarrow{PQ}\times\overrightarrow{PR}=\begin{vmatrix}\boldsymbol{i}&\boldsymbol{j}&\boldsymbol{k}\\-3&0&1\\-4&2&0\end{vmatrix}=-2\boldsymbol{i}-4\boldsymbol{j}-6\boldsymbol{k},$$

取法向量$\boldsymbol{n}=\frac{1}{2}\boldsymbol{n}_1=(-1,-2,-3)$.

由平面的点法式方程得$(-1)(x-1)-2(y-1)+(-3)(z-1)=0$，

故所求平面方程为

$$-x-2y-3z+6=0.$$

9. 求下列各直线的方程：

(1)过点(1,−1,2)且与$2x+3y-4z=4$垂直；

(2)过点(0,1,−1)且与平面$x-2z=1$及$y+z=2$平行.

解 (1) 因为所求直线与$2x+3y-4z=4$垂直，所以

$$\boldsymbol{s}=\boldsymbol{n}=(2,3,-4),$$

所求直线方程为

$$\frac{x-1}{2}=\frac{y+1}{3}=\frac{z-2}{-4};$$

(2) 平面$x-2z=1$及$y+z=2$的法向量分别为$\boldsymbol{n}_1=(1,0-2)$、$\boldsymbol{n}_2=(0,1,1)$，因为所求直线与两平面$x-2z=1$、$y+z=2$平行，所以

$$\boldsymbol{s}=\boldsymbol{n}_1\times\boldsymbol{n}_2=\begin{vmatrix}\boldsymbol{i}&\boldsymbol{j}&\boldsymbol{k}\\1&0&-2\\0&1&1\end{vmatrix}=2\boldsymbol{i}-\boldsymbol{j}+\boldsymbol{k},$$

所求直线方程为

$$\frac{x}{2}=\frac{y-1}{-1}=\frac{z+1}{1}.$$

10. 将下列直线的一般方程化为点向式方程：

(1) $\begin{cases} x-y+z=1 \\ 2x+y+z=4 \end{cases}$；　　(2) $\begin{cases} x-5y+2z=1 \\ z=2+5y \end{cases}$.

解　(1) 取 $x=1$，有 $y=1$、$z=1$，得直线上一点 $(1,1,1)$，而

$$\boldsymbol{s}=\boldsymbol{n}_1\times\boldsymbol{n}_2=\begin{vmatrix} \boldsymbol{i} & \boldsymbol{j} & \boldsymbol{k} \\ 1 & -1 & 1 \\ 2 & 1 & 1 \end{vmatrix}=-2\boldsymbol{i}+\boldsymbol{j}+3\boldsymbol{k},$$

所求直线的点向式方程为

$$\frac{x-1}{-2}=\frac{y-1}{1}=\frac{z-1}{3};$$

(2) 取 $y=0$，有 $x=-3$、$z=2$，得直线上一点 $(-3,0,2)$，而

$$\boldsymbol{s}=\boldsymbol{n}_1\times\boldsymbol{n}_2=\begin{vmatrix} \boldsymbol{i} & \boldsymbol{j} & \boldsymbol{k} \\ 1 & -5 & 2 \\ 0 & 5 & -1 \end{vmatrix}=-5\boldsymbol{i}+\boldsymbol{j}+5\boldsymbol{k},$$

所求直线的点向式方程为

$$\frac{x+3}{-5}=\frac{y}{1}=\frac{z-2}{5}.$$

11. 求所给两直线的夹角.

$$\frac{x-1}{1}=\frac{y}{-2}=\frac{z+4}{7}\text{和}\frac{x+6}{5}=\frac{y-2}{1}=\frac{z-3}{-1}.$$

解　已知两直线的方向向量分别为 $\boldsymbol{s}_1=(1,-2,7)$、$\boldsymbol{s}_2=(5,1,-1)$，于是两直线的夹角余弦 $\cos\theta$ 为

$$\cos\theta=\frac{|1\times5+(-2)\times1+7\times(-1)|}{\sqrt{1^2+(-2)^2+7^2}\cdot\sqrt{5^2+1^2+(-1)^2}}=\frac{4}{27\sqrt{2}}=\frac{2\sqrt{2}}{27},$$

所以

$$\theta=\arccos\frac{2\sqrt{2}}{27}.$$

12. 求过点 $(3,1,-2)$ 且通过直线 $\frac{x-4}{5}=\frac{y+3}{2}=\frac{z}{1}$ 的平面方程.

解　直线 $\frac{x-4}{5}=\frac{y+3}{2}=\frac{z}{1}$ 上的一点为 $(4,-3,0)$，它与点 $(3,1,-2)$ 构成的向量为

$$\boldsymbol{s}_1=(4,-3,0)-(3,1,-2)=(1,-4,2),$$

直线 $\frac{x-4}{5}=\frac{y+3}{2}=\frac{z}{1}$ 的方向向量为

$$\boldsymbol{s}_2=(5,2,1),$$

于是所求平面的法向量为

$$n=s_1\times s_2=\begin{vmatrix} i & j & k \\ 1 & -4 & 2 \\ 5 & 2 & 1 \end{vmatrix}=-8i+9j+22k,$$

从而,所求平面的方程为

$$-8(x-3)+9(y-1)+22(z+2)=0,$$

即

$$8x-9y-22z=59.$$

13. 确定下列各题中直线与平面的关系:

(1) $\frac{x+3}{-2}=\frac{y+4}{-7}=\frac{z}{3}$ 和 $4x-2y-2z=3$;

(2) $\frac{x}{2}=\frac{y}{-1}=\frac{z}{5}$ 和 $2x-y+5z=9$.

解 (1) 直线的方向向量为 $s=(-2,-7,3)$,平面的法向量为 $n=(4,-2,-2)$,而

$$s\cdot n=(-2)\times 4+(-7)\times(-2)+3\times(-2)=0,$$

所以 $s\perp n$,即直线和平面是平行的;

(2) 直线的方向向量为 $s=(2,-1,5)$,平面的法向量为 $n=(2,-1,5)$,因为

$$s=n,$$

所以

$$s/\!/n,$$

即直线和平面是垂直的.

□ 习题 4.6 空间曲面与空间曲线

1. 方程 $x^2+y^2+z^2-2x+4y+2z=0$ 表示什么曲面?

解 先配出完全平方公式

$$(x^2-2x+1)+(y^2+4y+4)+(z^2+2z+1)=1+4+1=6$$
$$(x-1)^2+(y+2)^2+(z+1)^2=6$$

因此,该方程表示以 $(1,-2,-1)$ 为球心,$\sqrt{6}$ 为半径的球面.

2. 求按下列条件所形成的旋转曲面的方程:

(1) 曲线 $\begin{cases} x^2+z^2=9 \\ y=0 \end{cases}$ 绕 z 轴旋转一周;

(2) 曲线 $\begin{cases} 4x^2-9y^2=36 \\ z=0 \end{cases}$ 绕 y 轴旋转一周;

(3)曲线$\begin{cases}4x^2+9y^2=36\\z=0\end{cases}$绕 x 轴旋转一周.

解 (1) $x^2+y^2+z^2=9$；

(2) $4(x^2+z^2)-9y^2=36$；

(3) $4x^2+9(y^2+z^2)=36$.

3.指出下列方程和方程组分别在平面直角坐标系和空间直角坐标系中所表示的图形.

(1)$x=3$；　(2)$y=2x+1$；　(3)$x^2+y^2=9$；

(4)$x^2-y^2=1$；　(5)$\begin{cases}y=5x+1\\y=2x-3\end{cases}$；　(6)$\begin{cases}\dfrac{x^2}{4}+\dfrac{y^2}{9}=1\\y=3\end{cases}$.

解 (1) 在平面直角坐标系中表示直线,在空间直角坐标系中表示平面；

(2)在平面直角坐标系中表示直线,在空间直角坐标系中表示平面；

(3)在平面直角坐标系中表示圆,在空间直角坐标系中表示圆柱面；

(4)在平面直角坐标系中表示双曲线,在空间直角坐标系中表示双曲柱面；

(5)在平面直角坐标系中表示点$\left(-\dfrac{4}{3},-\dfrac{17}{3}\right)$,在空间直角坐标系中表示直线；

(6)在平面直角坐标系中表示点(0,3),在空间直角坐标系中表示直线.

4.指出下列方程表示什么曲面,若是旋转曲面,指出是怎样形成的.

(1)$\dfrac{x^2}{4}+\dfrac{y^2}{9}+\dfrac{z^2}{4}=1$ ；　(2)$\dfrac{x^2}{4}+\dfrac{y^2}{9}=z$；

(3)$3x^2+12y^2+4z^2=12$；　(4)$x^2-\dfrac{y^2}{4}+z^2=1$.

解 (1)椭球面,由曲线$\begin{cases}\dfrac{x^2}{4}+\dfrac{y^2}{9}=1\\z=0\end{cases}$绕 y 轴旋转一周或曲线$\begin{cases}\dfrac{z^2}{4}+\dfrac{y^2}{9}=1\\x=0\end{cases}$绕 y 轴旋转一周所形成；

(2)椭圆抛物面； (3)椭球面；

(4)单叶双曲面,由曲线$\begin{cases}x^2-\dfrac{y^2}{4}=1\\z=0\end{cases}$绕 y 轴旋转一周或曲线$\begin{cases}z^2-\dfrac{y^2}{4}=1\\x=0\end{cases}$绕 y 轴旋转一周所形成.

5.指出下列方程组表示什么曲线.

(1)$\begin{cases}x^2+y^2+z^2=25\\x=3\end{cases}$；　(2)$\begin{cases}x^2+4y^2+9z^2=36\\y=1\end{cases}$

解 (1)平面 $x=3$ 上的圆 $y^2+z^2=16$；

(2)平面 $y=1$ 上的椭圆 $x^2+9z^2=32$.

6.求空间直线$\begin{cases}x+y+z=3\\x+2y=1\end{cases}$在 yOz 平面上投影的方程.

解 在方程组$\begin{cases}x+y+z=3\\x+2y=1\end{cases}$中消去 x,便得投影柱面方程为

$$y-z+2=0,$$

投影曲线方程为

$$\begin{cases} y-z+2=0 \\ x=0 \end{cases}.$$

7. 求曲线$\begin{cases} 2x^2+y^2+z^2=16 \\ x^2-y^2+z^2=1 \end{cases}$在 xOy 平面上的投影柱面方程和投影曲线方程.

解 在方程组$\begin{cases} 2x^2+y^2+z^2=16 \\ x^2-y^2+z^2=1 \end{cases}$中消去 z,便得投影柱面方程为

$$x^2+2y^2=15,$$

投影曲线方程为

$$\begin{cases} x^2+2y^2=15 \\ z=0 \end{cases}.$$

8. 求两个球面 $x^2+y^2+z^2=1$ 和 $x^2+(y-1)^2+(z-1)^2=1$ 的交线在 xOy 平面上的投影曲线方程.

解 由方程 $x^2+y^2+z^2=1$ 和 $x^2+(y-1)^2+(z-1)^2=1$ 中消去 z,便得投影柱面方程为

$$x^2+2y^2-2y=0,$$

投影曲线方程为

$$\begin{cases} x^2+2y^2-2y=0 \\ z=0 \end{cases}.$$

9. 求曲线$\begin{cases} x^2+y^2-z=0 \\ z=x+1 \end{cases}$在 xOy 平面上的投影曲线方程.

解 在方程组$\begin{cases} x^2+y^2-z=0 \\ z=x+1 \end{cases}$中消去 z,便得投影柱面方程为

$$x^2+y^2-x-1=0,$$

投影曲线方程为

$$\begin{cases} x^2+y^2-x-1=0 \\ z=0 \end{cases}.$$

10. 求上半球 $0\leqslant z\leqslant\sqrt{a^2-x^2-y^2}$ 与圆柱体 $x^2+y^2\leqslant ax(a>0)$ 的公共部分在 xOy 上的投影区域.

解 上半球 $0\leqslant z\leqslant\sqrt{a^2-x^2-y^2}$ 与圆柱体 $x^2+y^2\leqslant ax(a>0)$ 的公共部分在 xOy 上的投影区域为 $D=\{(x,y)\,|\,x^2+y^2\leqslant ax\}$.

□ 总习题 4

1. 填空题

(1)已知向量 $\boldsymbol{a}=(1,-1,2)$,$\boldsymbol{b}=(2,1,-1)$,则有 $\boldsymbol{a}\cdot\boldsymbol{b}=$________.

(2)若 $\boldsymbol{a}=(t,2,3)$,$\boldsymbol{b}=(1,-2,3)$,且 $\boldsymbol{a}\perp\boldsymbol{b}$,则 $t=$________.

(3)若 $\boldsymbol{a}/\!/\boldsymbol{b}$,则 $\boldsymbol{a}\times\boldsymbol{b}=$________.

(4)与 x 轴、y 轴、z 轴正向截距相等的平面为________.

(5)yOz 平面上的曲线 $z=y^2$ 绕 z 轴旋转所得旋转曲面的方程为________.

(6)将 xOy 坐标面上的双曲线 $4x^2-9y^2=36$ 绕 x 轴旋转一周得到的旋转曲面方程为________.

答:(1)-1;　(2)$t=-5$;　(3) $\boldsymbol{0}$;　(4)$x+y+z=a(a>0)$;　(5)$z=x^2+y^2$;

(6)$4x^2-9y^2-9z^2=36$.

2. 选择题

(1)点 $M(a,b,c)$关于 z 轴对称的点是(　　).

A. $(-a,-b,c)$　　B. $(-a,b,-c)$

C. $(a,-b,-c)$　　D. $(-a,-b,-c)$

(2)下列平面过 y 轴的是(　　).

A. $3y-1=0$　　B. $x-z=0$

C. $y+z=1$　　D. $x-2y=0$

(3)已知 $\boldsymbol{a}=(1,-2,3)$、$\boldsymbol{b}=(2,2,1)$,则 $2\boldsymbol{a}\cdot(-3)\boldsymbol{b}=$(　　).

A. 5　　B. 6　　C. -5　　D. -6

(4)过点$(1,-2,4)$且与平面 $2x-3y+z-4=0$ 垂直的直线方程为(　　).

A. $\dfrac{x-1}{2}=\dfrac{y+1}{-3}=\dfrac{z+3}{1}$　　B. $\dfrac{x-1}{2}=\dfrac{y+2}{-3}=\dfrac{z-4}{1}$

C. $\dfrac{x+1}{2}=\dfrac{y-1}{-3}=\dfrac{z-3}{1}$　　D. $\dfrac{x}{2}=\dfrac{y}{-3}=\dfrac{z}{2}$

(5)在空间直角坐标系中,方程 $9x^2+4y^2=1$ 的图形是(　　).

A. 圆锥面　　B. 球面

C. 椭圆柱面　　D. 抛物面

(6)方程组 $\begin{cases} z^2=5x \\ y=0 \end{cases}$ 在空间直角坐标系中表示(　　).

A. 抛物线　　B. 抛物柱面

C. 直线　　D. 平面

(7)直线$\dfrac{x+1}{1}=\dfrac{y+2}{2}=\dfrac{z+3}{3}$与平面 $3x+3y-3z=4$ 的关系是(　　).

A. 相交但不垂直　　B. 平行但直线不在平面上

C. 垂直相交　　D. 重合

(8)平面 $x+ky-2z-9=0$ 与坐标原点的距离为 3 时,$k=$(　　).

A. 0　　B. ±1　　C. ±2　　D. ±3

答:(1)A,关于 z 轴对称点的坐标是 z 不变,其他变号.

(2)B,过 y 轴的方程里缺 y 和常数.

(3)D,$2\boldsymbol{a}\cdot(-3\boldsymbol{b})=-6(\boldsymbol{a}\cdot\boldsymbol{b})$.

(4)B,由于所求直线与已知平面垂直,因此平面的法线向量$(2,-3,1)$可以作为所求直线的方向向量,可得所求直线的方程为 $\frac{x-1}{2}=\frac{y+2}{-3}=\frac{z-4}{1}$.

(5)C.

(6)A,xOz 平面上的抛物线.

(7)B,$\boldsymbol{s}=(1,2,3)$,$\boldsymbol{n}=(3,3,-3)$,因为 $\boldsymbol{s}\cdot\boldsymbol{n}=1\times3+2\times3+3\times(-3)=0$,所以直线与平面平行但直线不在平面上.

(8)C,由点到平面的距离公式可得.

3. 求过点 $P_1(2,4,0)$和 $P_2(0,1,4)$且与点 $M(1,2,1)$的距离为 1 的平面方程.

解　设平面方程为 $Ax+By+Cz+D=0$,因为点 $P_1(2,4,0)$、$P_2(0,1,4)$在平面上,因此,有

$$2A+4B+D=0,$$
$$B+4C+D=0,$$

又因为所求平面与点 $M(1,2,1)$的距离为 1,则有

$$\frac{|A+2B+C+D|}{\sqrt{A^2+B^2+C^2}}=1,$$

解得

$$A=0,C=\frac{3}{4}B,D=-4B \text{ 或 } B=2A,C=2A,D=-10A,$$

于是,所求平面的方程为

$$By+\frac{3}{4}Bz-4B=0 \text{ 或 } Ax+2Ay+2Az-10A=0,$$

即

$$4y+3z-16=0 \text{ 或 } x+2y+2z-10=0.$$

4. 求与向量 $\boldsymbol{a}=\boldsymbol{i}+\boldsymbol{j}+\boldsymbol{k}$ 平行且满足 $\boldsymbol{a}\cdot\boldsymbol{b}=1$ 的向量 $\boldsymbol{b}$.

解　设 $\boldsymbol{b}=\lambda\boldsymbol{a}=\{\lambda,\lambda,\lambda\}$,再由 $\boldsymbol{a}\cdot\boldsymbol{b}=1$ 得 $\lambda+\lambda+\lambda=1$,即 $\lambda=\frac{1}{3}$,从而

$$\boldsymbol{b}=\left\{\frac{1}{3},\frac{1}{3},\frac{1}{3}\right\}.$$

5. 如果 $\boldsymbol{a}+\boldsymbol{b}+\boldsymbol{c}=\boldsymbol{0}$,证明 $\boldsymbol{a}\times\boldsymbol{b}=\boldsymbol{b}\times\boldsymbol{c}=\boldsymbol{c}\times\boldsymbol{a}$.

证　因为 $\boldsymbol{a}+\boldsymbol{b}+\boldsymbol{c}=\boldsymbol{0}$,等式两边分别与 $\boldsymbol{a}$,$\boldsymbol{b}$ 作叉积,有

$$(\boldsymbol{a}+\boldsymbol{b}+\boldsymbol{c})\times\boldsymbol{a}=\boldsymbol{0}\times\boldsymbol{a}\Rightarrow\boldsymbol{a}\times\boldsymbol{a}+\boldsymbol{b}\times\boldsymbol{a}+\boldsymbol{c}\times\boldsymbol{a}=\boldsymbol{0}\Rightarrow\boldsymbol{b}\times\boldsymbol{a}=-\boldsymbol{c}\times\boldsymbol{a}\Rightarrow\boldsymbol{a}\times\boldsymbol{b}=\boldsymbol{c}\times\boldsymbol{a};$$
$$(\boldsymbol{a}+\boldsymbol{b}+\boldsymbol{c})\times\boldsymbol{b}=\boldsymbol{0}\times\boldsymbol{b}\Rightarrow\boldsymbol{a}\times\boldsymbol{b}+\boldsymbol{b}\times\boldsymbol{b}+\boldsymbol{c}\times\boldsymbol{b}=\boldsymbol{0}\Rightarrow\boldsymbol{a}\times\boldsymbol{b}=-\boldsymbol{c}\times\boldsymbol{b}\Rightarrow\boldsymbol{a}\times\boldsymbol{b}=\boldsymbol{b}\times\boldsymbol{c};$$

即

$$\boldsymbol{a}\times\boldsymbol{b}=\boldsymbol{b}\times\boldsymbol{c}=\boldsymbol{c}\times\boldsymbol{a}.$$

6. 求母线平行于 x 轴，且通过曲线 $\begin{cases}x^2+y^2+z^2=1\\x^2-y^2+2z^2=2\end{cases}$ 的柱面方程.

解　在方程组 $\begin{cases}x^2+y^2+z^2=1\\x^2-y^2+2z^2=2\end{cases}$ 中消去 x，得

$$2y^2-z^2=-1,$$

便是所求的柱面方程.

7. 平面通过点(2，−3，1)和直线 $\frac{x-1}{5}=\frac{y+3}{1}=\frac{z}{2}$，求此平面的方程.

解　直线 $\frac{x-1}{5}=\frac{y+3}{1}=\frac{z}{2}$ 的方向向量为

$$\boldsymbol{s}=(5,1,2),$$

在该直线上取一点(1，−3，0)，作向量

$$\boldsymbol{s}_1=(2,-3,1)-(1,-3,0)=(1,0,1),$$

平面的法向量可取为

$$\boldsymbol{n}=\boldsymbol{s}\times\boldsymbol{s}_1=\begin{vmatrix}\boldsymbol{i}&\boldsymbol{j}&\boldsymbol{k}\\5&1&2\\1&0&1\end{vmatrix}=\boldsymbol{i}-3\boldsymbol{j}-\boldsymbol{k},$$

所求平面方程为

$$(x-2)-3(y+3)-(z-1)=0$$

即

$$x-3y-z-10=0.$$

8. 一动点与两平面 $x+y-z=1$ 和 $x+y+z=-1$ 距离的平方和等于1，试求其轨迹方程.

解　设动点坐标为 (x,y,z)，根据条件有

$$\left(\frac{|x+y-z-1|}{\sqrt{1^2+1^2+(-1)^2}}\right)^2+\left(\frac{|x+y+z+1|}{\sqrt{1^2+1^2+1^2}}\right)^2=1,$$

整理得

$$x^2+y^2+z^2+2xy+2z=\frac{1}{2}.$$

9. 平面通过两平行直线$\frac{x-1}{1}=\frac{y+1}{-2}=\frac{z-2}{3}$及$\frac{x}{1}=\frac{y-1}{-2}=\frac{z+2}{3}$,求该平面方程.

解 在直线$\frac{x-1}{1}=\frac{y+1}{-2}=\frac{z-2}{3}$上取点$A(1,-1,2)$,其方向向量为$\boldsymbol{s}=(1,-2,3)$,在直线$\frac{x}{1}=\frac{y-1}{-2}=\frac{z+2}{3}$上取点$B(0,1,-2)$,$\overrightarrow{AB}=(-1,2,-4)$,所求平面方程的法向量为

$$\boldsymbol{n}=\boldsymbol{s}\times\overrightarrow{AB}=\begin{vmatrix}\boldsymbol{i} & \boldsymbol{j} & \boldsymbol{k}\\ 1 & -2 & 3\\ -1 & 2 & -4\end{vmatrix}=2\boldsymbol{i}+\boldsymbol{j},$$

所以平面方程为

$$2(x-1)+(y+1)+0(z-2)=0,$$

即

$$2x+y-1=0.$$

10. 确定λ的值,使直线$\frac{x-1}{1}=\frac{y+1}{2}=\frac{z-1}{\lambda}$和直线$\frac{x+1}{1}=\frac{y-1}{1}=\frac{z}{1}$相交.

解 由方程$\frac{x+1}{1}=\frac{y-1}{1}=\frac{z}{1}$可得

$$x=z-1,y=z+1,$$

将此结果代入方程$\frac{x-1}{1}=\frac{y+1}{2}=\frac{z-1}{\lambda}$中,解得

$$\lambda=\frac{5}{4}.$$

11. 证明直线$\begin{cases}x+2y-z=7\\ -2x+y+z=7\end{cases}$与直线$\begin{cases}3x+6y-3z=8\\ 2x-y-z=0\end{cases}$平行.

证 直线$\begin{cases}x+2y-z=7\\ -2x+y+z=7\end{cases}$的方向向量为

$$\boldsymbol{s}_1=\begin{vmatrix}\boldsymbol{i} & \boldsymbol{j} & \boldsymbol{k}\\ 1 & 2 & -1\\ -2 & 1 & 1\end{vmatrix}=3\boldsymbol{i}+\boldsymbol{j}+5\boldsymbol{k},$$

直线$\begin{cases}3x+6y-3z=8\\ 2x-y-z=0\end{cases}$的方向向量为

$$\boldsymbol{s}_2=\begin{vmatrix}\boldsymbol{i} & \boldsymbol{j} & \boldsymbol{k}\\ 3 & 6 & -3\\ 2 & -1 & -1\end{vmatrix}=-9\boldsymbol{i}-3\boldsymbol{j}-15\boldsymbol{k},$$

可见

$$\boldsymbol{s}_2=-3\boldsymbol{s}_1,$$

所以

$$\boldsymbol{s}_1 // \boldsymbol{s}_2,$$

即直线$\begin{cases}x+2y-z=7\\-2x+y+z=7\end{cases}$与直线$\begin{cases}3x+6y-3z=8\\2x-y-z=0\end{cases}$平行.

12. 求曲线$\begin{cases}z=x^2+y^2\\x+y+z=1\end{cases}$在 xOy 平面的投影.

解 由平面 $x+y+z=1$ 得 $z=1-x-y$ 代入方程 $z=x^2+y^2$ 得

$$x^2+y^2+x+y=1,$$

这就是曲线到 xOy 平面的投影柱面方程. 因此, 曲线在 xOy 平面上的投影曲线方程为

$$\begin{cases}x^2+y^2+x+y=1\\z=0\end{cases}.$$

四、单元同步测验

1. 填空题

(1)点(2,1,−3)关于坐标原点对称的点是________.

(2)已知向量 $\boldsymbol{a}=(4,-4,7)$ 的终点坐标为(2,−1,7),则 $\boldsymbol{a}$ 的始点坐标为________.

(3)设向量 $\boldsymbol{a}$ 与坐标轴正向的夹角为 α、β、γ,且已知 $\alpha=60°$、$\beta=120°$,则 $\gamma=$________.

(4)已知 $|\boldsymbol{a}|=3$、$|\boldsymbol{b}|=26$、$|\boldsymbol{a}\times\boldsymbol{b}|=72$,则 $\boldsymbol{a}\cdot\boldsymbol{b}=$________.

(5)将 xOz 面上的抛物线 $z^2=5x$,绕 Ox 轴旋转而成的曲面方程是________.

(6)过点 $M(3,0,1)$ 且与平面 $3x-7y+5z-12=0$ 平行的平面方程________.

(7)当 $m=$________时,直线$\frac{x-1}{4}=\frac{y+2}{3}=\frac{z}{1}$与平面 $mx+3y-5z+1=0$ 平行.

2. 选择题

(1)设 $\boldsymbol{a}=(x,3,2)$、$\boldsymbol{b}=(-1,y,4)$,若 $\boldsymbol{a}//\boldsymbol{b}$ 则(　　).

A. $x=0.5$、$y=6$　　B. $x=-0.5$、$y=6$

C. $x=1$、$y=-7$　　D. $x=-1$、$y=-3$

(2)方程$\begin{cases}\frac{x^2}{4}+\frac{y^2}{9}=1\\y=1\end{cases}$在空间解析几何中表示(　　).

A. 椭圆柱面　　B. 两个平行平面

C. 椭圆曲线　　D. 两条平行直线

(3)平面 $x-2z=0$ 的位置是(　　).

A. 平行 xOz 坐标面　　B. 平行 Oy 轴

C. 垂直于 Oy 轴　　D. 通过 Oy 轴

(4)直线 $L:\frac{x+3}{4}=\frac{y-4}{3}=\frac{z}{1}$ 与平面 $\Pi:4x-2y-2z=3$ 的关系是(　　).

A. 相交但不垂直　　B. 垂直相交

C. L 在 Π 上　　D. 平行

(5)方程 $y^2+z^2-4x+8=0$ 表示(　　).

A. 单叶双曲面　　B. 双叶双曲面

C. 锥面　　D. 旋转抛物面

(6)旋转双叶双曲面 $\frac{x^2}{a^2}-\frac{y^2}{b^2}+\frac{z^2}{a^2}=-1$ 的旋转轴是(　　).

A. Ox 轴　　B. Oy 轴　　C. Oz 轴　　D. 直线 $\begin{cases} y=z \\ x=0 \end{cases}$

3. 设 $A(4,2,1)$、$B(3,0,2)$，求 $\overrightarrow{AB}$ 的方向余弦及与 $\overrightarrow{AB}$ 反向的单位向量.

4. 设 $\boldsymbol{a}=(2,-1,1)$、$\boldsymbol{b}=(1,3,-1)$，求与 $\boldsymbol{a}$、$\boldsymbol{b}$ 均垂直的单位向量.

5. 求通过点 $P(2,-1,-1)$、$Q(1,2,3)$ 且垂直于平面 $2x+3y-5z+6=0$ 的平面方程.

6. 求通过点 $P(2,0,-1)$ 且又通过直线 $\frac{x+1}{2}=\frac{y}{-1}=\frac{z-2}{3}$ 的平面方程.

7. 证明两平行平面 $Ax+By+Cz+D_1=0$、$Ax+By+Cz+D_2=0$ 之间的距离公式为

$$d=\frac{|D_2-D_1|}{\sqrt{A^2+B^2+C^2}}.$$

单元同步测验答案

1. 填空题

(1)$(-2,-1,3)$；(2)$(-2,3,0)$；(3)$45°$或$135°$；(4)±30；(5)$y^2+z^2=5x$；(6)$3x-7y+5z-14=0$；(7)-1.

2. 选择题

(1)B；(2)D；(3)D；(4)A；(5)D；(6)B.

3. $\cos\alpha=-\frac{\sqrt{6}}{6}$，$\cos\beta=-\frac{\sqrt{6}}{3}$，$\cos\gamma=\frac{\sqrt{6}}{6}$；$\left(\frac{\sqrt{6}}{6},\frac{\sqrt{6}}{3},-\frac{\sqrt{6}}{6}\right)$.

4. $\pm\frac{\sqrt{62}}{62}(-2,3,7)$.

5. $9x-y+3z-16=0$.

6. $x+5y+z-1=0$.

7. 提示：在其中一个平面上取一个特殊的点，利用点到平面距离公式可证得结论.

Chapter 5 第5章

多元函数的微分法及其应用

Multivariable Differential Calculus and Application

一、内容要点

(一)多元函数的概念

1. 二元函数及定义

设 D 是平面上的一个点集,如果对每个点 $P(x,y)\in D$,按照某一对应规则 f,变量 z 都有一个值与之对应,则称 z 是变量 x,y 的二元函数,记为 $z=f(x,y)$,D 称为定义域.

2. 二元函数的几何表示

二元函数 $z=f(x,y)$ 的图形为空间一张曲面. 例如二元函数 $z=\sqrt{1-x^2-y^2}$,$D:x^2+y^2\leqslant 1$ 的图形为以原点为球心、半径为 1 的上半球面.

3. 二元函数的极限

设 $f(x,y)$ 在点 (x_0,y_0) 邻域内有定义,若对 $\forall\varepsilon>0$,$\exists\delta>0$,只要 $\sqrt{(x-x_0)^2+(y-y_0)^2}<\delta$,就有 $|f(x,y)-A|<\varepsilon$,则称当 (x,y) 趋于 (x_0,y_0) 时,$f(x,y)$ 的极限存在,极限值为 A,记为 $\lim\limits_{\substack{x\to x_0\\y\to y_0}}f(x,y)=A$ 或 $\lim\limits_{(x,y)\to(x_0,y_0)}f(x,y)=A$,否则称极限不存在.

注意 这里 (x,y) 趋于 (x_0,y_0) 是在平面范围内,可以按任何方式趋于 (x_0,y_0),所以二元函数的极限比一元函数的极限复杂.

4. 二元函数的连续性

若 $\lim\limits_{\substack{x\to x_0\\y\to y_0}}f(x,y)=f(x_0,y_0)$,则称 $f(x,y)$ 在点 (x_0,y_0) 处连续. 若 $f(x,y)$ 在区域 D 内各点皆连续,则称 $f(x,y)$ 在 D 内连续.

(二)二元函数的偏导数与全微分

1. 偏导数的定义

设 $z=f(x,y)$,若 $\lim\limits_{\Delta x\to 0}\dfrac{f(x_0+\Delta x,y_0)-f(x_0,y_0)}{\Delta x}$ 存在,称该极限为函数 $z=f(x,y)$ 在点

(x_0,y_0)处关于 x 的偏导数，记为 $f'_x(x_0,y_0)$或 $z'_x\Big|_{(x_0,y_0)}$ 或$\dfrac{\partial f}{\partial x}\Big|_{(x_0,y_0)}$ 或$\dfrac{\partial z}{\partial x}\Big|_{(x_0,y_0)}$. 类似可定义在点$(x_0,y_0)$处关于 y 的偏导数，记为 $f'_y(x_0,y_0)$或 $z'_y\Big|_{(x_0,y_0)}$ 或$\dfrac{\partial f}{\partial y}\Big|_{(x_0,y_0)}$ 或$\dfrac{\partial z}{\partial y}\Big|_{(x_0,y_0)}$.

2. 高阶偏导数

二元函数 $z=f(x,y)$的偏导数 $f'_x(x,y)$和 $f'_y(x,y)$仍是关于 x,y 的二元函数，于是可以继续求偏导数，那么它们的偏导数就称为 $z=f(x,y)$的二阶偏导数，共有 4 种：

$$\frac{\partial}{\partial x}\left(\frac{\partial z}{\partial x}\right)=\frac{\partial^2 z}{\partial x^2}=f''_{xx}(x,y);\quad \frac{\partial}{\partial y}\left(\frac{\partial z}{\partial x}\right)=\frac{\partial^2 z}{\partial x\partial y}=f''_{xy}(x,y);$$

$$\frac{\partial}{\partial x}\left(\frac{\partial z}{\partial y}\right)=\frac{\partial^2 z}{\partial y\partial x}=f''_{yx}(x,y);\quad \frac{\partial}{\partial y}\left(\frac{\partial z}{\partial y}\right)=\frac{\partial^2 z}{\partial y^2}=f''_{yy}(x,y).$$

当$\dfrac{\partial^2 z}{\partial x\partial y},\dfrac{\partial^2 z}{\partial y\partial x}$在$(x,y)$处为连续函数时有$\dfrac{\partial^2 z}{\partial x\partial y}=\dfrac{\partial^2 z}{\partial y\partial x}$成立. 也就是说在这种情况下混合偏导数与求导的次序无关. 类似地可以讨论二元函数的三阶及 n 阶偏导数，也可以讨论 n 元函数$(n\geqslant 3)$的高阶偏导数.

3. 全微分

(1)二元函数的可微性与全微分的定义

设二元函数 $z=f(x,y)$在点(x_0,y_0)处的全增量为 Δz，于是有

$$\Delta z=f(x_0+\Delta x,y_0+\Delta y)-f(x_0,y_0).$$

如果全增量有如下分解式：$\Delta z=A\Delta x+B\Delta y+o(\rho)$，其中 $\rho=\sqrt{(\Delta x)^2+(\Delta y)^2}$，而 A,B 不依赖于 $\Delta x,\Delta y$ 只与 x_0,y_0 有关，则称 $z=f(x,y)$在(x_0,y_0)处可微，并把 $A\Delta x+B\Delta y$ 称为 $z=f(x,y)$在(x_0,y_0)处的全微分，记为 $\mathrm{d}z\Big|_{(x_0,y_0)}$ 或 $\mathrm{d}f\Big|_{(x_0,y_0)}$.

(2)二元函数的全微分公式

当 $z=f(x,y)$在(x_0,y_0)处可微时，

$$\mathrm{d}z\Big|_{(x_0,y_0)}=f'_x(x_0,y_0)\Delta x+f'_y(x_0,y_0)\Delta y=f'_x(x_0,y_0)\mathrm{d}x+f'_y(x_0,y_0)\mathrm{d}y.$$

一般地有 $\mathrm{d}z=\mathrm{d}f(x,y)=f'_x(x,y)\mathrm{d}x+f'_y(x,y)\mathrm{d}y$.

(3)二元函数全微分的几何意义

二元函数 $z=f(x,y)$在点(x_0,y_0)处的全微分 $\mathrm{d}z\Big|_{(x_0,y_0)}$ 在几何上表示曲面 $z=f(x,y)$在点$(x_0,y_0,f(x_0,y_0))$处切平面上的点的纵坐标的增量.

(4)偏导数的连续性、函数的可微性

偏导数的存在性与函数的连续性之间的关系：

设 $z=f(x,y)$，若$\dfrac{\partial z}{\partial x},\dfrac{\partial z}{\partial y}$连续，则 $\mathrm{d}z$ 存在，进一步有$\begin{cases}\dfrac{\partial z}{\partial x},\dfrac{\partial z}{\partial y}\text{存在}\\ z=f(x,y)\text{连续}\end{cases}$.

4. 全微分在近似计算中的应用

$$\Delta z\approx \mathrm{d}z.$$

(三)多元复合函数与隐函数的求导法则

1. 多元复合函数的求导法则

(1)模型1(图5-1)

$z=f(u,v)$, $u=u(x,y)$, $v=v(x,y)$,则

$$\frac{\partial z}{\partial x}=\frac{\partial z}{\partial u}\frac{\partial u}{\partial x}+\frac{\partial z}{\partial v}\frac{\partial v}{\partial x};\quad \frac{\partial z}{\partial y}=\frac{\partial z}{\partial u}\frac{\partial u}{\partial y}+\frac{\partial z}{\partial v}\frac{\partial v}{\partial y}.$$

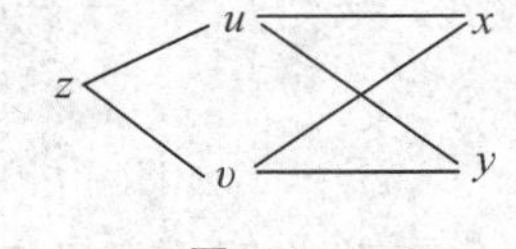

图 5-1

(2)模型2(图5-2)

$u=f(x,y,z)$, $z=z(x,y)$,则

$$\begin{cases}\dfrac{\partial u}{\partial x}=f'_x+f'_z\cdot\dfrac{\partial z}{\partial x}\\ \dfrac{\partial u}{\partial y}=f'_y+f'_z\cdot\dfrac{\partial z}{\partial y}\end{cases}.$$

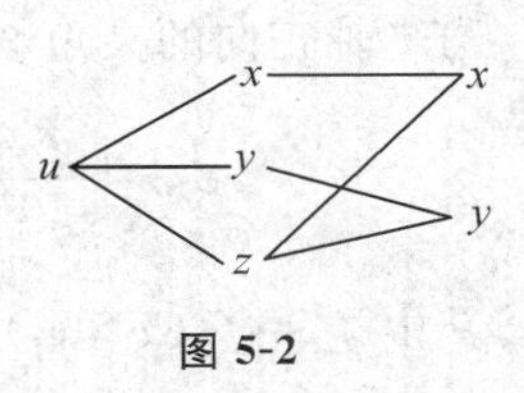

图 5-2

还有其他模型可以类似处理.

(3)全微分形式的不变性

设函数 $z=f(u,v)$ 具有连续偏导数,则有全微分 $\mathrm{d}z=\frac{\partial z}{\partial u}\mathrm{d}u+\frac{\partial z}{\partial v}\mathrm{d}v$.

如果 u、v 又是 x、y 的函数,$u=\phi(x,y)$,$v=\psi(x,y)$,且这两个函数也具有连续偏导数,则复合函数 $z=f[\phi(x,y),\psi(x,y)]$ 的全微分仍可表示为 $\mathrm{d}z=\frac{\partial z}{\partial u}\mathrm{d}u+\frac{\partial z}{\partial v}\mathrm{d}v$.

由此可见,无论 z 是自变量 u、v 的函数或者中间变量 u、v 的函数,它的全微分形式是一样的,这个性质称全微分形式不变性.

2. 隐函数的求导法则

设 $F(x,y,z)=0$ 确定 $z=z(x,y)$,则$\frac{\partial z}{\partial x}=-\frac{F'_x}{F'_z}$;$\frac{\partial z}{\partial y}=-\frac{F'_y}{F'_z}$.

(四)偏导数在几何上的应用

1. 空间曲线的切线与法平面

$x=x(t)$, $y=y(t)$, $z=z(t)$,曲线 Γ 在点 $M_0(x_0,y_0,z_0)$ 处的切线方程为

$$\frac{x-x_0}{x'(t_0)}=\frac{y-y_0}{y'(t_0)}=\frac{z-z_0}{z'(t_0)}.$$

曲线在某点处的切线的方向向量称为曲线的切向量. 向量 $\boldsymbol{s}=\{x'(t_0),y'(t_0),z'(t_0)\}$ 就是曲线 Γ 在点 M 处的一个切向量. 过点 M_0 且与切线垂直的平面称为曲线 Γ 在点 M_0 的法平面. 曲线的切向量就是法平面的法向量,于是该法平面的方程为

$$x'(t_0)(x-x_0)+y'(t_0)(y-y_0)+z'(t_0)(z-z_0)=0.$$

2. 空间曲面的切平面与法线

$F(x,y,z)=0$ 的切平面的方程为

$$F'_x|_{M_0}(x-x_0)+F'_y|_{M_0}(y-y_0)+F'_z|_{M_0}(z-z_0)=0,$$

称曲面在点 M_0 处切平面的法向量为在点 M_0 处曲面的法向量，于是，在点 M_0 处曲面的法向量为 $\boldsymbol{n}=\{F'_x(x_0,y_0,z_0),F'_y(x_0,y_0,z_0),F'_z(x_0,y_0,z_0)\}$.

过点 M_0 且垂直于切平面的直线称为曲面在该点的法线，因此法线方程为

$$\frac{x-x_0}{F'_x|_{M_0}}=\frac{y-y_0}{F'_y|_{M_0}}=\frac{z-z_0}{F'_z|_{M_0}}.$$

若曲面方程可表示为 $z=f(x,y)$. 设 α、β、γ 表示曲面的法向量的方向角，并假定法向量与 z 轴正向的夹角 γ 是一锐角，则法向量的方向余弦为

$$\cos\alpha=\frac{-f'_x}{\sqrt{1+f'^2_x+f'^2_y}},\quad \cos\beta=\frac{-f'_y}{\sqrt{1+f'^2_x+f'^2_y}},\quad \cos\gamma=\frac{1}{\sqrt{1+f'^2_x+f'^2_y}},$$

其中 $f'_x=f'_x(x_0,y_0)$，$f'_y=f'_y(x_0,y_0)$.

(五)多元函数的极值

1. 多元函数极值的定义

定义：设函数 $z=f(x,y)$ 在点 (x_0,y_0) 的某个邻域内有定义，对于该邻域内异于 (x_0,y_0) 的点，如果都适合不等式

$$f(x,y)<f(x_0,y_0),$$

则称函数 $f(x,y)$ 在点 (x_0,y_0) 有极大值 $f(x_0,y_0)$. 如果都适合不等式

$$f(x,y)>f(x_0,y_0),$$

则称函数 $f(x,y)$ 在点 (x_0,y_0) 有极小值 $f(x_0,y_0)$. 极大值、极小值统称为极值. 使函数取得极值的点称为极值点.

2. 多元函数极值的必要条件与充分条件

必要条件 设函数 $z=f(x,y)$ 在点 (x_0,y_0) 具有偏导数，且在点 (x_0,y_0) 处有极值，则它在该点的偏导数必然为零，即

$$f_x(x_0,y_0)=0,\quad f_y(x_0,y_0)=0.$$

充分条件 设函数 $z=f(x,y)$ 在点 (x_0,y_0) 的某邻域内连续且有一阶及二阶连续偏导数，又 $f_x(x_0,y_0)=0$，$f_y(x_0,y_0)=0$，令 $f_{xx}(x_0,y_0)=A$，$f_{xy}(x_0,y_0)=B$，$f_{yy}(x_0,y_0)=C$，则 $f(x,y)$ 在 (x_0,y_0) 处是否取得极值的条件如下：

(1) $AC-B^2>0$ 时具有极值，且当 $A<0$ 时有极大值，当 $A>0$ 时有极小值；

(2) $AC-B^2<0$ 时没有极值；

(3) $AC-B^2=0$ 时可能有极值，也可能没有极值，还需另作讨论.

3. 多元函数极值、最大值与最小值的计算

(1) 求 $z=f(x,y)$ 的极值的一般步骤

第一步 解方程组 $f_x(x,y)=0$，$f_y(x,y)=0$，求出 $f(x,y)$ 的所有驻点；

第二步 求出函数 $f(x,y)$ 的二阶偏导数，依次确定各驻点处 A、B、C 的值，并根据

$AC-B^2$的符号判定驻点是否为极值点.最后求出函数$f(x,y)$在极值点处的极值.

(2)求函数$f(x,y)$的最大值和最小值的一般步骤

第一步　求函数$f(x,y)$在D内所有驻点处的函数值；

第二步　求$f(x,y)$在D的边界上的最大值和最小值；

第三步　将前两步得到的所有函数值进行比较,其中最大者即为最大值,最小者即为最小值.

4.条件极值——拉格朗日乘数法

在所给条件$G(x,y,z)=0$下,求目标函数$u=f(x,y,z)$的极值.引进拉格朗日函数

$$L(x,y,z,\lambda)=f(x,y,z)+\lambda G(x,y,z),$$

它将有约束条件的极值问题化为普通的无条件的极值问题.

(六)方向导数与梯度

1.方向导数

(1)定义:$\dfrac{\partial f}{\partial l}=\lim\limits_{\rho\to 0}\dfrac{f(x+\Delta x,y+\Delta y)-f(x,y)}{\rho}$.

(2)计算:如果函数$z=f(x,y)$在点$P(x,y)$是可微分的,则函数在该点沿任一方向$\boldsymbol{l}$的方向导数都存在,且$\dfrac{\partial f}{\partial l}=\dfrac{\partial f}{\partial x}\cos\varphi+\dfrac{\partial f}{\partial y}\sin\varphi$,其中$\varphi$为$x$轴正向到方向$\boldsymbol{l}$的转角.

2.梯度

(1)$\mathrm{grad}f(x,y)=\dfrac{\partial f}{\partial x}\boldsymbol{i}+\dfrac{\partial f}{\partial y}\boldsymbol{j}$.

(2)函数在某点的梯度是这样一个向量,它的方向与取得最大方向导数的方向一致,而它的模为方向导数的最大值.

二、典型例题

例1　求二元函数$f(x,y)=\dfrac{\arcsin(3-x^2-y^2)}{\sqrt{x-y^2}}$的定义域.

解　由$\begin{cases}|3-x^2-y^2|\leqslant 1\\ x-y^2>0\end{cases}$有$\begin{cases}2\leqslant x^2+y^2\leqslant 4\\ x>y^2\end{cases}$,

所求定义域为　$D=\{(x,y)\,|\,2\leqslant x^2+y^2\leqslant 4,x>y^2\}$.

例2　讨论二元函数

$$f(x,y)=\begin{cases}\dfrac{x^3+y^3}{x^2+y^2}, & (x,y)\neq(0,0)\\ 0, & (x,y)=(0,0)\end{cases}$$

在$(0,0)$处的连续性.

解　由$f(x,y)$表达式的特征,利用极坐标变换:

令$x=\rho\cos\theta,y=\rho\sin\theta$,则$\lim\limits_{(x,y)\to(0,0)}f(x,y)=\lim\limits_{\rho\to 0}\rho(\sin^3\theta+\cos^3\theta)=0=f(0,0)$,所以函数

在(0,0)点处连续.

例 3 求三元函数 $u=\sin(x+y^2-e^z)$ 的偏导数 $\frac{\partial u}{\partial x},\frac{\partial u}{\partial y},\frac{\partial u}{\partial z}$.

解 把 y 和 z 看作常数,对 x 求导得

$$\frac{\partial u}{\partial x}=\cos(x+y^2-e^z),$$

把 x 和 z 看作常数,对 y 求导得

$$\frac{\partial u}{\partial y}=2y\cos(x+y^2-e^z),$$

把 x 和 y 看作常数,对 z 求导得

$$\frac{\partial u}{\partial z}=-e^z\cos(x+y^2-e^z).$$

例 4 求 $z=x\ln(x+y)$ 的二阶偏导数.

解 $\frac{\partial z}{\partial x}=\ln(x+y)+\frac{x}{x+y},\quad \frac{\partial z}{\partial y}=\frac{x}{x+y},$

$$\frac{\partial^2 z}{\partial x^2}=\frac{1}{x+y}+\frac{x+y-x}{(x+y)^2}=\frac{x+2y}{(x+y)^2},\quad \frac{\partial^2 z}{\partial y^2}=\frac{-x}{(x+y)^2},$$

$$\frac{\partial^2 z}{\partial x\partial y}=\frac{1}{x+y}+\frac{-x}{(x+y)^2}=\frac{y}{(x+y)^2},\quad \frac{\partial^2 z}{\partial y\partial x}=\frac{(x+y)-x}{(x+y)^2}=\frac{y}{(x+y)^2}.$$

例 5 设 $u=f(x,y,z)=e^{x^2+y^2+z^2}$, $z=x^2\sin y$. 求 $\frac{\partial u}{\partial x}$ 和 $\frac{\partial u}{\partial y}$.

解 $\frac{\partial u}{\partial x}=\frac{\partial f}{\partial x}+\frac{\partial f}{\partial z}\frac{\partial z}{\partial x}=2xe^{x^2+y^2+z^2}+2ze^{x^2+y^2+z^2}\cdot 2x\sin y$

$=2x(1+2x^2\sin^2 y)e^{x^2+y^2+x^4\sin^2 y}$.

$\frac{\partial u}{\partial y}=\frac{\partial f}{\partial y}+\frac{\partial f}{\partial z}\frac{\partial z}{\partial y}=2ye^{x^2+y^2+z^2}+2ze^{x^2+y^2+z^2}\cdot x^2\cos y$

$=2(y+x^4\sin y\cos y)e^{x^2+y^2+x^4\sin^2 y}$.

例 6 利用一阶全微分形式的不变性求函数 $u=\frac{x}{x^2+y^2+z^2}$ 的偏导数.

解
$$du=\frac{(x^2+y^2+z^2)dx-xd(x^2+y^2+z^2)}{(x^2+y^2+z^2)^2}$$
$$=\frac{(x^2+y^2+z^2)dx-x(2xdx+2ydy+2zdz)}{(x^2+y^2+z^2)^2}$$
$$=\frac{(y^2+z^2-x^2)dx-2xydy-2xzdz}{(x^2+y^2+z^2)^2}.$$

所以
$$\frac{\partial u}{\partial x}=\frac{y^2+z^2-x^2}{(x^2+y^2+z^2)^2},\quad \frac{\partial u}{\partial y}=\frac{-2xy}{(x^2+y^2+z^2)^2},\quad \frac{\partial u}{\partial z}=\frac{-2xz}{(x^2+y^2+z^2)^2}.$$

例 7 求由方程 $z^3-3xyz=a^3$(a 是常数)所确定的隐函数 $z=f(x,y)$ 的偏导数 $\frac{\partial z}{\partial x}$ 和 $\frac{\partial z}{\partial y}$.

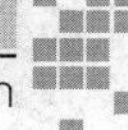

解 令 $F(x,y,z)=z^3-3xyz-a^3$，则 $F'_x=-3yz, F'_y=-3xz, F'_z=3z^2-3xy$. 显然都是连续的. 所以，当 $F'_z=3z^2-3xy\neq 0$ 时，由隐函数存在定理得

$$\frac{\partial z}{\partial x}=-\frac{F'_x}{F'_z}=-\frac{-3yz}{3z^2-3xy}=\frac{yz}{z^2-xy},$$

$$\frac{\partial z}{\partial y}=-\frac{F'_y}{F'_z}=-\frac{-3xz}{3z^2-3xy}=\frac{xz}{z^2-xy}.$$

注意 在实际应用中，求方程所确定的多元函数的偏导数时，不一定非套公式，尤其在方程中含有抽象函数时，直接求即可.

例 8 求曲线 Γ

$$\begin{cases} x=\int_0^t \mathrm{e}^u \cos u \mathrm{d}u \\ y=2\sin t+\cos t, \\ z=1+\mathrm{e}^{3t} \end{cases}$$

在 $t=0$ 处的切线和法平面方程.

解 当 $t=0$ 时，$x=0, y=1, z=2, x'=\mathrm{e}^t\cos t, y'=2\cos t-\sin t, z'=3\mathrm{e}^{3t}$，则

$$x'(0)=1,\quad y'(0)=2,\quad z'(0)=3,$$

切线方程
$$\frac{x-0}{1}=\frac{y-1}{2}=\frac{z-2}{3},$$

法平面方程 $x+2(y-1)+3(z-2)=0$，即 $x+2y+3z-8=0$.

例 9 求球面 $x^2+y^2+z^2=14$ 在点(1,2,3)处的切平面及法线方程.

解 $F(x,y,z)=x^2+y^2+z^2-14$.

$F'_x(x,y,z)=2x,\quad F'_y(x,y,z)=2y,\quad F'_z(x,y,z)=2z.$

$F'_x(1,2,3)=2,\quad F'_y(1,2,3)=4,\quad F'_z(1,2,3)=6.$

所以在点(1,2,3)处的切平面方程为

$$2(x-1)+4(y-2)+6(z-3)=0,\quad 即\ x+2y+3z-14=0.$$

法线方程为

$$\frac{x-1}{1}=\frac{y-2}{2}=\frac{z-3}{3},\quad 即\ \frac{x}{1}=\frac{y}{2}=\frac{z}{3}.$$

由此可见，法线经过原点(即球心).

例 10 求二元函数 $z=f(x,y)=x^2y(4-x-y)$ 在直线 $x+y=6$，x 轴和 y 轴所围成的闭区域 D 上的最大值与最小值.

解 先求函数在 D 内的驻点，解方程组

$$\begin{cases} f'_x(x,y)=2xy(4-x-y)-x^2y=0 \\ f'_x(x,y)=x^2(4-x-y)-x^2y=0 \end{cases}$$

得唯一驻点(2,1)，且 $f(2,1)=4$，再求 $f(x,y)$ 在 D 边界上的最值.

在边界 $x+y=6$ 上，即 $y=6-x$，于是 $f(x,y)=x^2(6-x)(-2)$，由 $f'_x=4x(x-6)+2x^2=0$，得 $x_1=0,x_2=4$，则 $y=6-x|_{x=4}=2$，而 $f(4,2)=-64$，所以 $f(2,1)=4$ 为最大值，$f(4,2)=-64$ 为最小值.

例 11 求函数 $u=xyz$ 在附加条件

$$1/x+1/y+1/z=1/a \quad (x>0,y>0,z>0,a>0)$$

下的极值.

解 作拉格朗日函数 $L(x,y,z,\lambda)=xyz+\lambda(1/x+1/y+1/z-1/a)$.

由 $\begin{cases}L_x=yz-\lambda/x^2=0\\L_y=xz-\lambda/y^2=0\\L_z=xy-\lambda/z^2=0\end{cases}$ 有 $\begin{cases}3xyz-\lambda(1/x+1/y+1/z)=0\\xyz=\lambda/3a\\x=y=z=3a\end{cases}$，

故 $(3a,3a,3a)$ 是函数 $u=xyz$ 在附加条件下唯一驻点.

把附加条件确定的隐函数记作 $z=z(x,y)$，将目标函数看作 $u=xy\cdot z(x,y)=F(x,y)$，再应用二元函数极值的充分条件判断，知点 $(3a,3a,3a)$ 是函数 $u=xyz$ 在附加条件下的极小值点. 而所求极值为 $27a^3$.

例 12 求函数 $z=xe^{2y}$ 在点 $P(1,0)$ 处沿从点 $P(1,0)$ 到点 $Q(2,-1)$ 的方向的方向导数.

解 这里方向 $\boldsymbol{l}$ 即为 $\overrightarrow{PQ}=\{1,-1\}$，故 x 轴到方向 $\boldsymbol{l}$ 的转角 $\varphi=-\frac{\pi}{4}$.

$$\left.\frac{\partial z}{\partial x}\right|_{(1,0)}=e^{2y}|_{(1,0)}=1,\quad \left.\frac{\partial z}{\partial y}\right|_{(1,0)}=2xe^{2y}|_{(1,0)}=2,$$

所求方向导数

$$\frac{\partial z}{\partial l}=\cos\left(-\frac{\pi}{4}\right)+2\sin\left(-\frac{\pi}{4}\right)=-\frac{\sqrt{2}}{2}.$$

例 13 求 $\operatorname{grad}\frac{1}{x^2+y^2}$.

解 这里 $f(x,y)=\frac{1}{x^2+y^2}$.

因为
$$\frac{\partial f}{\partial x}=-\frac{2x}{(x^2+y^2)^2},\quad \frac{\partial f}{\partial y}=-\frac{2y}{(x^2+y^2)^2},$$

所以
$$\operatorname{grad}\frac{1}{x^2+y^2}=-\frac{2x}{(x^2+y^2)^2}\boldsymbol{i}-\frac{2y}{(x^2+y^2)^2}\boldsymbol{j}.$$

三、教材习题解析

□ 习题 5.1 多元函数的概念

2. 若 $f(x,y)=xy+\frac{y}{x}$，求 $f\left(\frac{1}{2},3\right)$，$f(1,-1)$，$f\left(\frac{1}{x},\frac{1}{y}\right)$.

解　代入得

$$f\left(\frac{1}{2},3\right)=\frac{5}{3},\quad f(1,-1)=-2,\quad f\left(\frac{1}{x},\frac{1}{y}\right)=\frac{1}{xy}+\frac{y}{x}.$$

3. 若 $f\left(x+y,\frac{y}{x}\right)=x^2-y^2$，求 $f(x,y)$.

解　令 $\begin{cases}x+y=u\\ \frac{y}{x}=v\end{cases}$，则 $\begin{cases}x=\frac{u}{1+v}\\ y=\frac{uv}{1+v}\end{cases}$，$f(u,v)=\left(\frac{u}{1+v}\right)^2-\left(\frac{uv}{1+v}\right)^2$，

所以
$$f(x,y)=\left(\frac{x}{1+y}\right)^2-\left(\frac{xy}{1+y}\right)^2=x^2\,\frac{1-y}{1+y}.$$

4. 求下列各函数的定义域：

(1) $z=\ln(4-xy)$；　　(2) $z=\frac{1}{\sqrt{y-\sqrt{x}}}$；

(3) $z=\sqrt{x^2-4}+\sqrt{4-y^2}$；　　(4) $u=\arccos\frac{z}{\sqrt{x^2+y^2}}$.

解　(1) 由 $4-xy>0$ 有 $xy<4$，

所求定义域为
$$D=\{(x,y)\mid xy<4\}.$$

(2) 由 $\begin{cases}y-\sqrt{x}>0\\ x\geqslant 0\end{cases}$ 有 $\begin{cases}x\geqslant 0\\ y>0\\ y^2>x\end{cases}$，

所求定义域为
$$D=\{(x,y)\mid x\geqslant 0,y>0,y^2>x\}.$$

(3) 由 $\begin{cases}x^2-4\geqslant 0\\ 4-y^2\geqslant 0\end{cases}$ 有 $|x|\geqslant 2,|y|\leqslant 2$，

所求定义域为
$$D=\{(x,y)\mid |x|\geqslant 2,|y|\leqslant 2\}.$$

(4) 由 $\begin{cases}\left|\frac{z}{\sqrt{x^2+y^2}}\right|\leqslant 1\\ x^2+y^2>0\end{cases}$ 有 $\begin{cases}x^2+y^2-z^2\geqslant 0\\ x^2+y^2\neq 0\end{cases}$，

所求定义域为
$$D=\{(x,y)\mid x^2+y^2-z^2\geqslant 0,x^2+y^2\neq 0\}.$$

6. 求下列函数的极限：

(1) $\lim\limits_{\substack{x\to 1\\ y\to 2}}\frac{x\sqrt{x+y^2}}{x+y}$；　　(2) $\lim\limits_{\substack{x\to 0\\ y\to 0}}(x+y)\cos\frac{1}{xy}$；

(3) $\lim\limits_{\substack{x\to\infty\\ y\to\infty}}\frac{1}{x^2+y^2}$；　　(4) $\lim\limits_{\substack{x\to 0\\ y\to 0}}\frac{xy}{\sqrt{xy+1}-1}$；

(5) $\lim\limits_{\substack{x\to 0\\ y\to 0}}\frac{\sin(xy)}{x(y+1)}$；　　(6) $\lim\limits_{\substack{x\to 0\\ y\to 0}}\frac{y\sin x}{3-\sqrt{x\sin y+9}}$.

解　(1) $\lim\limits_{\substack{x\to 1\\ y\to 2}}\frac{x\sqrt{x+y^2}}{x+y}=\lim\limits_{\substack{x\to 1\\ y\to 2}}\frac{\sqrt{1+2^2}}{1+2}=\frac{\sqrt{5}}{3}$；

(2) $\lim\limits_{\substack{x\to 0\\ y\to 0}}(x+y)\cos\dfrac{1}{xy}=0$ （无穷小量乘有界变量还是无穷小量）；

(3) $\lim\limits_{\substack{x\to\infty\\ y\to\infty}}\dfrac{1}{x^2+y^2}=0$ （无穷大量的倒数是无穷小量）；

(4) $\lim\limits_{\substack{x\to 0\\ y\to 0}}\dfrac{xy}{\sqrt{xy+1}-1}=\lim\limits_{\substack{x\to 0\\ y\to 0}}\dfrac{xy[\sqrt{xy+1}+1]}{xy}=\lim\limits_{\substack{x\to 0\\ y\to 0}}\sqrt{xy+1}+1=2$；

(5) $\lim\limits_{\substack{x\to 0\\ y\to 0}}\dfrac{\sin(xy)}{x(y+1)}=\lim\limits_{\substack{x\to 0\\ y\to 0}}\dfrac{xy}{x(y+1)}=\lim\limits_{\substack{x\to 0\\ y\to 0}}\dfrac{y}{y+1}=0$；

(6) $$\lim\limits_{\substack{x\to 0\\ y\to 0}}\frac{y\sin x}{3-\sqrt{x\sin y+9}}=\lim\limits_{\substack{x\to 0\\ y\to 0}}\frac{y\sin x[3+\sqrt{x\sin y+9}]}{-x\sin y}$$
$$=\lim\limits_{\substack{x\to 0\\ y\to 0}}\frac{\frac{\sin x}{x}[3+\sqrt{x\sin y+9}]}{-\frac{\sin y}{y}}=-6.$$

7. 证明下列极限不存在：

(1) $\lim\limits_{\substack{x\to 0\\ y\to 0}}\dfrac{x+y}{x-2y}$；　　(2) $\lim\limits_{\substack{x\to 0\\ y\to 0}}\dfrac{x^4y^4}{(x^2+y^4)^3}$.

证　(1) 当 $P(x,y)$ 沿直线 $y=x$ 和曲线 $y=x^2$ 趋于 $P_0(0,0)$ 时，

$$\lim\limits_{\substack{x\to 0\\ y\to 0}}\frac{x+y}{x-2y}=\lim\limits_{x\to 0}\frac{2x}{-x}=-2,\quad \lim\limits_{\substack{x\to 0\\ y\to 0}}\frac{x+y}{x-2y}=\lim\limits_{x\to 0}\frac{x+x^2}{x-2x^2}=\lim\limits_{x\to 0}\frac{1+x}{1-2x}=1,$$

这两个极限是不相等的，表明 $\lim\limits_{\substack{x\to 0\\ y\to 0}}\dfrac{x+y}{x-2y}$ 极限不存在.

(2) 当 $P(x,y)$ 沿直线 $y=x$ 和曲线 $y=\sqrt{x}$ 趋于 $P_0(0,0)$ 时，

$$\lim\limits_{\substack{x\to 0\\ y\to 0}}\frac{x^4y^4}{(x^2+y^4)^3}=\lim\limits_{x\to 0}\frac{x^8}{(x^2+x^4)^3}=\lim\limits_{x\to 0}\frac{x^2}{(1+x^2)^3}=0,$$
$$\lim\limits_{\substack{x\to 0\\ y\to 0}}\frac{x^4y^4}{(x^2+y^4)^3}=\lim\limits_{x\to 0}\frac{x^6}{(x^2+x^2)^3}=\lim\limits_{x\to 0}\frac{1}{8}=\frac{1}{8},$$

这两个极限是不相等的，表明 $\lim\limits_{\substack{x\to 0\\ y\to 0}}\dfrac{x+y}{x-2y}$ 极限不存在.

8. 讨论函数 $f(x,y)=\begin{cases}\dfrac{\sin xy}{y}, & y\neq 0\\ 0, & y=0\end{cases}$ 的连续性.

解　当 $y\neq 0$ 时，$f(x,y)=\dfrac{\sin xy}{y}$ 为初等函数，因此函数连续.

当 $y=0$ 且 $x_0=0$ 时，

由于 $$\lim\limits_{\substack{x\to 0\\ y\to 0}}f(x,y)=\lim\limits_{\substack{x\to 0\\ y\to 0}}\frac{\sin xy}{y}=\lim\limits_{\substack{x\to 0\\ y\to 0}}\frac{\sin xy}{xy}\cdot\frac{x}{1}=1\cdot 0=0=f(0,0),$$

所以在(0,0)点函数连续；

当 $y=0$ 且 $x_0\neq 0$ 时，

由于
$$\lim_{\substack{x\to x_0\\y\to 0}} f(x,y)=\lim_{\substack{x\to x_0\\y\to 0}}\frac{\sin xy}{y}=\lim_{\substack{x\to x_0\\y\to 0}}\frac{\sin xy}{xy}\cdot\frac{x}{1}=x_0\neq 0=f(x_0,0),$$
所以在$(x_0,0)$点函数不连续.

9.下列函数在哪些点不连续?

(1)$z=\sin\frac{1}{x^2+y^2}$;　　(2)$z=\frac{y^2+4x}{y^2-4x}$;

(3)$z=\frac{xy}{x+y}$;　　(4)$z=\frac{y^2+2x}{y^2-2x}$.

解　(1)函数 $z=\sin\frac{1}{x^2+y^2}$在$(0,0)$点不连续.

(2)函数 $z=\frac{y^2+4x}{y^2-4x}$在曲线$y^2=4x$上不连续.

(3)函数 $z=\frac{xy}{x+y}$在直线$y=-x$上不连续.

(4)函数 $z=\frac{y^2+2x}{y^2-2x}$在曲线$y^2=2x$上不连续.

□ 习题 5.2　二元函数的偏导数与全微分

1.求下列函数的偏导数:

(1)$z=x^3y-y^3x$;　　(2)$z=xy+\frac{x}{y}$;

(3)$z=\sqrt{\ln(xy)}$;　　(4)$z=\sin(xy)+\cos^2(xy)$;

(5)$z=e^{xy}$;　　(6)$z=\ln\cos(xy)$;

(7)$z=(1+xy)^y$;　　(8)$z=\arctan\frac{x}{y}$.

解　(1)$\frac{\partial z}{\partial x}=3x^2y-y^3$;　$\frac{\partial z}{\partial y}=x^3-3y^2x$.

(2)$\frac{\partial z}{\partial x}=y+\frac{1}{y}$;　$\frac{\partial z}{\partial y}=x-\frac{x}{y^2}$.

(3)$\frac{\partial z}{\partial x}=\frac{1}{2\sqrt{\ln(xy)}}\frac{y}{xy}=\frac{1}{2x\sqrt{\ln(xy)}}$;　$\frac{\partial z}{\partial y}=\frac{1}{2\sqrt{\ln(xy)}}\frac{x}{xy}=\frac{1}{2y\sqrt{\ln(xy)}}$.

(4)$\frac{\partial z}{\partial x}=y\cos(xy)-2y\cos(xy)\sin(xy)=y\cos(xy)-y\sin(2xy)$;

$\frac{\partial z}{\partial y}=x\cos(xy)-2x\cos(xy)\sin(xy)=x\cos(xy)-x\sin(2xy)$.

(5)$\frac{\partial z}{\partial x}=ye^{xy}$;　$\frac{\partial z}{\partial y}=xe^{xy}$.

(6)$\frac{\partial z}{\partial x}=\frac{-\sin(xy)}{\cos(xy)}y=-y\tan(xy)$;　$\frac{\partial z}{\partial y}=\frac{-\sin(xy)}{\cos(xy)}x=-x\tan(xy)$.

(7)$\frac{\partial z}{\partial x}=y(1+xy)^{y-1}y=y^2(1+xy)^{y-1}$.

对 $z=(1+xy)^y$ 两边先取对数，即 $\ln z=\ln(1+xy)^y=y\ln(1+xy)$，然后两端对 y 求导得 $\frac{1}{z}\frac{\partial z}{\partial y}=\ln(1+xy)+y\frac{x}{1+xy}$，可得 $\frac{\partial z}{\partial y}=(1+xy)^y\left[\ln(1+xy)+y\frac{x}{1+xy}\right]$.

(8) $\frac{\partial z}{\partial x}=\frac{1}{1+\left(\frac{x}{y}\right)^2}\frac{1}{y}=\frac{y}{x^2+y^2}$； $\frac{\partial z}{\partial y}=\frac{1}{1+\left(\frac{x}{y}\right)^2}\left(-\frac{x}{y^2}\right)=-\frac{x}{x^2+y^2}$.

2. $z=\ln(\sqrt{x}+\sqrt{y})$，求证 $x\frac{\partial z}{\partial x}+y\frac{\partial z}{\partial y}=\frac{1}{2}$.

证 因为
$$\frac{\partial z}{\partial x}=\frac{1}{(\sqrt{x}+\sqrt{y})}\frac{1}{2\sqrt{x}};\quad \frac{\partial z}{\partial y}=\frac{1}{(\sqrt{x}+\sqrt{y})}\frac{1}{2\sqrt{y}},$$

所以
$$x\frac{\partial z}{\partial x}+y\frac{\partial z}{\partial y}=x\frac{1}{(\sqrt{x}+\sqrt{y})}\frac{1}{2\sqrt{x}}+y\frac{1}{(\sqrt{x}+\sqrt{y})}\frac{1}{2\sqrt{y}}=\frac{1}{2}.$$

3. 求下列函数的偏导数值：

(1) $f(x,y)=\ln(e^x+e^y)$，求 $f'_y(0,0)$；

(2) $f(x,y)=e^{-x}\sin(x+2y)$，求 $f'_x\left(0,\frac{\pi}{4}\right)$，$f'_y\left(0,\frac{\pi}{4}\right)$；

(3) $f(x,y)=x+(y-1)\arcsin\sqrt{\frac{x}{y}}$，求 $f'_x(x,1)$.

解 (1) $f'_y(x,y)=\frac{e^y}{e^x+e^y}$， $f'_y(0,0)=\frac{e^0}{e^0+e^0}=\frac{1}{2}$.

(2) $f'_x(x,y)=-e^{-x}\sin(x+2y)+e^{-x}\cos(x+2y)$，

$$f'_x\left(0,\frac{\pi}{4}\right)=-e^{-0}\sin\left(0+2\cdot\frac{\pi}{4}\right)+e^{-0}\cos\left(0+2\cdot\frac{\pi}{4}\right)=-1.$$

$$f'_y(x,y)=2e^{-x}\cos(x+2y),\quad f'_y\left(0,\frac{\pi}{4}\right)=2e^{-0}\cos\left(0+2\cdot\frac{\pi}{4}\right)=0.$$

(3) $f'_x(x,y)=1+(y-1)\frac{1}{\sqrt{1-\frac{x}{y}}}\frac{1}{2\sqrt{\frac{x}{y}}}\frac{1}{y}$， $f'_x(x,1)=1+(1-1)\frac{1}{\sqrt{1-x}}\frac{1}{2\sqrt{x}}\frac{1}{1}=1$.

4. 求下列函数的二阶偏导数：

(1) $z=x^3+xy+5xy^3$； (2) $z=\ln(x+y^2)$；

(3) $z=y^x$； (4) $z=\sin^2(ax+by)$.

解 (1) $\frac{\partial z}{\partial x}=3x^2+y+5y^3$； $\frac{\partial z}{\partial y}=x+15xy^2$； $\frac{\partial^2 z}{\partial x^2}=6x$； $\frac{\partial^2 z}{\partial x\partial y}=1+15y^2$；

$\frac{\partial^2 z}{\partial y^2}=30xy$； $\frac{\partial^2 z}{\partial y\partial x}=1+15y^2$.

(2) $\frac{\partial z}{\partial x}=\frac{1}{x+y^2}$； $\frac{\partial z}{\partial y}=\frac{2y}{x+y^2}$； $\frac{\partial^2 z}{\partial x^2}=-\frac{1}{(x+y^2)^2}$； $\frac{\partial^2 z}{\partial x\partial y}=-\frac{2y}{(x+y^2)^2}$；

$\frac{\partial^2 z}{\partial y^2}=\frac{2(x+y^2)-2y2y}{(x+y^2)^2}=\frac{2(x+y^2)-4y^2}{(x+y^2)^2}=\frac{2(x-y^2)}{(x+y^2)^2}$； $\frac{\partial^2 z}{\partial y\partial x}=-\frac{2y}{(x+y^2)^2}$.

(3) $\frac{\partial z}{\partial x}=y^x\ln y$； $\frac{\partial z}{\partial y}=xy^{x-1}$； $\frac{\partial^2 z}{\partial x^2}=y^x(\ln y)^2$；

$\frac{\partial^2 z}{\partial x\partial y}=xy^{x-1}\ln y+y^x\frac{1}{y}=xy^{x-1}\ln y+y^{x-1}$；

$\frac{\partial^2 z}{\partial y^2}=x(x-1)y^{x-2}$； $\frac{\partial^2 z}{\partial y\partial x}=y^{x-1}+xy^{x-1}\ln y$.

(4) $\frac{\partial z}{\partial x}=2a\sin(ax+by)\cos(ax+by)=a\sin2(ax+by)$；

$\frac{\partial z}{\partial y}=2b\sin(ax+by)\cos(ax+by)=b\sin2(ax+by)$；

$\frac{\partial^2 z}{\partial x^2}=2a^2\cos2(ax+by)$； $\frac{\partial^2 z}{\partial x\partial y}=2ab\cos2(ax+by)$；

$\frac{\partial^2 z}{\partial y^2}=2b^2\cos2(ax+by)$； $\frac{\partial^2 z}{\partial y\partial x}=2ab\cos2(ax+by)$.

5. 验证函数 $z=\ln(e^x+e^y)$ 满足方程 $\frac{\partial^2 z}{\partial x^2}\cdot\frac{\partial^2 z}{\partial y^2}-\left(\frac{\partial^2 z}{\partial x\partial y}\right)^2=0$.

证 $\frac{\partial z}{\partial x}=\frac{e^x}{(e^x+e^y)}$， $\frac{\partial z}{\partial y}=\frac{e^y}{(e^x+e^y)}$； $\frac{\partial^2 z}{\partial x^2}=\frac{e^x(e^x+e^y)-e^{2x}}{(e^x+e^y)^2}=\frac{e^xe^y}{(e^x+e^y)^2}$，

$\frac{\partial^2 z}{\partial x\partial y}=\frac{-e^xe^y}{(e^x+e^y)^2}$， $\frac{\partial^2 z}{\partial y^2}=\frac{e^y(e^x+e^y)-e^{2y}}{(e^x+e^y)^2}=\frac{e^ye^x}{(e^x+e^y)^2}$.

$\frac{\partial^2 z}{\partial x^2}\cdot\frac{\partial^2 z}{\partial y^2}-\left(\frac{\partial^2 z}{\partial x\partial y}\right)^2=\frac{e^xe^y}{(e^x+e^y)^2}\cdot\frac{e^ye^x}{(e^x+e^y)^2}-\left[\frac{-e^xe^y}{(e^x+e^y)^2}\right]^2=\frac{e^{2x}e^{2y}-e^{2x}e^{2y}}{(e^x+e^y)^4}=0$.

6. 求下列函数的全微分：

(1) $z=\sqrt{xy}$； (2) $z=e^{\frac{2y}{x}}$；

(3) $z=x^2\ln(xy)$； (4) $z=\arcsin\frac{x}{y}$.

解 (1) $dz=\frac{\partial z}{\partial x}dx+\frac{\partial z}{\partial y}dy=\frac{y}{2\sqrt{xy}}dx+\frac{x}{2\sqrt{xy}}dy=\frac{1}{2}\sqrt{\frac{y}{x}}dx+\frac{1}{2}\sqrt{\frac{x}{y}}dy$.

(2) $dz=\frac{\partial z}{\partial x}dx+\frac{\partial z}{\partial y}dy=-\frac{2y}{x^2}e^{\frac{2y}{x}}dx+\frac{2}{x}e^{\frac{2y}{x}}dy$.

(3) $dz=\frac{\partial z}{\partial x}dx+\frac{\partial z}{\partial y}dy=\left[2x\ln(xy)+x^2\frac{y}{xy}\right]dx+\left(x^2\frac{x}{xy}\right)dy$

$=[2x\ln(xy)+x]dx+\frac{x^2}{y}dy$.

(4) $dz=\frac{\partial z}{\partial x}dx+\frac{\partial z}{\partial y}dy=\frac{1}{\sqrt{1-\left(\frac{x}{y}\right)^2}}\frac{1}{y}dx+\frac{1}{\sqrt{1-\left(\frac{x}{y}\right)^2}}\left(-\frac{x}{y^2}\right)dy$

$=\frac{1}{\sqrt{y^2-x^2}}\left(dx-\frac{x}{y}dy\right)$.

7. 求函数 $f(x,y)=\ln(1+x^2+y^2)$ 在点(1,2)的全微分.

解 $df(x,y)=\frac{\partial f}{\partial x}dx+\frac{\partial f}{\partial y}dy=\frac{2x}{(1+x^2+y^2)}dx+\frac{2y}{(1+x^2+y^2)}dy$，

$df(1,2)=\frac{2}{(1+1+4)}dx+\frac{4}{(1+1+4)}dy=\frac{1}{3}dx+\frac{2}{3}dy$.

8. 求函数 $z=e^{xy}$ 当 $x=1,y=1,\Delta x=0.15,\Delta y=0.1$ 时的全微分.

解 $dz=\frac{\partial z}{\partial x}dx+\frac{\partial z}{\partial y}dy=ye^{xy}dx+xe^{xy}dy$，

$$dz\Big|_{\substack{\Delta x=0.15\\ \Delta y=0.1}}=1\times e^1\times 0.15+1\times e^1\times 0.1=\frac{e}{4}=0.25e.$$

9. 利用函数的全微分求下列近似值：

(1) $\sqrt[3]{(2.02)^2+(1.97)^2}$；　(2) $(1.01)^{2.03}$；　(3) $1.002\times 2.003^2\times 3.004^3$.

解　(1)假设函数 $f(x,y)=\sqrt[3]{x^2+y^2}$，取 $x_0=2, y_0=2, \Delta x=0.02, \Delta y=-0.03$.

因为
$$f'_x(x,y)=\frac{2x}{3(x^2+y^2)^{\frac{2}{3}}}, f'_y(x,y)=\frac{2y}{3(x^2+y^2)^{\frac{2}{3}}},$$

所以
$$f'_x(2,2)=\frac{4}{3(4+4)^{\frac{2}{3}}}=\frac{1}{3}, f'_y(2,2)=\frac{4}{3(4+4)^{\frac{2}{3}}}=\frac{1}{3}.$$

又
$$f(2,2)=\sqrt[3]{4+4}=2,$$

所以
$$\sqrt[3]{(2.02)^2+(1.97)^2}\approx 2+\frac{1}{3}\times 0.02-\frac{1}{3}\times 0.03=\frac{5.99}{3}=1.99.$$

(2)假设函数 $f(x,y)=x^y$，取 $x_0=1, y_0=2, \Delta x=0.01, \Delta y=0.03$.

因为
$$f'_x(x,y)=yx^{y-1}, f'_y(x,y)=x^y\ln x,$$

所以
$$f'_x(1,2)=2, f'_y(1,2)=0.$$

又
$$f(1,2)=\sqrt[3]{4+4}=1,$$

所以
$$(1.01)^{2.03}\approx 1+2\times 0.01+0\times 0.03=1.02.$$

(3)假设函数 $f(x,y)=xy^2z^3$，取 $x_0=1, y_0=2, z_0=3, \Delta x=0.02, \Delta y=0.03, \Delta z=0.04$.

因为
$$f'_x(x,y,z)=y^2z^3, f'_y(x,y,z)=2xyz^3, f'_z(x,y,z)=3xy^2z^2,$$

所以
$$f'_x(1,2,3)=y^2z^3=108, f'_y(1,2,3)=2xyz^3=108, f'_z(1,2,3)=3xy^2z^2=108.$$

又
$$f(1,2,3)=xy^2z^3=108,$$

所以
$$1.002\times 2.003^2\times 3.004^2\approx 108+108\times 0.02+108\times 0.03+108\times 0.04=117.72.$$

10. 某工厂生产的甲、乙两种产品，当产量分别为 x 和 y 时，这两种产品的总成本(单位：元)是 $z=400+2x+3y+0.001(3x^2+xy+3y^2)$.

(1)求每种产品的边际成本；

(2)当出售两种产品的单价分别为 10 元和 9 元时，试求每种产品的边际利润.

解　(1)两种产品的边际成本分别为：$\frac{\partial z}{\partial x}=2+0.006x+0.001y$；

$$\frac{\partial z}{\partial y}=3+0.001x+0.006y.$$

(2)总利润函数为 $L=10x+9y-[400+2x+3y+0.001(3x^2+xy+3y^2)]$

边际利润分别为：$\frac{\partial L}{\partial x}=10-(2+0.006x+0.001y)=8-0.006x-0.001y$；

$$\frac{\partial L}{\partial y}=9-(3+0.001x+0.006y)=6-0.001x-0.006y.$$

习题 5.3　多元复合函数与隐函数的求导法则

1. 求下列复合函数的偏导数(其中 f、φ 具有二阶连续偏导数)：

(1) $u=y^2+z^2+yz, y=\mathrm{e}^t, z=\sin t$，求 $\frac{\mathrm{d}u}{\mathrm{d}t}$；

(2) $u=\ln(\mathrm{e}^x+\mathrm{e}^y), y=x^3$，求 $\frac{\mathrm{d}u}{\mathrm{d}x}$；

(3) 设 $u=x^2y-xy^2$，其中 $x=s\cos t, y=s\sin t$，求 $\frac{\partial u}{\partial s},\frac{\partial u}{\partial t}$；

(4) 设 $u=f(x^2-y^2,\mathrm{e}^{xy})$，求 $\frac{\partial u}{\partial x},\frac{\partial u}{\partial y},\frac{\partial^2 u}{\partial x\partial y}$；

(5) $z=f(x+y,xy)$，求 $\frac{\partial z}{\partial x},\frac{\partial z}{\partial y}$；

(6) $u=f\left(\frac{x}{y},\frac{y}{z}\right)$，求 $\frac{\partial u}{\partial x},\frac{\partial u}{\partial y},\frac{\partial u}{\partial z}$；

(7) $u=f\left(x,\frac{x}{y}\right)$，求 $\frac{\partial^2 u}{\partial x^2},\frac{\partial^2 u}{\partial y^2},\frac{\partial^2 u}{\partial x\partial y}$.

解　(1) 把 $y=\mathrm{e}^t, z=\sin t$ 代入 $u=y^2+z^2+yz$ 得 $u=\mathrm{e}^{2t}+\sin^2 t+\mathrm{e}^t\sin t$，则

$$\frac{\mathrm{d}u}{\mathrm{d}t}=2\mathrm{e}^{2t}+\sin 2t+\mathrm{e}^t(\sin t+\cos t).$$

(2) 把 $y=x^3$ 代入 $u=\ln(\mathrm{e}^x+\mathrm{e}^y)$ 得 $u=\ln(\mathrm{e}^x+\mathrm{e}^{x^3})$，则 $\frac{\mathrm{d}u}{\mathrm{d}x}=\frac{\mathrm{e}^x+3x^2\mathrm{e}^{x^3}}{\mathrm{e}^x+\mathrm{e}^{x^3}}$.

(3) $\frac{\partial u}{\partial s}=\frac{\partial u}{\partial x}\frac{\partial x}{\partial s}+\frac{\partial u}{\partial y}\frac{\partial y}{\partial s}=(2xy-y^2)\cos t+(x^2-2xy)\sin t$,

$\frac{\partial u}{\partial t}=\frac{\partial u}{\partial x}\frac{\partial x}{\partial t}+\frac{\partial u}{\partial y}\frac{\partial y}{\partial t}=(2xy-y^2)(-s\sin t)+(x^2-2xy)(s\cos t)$.

(4) $\frac{\partial u}{\partial x}=f_1'(x^2-y^2)_x'+f_2'(\mathrm{e}^{xy})_x'=2xf_1'+y\mathrm{e}^{xy}f_2'$,

$\frac{\partial u}{\partial y}=f_1'(x^2-y^2)_y'+f_2'(\mathrm{e}^{xy})_y'=-2yf_1'+x\mathrm{e}^{xy}f_2'$,

$\frac{\partial^2 u}{\partial x\partial y}=-4xyf_{11}''+2(x^2-y^2)\mathrm{e}^{xy}f_{12}''+xy\mathrm{e}^{2xy}f_{22}''+\mathrm{e}^{xy}f_2'(1+xy)$.

(5) $\frac{\partial z}{\partial x}=f_1'+yf_2', \frac{\partial z}{\partial y}=f_1'+xf_2'$.

(6) $\frac{\partial u}{\partial x}=\frac{1}{y}f_1', \frac{\partial u}{\partial y}=-\frac{x}{y^2}f_1'+\frac{1}{z}f_2', \frac{\partial u}{\partial z}=-\frac{y}{z^2}f_2'$.

(7) $\frac{\partial u}{\partial x}=f_1'+\frac{1}{y}f_2', \frac{\partial u}{\partial y}=-\frac{x}{y^2}f_2'$,

$\frac{\partial^2 u}{\partial x^2}=f_{11}''+\frac{2}{y}f_{12}''+\frac{1}{y^2}f_{22}''$,

$\frac{\partial^2 u}{\partial x\partial y}=-\frac{x}{y^2}f_{12}''-\frac{x}{y^3}f_{22}''-\frac{1}{y^2}f_2'$,

$\frac{\partial^2 u}{\partial y^2}=\frac{2x}{y^3}f_2'+\frac{x^2}{y^4}f_{22}''$.

2. 设 $u=\varphi(x^2+y^2)$，证明：$y\dfrac{\partial u}{\partial x}-x\dfrac{\partial u}{\partial y}=0$.

证 对 $u=\varphi(x^2+y^2)$ 有

$$\frac{\partial u}{\partial x}=2x\varphi',\quad \frac{\partial u}{\partial y}=2y\varphi',$$

所以
$$y\frac{\partial u}{\partial x}-x\frac{\partial u}{\partial y}=y2x\varphi'-x2y\varphi'=2xy\varphi'-2xy\varphi'=0.$$

3. 设 $z=xy+xF(u)$，$u=\dfrac{y}{x}$，$F(u)$ 为可微函数，证明：$x\dfrac{\partial z}{\partial x}+y\dfrac{\partial z}{\partial y}=z+xy$.

证 由复合函数求导法则得

$$\frac{\partial z}{\partial x}=\frac{\partial z}{\partial x}\frac{\mathrm{d}x}{\mathrm{d}x}+\frac{\partial z}{\partial u}\frac{\partial u}{\partial x}=[y+F(u)]+xF'(u)\left(-\frac{y}{x^2}\right)=y+F(u)-\frac{y}{x}F'(u),$$
$$\frac{\partial z}{\partial y}=\frac{\partial z}{\partial y}\frac{\mathrm{d}y}{\mathrm{d}y}+\frac{\partial z}{\partial u}\frac{\partial u}{\partial y}=x+xF'(u)\left(\frac{1}{x}\right)=x+F'(u),$$

$$x\frac{\partial z}{\partial x}+y\frac{\partial z}{\partial y}=x\left[y+F(u)-\frac{y}{x}F'(u)\right]+y[x+F'(u)]=xy+xF(u)+xy=z+xy.$$

4. 求由下列方程所确定的隐函数的导数：

(1) $x^2y+3x^4y^3-4=0$，求 $\dfrac{\mathrm{d}y}{\mathrm{d}x}$；

(2) $\ln\sqrt{x^2+y^2}=\arctan\dfrac{y}{x}$，求 $\dfrac{\mathrm{d}y}{\mathrm{d}x}$；

(3) $x^2+y^2+z^2-2x+2y-4z-5=0$，求 $\dfrac{\partial z}{\partial x}$ 和 $\dfrac{\partial z}{\partial y}$；

(4) $x+y+z=\mathrm{e}^{-(x+y+z)}$，求 $\dfrac{\partial z}{\partial x}$ 和 $\dfrac{\partial z}{\partial y}$；

(5) $\dfrac{x}{z}=\ln\dfrac{z}{y}$，求 $\dfrac{\partial z}{\partial x}$ 和 $\dfrac{\partial z}{\partial y}$.

解 (1) 方程两边求导得

$$2xy+x^2\frac{\mathrm{d}y}{\mathrm{d}x}+12x^3y^3+9x^4y^2\frac{\mathrm{d}y}{\mathrm{d}x}=0，则\frac{\mathrm{d}y}{\mathrm{d}x}=-\frac{2y(1+6x^2y^2)}{x(1+9x^2y^2)}.$$

(2) 方程两边求导得

$$\frac{1}{2}\frac{2x+2y\dfrac{\mathrm{d}y}{\mathrm{d}x}}{x^2+y^2}=\frac{1}{1+\dfrac{y^2}{x^2}}\frac{x\dfrac{\mathrm{d}y}{\mathrm{d}x}-y}{x^2}，则\frac{\mathrm{d}y}{\mathrm{d}x}=\frac{x+y}{x-y}.$$

(3) 方程两边分别对 x、y 求导得

$$2x+2z\frac{\partial z}{\partial x}-2-4\frac{\partial z}{\partial x}=0，则\frac{\partial z}{\partial x}=\frac{1-x}{z-2},$$
$$2y+2z\frac{\partial z}{\partial y}+2-4\frac{\partial z}{\partial y}=0，则\frac{\partial z}{\partial y}=\frac{1+y}{2-z}.$$

(4) 令 $F(x,y,z)=x+y+z-\mathrm{e}^{-(x+y+z)}$，$F'_x=F'_y=F'_z=1+\mathrm{e}^{-(x+y+z)}$，

$$\frac{\partial z}{\partial x}=-\frac{F'_x}{F'_z}=-1,\quad \frac{\partial z}{\partial y}=-\frac{F'_y}{F'_z}=-1.$$

(5)令 $F(x,y,z)=\frac{x}{z}-\ln\frac{z}{y}$,则

$$\frac{\partial F}{\partial x}=\frac{1}{z},\quad \frac{\partial F}{\partial y}=\frac{1}{y},\quad \frac{\partial F}{\partial z}=-\frac{x}{z^2}-\frac{1}{z}.$$

由隐函数求导法则得

$$\frac{\partial z}{\partial x}=-\frac{F'_x}{F'_z}=-\frac{\frac{1}{z}}{-\frac{x}{z^2}-\frac{1}{z}}=\frac{z}{x+z},$$

$$\frac{\partial z}{\partial y}=-\frac{F'_y}{F'_z}=-\frac{\frac{1}{y}}{-\frac{x}{z^2}-\frac{1}{z}}=\frac{z^2}{y(x+z)}.$$

□ 习题 5.4 偏导数在几何上的应用

1. 求下列曲线在给定点处的切线和法平面方程:

(1)曲线$\begin{cases}x=a\sin^2 t\\ y=b\sin t\cos t\\ z=c\cos^2 t\end{cases}$,在 $t=\frac{\pi}{6}$ 处; (2)$\begin{cases}x=\frac{t+1}{t}\\ y=\frac{t}{1+t}\\ z=t^2\end{cases}$,在 $t=1$ 处;

(3)曲线$\begin{cases}x^2+y^2+z^2=6\\ x+y+z=0\end{cases}$,在点$(1,-2,1)$处; (4)曲线$\begin{cases}x^2+y^2=R^2\\ x^2+z^2=R^2\end{cases}$,在点$\left(\frac{R}{\sqrt{2}},\frac{R}{\sqrt{2}},\frac{R}{\sqrt{2}}\right)$处.

解 (1)$x'_t=2a\sin t\cos t=a\sin 2t$, $y'_t=b\cos 2t$, $z'_t=-c\sin 2t$.

$t=\frac{\pi}{6}$ 对应于曲线的点$\left(\frac{a}{4},\frac{\sqrt{3}}{4}b,\frac{3}{4}c\right)$,且当 $t=\frac{\pi}{6}$ 时,$x'_t=a\sin 2t=\frac{\sqrt{3}}{2}a$, $y'_t=b\cos 2t=\frac{b}{2}$,

$z'_t=-c\sin 2t=-c\frac{\sqrt{3}}{2}$.

所求切线的方向向量为$\left\{\frac{\sqrt{3}}{2}a,\frac{b}{2},-\frac{\sqrt{3}}{2}c\right\}$.

所以所求切线的方程为$\dfrac{x-\frac{a}{4}}{\frac{\sqrt{3}}{2}a}=\dfrac{y-\frac{\sqrt{3}}{4}b}{\frac{b}{2}}=\dfrac{z-\frac{3}{4}c}{-\frac{\sqrt{3}}{2}c}$.

所求法平面的方程为$\frac{\sqrt{3}}{2}a\left(x-\frac{a}{4}\right)+\frac{b}{2}\left(y-\frac{\sqrt{3}}{4}b\right)-\frac{\sqrt{3}}{2}c\left(z-\frac{3}{4}c\right)=0$.

(2)$x'_t=-\frac{1}{t^2},y'_t=\frac{1}{(1+t)^2},z'_t=2t.$

当 $t=1$ 时，$x'_t=-1,y'_t=\frac{1}{4},z'_t=2.$

所求切线的方向向量为$\left\{-1,\frac{1}{4},2\right\}$.

所以所求切线的方程为$\frac{x-2}{-1}=\frac{y-\frac{1}{2}}{\frac{1}{4}}=\frac{z-1}{2}.$

所求法平面的方程为$-(x-2)+\frac{1}{4}\left(y-\frac{1}{2}\right)+2(z-1)=0.$

(3)令$\begin{cases}F(x,y,z)=x^2+y^2+z^2-6=0\\G(x,y,z)=x+y+z=0\end{cases}$，则点$(1,-2,1)$处的切线的方向向量为

$$s=\left\{\begin{vmatrix}F'_y & F'_z\\G'_y & G'_z\end{vmatrix},\begin{vmatrix}F'_z & F'_x\\G'_z & G'_x\end{vmatrix},\begin{vmatrix}F'_x & F'_y\\G'_x & G'_y\end{vmatrix}\right\}=\left\{\begin{vmatrix}2y & 2z\\1 & 1\end{vmatrix},\begin{vmatrix}2z & 2x\\1 & 1\end{vmatrix},\begin{vmatrix}2x & 2y\\1 & 1\end{vmatrix}\right\}$$
$$=\{2y-2z,2z-2x,2x-2y\}=\{-6,0,6\}.$$

所以所求切线的方程为$\frac{x-1}{-1}=\frac{y+2}{0}=\frac{z-1}{1}.$

所求法平面的方程为$-6(x-1)+6(z-1)=0$，即 $x-z=0$.

(4)令$\begin{cases}F(x,y,z)=x^2+y^2-R^2=0\\G(x,y,z)=x^2+z^2-R^2=0\end{cases}$，则点$\left(\frac{R}{\sqrt{2}},\frac{R}{\sqrt{2}},\frac{R}{\sqrt{2}}\right)$处的切线的方向向量为

$$s=\left\{\begin{vmatrix}F'_y & F'_z\\G'_y & G'_z\end{vmatrix},\begin{vmatrix}F'_z & F'_x\\G'_z & G'_x\end{vmatrix},\begin{vmatrix}F'_x & F'_y\\G'_x & G'_y\end{vmatrix}\right\}=\left\{\begin{vmatrix}2y & 0\\0 & 2z\end{vmatrix},\begin{vmatrix}0 & 2x\\2z & 2x\end{vmatrix},\begin{vmatrix}2x & 2y\\2x & 0\end{vmatrix}\right\}$$
$$=\{4yz,-4xz,-4xy\}=\{2R^2,-2R^2,-2R^2\}.$$

所以所求切线的方程为$\frac{x-\frac{R}{\sqrt{2}}}{1}=\frac{y-\frac{R}{\sqrt{2}}}{-1}=\frac{z-\frac{R}{\sqrt{2}}}{-1}.$

所求法平面的方程为 $2R^2\left(x-\frac{R}{\sqrt{2}}\right)-2R^2\left(y-\frac{R}{\sqrt{2}}\right)-2R^2\left(z-\frac{R}{\sqrt{2}}\right)=0$，即 $x-y-z+\frac{R}{\sqrt{2}}=0.$

2. 求曲线 $x=t,y=t^2,z=t^3$ 上平行于平面 $x+2y+z=4$ 的切线方程.

解 曲线上任意点处切线的切向量为 $\boldsymbol{s}=\{1,2t,3t^2\}$，且所求切线和平面 $x+2y+z=4$ 平行，所以切线切向量和平面法向量垂直，即 $\boldsymbol{s}\cdot\boldsymbol{n}=0,1+4t+3t^2=0$，则 $t_1=-1,t_2=-\frac{1}{3}.$

对应切点为$(-1,1,-1)$，$\left(-\frac{1}{3},\frac{1}{9},-\frac{1}{27}\right)$.

所求切线的切向量为 $\boldsymbol{s}_1=\{1,-2,3\}$ 或 $\boldsymbol{s}_2=\left\{1,-\frac{2}{3},\frac{1}{3}\right\}$.

所求切线方程为 $\frac{x+1}{1}=\frac{y-1}{-2}=\frac{z+1}{3}$ 或 $\frac{x+\frac{1}{3}}{1}=\frac{y-\frac{1}{9}}{-\frac{2}{3}}=\frac{z+\frac{1}{27}}{\frac{1}{3}}$.

3.求下列曲面在给定点处的切平面及法线方程：

(1)曲面 $z=x^2+3y^2$ 在点(1,1,4)；

(2)曲面 $xy+yz+zx-1=0$ 在点(3,−1,2).

解　(1)设 $F(x,y,z)=x^2+3y^2-z$，由于 $F'_x=2x,F'_y=6y,F'_z=-1$，且它们在全空间处处连续，又 $F'_x(1,1,4)=2,F'_y(1,1,4)=6,F'_z(1,1,4)=-1$，于是点(1,1,4)上的切平面的法向量 $\boldsymbol{n}=\{2,6,-1\}$，因此所求点(1,1,4)处的切平面方程为 $2(x-1)+6(y-1)-(z-4)=0$，即 $2x+6y-z-4=0$. 法线方程为 $\frac{x-1}{2}=\frac{y-1}{6}=\frac{z-4}{-1}$.

(2)设 $F(x,y,z)=xy+yz+zx-1$，由于 $F'_x=y+z,F'_y=x+z,F'_z=y+x$，且它们在全空间处处连续，又 $F'_x(3,-1,2)=1,F'_y(3,-1,2)=5,F'_z(3,-1,2)=2$，于是点(3,−1,2)上的切平面的法向量 $\boldsymbol{n}=\{1,5,2\}$，因此所求点(3,−1,2)处的切平面方程为 $(x-3)+5(y+1)+2(z-2)=0$，即 $x+5y+2z-2=0$. 法线方程为 $\frac{x-3}{1}=\frac{y+1}{5}=\frac{z-2}{2}$.

4.求曲面 $x^2+2y^2+3z^2=11$ 的切平面方程，使其平行于平面 $x+y+z=1$.

解　曲面上任意点的切平面的法向量 $\boldsymbol{n}=\{F'_x,F'_y,F'_z\}=\{2x,4y,6z\}$，所求切平面和已知平面 $x+y+z=1$ 平行，所以所求切平面的法向量 $\boldsymbol{n}=\{2x,4y,6z\}$ 和已知平面的法向量 $\boldsymbol{n}=\{1,1,1\}$ 平行，即等式 $\frac{2x}{1}=\frac{4y}{1}=\frac{6z}{1}$ 成立.

可假设 $2x=4y=6z=t$，所以切平面的切点为 $\left(\frac{t}{2},\frac{t}{4},\frac{t}{6}\right)$，将其代入曲面方程可得 $\frac{t^2}{4}+\frac{t^2}{8}+\frac{t^2}{12}=11,t=\pm2\sqrt{6}$. 即所求切平面的切点为 $\left(\pm\sqrt{6},\pm\frac{\sqrt{6}}{2},\pm\frac{\sqrt{6}}{3}\right)$，所求切平面的法向量 $\boldsymbol{n}=\{\pm2\sqrt{6},\pm2\sqrt{6},\pm2\sqrt{6}\}=2\sqrt{6}\{\pm1,\pm1,\pm1\}$. 所求切平面方程为 $(x\mp\sqrt{6})\pm\left(y\mp\frac{\sqrt{6}}{2}\right)\pm\left(z\mp\frac{\sqrt{6}}{3}\right)=0$，即 $6(x+y+z)\mp11\sqrt{6}=0$.

5.证明曲面 $\sqrt{x}+\sqrt{y}+\sqrt{z}=\sqrt{a}$ 上任一点处的切平面在各坐标轴的截距之和等于常数.

证　设 $F(x,y,z)=\sqrt{x}+\sqrt{y}+\sqrt{z}-\sqrt{a}$，由于 $F'_x=\frac{1}{2\sqrt{x}},F'_y=\frac{1}{2\sqrt{y}},F'_z=\frac{1}{2\sqrt{z}}$，且它们在全空间处处连续. 并假设曲面上的任一点为 (x_0,y_0,z_0)，即

$$\sqrt{x_0}+\sqrt{y_0}+\sqrt{z_0}=\sqrt{a}.$$

于是点(x_0,y_0,z_0)上的切平面的法向量$\boldsymbol{n}=\left\{\frac{1}{2\sqrt{x_0}},\frac{1}{2\sqrt{y_0}},\frac{1}{2\sqrt{z_0}}\right\}$，

切平面方程为$\frac{1}{2\sqrt{x_0}}(x-x_0)+\frac{1}{2\sqrt{y_0}}(y-y_0)+\frac{1}{2\sqrt{z_0}}(z-z_0)=0$.

则该切平面在各坐标轴的截距分别为

$$x=\sqrt{x_0}(\sqrt{y_0}+\sqrt{z_0})+x_0,\quad y=\sqrt{y_0}(\sqrt{x_0}+\sqrt{z_0})+y_0,\quad z=\sqrt{z_0}(\sqrt{x_0}+\sqrt{y_0})+z_0.$$

所以$x+y+z=x_0+y_0+z_0+2\sqrt{x_0y_0}+2\sqrt{y_0z_0}+2\sqrt{x_0z_0}=(\sqrt{x_0}+\sqrt{y_0}+\sqrt{z_0})^2=a$.

□ 习题 5.5 多元函数的极值

1. 求下列函数的极值：

(1)$z=f(x,y)=3axy-x^3-y^3\quad(a>0)$；　　(2)$z=f(x,y)=e^{2x}(x+y^2+2y)$；

(3)$z=f(x,y)=\sqrt{(a-x)(a-y)(x+y-a)}$.

解　(1)由于$f'_x(x,y)=3ay-3x^2$，$f'_y(x,y)=3ax-3y^2$，令$f'_x(x,y)=3ay-3x^2=0$，$f'_y(x,y)=3ax-3y^2=0$.

解方程组$\begin{cases}3ay-3x^2=0\\3ax-3y^2=0\end{cases}$可得函数$f(x,y)$的驻点为$(0,0)$，$(a,a)$，又因为$f''_{xx}(x,y)=-6x$，$f''_{xy}(x,y)=3a$，$f''_{yy}(x,y)=-6y$. 在点$(0,0)$处$B^2-AC=9a^2>0$，因此函数$f(x,y)$在点$(0,0)$处不取极值. 而在点$(a,a)$处$B^2-AC=9a^2-36a^2=-27a^2<0$，且$A=-6a<0$，所以函数$f(x,y)$在点$(a,a)$处取得极大值，极大值为$f(a,a)=a^3$.

(2)由于$f'_x(x,y)=e^{2x}(2x+2y^2+4y+1)$，$f'_y(x,y)=e^{2x}(2y+2)$，令$f'_x(x,y)=0$，$f'_y(x,y)=0$.

解方程组$\begin{cases}e^{2x}(2x+2y^2+4y+1)=0\\e^{2x}(2y+2)=0\end{cases}$可得函数$f(x,y)$的驻点为$\left(\frac{1}{2},-1\right)$，又因为$f''_{xx}(x,y)=2e^{2x}(2x+2y^2+4y+2)$，$f''_{xy}(x,y)=e^{2x}(4y+4)$，$f''_{yy}(x,y)=2e^{2x}$. 在点$\left(\frac{1}{2},-1\right)$处$B^2-AC=0^2-2e\cdot2e=-4e^2<0$，且$A=2e>0$，所以函数$f(x,y)$在点$\left(\frac{1}{2},-1\right)$处取得极小值，极小值为$f\left(\frac{1}{2},-1\right)=-\frac{e}{2}$.

(3)为简便起见，可先求$L(x,y)=z^2=(a-x)(a-y)(x+y-a)$的极值.

由于$L'_x(x,y)=(a-y)(2a-2x-y)$，$L'_y(x,y)=(a-x)(2a-x-2y)$，令$L'_x(x,y)=0$，$L'_y(x,y)=0$.

解方程组$\begin{cases}(a-y)(2a-2x-y)=0\\(a-x)(2a-x-2y)=0\end{cases}$可得函数$f(x,y)$的驻点为$\left(\frac{2a}{3},\frac{2a}{3}\right)$.

$$A=L''_{xx}(x,y)=-2(a-y);\quad B=L''_{xy}(x,y)=2x+2y-3a;\quad C=L''_{yy}(x,y)=-2(a-x).$$

对于点$\left(\frac{2a}{3},\frac{2a}{3}\right)$，有$B^2-AC=-\frac{a^2}{3}<0$且$A=-\frac{2a}{3}<0$. 所以点$\left(\frac{2a}{3},\frac{2a}{3}\right)$为函数的极大值点，无极小值. 极大值为$L\left(\frac{2a}{3},\frac{2a}{3}\right)=z^2=\frac{a^3}{27}$，所以原函数的极大值为$z=\sqrt{\frac{a^3}{27}}=\frac{a\sqrt{a}}{3\sqrt{3}}=\frac{a\ \sqrt{3a}}{9}$.

2. 在已知周长为$2p$的一切三角形中求出面积为最大的三角形.

解 设三角形的三个边长分别为x,y,z，则问题就是在条件$\varphi(x,y,z)=x+y+z-2p=0$下，求函数$S=\sqrt{p(p-x)(p-y)(p-z)}\ (x>0,y>0,z>0)$的最大值，其中$p=\frac{1}{2}(x+y+z)$.

构造辅助函数

$$F(x,y,z)=\sqrt{p(p-x)(p-y)(p-z)}+\lambda(x+y+z-2p).$$

对x,y,z,λ求偏导数并令其等于零，得到

$$\begin{cases}F'_x=\dfrac{-p(p-y)(p-z)}{2\sqrt{p(p-x)(p-y)(p-z)}}+\lambda=0\\F'_y=\dfrac{-p(p-x)(p-z)}{2\sqrt{p(p-x)(p-y)(p-z)}}+\lambda=0\\F'_z=\dfrac{-p(p-x)(p-y)}{2\sqrt{p(p-x)(p-y)(p-z)}}+\lambda=0\\F'_\lambda=x+y+z-2p=0\end{cases},$$

解方程组得$x=y=z=\frac{2p}{3}$. 因为可能的极值点是唯一的，因而最大值一定在这一点取得，即三角形的三个边长$x=y=z=\frac{2p}{3}$时，面积最大为$\frac{\sqrt{3}p^2}{9}$.

3. 求抛物线$y^2=4x$上的点，使它与直线$x-y+4=0$的距离最小.

解 设$\left(\frac{t^2}{4},t\right)$是抛物线$y^2=4x$上的点，由点到直线的距离公式得

$$d=\frac{\left|\frac{t^2}{4}\times 1+t\times(-1)+4\right|}{\sqrt{1^2+(-1)^2}}，则\ d^2=\frac{[(t-2)^2+12]^2}{32},$$

所以$t=2$时距离最小，即在$(1,2)$处取得最小值.

4. 某工厂要建造一座长方体形状的厂房，其体积为150万m^3，已知前墙和屋顶的每单位面积的造价分别是其他墙身造价的3倍和1.5倍，问厂房前墙的长度和厂房的高度为多少时，厂房的造价最小.

解 设厂房前墙的长度为x，厂房的高度为y，厂房的宽度为z，则$V=xyz=150$万m^3. 假设其他墙身每单位面积的造价为a(正常数)，由条件可得厂房的造价为$S=3xya+1.5xza+xya+2yza$，求其最小值.

将$z=\frac{150}{xy}$代入造价函数得

$$S=3xya+1.5x\frac{150}{xy}a+xya+2y\frac{150}{xy}a=\left(4xy+\frac{225}{y}+\frac{300}{x}\right)a,$$

$$S'_x=\left(4y-\frac{300}{x^2}\right)a,\quad S'_y=\left(4x-\frac{225}{y^2}\right)a.$$

解方程组 $\begin{cases}S'_x=\left(4y-\dfrac{300}{x^2}\right)a=0\\ S'_y=\left(4x-\dfrac{225}{y^2}\right)a=0\end{cases}$ 得驻点 $\left(\sqrt[3]{100},\dfrac{15}{2\sqrt[3]{10}}\right)$. 因为可能的极值点是唯一的，因而最小值一定在这一点取得，厂房前墙的长度为 $\sqrt[3]{100}$ m 和厂房的高度为 $\dfrac{15}{2\sqrt[3]{10}}$ m 时，厂房的造价最小.

5. 有一块矩形铁皮，宽 24 cm，要把它的两边折起来做成一个梯形水槽，为使水槽的流量最大，即水槽的横截面积最大，问该怎样设计这个水槽？

解 设两边折起来的部分长为 x，梯形水槽的侧面与水平面的夹角为 θ，水槽的流量最大，也就是水槽的梯形截面积最大，设梯形截面积为 S，则

$$\begin{aligned}S&=\frac{1}{2}[(24-2x)+(24-2x)+2x\cos\theta]x\sin\theta\\&=24x\sin\theta-2x^2\sin\theta+x^2\sin\theta\cos\theta\quad\left(0<x<12,0<\theta<\frac{\pi}{2}\right).\end{aligned}$$

由极值的必要条件有 $\begin{cases}\dfrac{\partial S}{\partial x}=24\sin\theta-4x\sin\theta+2x\sin\theta\cos\theta=0\\ \dfrac{\partial S}{\partial \theta}=24\cos\theta-2x^2\cos\theta-x^2\sin^2\theta+x^2\cos^2\theta=0\end{cases}$.

由于 $\sin\theta\neq0$，$x\neq0$，上述方程组可化为

$$\begin{cases}12-2x+x\cos\theta=0\\ 24\cos\theta-2x\cos\theta+x(\cos^2\theta-\sin^2\theta)=0\end{cases},$$

可解得 $x=8$ 或 $x=0$(舍去). 当 $x=8$ 时，$\cos\theta=\dfrac{1}{2}$，即 $\theta=\dfrac{\pi}{3}$. 从问题的实际意义可以判定 S 必有最大值，而 $x=8,\theta=\dfrac{\pi}{3}$ 是唯一的驻点，因而它是所求的解，其最大截面积是 $S=96\times\dfrac{\sqrt{3}}{2}\approx93\ \text{cm}^2$. 故我们应这样设计水槽：两边折起来 8 cm，折成的梯形水槽的侧面与水平面的夹角为 $\theta=\dfrac{\pi}{3}$，这样的水槽流量最大.

6. 某工厂在生产某种产品中要使用甲、乙两种原料，已知甲和乙两种原料分别使用 x 单位和 y 单位可生产 u 单位的产品，$u=8xy+32x+40y-4x^2-6y^2$，且甲种原料单价为10元，乙种原料单价为 4 元，单位产品的售价为 40 元，求该工厂在生产这个产品上的最大利润.

解 由题意可得利润函数为

$L(x,y)=40u-(10x+4y)=40(8xy+32x+40y-4x^2-6y^2)-(10x+4y)$.

$L'_x(x,y)=320y+1\,270-320x$； $L'_y(x,y)=320x+1\,596-480y$.

解方程组$\begin{cases}L'_x(x,y)=320y+1\,270-320x=0\\ L'_y(x,y)=320x+1\,596-480y=0\end{cases}$可得利润函数唯一的驻点$\left(\frac{1\,750.5}{80},\frac{1\,433}{80}\right)$. 又因为$A=L''_{xx}(x,y)=-320$；$B=L''_{xy}(x,y)=320$；$C=L''_{yy}(x,y)=-480$，对于点$\left(\frac{1\,750.5}{80},\frac{1\,433}{80}\right)$，$B^2-AC<0$且$A<0$，所以点$\left(\frac{1\,750.5}{80},\frac{1\,433}{80}\right)$为函数的极大值点，由实际意义可知这唯一的极大值点就是函数的最大值点，即最大利润为$L\left(\frac{1\,750.5}{80},\frac{1\,433}{80}\right)=28\,188$.

习题 5.6 方向导数与梯度

1. 设函数$u=\ln\frac{1}{r}$，其中$r=\sqrt{(x-a)^2+(y-b)^2+(z-c)^2}$，求$u$的梯度，并指出在空间哪些点上$|\text{grad}u|=1$成立.

解 $\text{grad}u=\left\{\frac{\partial u}{\partial x},\frac{\partial u}{\partial y},\frac{\partial u}{\partial z}\right\}$，

$$u=-\frac{1}{2}\ln[(x-a)^2+(y-b)^2+(z-c)^2],$$

$$\frac{\partial u}{\partial x}=-\frac{1}{2}\frac{2(x-a)}{(x-a)^2+(y-b)^2+(z-c)^2}=\frac{a-x}{(x-a)^2+(y-b)^2+(z-c)^2}=-\frac{1}{r^2}(x-a),$$

$$\frac{\partial u}{\partial y}=-\frac{1}{r^2}(y-b),$$

$$\frac{\partial u}{\partial z}=-\frac{1}{r^2}(z-c),$$

$$\text{grad}u=-\frac{1}{r^2}\{x-a,y-b,z-c\}$$

$$|\text{grad}u|=\frac{\sqrt{(x-a)^2+(y-b)^2+(z-c)^2}}{r^2}=1,\text{则 } r=1.$$

2. 求下列函数在指定点和指定方向的方向导数：

(1)$u=xy^2+z^3-xyz$在点$(1,1,2)$，沿方向角为$60°,45°,60°$的方向；

(2)$u=x^2-xy+z^2$在点$(1,0,1)$沿该点到点$(3,-1,3)$的方向.

解 (1)函数$u=xy^2+z^3-xyz$，由$\frac{\partial u}{\partial x}=y^2-yz$，$\frac{\partial u}{\partial y}=2xy-xz$，$\frac{\partial u}{\partial z}=3z^2-xy$得

$$\left.\frac{\partial u}{\partial l}\right|_{(1,1)}=f'_x(1,1,2)\cos\alpha+f'_y(1,1,2)\cos\beta+f'_z(1,1,2)\cos\gamma=5.$$

(2)函数$u=x^2-xy+z^2$，由$\frac{\partial u}{\partial x}=2x-y$，$\frac{\partial u}{\partial y}=-x$，$\frac{\partial u}{\partial z}=2z$，$\boldsymbol{l}^0=\{2,-1,2\}$，$\cos\alpha=\frac{2}{3}$，$\cos\beta=-\frac{1}{3}$，$\cos\gamma=\frac{2}{3}$，得

$$\left.\frac{\partial u}{\partial l}\right|_{(1,1)}=f'_x(1,0,1)\cos\alpha+f'_y(1,0,1)\cos\beta+f'_z(1,0,1)\cos\gamma=3.$$

3. 设 $z=x^2-xy+y^2$，求在点(1,1)的梯度，并问函数 z 在该点沿什么方向的方向导数：(1)取最大值；(2)取最小值；(3)等于零.

解 由方向导数的计算公式知

$$\begin{aligned}\left.\frac{\partial f}{\partial l}\right|_{(1,1)}&=f'_x(1,1)\cos\alpha+f'_y(1,1)\sin\alpha\\&=(2x-y)|_{(1,1)}\cos\alpha+(2y-x)|_{(1,1)}\sin\alpha\\&=\cos\alpha+\sin\alpha=\sqrt{2}\sin\left(\alpha+\frac{\pi}{4}\right).\end{aligned}$$

(1)当 $\alpha=\frac{\pi}{4}$ 即方向为 $\boldsymbol{i}+\boldsymbol{j}$ 时方向导数达到最大值 $\sqrt{2}$；

(2)当 $\alpha=\frac{5\pi}{4}$ 即方向为 $-\boldsymbol{i}-\boldsymbol{j}$ 时方向导数达到最小值 $-\sqrt{2}$；

(3)当 $\alpha=\frac{3\pi}{4}$ 和 $\alpha=\frac{7\pi}{4}$ 时即方向分别为 $\boldsymbol{i}-\boldsymbol{j}$ 和 $-\boldsymbol{i}+\boldsymbol{j}$ 时方向导数等于0.

4. 如果一座山的表面可表示为函数 $z=5-x^2-2y^2$，一个登山人在 $\left(\frac{1}{2},-\frac{1}{2},\frac{17}{4}\right)$ 处，他的氧气面罩漏了，取什么方向他可以以最快的速度下山？

解 最快的速度下山的方向是函数减少最快的方向，即梯度的反方向.

$$\frac{\partial z}{\partial x}=-2x,\quad \frac{\partial z}{\partial y}=-4y,$$

$$-\mathrm{grad}z\left(\frac{1}{2},-\frac{1}{2},\frac{7}{4}\right)=-\{-1,2\}=\{1,-2\}=\sqrt{5}\left(\frac{1}{\sqrt{5}}\boldsymbol{i}-\frac{2}{\sqrt{5}}\boldsymbol{j}\right).$$

即取 $\frac{1}{\sqrt{5}}\boldsymbol{i}-\frac{2}{\sqrt{5}}\boldsymbol{j}$ 的方向他可以以最快的速度下山.

总习题 5

1. 选择题

(1)下列各组函数中，定义域相同的是(　　).

A. $z=\ln\frac{1-x^2}{1-y^2}$ 与 $z=\sqrt{\frac{1-x^2}{1-y^2}}$

B. $z=\sqrt{1-x^2}+\sqrt{1-y^2}$ 与 $z=\arcsin x+\arcsin y$

C. $z=\frac{1}{\sqrt{1-x^2}}+\frac{1}{\sqrt{1-y^2}}$ 与 $z=\sqrt{(1-x^2)^2}+\sqrt{(1-y^2)^2}$

D. $z=|x+y-3|$ 与 $z=\sqrt{x^2+y^2-9}$

(2)函数 $z=x^2-y^2$ 在 $P_0(1,1)$ 处的梯度是(　　).

A. $2x-2y$　　　B. $\{1,-1\}$　　　C. $\{2x,-2y\}$　　　D. $\{2,-2\}$

(3)若 $z=f(x,y)$ 在点 $P_0(x_0,y_0)$ 处的两个偏导数存在，则函数在该点(　　).

A. 有极限　　　B. 连续　　　C. 可微　　　D. 有切线

(4)可使 $\frac{\partial^2 u}{\partial x\partial y}=2x-y$ 成立的函数是(　　).

A. $u=x^2y+\frac{1}{2}xy^2$　　　B. $u=x^2y-\frac{1}{2}xy^2+e^x+e^y-5$

C. $u=x^2y-\frac{1}{2}xy^2$　　　D. $u=4xy+x^3y-xy^2$

(5)函数 $z=1-\sqrt{x^2+y^2}$ 的极值点是(　　).

A. 驻点　　　B. 不可微点

C. 间断点　　　D. 可微但全微分不为零的点

解　(1)B；(2)D；(3)D；(4)C；(5)B.

2. 填空题

(1) $\lim\limits_{\substack{x\to 0\\ y\to 0}}\frac{\sqrt{xy+1}-1}{xy}=$________.

(2)设 $f\left(x-y,\frac{y}{x}\right)=x^2-y^2$，则 $f(x,y)=$________.

(3)设 $u=e^{xyz}$，则 $du=$________.

(4)函数 $z=x^2-y^2$ 在 $P_0(1,1)$ 处沿从 $P_0(1,1)$ 到 $P_1(2,1+\sqrt{3})$ 的方向的方向导数是________.

(5) $f(x,y)=x+y\arcsin(xy)$，$f_x\left(1,\frac{1}{2}\right)=$________，$f_y(0,1)=$________.

解　(1) $\frac{1}{2}$；(2) $x^2\frac{1+y}{1-y}$；(3) $e^{xyz}(yz\mathrm{d}x+xz\mathrm{d}y+xy\mathrm{d}z)$；(4) $1-\sqrt{3}$；(5) $1+\frac{\sqrt{3}}{6}$，0.

3. 计算题

(1)设 $x+2y+2z-2\sqrt{xyz}=0$，求 $\frac{\partial z}{\partial x},\frac{\partial z}{\partial y}$.

(2)求曲面 $x^2+3y^2+2z=3$ 在点 $P(1,2,-5)$ 处的切平面和法线方程.

(3)求函数 $z=x^2+xy+y^2-4\ln x$ 的极值.

(4)求函数 $z=\frac{y}{x}$，当 $x=2,y=1,\Delta x=0.1,\Delta y=-0.2$ 时的全增量和全微分.

解　(1)令 $F(x,y,z)=x+2y+2z-2\sqrt{xyz}$，则

$$F'_x=1-\frac{yz}{2\sqrt{xyz}},\quad F'_y=2-\frac{xz}{2\sqrt{xyz}},\quad F'_z=2-\frac{xy}{2\sqrt{xyz}},$$

$$\frac{\partial z}{\partial x}=-\frac{F'_x}{F'_z}=\frac{\sqrt{xyz}-yz}{xy-2\sqrt{xyz}},$$

$$\frac{\partial z}{\partial y}=-\frac{F'_y}{F'_z}=\frac{2\sqrt{xyz}-xz}{xy-2\sqrt{xyz}}.$$

(2)$F(x,y,z)=x^2+3y^2+2z-3$,

$$F'_x(x,y,z)=2x,\quad F'_y(x,y,z)=6y,\quad F'_z(x,y,z)=2.$$
$$F'_x(1,2,-5)=2,\quad F'_y(1,2,-5)=12,\quad F'_z(1,2,-5)=2.$$

所以在点 $P(1,2,-5)$处的切平面方程为

$$2(x-1)+12(y-2)+2(z+5)=0,\quad 即\ x+6y+z-8=0.$$

法线方程为
$$\frac{x-1}{1}=\frac{y-2}{6}=\frac{z+5}{1}.$$

(3)求驻点:由$\begin{cases}\dfrac{\partial z}{\partial x}=2x+y-\dfrac{4}{x}=0\\ \dfrac{\partial z}{\partial y}=x+2y=0\end{cases}$有$\begin{cases}x=\dfrac{2\sqrt{6}}{3}\\ y=-\dfrac{\sqrt{6}}{3}\end{cases}$,

$$由\begin{cases}\dfrac{\partial^2 z}{\partial x^2}=2+\dfrac{4}{x^2}\\ \dfrac{\partial^2 z}{\partial x\partial y}=1\\ \dfrac{\partial^2 z}{\partial y^2}=2\end{cases}有\begin{cases}A=\dfrac{7}{2}\\ B=1\\ C=2\end{cases},$$

则 $B^2-AC=1-7=-6<0$ 取得极值,且 $A>0$ 取得极小值

$$z\left(\frac{2\sqrt{6}}{3},-\frac{\sqrt{6}}{3}\right)=2-2(3\ln2-\ln3).$$

(4)$\Delta z=z(2+0.1,1-0.2)-z(2,1)\approx-0.119$.

$$\begin{aligned}\mathrm{d}z\big|_{(2,1)}&=\left(\frac{\partial z}{\partial x}\Delta x+\frac{\partial z}{\partial y}\Delta y\right)\bigg|_{(2,1)}\\&=-\frac{1}{4}\times0.1+\frac{1}{2}\times(-0.2)\\&=-0.125.\end{aligned}$$

4.设 $z=xy+xF(u)$,$u=\dfrac{y}{x}$,F 为可微函数,证明:$x\dfrac{\partial z}{\partial x}+y\dfrac{\partial z}{\partial y}=z+xy$.

证 由复合函数求导法则得

$$\frac{\partial z}{\partial x}=\frac{\partial z}{\partial x}\frac{\mathrm{d}x}{\mathrm{d}x}+\frac{\partial z}{\partial u}\frac{\partial u}{\partial x}=[y+F(u)]+xF'(u)\left(-\frac{y}{x^2}\right)=y+F(u)-\frac{y}{x}F'(u),$$

$$\frac{\partial z}{\partial y}=\frac{\partial z}{\partial y}\frac{\mathrm{d}y}{\mathrm{d}y}+\frac{\partial z}{\partial u}\frac{\partial u}{\partial y}=x\cdot1+xF'(u)\left(\frac{1}{x}\right)=x+F'(u),$$

$$x\frac{\partial z}{\partial x}+y\frac{\partial z}{\partial y}=x\left[y+F(u)-\frac{y}{x}F'(u)\right]+y[x+F'(u)]=xy+xF(u)+xy=z+xy.$$

四、单元同步测验

1. 选择题

(1)函数 $z=\sqrt{x-\sqrt{y}}$ 的定义域是(　　).

A. $\{(x,y)\mid 0\leqslant y\leqslant x^2\}$　　B. $\{(x,y)\mid 0<y\leqslant x^2\}$

C. $\{(x,y)\mid x\geqslant 0,0\leqslant y\leqslant x^2\}$　　D. $\{(x,y)\mid x>0,0<y\leqslant x^2\}$

(2)函数 $z=f(x,y)$ 在 (x_0,y_0) 处的两个偏导数均存在,则 $f(x,y)$ 在该点(　　).

A. 连续　　B. 不连续

C. 可微　　D. 不一定可微

(3)满足 $f'_x(x_0,y_0)=0$,且 $f'_y(x_0,y_0)=0$ 的点一定是(　　).

A. 驻点　　B. 极值点

C. 最大值点　　D. 最小值点

(4)设 $z=f(x,y),y=\varphi(x)$,则 $\frac{\mathrm{d}z}{\mathrm{d}x}=$(　　).

A. $\frac{\partial f}{\partial x}+\frac{\partial f}{\partial y}\cdot\frac{\partial y}{\partial x}$　　B. $\frac{\partial f}{\partial x}$

C. $\frac{\partial f}{\partial x}+\frac{\partial f}{\partial y}\cdot\frac{\mathrm{d}y}{\mathrm{d}x}$　　D. $\frac{\partial f}{\partial x}+\frac{\partial f}{\partial y}$

(5)二元函数 $z=x^3+y^3-3x^2-3y^2$ 的极小值点是(　　).

A. $(0,0)$　　B. $(2,2)$　　C. $(0,2)$　　D. $(2,0)$

2. 填空题

(1)若 $f\left(\frac{x}{y}\right)=\frac{\sqrt{x^2+y^2}}{y}(y>0)$,则 $f(x)=$________.

(2)$\lim\limits_{\substack{x\to 0\\ y\to 0}}\frac{2-\sqrt{xy+4}}{xy}=$________.

(3)若 $u=\ln(x^2+y^2+z^2)$,则 $\mathrm{d}u=$________.

(4)曲线 $x=\frac{1+t}{t},y=\frac{t}{1+t},z=t^2$ 在对应 $t=1$ 的点处切线方程为________.

(5)函数 $z=x^2+y^2$ 在点 $(1,2)$ 处沿从点 $(1,2)$ 到点 $(2,2+\sqrt{3})$ 的方向的方向导数为________.

3. 求椭圆面 $x^2+2y^2+z^2=1$ 上平行于平面 $2x-4y+2z-1=0$ 的切平面方程.

4. 证明:函数 $z=\mathrm{e}^{-\left(\frac{1}{x}+\frac{1}{y}\right)}$,满足 $x^2\frac{\partial z}{\partial x}+y^2\frac{\partial z}{\partial y}=2x$.

5. 设 $2\sin(x+2y-3z)=x+2y-3x$,证明:$\frac{\partial z}{\partial x}+\frac{\partial z}{\partial y}=1$.

6. 如果函数 $f(x,y,z)$ 对任何 t 满足关系式 $f(tx,ty,tz)=t^k f(x,y,z)$,则称函数 $f(x,y,z)$ 为 k 次齐次函数,试证:k 次齐次函数满足方程 $x\frac{\partial f}{\partial x}+y\frac{\partial f}{\partial y}+z\frac{\partial f}{\partial z}=kf(x,y,z)$.

单元同步测验答案

1.(1)C；(2)D；(3)A；(4)C；(5)B.

2.(1)$\sqrt{1+x^2}$；(2)$-\frac{1}{4}$；(3)$\frac{2x}{x^2+y^2+z^2}\mathrm{d}x+\frac{2y}{x^2+y^2+z^2}\mathrm{d}y+\frac{2z}{x^2+y^2+z^2}\mathrm{d}z$；

(4)$\frac{x-2}{0}=\frac{y-\frac{1}{2}}{\frac{1}{4}}=\frac{z-1}{2}$；(5)$1+2\sqrt{3}$.

3.切平面的法向量$\boldsymbol{n}//\{1,-2,1\}$.

6.提示：$f(tx,ty,tz)=t^k f(x,y,z)$两边分别对x、y、z、t求导：

$$f'_1 t=t^k\frac{\partial f}{\partial x},\quad f'_2 t=t^k\frac{\partial f}{\partial y},\quad f'_3 t=t^k\frac{\partial f}{\partial z},\quad xf'_1+yf'_2+zf'_3=kt^{k-1}f.$$

$$x\frac{\partial f}{\partial x}+y\frac{\partial f}{\partial y}+z\frac{\partial f}{\partial z}=t^{1-k}(xf'_1+yf'_2+zf'_3)=kt^{1-k}t^{k-1}f=kf.$$

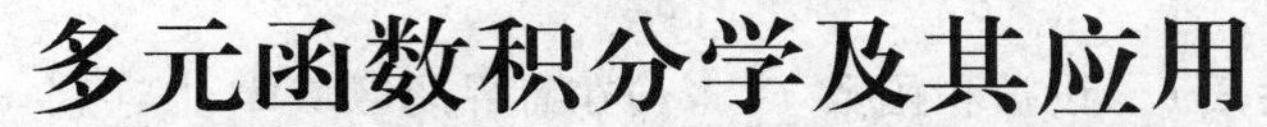

多元函数积分学及其应用

Multivariable Integral Calculus and Application

一、内容要点

(一)二重积分的概念与性质

1. 二重积分

设 $f(x,y)$ 是定义在有界闭区域 D 上的有界函数，$\iint\limits_D f(x,y)\mathrm{d}\sigma=\lim\limits_{\lambda\to 0}\sum\limits_{k=1}^{n}f(\xi_k,\eta_k)\Delta\sigma_k$，$\lambda=\max\{\lambda_1,\lambda_2,\cdots,\lambda_n\}$，$\lambda_k$ 为小区域 $\Delta\sigma_k$ 的直径.

2. 二重积分的几何意义

当 $f(x,y)$ 为闭区域 D 上的连续函数，且 $f(x,y)\geqslant 0$ 时，则二重积分 $\iint\limits_D f(x,y)\mathrm{d}\sigma$ 表示以曲面 $z=f(x,y)$ 为顶，以 D 为底的曲顶柱体的体积.

3. 二重积分的基本性质

性质 1 $\iint\limits_D kf(x,y)\mathrm{d}\sigma=k\iint\limits_D f(x,y)\mathrm{d}\sigma$ （k 为常数).

性质 2 $\iint\limits_D [f(x,y)\pm g(x,y)]\mathrm{d}\sigma=\iint\limits_D f(x,y)\mathrm{d}\sigma\pm\iint\limits_D g(x,y)\mathrm{d}\sigma$.

性质 3 $\iint\limits_D f(x,y)\mathrm{d}\sigma=\iint\limits_{D_1} f(x,y)\mathrm{d}\sigma+\iint\limits_{D_2} f(x,y)\mathrm{d}\sigma$，其中 $D=D_1\cup D_2$，除公共边界外，D_1 与 D_2 不重叠. 特别地，有 $\iint\limits_D \mathrm{d}\sigma=\sigma$，$\sigma$ 为 D 的面积.

性质 4 如果在有界闭区域 D 上，两个被积函数有关系 $f(x,y)\leqslant g(x,y)$，则

$$\iint\limits_D f(x,y)\mathrm{d}\sigma\leqslant\iint\limits_D g(x,y)\mathrm{d}\sigma.$$

特别地，有 $\left|\iint\limits_D f(x,y)\mathrm{d}\sigma\right| \leqslant \iint\limits_D |f(x,y)|\mathrm{d}\sigma$.

性质 5 设 M、m 分别是被积函数 $f(x,y)$ 在有界闭区域 D 上的最大值和最小值，σ 为 D 的面积，则 $m\sigma \leqslant \iint\limits_D f(x,y)\mathrm{d}\sigma \leqslant M\sigma$.

性质 6 设被积函数 $f(x,y)$ 在有界闭区域 D 上连续，σ 为 D 的面积，则在 D 上至少存在一点 (ξ,η)，使得下式成立：

$$\iint\limits_D f(x,y)\mathrm{d}\sigma = f(\xi,\eta)\sigma.$$

(二)二重积分的计算

1. 在直角坐标系中二重积分的计算

若有界闭区域 $D=\{(x,y)\,|\,a\leqslant x\leqslant b,\varphi_1(x)\leqslant y\leqslant\varphi_2(x)\}$，如图 6-1 所示，则

$$\iint\limits_D f(x,y)\mathrm{d}\sigma = \int_a^b \mathrm{d}x\int_{\varphi_1(x)}^{\varphi_2(x)} f(x,y)\mathrm{d}y.$$

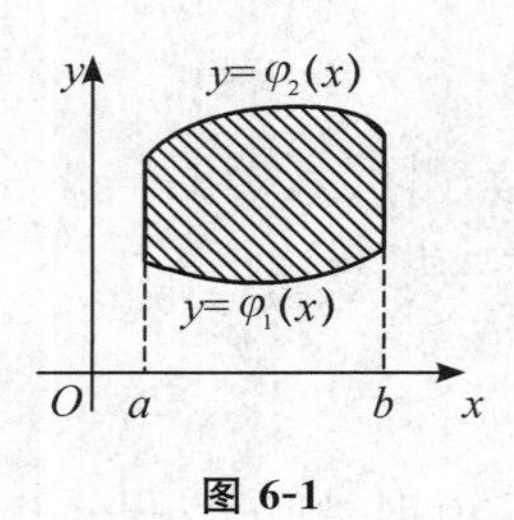

图 6-1

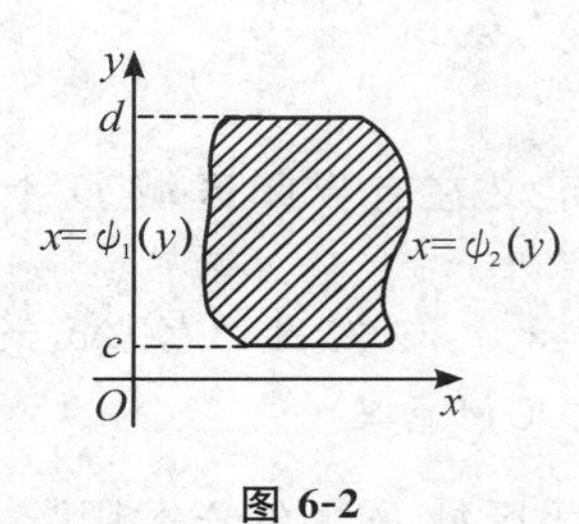

图 6-2

若有界闭区域 $D=\{(x,y)\,|\,c\leqslant y\leqslant d,\psi_1(y)\leqslant x\leqslant\psi_2(y)\}$，如图 6-2 所示，则

$$\iint\limits_D f(x,y)\mathrm{d}\sigma = \int_c^d \mathrm{d}y\int_{\psi_1(y)}^{\psi_2(y)} f(x,y)\mathrm{d}x.$$

2. 在极坐标系中化二重积分为累次积分

若极点在区域 D 的外部(图 6-3)：

设 $D=\{(r,\theta)\,|\,\alpha\leqslant\theta\leqslant\beta,\varphi_1(\theta)\leqslant r\leqslant\varphi_2(\theta)\}$，则

$$\iint\limits_D f(x,y)\mathrm{d}\sigma = \int_\alpha^\beta \mathrm{d}\theta\int_{\varphi_1(\theta)}^{\varphi_2(\theta)} f(r\cos\theta,r\sin\theta)r\mathrm{d}r.$$

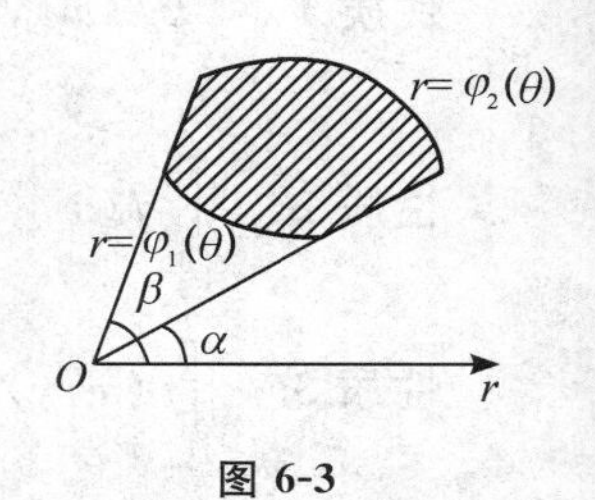

图 6-3

若极点在区域 D 的内部(图 6-4)：

设 $D=\{(r,\theta)\,|\,0\leqslant\theta\leqslant 2\pi,\varphi_1(\theta)\leqslant r\leqslant\varphi_2(\theta)\}$，则

$$\iint\limits_D f(x,y)\mathrm{d}\sigma = \int_0^{2\pi} \mathrm{d}\theta\int_0^{\varphi(\theta)} f(r\cos\theta,r\sin\theta)r\mathrm{d}r.$$

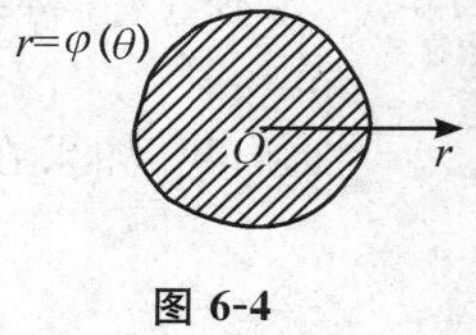

图 6-4

若极点在区域 D 的边界上(图 6-5)：

设 $D=\{(r,\theta)\mid\alpha\leqslant\theta\leqslant\beta,0\leqslant r\leqslant\varphi(\theta)\}$，则

$$\iint_D f(x,y)\mathrm{d}\sigma=\int_\alpha^\beta \mathrm{d}\theta\int_0^{\varphi(\theta)} f(r\cos\theta,r\sin\theta)r\mathrm{d}r.$$

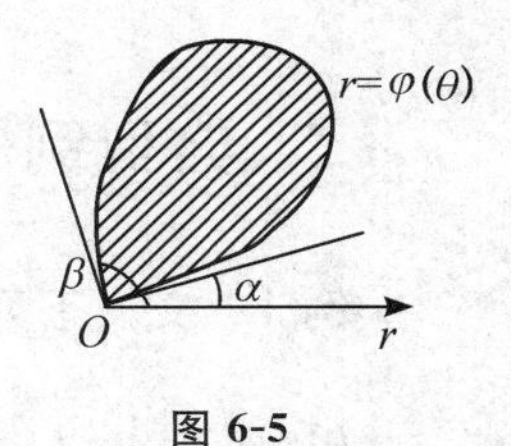

图 6-5

(三)二重积分的几何应用

曲面的面积

设曲面 S 由方程为 $z=f(x,y)$ 给出，D 为曲面 S 在 xOy 面上的投影区域，则曲面 S 的面积为

$$A=\iint_D\sqrt{1+\left(\frac{\partial z}{\partial x}\right)^2+\left(\frac{\partial z}{\partial x}\right)^2}\,\mathrm{d}x\mathrm{d}y.$$

*(四)三重积分

1. 三重积分的概念

设 $f(x,y,z)$ 是空间有界闭区域 Ω 上的有界函数，则

$$\iiint_\Omega f(x,y,z)\mathrm{d}v=\lim_{\lambda\to 0}\sum_{i=1}^n f(\xi_i,\eta_i,\zeta_i)\Delta v_i.$$

2. 直角坐标系下三重积分的计算

设积分区域 Ω 可以表示为

$\Omega=\{(x,y,z)\mid z_1(x,y)\leqslant z\leqslant z_2(x,y),(x,y)\in D\}$，则

$$\iiint_\Omega f(x,y,z)\mathrm{d}v=\int_a^b\mathrm{d}x\int_{y_1(x)}^{y_2(x)}\mathrm{d}y\int_{z_1(x,y)}^{z_2(x,y)}f(x,y,z)\mathrm{d}z.$$

若 Ω 夹在平面 $z=c_1$ 和 $z=c_2$ 之间，以任意平面 $z=c(c_1\leqslant c\leqslant c_2)$ 去截 Ω，得平面区域 D_z，则

$$\iiint_\Omega f(x,y,z)\mathrm{d}v=\int_{c_1}^{c_2}\mathrm{d}z\iint_{D_z}f(x,y,z)\mathrm{d}x\mathrm{d}y.$$

3. 柱面坐标系下三重积分的计算

$$\iiint_\Omega f(x,y,z)\mathrm{d}v=\iiint_\Omega f(r\cos\theta,r\sin\theta,z)r\mathrm{d}r\mathrm{d}\theta\mathrm{d}z.$$

可化为关于积分变量 r,θ,z 的三次积分，其积分限要由 r,θ,z 在 Ω 中的变化情况来确定. 在利用柱面坐标来计算三重积分时，先计算对 z 的定积分，然后将其中的二重积分利用极坐标来计算.

4. 球坐标系下三重积分的计算

$$\iiint_\Omega f(x,y,z)\mathrm{d}x\mathrm{d}y\mathrm{d}z=\iiint_\Omega f(r\sin\varphi\cos\theta,r\sin\varphi\sin\theta,r\cos\varphi)r^2\sin\varphi\mathrm{d}r\mathrm{d}\varphi\mathrm{d}\theta.$$

二、典型例题

例 1 交换下列积分次序：

(1) $\int_0^1 \mathrm{d}y\int_y^{\sqrt{y}} f(x,y)\mathrm{d}x$；　　　　(2) $\int_0^a \mathrm{d}x\int_x^{\sqrt{2ax-x^2}} f(x,y)\mathrm{d}y$；

(3) $\int_0^1 \mathrm{d}x\int_0^{x^2} f(x,y)\mathrm{d}y+\int_1^3 \mathrm{d}x\int_0^{\frac{1}{2}(3-x)} f(x,y)\mathrm{d}y$.

解 画出积分区域图得：

(1) $\int_0^1 \mathrm{d}y\int_y^{\sqrt{y}} f(x,y)\mathrm{d}x=\int_0^1 \mathrm{d}x\int_{x^2}^{x} f(x,y)\mathrm{d}y$.（图 6-6）

(2) $\int_0^a \mathrm{d}x\int_x^{\sqrt{2ax-x^2}} f(x,y)\mathrm{d}y=\int_0^a \mathrm{d}y\int_{a-\sqrt{a^2-y^2}}^{y} f(x,y)\mathrm{d}x$.（图 6-7）

(3) $\int_0^1 \mathrm{d}x\int_0^{x^2} f(x,y)\mathrm{d}y+\int_1^3 \mathrm{d}x\int_0^{\frac{1}{2}(3-x)} f(x,y)\mathrm{d}y=\int_0^1 \mathrm{d}y\int_{\sqrt{y}}^{3-2y} f(x,y)\mathrm{d}x$.（图 6-8）

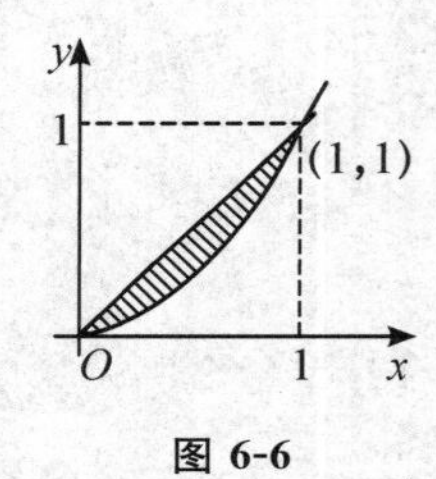

图 6-6

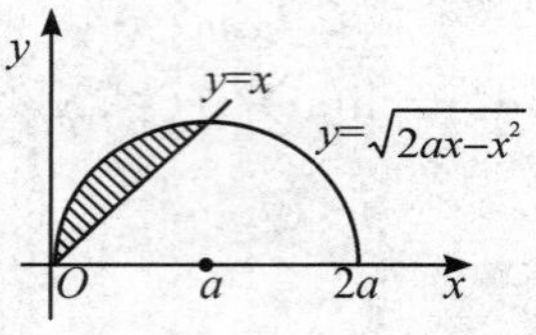

图 6-7

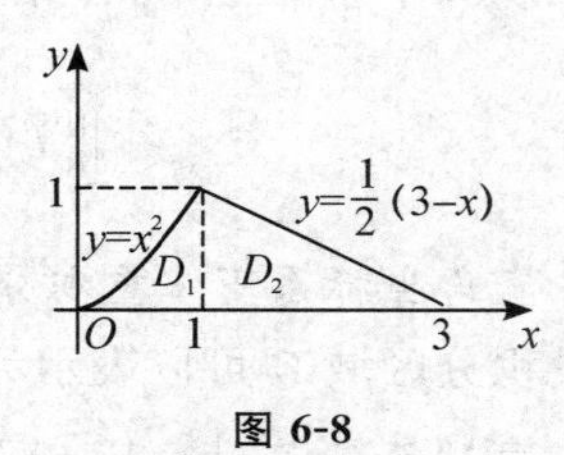

图 6-8

例 2 计算下列各二重积分：

(1)计算 $\iint\limits_D y^2\mathrm{d}x\mathrm{d}y$，$D$ 是由曲线 $y^2=2x$，$x=a(a>0)$所围成的区域.

解法一 先画出积分区域，如图 6-9 所示，区域在 x 轴上的投影区间是$[0,a]$，区域可表示为：

$$0\leqslant x\leqslant a,\quad -\sqrt{2x}\leqslant y\leqslant\sqrt{2x},$$

直接利用化为累次积分的公式即可.

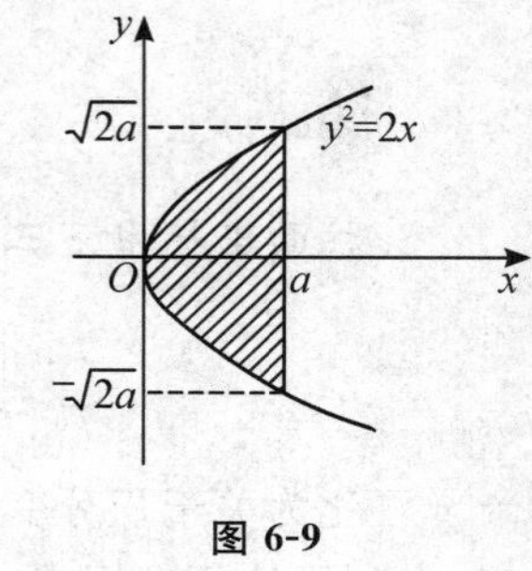

图 6-9

$$\iint\limits_D y^2\mathrm{d}x\mathrm{d}y=\int_0^a \mathrm{d}x\int_{-\sqrt{2x}}^{\sqrt{2x}} y^2\mathrm{d}y=2\int_0^a \mathrm{d}x\int_0^{\sqrt{2x}} y^2\mathrm{d}y$$

$$=2\int_0^a \frac{y^3}{3}\Big|_0^{\sqrt{2x}}\mathrm{d}x=\frac{4\sqrt{2}}{3}\int_0^a x^{\frac{3}{2}}\mathrm{d}x=\frac{8\sqrt{2}}{15}a^{\frac{5}{2}}.$$

解法二 若将积分区域向 y 轴投影，则在 y 轴上的投影区间为$[-\sqrt{2a},\sqrt{2a}]$，则积分区域又可用不等式$-\sqrt{2a}\leqslant y\leqslant\sqrt{2a}$，$\frac{y^2}{2}\leqslant x\leqslant a$ 表示，因此又有：

$$\iint_D y^2\,\mathrm{d}x\mathrm{d}y=\int_{-\sqrt{2a}}^{\sqrt{2a}}\mathrm{d}y\int_{\frac{y^2}{2}}^{a}y^2\,\mathrm{d}x=\int_{-\sqrt{2a}}^{\sqrt{2a}}y^2\left(a-\frac{y^2}{2}\right)\mathrm{d}y$$

$$=2\int_0^{\sqrt{2a}}\left(ay^2-\frac{y^4}{2}\right)\mathrm{d}y=\frac{8\sqrt{2}}{15}a^{\frac{5}{2}}.$$

(2)计算$\iint_D x\mathrm{e}^{xy}\,\mathrm{d}x\mathrm{d}y$，$D$：$0\leqslant x\leqslant 1$，$-1\leqslant y\leqslant 0$.

解　该积分区域为矩形区域，故两种次序积分均可，但是由于被积函数为$x\mathrm{e}^{xy}$，如果采用先x后y的次序，在计算内层积分时需使用分部积分来做，计算也繁杂得多，所以采用先y后x的计算方法来做.

$$\iint_D x\mathrm{e}^{xy}\,\mathrm{d}x\mathrm{d}y=\int_0^1\mathrm{d}x\int_{-1}^0 x\mathrm{e}^{xy}\,\mathrm{d}y=\int_0^1\mathrm{e}^{xy}\Big|_{-1}^0\mathrm{d}x=\int_0^1(1-\mathrm{e}^{-x})\mathrm{d}x=\frac{1}{\mathrm{e}}.$$

(3)计算二重积分$\iint_D\frac{1}{\sqrt{1+y^3}}\mathrm{d}x\mathrm{d}y$，其中$D$为抛物线$y=\sqrt{x}$与直线$y=2$及$y$轴所围的区域.

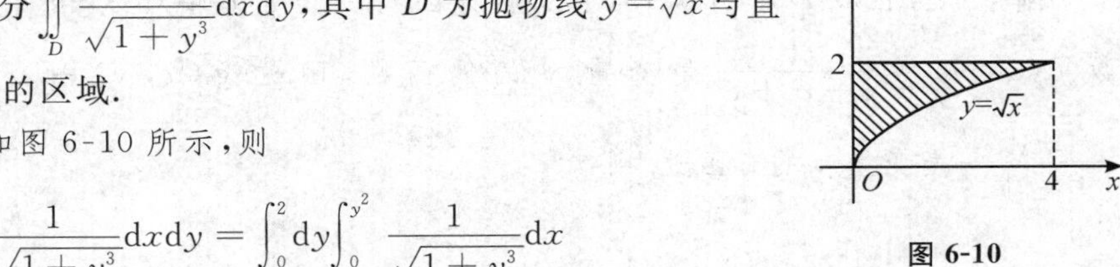

图 6-10

解　积分区域如图6-10所示，则

$$\iint_D\frac{1}{\sqrt{1+y^3}}\mathrm{d}x\mathrm{d}y=\int_0^2\mathrm{d}y\int_0^{y^2}\frac{1}{\sqrt{1+y^3}}\mathrm{d}x$$

$$=\int_0^2 y^2\frac{1}{\sqrt{1+y^3}}\mathrm{d}y=\frac{2}{3}\sqrt{1+y^3}\Big|_0^2=\frac{4}{3}.$$

(4)计算$\int_0^1\mathrm{d}x\int_0^1|y-x|\,\mathrm{d}y$.

解　由于被积函数中含有绝对值，不能直接进行积分，而必须把绝对值符号去掉，然后再积分. 积分区域D是一个矩形区域：$0\leqslant x\leqslant 1$，$0\leqslant y\leqslant 1$. 该区域被直线$y=x$分成D_1，D_2两部分(图6-11)，在D_1上，$|y-x|=x-y$，在D_2上，$|y-x|=y-x$，而D_1，D_2可分别用不等式组表示如下：

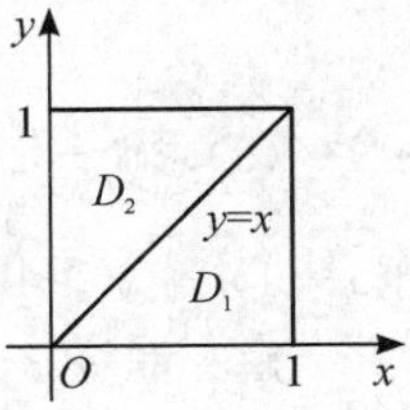

图 6-11

$$D_1:\begin{cases}0\leqslant x\leqslant 1\\0\leqslant y\leqslant x\end{cases};\quad D_2:\begin{cases}0\leqslant y\leqslant 1\\0\leqslant x\leqslant y\end{cases}.$$

利用重积分对区域的可加性得

$$\int_0^1\mathrm{d}x\int_0^1|y-x|\,\mathrm{d}y=\int_0^1\mathrm{d}x\int_0^x(x-y)\mathrm{d}y+\int_0^1\mathrm{d}y\int_0^y(y-x)\mathrm{d}x=\frac{1}{3}.$$

例3　计算下列各二重积分：

(1)计算$\iint_D\sqrt{R^2-x^2-y^2}\,\mathrm{d}x\mathrm{d}y$，其中$D=\{(x,y)\,|\,x^2+y^2\leqslant Ry(R>0)$，$y\leqslant x\}$.

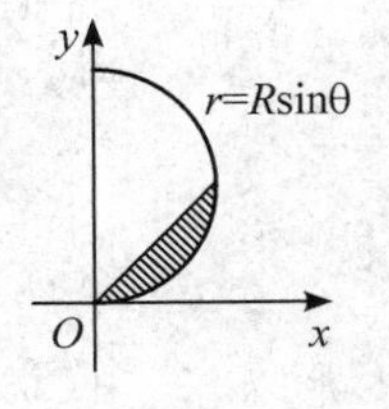

图 6-12

解　积分区域如图6-12所示，则D可用极坐标表示为

$$D: 0 \leqslant \theta \leqslant \frac{\pi}{4}, \quad 0 \leqslant r \leqslant R\sin\theta,$$

$$\begin{aligned}
\iint_D \sqrt{R^2 - x^2 - y^2}\,\mathrm{d}x\mathrm{d}y &= \int_0^{\frac{\pi}{4}} \mathrm{d}\theta \int_0^{R\sin\theta} r\sqrt{R^2 - r^2}\,\mathrm{d}\theta \\
&= -\frac{1}{3}\int_0^{\frac{\pi}{4}} (R^2 - r^2)^{\frac{3}{2}} \Big|_0^{R\sin\theta} \mathrm{d}\theta = \frac{R^3}{3}\int_0^{\frac{\pi}{4}} (1 - \cos^3\theta)\,\mathrm{d}\theta \\
&= \frac{\pi R^3}{12} - \frac{R^3}{3}\int_0^{\frac{\pi}{4}} (1 - \sin^2\theta)\,\mathrm{d}\sin\theta \\
&= \frac{\pi R^3}{12} - \frac{R^3}{3}\left(\sin\theta - \frac{1}{3}\sin^3\theta\right)\Big|_0^{\frac{\pi}{4}} = \frac{R^3}{12}\left(\pi - \frac{5\sqrt{2}}{3}\right).
\end{aligned}$$

(2)设区域 $D=\{(x,y)\,|\,x^2+y^2\leqslant 1, x\geqslant 0\}$,计算二重积分 $\iint_D \frac{1+xy}{1+x^2+y^2}\mathrm{d}x\mathrm{d}y$.

解 积分区域 D 如图 6-13 所示. 因为区域 D 关于 x 轴对称,函数 $f(x,y)=\frac{1}{1+x^2+y^2}$ 是变量 y 的偶函数,函数 $g(x,y)=\frac{xy}{1+x^2+y^2}$ 是变量 y 的奇函数. 则

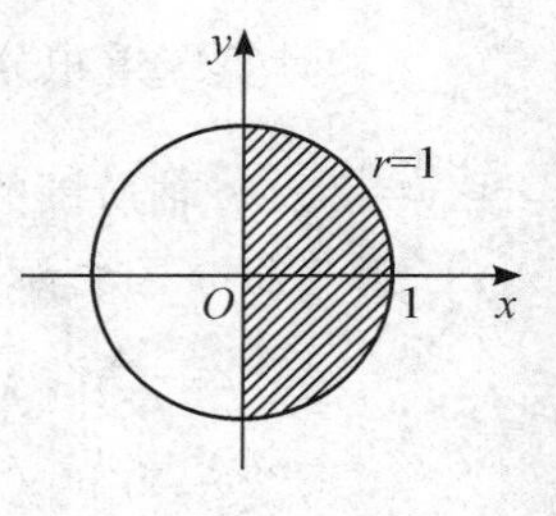

图 6-13

$$\iint_D \frac{xy}{1+x^2+y^2}\mathrm{d}x\mathrm{d}y = 0,$$

$$\iint_D \frac{1}{1+x^2+y^2}\mathrm{d}x\mathrm{d}y = 2\int_0^{\frac{\pi}{2}}\mathrm{d}\theta\int_0^1 \frac{r}{1+r^2}\mathrm{d}r = \frac{\pi\ln 2}{2},$$

故
$$\iint_D \frac{1+xy}{1+x^2+y^2}\mathrm{d}x\mathrm{d}y = \iint_D \frac{1}{1+x^2+y^2}\mathrm{d}x\mathrm{d}y + \iint_D \frac{xy}{1+x^2+y^2}\mathrm{d}x\mathrm{d}y = \frac{\pi\ln 2}{2}.$$

(3)求 $I=\iint_D(\sqrt{x^2+y^2}+y)\mathrm{d}x\mathrm{d}y$,其中 $D=\{(x,y)\,|\,x^2+y^2\leqslant 4, (x+1)^2+y^2\geqslant 1\}$.

解 积分区域 D 如图 6-14 所示. 则

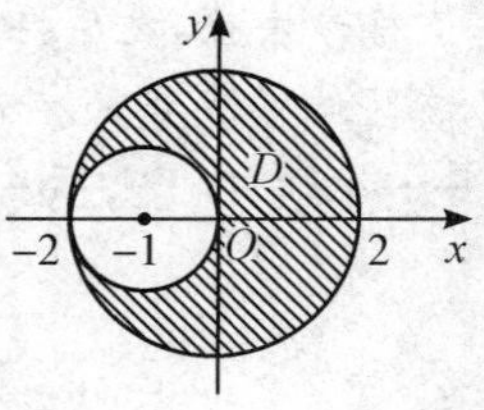

图 6-14

$$\begin{aligned}
&\iint_D (\sqrt{x^2+y^2}+y)\,\mathrm{d}\sigma \\
&= \iint_{D_{\text{大圆}}} (\sqrt{x^2+y^2}+y)\,\mathrm{d}x\mathrm{d}y - \iint_{D_{\text{小圆}}} (\sqrt{x^2+y^2}+y)\,\mathrm{d}x\mathrm{d}y.
\end{aligned}$$

$$\iint_{D_{\text{大圆}}} (\sqrt{x^2+y^2}+y)\,\mathrm{d}x\mathrm{d}y = \iint_{D_{\text{大圆}}} \sqrt{x^2+y^2}\,\mathrm{d}x\mathrm{d}y + 0 = \int_0^{2\pi}\mathrm{d}\theta\int_0^2 r^2\,\mathrm{d}r = \frac{16}{3}\pi.$$

$$\iint_{D_{\text{小圆}}} (\sqrt{x^2+y^2}+y)\,\mathrm{d}x\mathrm{d}y = \iint_{D_{\text{小圆}}} \sqrt{x^2+y^2}\,\mathrm{d}x\mathrm{d}y + 0 = \int_{\frac{\pi}{2}}^{\frac{3\pi}{2}}\mathrm{d}\theta\int_0^{-2\cos\theta} r^2\,\mathrm{d}r = \frac{32}{9}\pi.$$

所以
$$\iint_D (\sqrt{x^2+y^2}+y)\,\mathrm{d}\sigma = \frac{16}{3}\pi - \frac{32}{9}\pi = \frac{16}{9}\pi.$$

(4)计算二重积分 $\iint\limits_D (x-y)\mathrm{d}x\mathrm{d}y$，其中 $D=\{(x,y)\mid(x-1)^2+(y-1)^2\leqslant 2, y\geqslant x\}$.

解　积分区域 D 如图 6-15 所示. 圆 $(x-1)^2+(y-1)^2=2$ 的极坐标方程为 $r=2(\sin\theta+\cos\theta)$. 区域 D 用极坐标可表示为 $\begin{cases}0\leqslant r\leqslant 2(\sin\theta+\cos\theta)\\ \dfrac{\pi}{4}\leqslant\theta\leqslant\dfrac{3\pi}{4}\end{cases}$，故

$$\begin{aligned}\iint\limits_D (x-y)\mathrm{d}x\mathrm{d}y &= \int_{\frac{\pi}{4}}^{\frac{3\pi}{4}}\mathrm{d}\theta\int_0^{2(\sin\theta+\cos\theta)} r^2(\cos\theta-\sin\theta)\mathrm{d}\theta\\ &= \frac{8}{3}\int_{\frac{\pi}{4}}^{\frac{3\pi}{4}}(\sin\theta+\cos\theta)^3(\cos\theta-\sin\theta)\mathrm{d}\theta\\ &= \frac{8}{3}\int_{\frac{\pi}{4}}^{\frac{3\pi}{4}}(\sin\theta+\cos\theta)^3\mathrm{d}(\sin\theta+\cos\theta)\\ &= \frac{2}{3}(\sin\theta+\cos\theta)^4\Big|_{\frac{\pi}{4}}^{\frac{3\pi}{4}}=-\frac{8}{3}.\end{aligned}$$

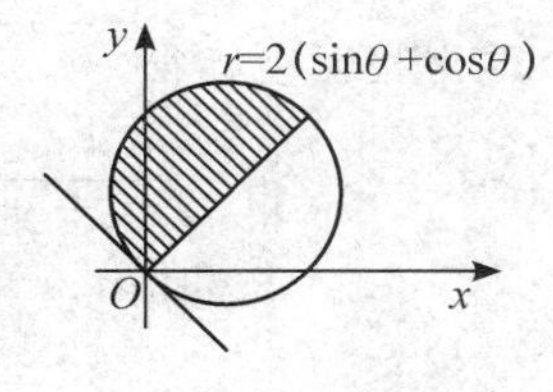

图 6-15

例 4　设平面 $z=ax+by+c$ 上的某一部分在 xOy 面上的投影是面积为 A 的平面区域 D，证明：平面的这一部分面积为 $A\sqrt{a^2+b^2+1}$.

证　由计算空间曲面的面积的公式得

$$S=\iint\limits_D\sqrt{a^2+b^2+1}\mathrm{d}x\mathrm{d}y=\sqrt{a^2+b^2+1}\iint\limits_D\mathrm{d}\sigma=A\sqrt{a^2+b^2+1}.$$

***例 5**　计算下列三重积分：

(1) $\iiint\limits_\Omega(1-y)\mathrm{e}^{-(1-y-z)^2}\mathrm{d}x\mathrm{d}y\mathrm{d}z$，其中 Ω 是由三个坐标面及平面 $x+y+z=1$所围成的空间区域.

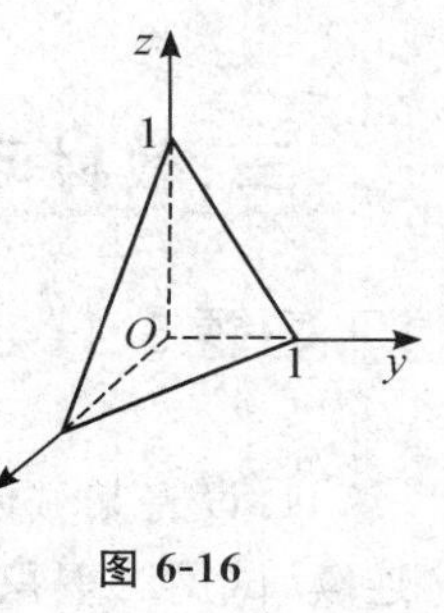

图 6-16

解　画出积分区域 Ω 如图 6-16 所示，则

$$\begin{aligned}\iiint\limits_\Omega(1-y)\mathrm{e}^{-(1-y-z)^2}\mathrm{d}x\mathrm{d}y\mathrm{d}z &= \iint\limits_{D_{yz}}\mathrm{d}y\mathrm{d}z\int_0^{1-y-z}(1-y)\mathrm{e}^{-(1-y-z)^2}\mathrm{d}x\\ &= \iint\limits_{D_{yz}}(1-y)(1-y-z)\mathrm{e}^{-(1-y-z)^2}\mathrm{d}y\mathrm{d}z\\ &= \int_0^1\mathrm{d}y\int_0^{1-y}(1-y)(1-y-z)\mathrm{e}^{-(1-y-z)^2}\mathrm{d}z\\ &= \frac{1}{2}\int_0^1(1-y)(1-\mathrm{e}^{-(1-y)^2})\mathrm{d}y=\frac{1}{4\mathrm{e}}.\end{aligned}$$

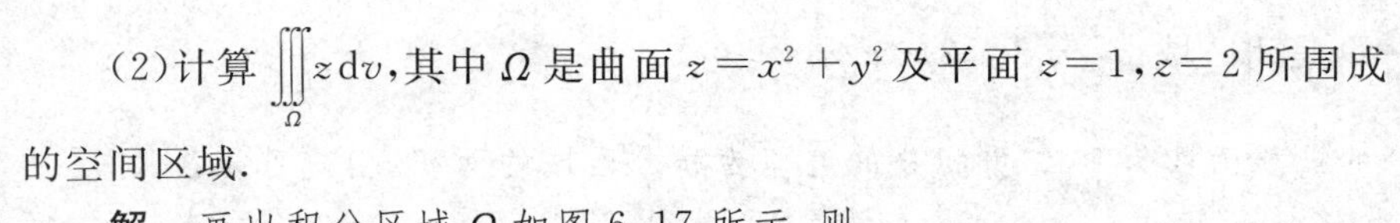

(2)计算 $\iiint\limits_\Omega z\mathrm{d}v$，其中 Ω 是曲面 $z=x^2+y^2$ 及平面 $z=1, z=2$ 所围成的空间区域.

解　画出积分区域 Ω 如图 6-17 所示，则

$$\iiint\limits_\Omega z\mathrm{d}v=\int_1^2\mathrm{d}z\iint\limits_{x^2+y^2\leqslant z}z\mathrm{d}x\mathrm{d}y=\int_1^2\pi(1+z)z\mathrm{d}z=\frac{23}{6}\pi.$$

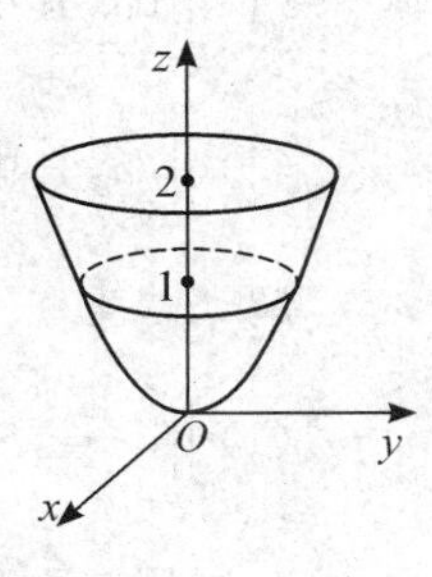

图 6-17

(3) $\iiint\limits_{\Omega}\sqrt{x^2+y^2}\,\mathrm{d}v$，其中 Ω 是由曲面 $x^2+y^2=2z$ 及平面 $z=2$ 所围成的闭区域；

解 画出积分区域 Ω 如图 6-18 所示，则由

$$\begin{cases}x^2+y^2=2z\\ z=2\end{cases} \text{有 } x^2+y^2=4,$$

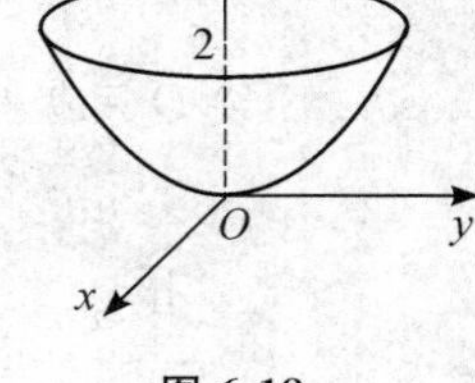

图 6-18

再由柱面坐标得

$$\iiint\limits_{\Omega}\sqrt{x^2+y^2}\,\mathrm{d}x\mathrm{d}y\mathrm{d}z=\iiint\limits_{\Omega}\sqrt{x^2+y^2}\,\mathrm{d}x\mathrm{d}y\mathrm{d}z$$

$$=\int_0^{2\pi}\mathrm{d}\theta\int_0^2\mathrm{d}r\int_{\frac{r^2}{2}}^2 r^2\,\mathrm{d}z=\int_0^{2\pi}\mathrm{d}\theta\int_0^2\left(2r^2-\frac{r^4}{2}\right)\mathrm{d}r=\frac{64}{15}\pi.$$

(4) $\iiint\limits_{\Omega}(x^2+y^2+z^2)z\,\mathrm{d}x\mathrm{d}y\mathrm{d}z$，其中 Ω：$x^2+y^2+(z-1)^2\leqslant 1$.

解 画出积分区域 Ω 如图 6-19 所示，则由球面坐标得

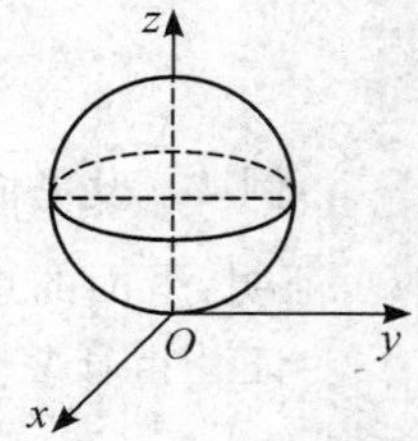

$$\iiint\limits_{\Omega}(x^2+y^2+z^2)z\,\mathrm{d}x\mathrm{d}y\mathrm{d}z=\int_0^{2\pi}\mathrm{d}\theta\int_0^{\frac{\pi}{2}}\mathrm{d}\varphi\int_0^{2\cos\varphi}r^2\cdot r\cos\varphi\cdot r^2\sin\varphi\,\mathrm{d}r$$

$$=\frac{32}{3}\int_0^{2\pi}\mathrm{d}\theta\int_0^{\frac{\pi}{2}}\cos^7\varphi\sin\varphi\,\mathrm{d}\varphi=\frac{8\pi}{3}.$$

图 6-19

三、教材习题解析

习题 6.1 二重积分的概念与性质

1. 设有某城市占有 xOy 面上的闭区域 D，分布人口密度为 $f(x,y)$，且 $f(x,y)$ 在 D 上连续，试用二重积分表示该城市的总人口 P.

解 由二重积分的定义可知：$P=\iint\limits_{D}f(x,y)\,\mathrm{d}x\mathrm{d}y$.

2. 试用二重积分的性质指出下列二重积分的值：

(1) $\iint\limits_{D}\mathrm{d}\sigma$，其中 D 是闭区域：$0\leqslant x\leqslant 1$，$|y|\leqslant x$；

(2) $\iint\limits_{D}\mathrm{d}\sigma$，其中 D 是闭区域：$x^2+y^2\leqslant 2y$，$x^2+y^2\geqslant y$.

解 二重积分的被积函数为 1，二重积分的值即为积分区域的面积，由此可得：

(1) $\iint\limits_{D}\mathrm{d}\sigma=S_D=1$.　　　(2) $\iint\limits_{D}\mathrm{d}\sigma=S_D=\frac{3}{4}\pi$.

3. 试用二重积分的性质比较下列二重积分的大小：

(1) $I_1 = \iint\limits_{D_1}(x^2+y^2)^3\mathrm{d}\sigma$,其中 D_1 是闭区域:$-1\leqslant x\leqslant 1, -2\leqslant y\leqslant 2$;

$I_2 = \iint\limits_{D_2}(x^2+y^2)^3\mathrm{d}\sigma$,其中 D_2 是闭区域:$-1\leqslant x\leqslant 1, -1\leqslant y\leqslant 1$.

(2) $I_1 = \iint\limits_{D}\ln(x+y)\mathrm{d}\sigma, I_2 = \iint\limits_{D}[\ln(x+y)]^2\mathrm{d}\sigma$,其中 D 是三角形闭区域,三顶点分别为 $(1,0),(1,1),(2,0)$.

解 (1)被积函数相同且函数值为正值,积分区域 $D_2\subset D_1$,所以 $I_2<I_1$.

(2)积分区域 D 相同,被积函数越大,二重积分的值越大.由于在 D 上 x,y 满足 $1\leqslant x+y\leqslant 2$,所以 $0\leqslant \ln(x+y)<1$,进一步得 $\ln(x+y)>[\ln(x+y)]^2$.由此可知,$I_2<I_1$.

4.试用二重积分的性质估计下列二重积分的值:

(1) $I = \iint\limits_{D}xy^2(2x+y)\mathrm{d}\sigma$,其中 D 是闭区域:$0\leqslant x\leqslant 1, 0\leqslant y\leqslant 1$;

(2) $I = \iint\limits_{D}(x^2+2y^2+1)\mathrm{d}\sigma$,其中 D 是闭区域:$x^2+y^2\leqslant 4$.

分析 由于(1)、(2)中的被积函数都为闭区域上的连续函数,所以必有最大值 M 和最小值 m. S_D 表示积分区域的面积,则二重积分 I 必介于 mS_D 与 MS_D 之间.

解 (1)在闭区域 D 上:$0\leqslant xy^2(2x+y)\leqslant 3$,而 $S_D=1$,所以,$0\leqslant I\leqslant 3$.

(2)在闭区域 D 上:$1\leqslant x^2+y^2+1\leqslant 9$,而 $S_D=4\pi$,所以,$4\pi\leqslant I\leqslant 36\pi$.

□ 习题 6.2 二重积分的计算

1.计算下列二重积分:

(1) $\iint\limits_{D}(x^2+3y^2)\mathrm{d}\sigma$,其中 D 是闭区域:$|x|\leqslant 1, |y|\leqslant 1$;

(2) $\iint\limits_{D}(3x+2y)\mathrm{d}\sigma$,其中 D 是由 x 轴,y 轴及 $x+y=1$ 所围成的闭区域;

(3) $\iint\limits_{D}(x^3+3xy^2+y^3)\mathrm{d}\sigma$,其中 D 是闭区域:$0\leqslant x\leqslant 1, 0\leqslant y\leqslant 1$;

(4) $\iint\limits_{D}x\sin(x+y)\mathrm{d}\sigma$,其中 D 是顶点分别为 $(0,0),(\pi,0),(\pi,\pi)$ 的三角形闭区域.

解 (1) $\iint\limits_{D}(x^2+3y^2)\mathrm{d}\sigma = \int_{-1}^{1}\mathrm{d}y\int_{-1}^{1}(x^2+3y^2)\mathrm{d}x = \int_{-1}^{1}\left(\frac{2}{3}+6y^2\right)\mathrm{d}y = \frac{16}{3}$.

(2) $\iint\limits_{D}(3x+2y)\mathrm{d}\sigma = \int_{0}^{1}\mathrm{d}x\int_{0}^{1-x}(3x+2y)\mathrm{d}y = \int_{0}^{1}(x-2x^2+1)\mathrm{d}x = \frac{5}{6}$.

(3) $\iint\limits_{D}(x^3+3xy^2+y^3)\mathrm{d}\sigma = \int_{0}^{1}\mathrm{d}y\int_{0}^{1}(x^3+3xy^2+y^3)\mathrm{d}x = 1$.

(4) $\iint\limits_D x\sin(x+y)\mathrm{d}\sigma = \int_0^{\pi}\mathrm{d}x\int_0^{x} x\sin(x+y)\mathrm{d}y = \int_0^{\pi} x(\cos x-\cos 2x)\mathrm{d}x = -2.$

2. 画出积分区域，并计算下列二重积分：

(1) $\iint\limits_D x\sqrt{y}\,\mathrm{d}\sigma$，其中 D 是由两条抛物线 $y=x^2$，$x=y^2$ 所围成的闭区域；

(2) $\iint\limits_D (x^2+y^2-x)\mathrm{d}\sigma$，其中 D 是由直线 $y=x$，$y=2x$ 及 $y=2$ 所围成的闭区域；

(3) $\int_0^1\mathrm{d}x\int_x^{\sqrt{x}}\dfrac{\sin y}{y}\mathrm{d}y$.

解　(1)先求得曲线 $y=x^2$ 与 $x=y^2$ 的交点坐标(0,0)，(1,0). 如图 6-20 所示，可将积分区域看成 Y-型区域，

$$\iint\limits_D x\sqrt{y}\,\mathrm{d}\sigma = \int_0^1\mathrm{d}y\int_{y^2}^{\sqrt{y}} x\sqrt{y}\,\mathrm{d}x = \frac{6}{55}.$$

(2)先求得交点坐标 $A(1,2)$，$B(2,2)$. 如图 6-21 所示，积分区域为 Y-型区域.

$$\iint\limits_D (x^2+y^2-x)\mathrm{d}\sigma = \int_0^2\mathrm{d}y\int_{\frac{1}{2}y}^{y}(x^2+y^2-x)\mathrm{d}x\int_0^2\left(\frac{19}{24}y^3-\frac{3}{8}y^2\right)\mathrm{d}y = \frac{13}{6}.$$

(3)直接不易计算，积分区域如图 6-22 所示，既是 X-型又是 Y-型区域，交换积分次序可得：

$$\int_0^1\mathrm{d}x\int_x^{\sqrt{x}}\frac{\sin y}{y}\mathrm{d}y = \int_0^1\mathrm{d}y\int_{y^2}^{y}\frac{\sin y}{y}\mathrm{d}x = 1-\sin 1.$$

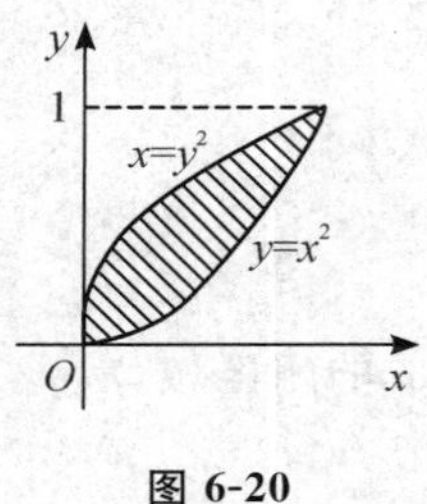

图 6-20

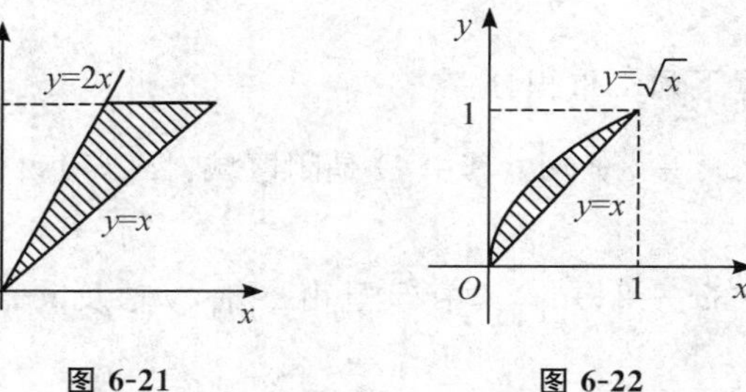

图 6-21　　图 6-22

3. 计算二重积分：$\iint\limits_D |y-x^2|\mathrm{d}\sigma$，其中 D 是闭区域：$-1\leqslant x\leqslant 1$，$0\leqslant y\leqslant 1$.

解　积分区域 D 是一个矩形区域，如图 6-23 所示. 该区域被曲线 $y=x^2$ 分成 D_1，D_2 两部分，

$$D_1:\begin{cases}-1\leqslant x\leqslant 1\\ 0\leqslant y\leqslant x^2\end{cases},\quad D_2:\begin{cases}-1\leqslant x\leqslant 1\\ x^2\leqslant y\leqslant 1\end{cases}.$$

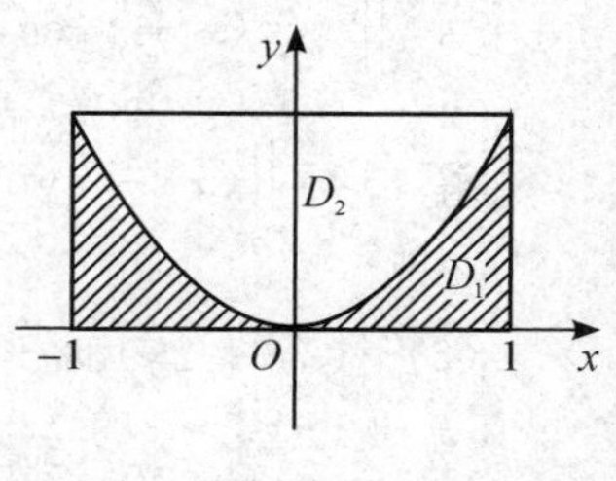

图 6-23

在 D_1 上，$|y-x^2|=x^2-y$，在 D_2 上，$|y-x^2|=y-x^2$，利用重积分对区域的可加性得

$$\int_{-1}^{1}\mathrm{d}x\int_{0}^{1}|y-x^2|\mathrm{d}y=\int_{-1}^{1}\mathrm{d}x\int_{0}^{x^2}(x^2-y)\mathrm{d}y+\int_{-1}^{1}\mathrm{d}x\int_{x^2}^{1}(y-x^2)\mathrm{d}y=\frac{11}{15}.$$

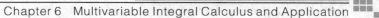

4.改变下列二次积分的积分次序：

(1) $\int_0^1\mathrm{d}x\int_x^1 f(x,y)\mathrm{d}y$；　　(2) $\int_0^4\mathrm{d}x\int_{\frac{x}{2}}^{\sqrt{x}} f(x,y)\mathrm{d}y$；

(3) $\int_0^1\mathrm{d}y\int_0^y f(x,y)\mathrm{d}x+\int_1^2\mathrm{d}y\int_0^{2-y} f(x,y)\mathrm{d}x$.

解　(1) $\int_0^1\mathrm{d}x\int_x^1 f(x,y)\mathrm{d}y=\int_0^1\mathrm{d}y\int_0^y f(x,y)\mathrm{d}x$.

(2) $\int_0^4\mathrm{d}x\int_{\frac{x}{2}}^{\sqrt{x}} f(x,y)\mathrm{d}y=\int_0^2\mathrm{d}y\int_{y^2}^{2y} f(x,y)\mathrm{d}x$.

(3) $\int_0^1\mathrm{d}y\int_0^y f(x,y)\mathrm{d}x+\int_1^2\mathrm{d}y\int_0^{2-y} f(x,y)\mathrm{d}x=\int_0^1\mathrm{d}x\int_x^{2-x} f(x,y)\mathrm{d}y$.

5.利用极坐标计算下列各二重积分：

(1) $\iint\limits_D \mathrm{e}^{\sqrt{x^2+y^2}}\mathrm{d}\sigma$,其中 D 是由圆周 $x^2+y^2=4$ 所围成的闭区域；

(2) $\iint\limits_D \frac{\sqrt{1-x^2-y^2}}{\sqrt{1+x^2+y^2}}\mathrm{d}\sigma$,其中 D 是由圆周 $x^2+y^2=1$ 及坐标轴所围成的在第一象限内的闭区域；

(3) $\iint\limits_D \arctan\frac{y}{x}\mathrm{d}\sigma$,其中 D 是由圆周 $x^2+y^2=4$,$x^2+y^2=1$ 及直线 $y=0$,$y=x$ 所围成的在第一象限内的闭区域；

(4) $\iint\limits_D \sqrt{x^2+y^2}\mathrm{d}\sigma$,其中 D 是由圆周 $x^2+y^2=4$,$x^2+y^2=2x$ 所围成的在第一象限内的闭区域.

解　(1) $\iint\limits_D \mathrm{e}^{\sqrt{x^2+y^2}}\mathrm{d}\sigma=\iint\limits_D r\mathrm{e}^r\mathrm{d}r\mathrm{d}\theta=\int_0^{2\pi}\mathrm{d}\theta\int_0^2 r\mathrm{e}^r\mathrm{d}r=2\pi(\mathrm{e}^2+1)$.

(2)
$$\iint\limits_D \frac{\sqrt{1-x^2-y^2}}{\sqrt{1+x^2+y^2}}\mathrm{d}\sigma=\iint\limits_D \frac{\sqrt{1-r^2}}{\sqrt{1+r^2}}r\mathrm{d}r\mathrm{d}\theta=\int_0^{\frac{\pi}{2}}\mathrm{d}\theta\int_0^1\frac{\sqrt{1-r^2}}{\sqrt{1+r^2}}r\mathrm{d}r$$
$$\xlongequal{t=r^2}\frac{\pi}{4}\int_0^1\frac{1-t}{\sqrt{1-t^2}}\mathrm{d}t=\frac{\pi}{4}(\arcsin t+\sqrt{1-t^2})\Big|_0^1=\frac{\pi}{8}(\pi-2).$$

(3)积分区域 D 如图 6-24 所示.

$$\iint\limits_D \arctan\frac{y}{x}\mathrm{d}\sigma=\iint\limits_D \arctan(\tan\theta)r\mathrm{d}r\mathrm{d}\theta=\int_0^{\frac{\pi}{4}}\theta\mathrm{d}\theta\int_1^2 r\mathrm{d}r=\frac{3}{64}\pi^2.$$

(4)积分区域 D 如图 6-25 所示.

$$\iint\limits_D \sqrt{x^2+y^2}\mathrm{d}\sigma=\iint\limits_D r^2\mathrm{d}r\mathrm{d}\theta=\int_0^{\frac{\pi}{2}}\mathrm{d}\theta\int_{2\cos\theta}^2 r^2\mathrm{d}r$$
$$=\frac{8}{3}\int_0^{\frac{\pi}{2}}(1-\cos^3\theta)\mathrm{d}\theta=\frac{8}{3}\left(\frac{\pi}{2}-\frac{2}{3}\right).$$

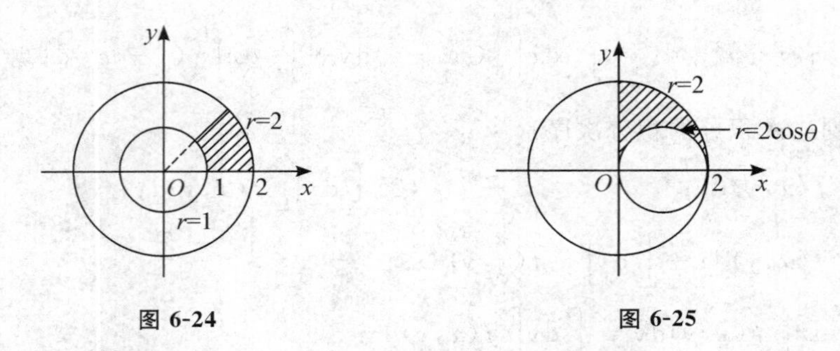

图 6-24　　　　图 6-25

6. 求两个柱面 $x^2+y^2=R^2$ 与 $x^2+z^2=R^2$ 所围成立体的体积.

解　由图形的对称性可知所围立体 Ω 被坐标面分成全等的八个部分，所以只需计算在第一卦限的体积 V_1，如图 6-26 所示.

曲面方程为 $z=\sqrt{R^2-x^2}$，积分区域为 $D:\begin{cases}0\leqslant y\leqslant\sqrt{R^2-x^2}\\0\leqslant x\leqslant R\end{cases}$，由以上分析可知：

$$V_1=\iint\limits_D\sqrt{R^2-x^2}\,\mathrm{d}x\mathrm{d}y=\frac{2}{3}R^3,\quad V_\Omega=8V_1=\frac{16}{3}R^3.$$

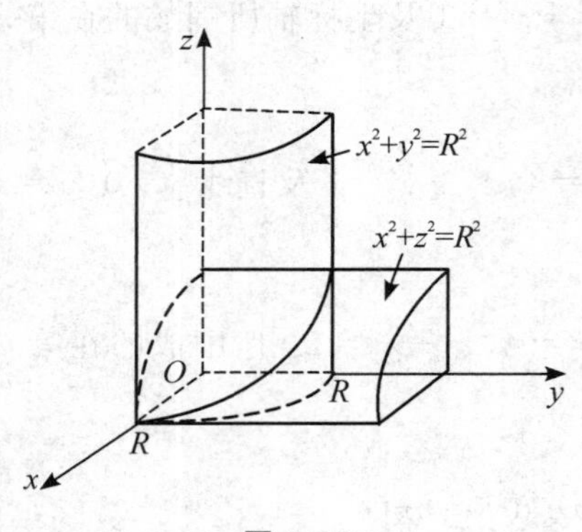

图 6-26

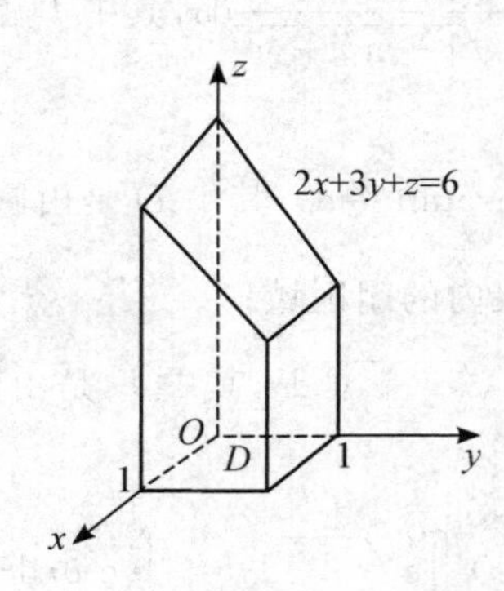

图 6-27

7. 求由四个平面 $x=0,y=0,x=1,y=1$ 所围成的柱体被平面 $z=0$ 及 $2x+3y+z=6$ 截得的立体的体积.

解　利用二重积分来计算立体体积 V，所截立体如图 6-27 所示. 选取 $z=6-2x-3y$ 为被积函数，xOy 面上的矩形区域 D 为积分区域，下面来计算立体体积 V.

$$V=\iint\limits_D(6-2x-3y)\,\mathrm{d}x\mathrm{d}y=\int_0^1\mathrm{d}y\int_0^1(6-2x-3y)\,\mathrm{d}x=\frac{7}{2}.$$

□ 习题 6.3　二重积分的应用

1. 计算下列曲面的面积：

(1) 平面 $x+2y+z=4$ 被柱面 $x^2+y^2=4$ 截下的那一部分；

(2) 曲面 $z=\frac{1}{2}(x^2+y^2)$ 夹在圆柱面 $x^2+y^2=1$ 和 $x^2+y^2=3$ 之间的部分；

(3)球面 $x^2+y^2+z^2=4z$ 含在抛物面 $z=x^2+y^2$ 内部的部分.

解　(1)由题意可知,要求面积的曲面 S 的方程应为 $z=4-x-2y$,曲面 S 在 xOy 面上的投影区域 D 为圆 $x^2+y^2=4$ 所围成的闭区域.设曲面面积为 S.

$$S=\iint_D \sqrt{1+z_x'^2+z_y'^2}=\iint_D \sqrt{1+(-1)^2+(-2)^2}\,\mathrm{d}x\mathrm{d}y=4\sqrt{6}\pi.$$

(2)由题意可知,要求面积的曲面 S 的方程应为 $z=\frac{1}{2}(x^2+y^2)$,曲面 S 在 xOy 面上的投影区域 D 应为曲面 $z=\frac{1}{2}(x^2+y^2)$,$x^2+y^2=1$ 和 $x^2+y^2=3$ 所围立体在 xOy 面上的投影区域.故 $D=\{(x,y)\mid 1\leqslant x^2+y^2\leqslant 3\}$,其为 xOy 面上的一圆环.设曲面面积为 S.

$$S=\sqrt{1+z_x'^2+z_y'^2}=\iint_D \sqrt{1+x^2+y^2}\,\mathrm{d}x\mathrm{d}y\xlongequal{x=r\cos\theta,\,y=r\sin\theta}\iint_D \sqrt{1+r^2}\,r\mathrm{d}r\mathrm{d}\theta$$

$$=\int_0^{2\pi}\mathrm{d}\theta\int_1^{\sqrt{3}}\sqrt{1+r^2}\,r\mathrm{d}r=\frac{4\pi}{3}(4-\sqrt{2}).$$

(3)由题意可知,要求面积的曲面 S 的方程应为 $z=2+\sqrt{4-x^2-y^2}$(由球面方程 $x^2+y^2+z^2=4z$ 求得).S 在 xOy 面上的投影区域 D 应为球面 $x^2+y^2+z^2=4z$ 和抛物面 $z=x^2+y^2$ 所围立体在 xOy 面上的投影区域.$D=\{(x,y)\mid x^2+y^2\leqslant 3\}$,为 xOy 面上的圆形区域.设曲面面积为 S.

$$S=\sqrt{1+z_x'^2+z_y'^2}=\iint_D \sqrt{1+\frac{x^2}{4-x^2-y^2}+\frac{y^2}{4-x^2-y^2}}\,\mathrm{d}x\mathrm{d}y$$

$$=2\iint_D \frac{1}{\sqrt{4-x^2-y^2}}\mathrm{d}x\mathrm{d}y=\int_0^{2\pi}\mathrm{d}\theta\int_0^{\sqrt{3}}\frac{2r}{\sqrt{4-r^2}}\mathrm{d}r=4\pi.$$

2.计算下列立体 Ω 的表面积:

(1)Ω 由圆柱面 $x^2+y^2=9$,平面 $4y+3z=12$ 和 $4y-3z=12$ 所围成;

(2)$\Omega=\{(x,y,z)\mid x^2+z^2\leqslant R^2,\ y^2+z^2\leqslant R^2\}$.

解　(1)Ω 由两平面 S_1,S_3 以及柱面 S_2 围成,如图6-28所示.S_1,S_2 和 S_3 同时表示其面积.S_1:$z=4-\frac{4}{3}y$;S_1 在 xOy 面上的投影区域 $D_1=\{(x,y)\mid x^2+y^2\leqslant 9\}$.由此可得:

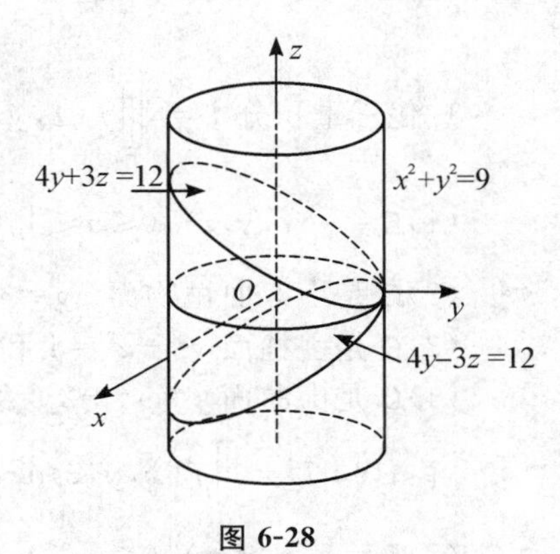

图 6-28

$$S_1=\iint_{D_1}\sqrt{1+z_x'^2+z_y'^2}\,\mathrm{d}x\mathrm{d}y$$

$$=\iint_{D_1}\sqrt{1+0^2+\frac{16}{9}}\,\mathrm{d}x\mathrm{d}y=15\pi.$$

同理可得 $S_3=15\pi$.

S_2 被 yOz 面分成前后两个面积相等的曲面,分别记为 S_{21},S_{22}.下面计算 S_{21}.

$S_{21}: x=\sqrt{9-y^2}$；S_{21}在 yOz 面上的投影 D_{21} 区域如下：

$$D_{21}=\left\{(y,z)\left|\frac{4}{3}y-4\leqslant z\leqslant 4-\frac{4}{3}y,-3\leqslant y\leqslant 3\right.\right\},$$

$$\begin{aligned}S_{21}&=\iint_{D_{21}}\sqrt{1+x_y'^2+x_z'^2}\mathrm{d}y\mathrm{d}z=\iint_{D_{21}}\sqrt{1+\frac{y^2}{9-y^2}+0^2}\mathrm{d}y\mathrm{d}z\\&=3\iint_{D_{21}}\frac{1}{\sqrt{9-y^2}}\mathrm{d}y\mathrm{d}z=3\int_{-3}^{3}\mathrm{d}y\int_{\frac{4}{3}y-4}^{4-\frac{4}{3}y}\frac{1}{\sqrt{9-y^2}}\mathrm{d}z\\&=8\int_{-3}^{3}\frac{3-y}{\sqrt{9-y^2}}\mathrm{d}y=24\pi.\end{aligned}$$

同理，$S_{22}=24\pi$.

所以所求的面积为 $S=15\pi\times 2+24\pi\times 2=78\pi$.

(2)Ω 被三坐标面分成全等的八个部分. 图 6-29 中为第一卦限的部分，其含有两个面 S_1 和 S_2，由对称性可知 S_1 和 S_2 的面积相等. 因此，$S_\Omega=16S_1$.

$S_1: z=\sqrt{R^2-x^2}$，S_1在 xOy 面上的投影区域

$$D_1=\{(x,y)\mid 0\leqslant y\leqslant x,0\leqslant x\leqslant R\}.$$

$$\begin{aligned}S_1&=\iint_{D_1}\sqrt{1+z_x'^2+z_y'^2}\mathrm{d}x\mathrm{d}y\\&=\iint_{D_1}\frac{R}{\sqrt{R^2-x^2}}\mathrm{d}x\mathrm{d}y\\&=\int_0^R\mathrm{d}x\int_0^x\frac{R}{\sqrt{R^2-x^2}}\mathrm{d}y=R^2.\end{aligned}$$

$$S_\Omega=16S_1=16R^2.$$

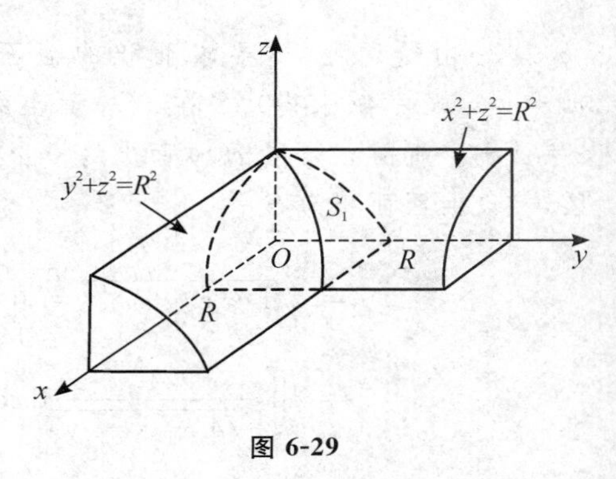

图 6-29

□* 习题 6.4　三重积分

1. 化三重积分 $I=\iiint_\Omega f(x,y,z)\mathrm{d}x\mathrm{d}y\mathrm{d}z$ 为三次积分，其中 Ω 分别是

(1)$\Omega=\left\{(x,y,z)\left|0\leqslant x\leqslant 1,0\leqslant y\leqslant 3,0\leqslant z\leqslant\frac{1}{6}(12-3x-2y)\right.\right\}$；

(2)Ω 是由双曲抛物面 $xy=z$ 及平面 $x+y-1=0,z=0$ 所围成的闭区域；

(3)Ω 是由柱面 $y^2+z^2=1$ 和平面 $x=1,x=4$ 在第一卦限所围成的闭区域；

(4)Ω 是由曲面 $z=x^2+2y^2$ 及 $z=2-x^2$ 所围成的闭区域.

解　(1) $I=\iiint_\Omega f(x,y,z)\mathrm{d}x\mathrm{d}y\mathrm{d}z=\int_0^1\mathrm{d}x\int_0^3\mathrm{d}y\int_0^{\frac{1}{6}(12-3x-2y)}f(x,y,z)\mathrm{d}z$.

(2)$\Omega=\{(x,y,z)\mid 0\leqslant x\leqslant 1,0\leqslant y\leqslant 1-x,0\leqslant z\leqslant xy\}$，

$$I=\iiint_\Omega f(x,y,z)\mathrm{d}x\mathrm{d}y\mathrm{d}z=\int_0^1\mathrm{d}x\int_0^{1-x}\mathrm{d}y\int_0^{xy}f(x,y,z)\mathrm{d}z.$$

(3)$\Omega=\{(x,y,z)\mid 1\leqslant x\leqslant 4,0\leqslant y\leqslant 1,0\leqslant z\leqslant \sqrt{1-y^2}\}$,

$$I=\iiint\limits_{\Omega} f(x,y,z)\mathrm{d}x\mathrm{d}y\mathrm{d}z=\int_1^4\mathrm{d}x\int_0^1\mathrm{d}y\int_0^{\sqrt{1-y^2}} f(x,y,z)\mathrm{d}z.$$

(4)$\Omega=\{(x,y,z)\mid -1\leqslant x\leqslant 1,-\sqrt{1-x^2}\leqslant y\leqslant \sqrt{1-x^2},x^2+2y^2\leqslant z\leqslant 2-x^2\}$,

$$I=\iiint\limits_{\Omega} f(x,y,z)\mathrm{d}x\mathrm{d}y\mathrm{d}z=\int_{-1}^1\mathrm{d}x\int_{-\sqrt{1-x^2}}^{\sqrt{1-x^2}}\mathrm{d}y\int_{x^2+2y^2}^{2-x^2} f(x,y,z)\mathrm{d}z.$$

2. 计算下列三次积分：

(1) $\int_0^1\mathrm{d}x\int_x^{2x}\mathrm{d}y\int_0^{x+y}2xy\mathrm{d}z$；　　(2) $\int_0^1\mathrm{d}z\int_0^{2z}\mathrm{d}y\int_0^{z+2}(z+xy)\mathrm{d}x$；

(3) $\int_0^{\pi}\mathrm{d}y\int_0^2\mathrm{d}z\int_0^{\sqrt{4-z^2}}z\sin y\mathrm{d}x$；　　(4) $\int_0^2\mathrm{d}z\int_1^z\mathrm{d}x\int_0^{\sqrt{\frac{x}{z}}}2xyz\mathrm{d}y$.

解 (1) $\int_0^1\mathrm{d}x\int_x^{2x}\mathrm{d}y\int_0^{x+y}2xy\mathrm{d}z=\int_0^1\mathrm{d}x\int_x^{2x}(2x^2y+2xy^2)\mathrm{d}y=\int_0^1\frac{23}{3}x^4\mathrm{d}x=\frac{23}{15}$.

(2) $$\int_0^1\mathrm{d}z\int_0^{2z}\mathrm{d}y\int_0^{z+2}(z+xy)\mathrm{d}x=\int_0^1\mathrm{d}z\int_0^{2z}\left[z^2+2z+\left(\frac{1}{2}z^2+2z+2\right)y\right]\mathrm{d}y$$
$$=\int_0^1(z^4+6z^3+8z^2)\mathrm{d}z=\frac{131}{30}.$$

(3) $\int_0^{\pi}\mathrm{d}y\int_0^2\mathrm{d}z\int_0^{\sqrt{4-z^2}}z\sin y\mathrm{d}x=\int_0^{\pi}\mathrm{d}y\int_0^2 z\sqrt{4-z^2}\sin y\mathrm{d}z=\frac{16}{3}$.

(4) $\int_0^2\mathrm{d}z\int_1^z\mathrm{d}x\int_0^{\sqrt{\frac{x}{z}}}2xyz\mathrm{d}y=\int_0^2\mathrm{d}z\int_1^z x^2\mathrm{d}x=\int_0^2\left(\frac{1}{3}z^3-\frac{1}{3}\right)\mathrm{d}z=\frac{2}{3}$.

3. 如果三重积分 $\iiint\limits_{\Omega} f(x,y,z)\mathrm{d}x\mathrm{d}y\mathrm{d}z$ 的被积函数 $f(x,y,z)$ 是三个函数 $f_1(x)$、$f_2(x)$、$f_3(x)$的乘积，即 $f(x,y,z)=f_1(x)\cdot f_2(y)\cdot f_3(z)$，积分区域 $\Omega=\{(x,y,z)\mid a\leqslant x\leqslant b, c\leqslant y\leqslant d, l\leqslant z\leqslant m\}$，证明这个三重积分等于三个定积分的乘积，即

$$\iiint\limits_{\Omega} f_1(x)f_2(y)f_3(z)\mathrm{d}x\mathrm{d}y\mathrm{d}z=\int_a^b f_1(x)\mathrm{d}x\int_c^d f_2(y)\mathrm{d}y\int_l^m f_3(z)\mathrm{d}z.$$

证 $$\iiint\limits_{\Omega} f_1(x)f_2(y)f_3(z)\mathrm{d}x\mathrm{d}y\mathrm{d}z=\int_a^b\mathrm{d}x\int_c^d\mathrm{d}y\int_l^m f_1(x)f_2(y)f_3(z)\mathrm{d}z$$
$$=\int_a^b f_1(x)\mathrm{d}x\int_c^d f_2(y)\mathrm{d}y\int_l^m f_3(z)\mathrm{d}z.$$

4. 计算下列三重积分：

(1) $\iiint\limits_{\Omega} xy^2z^3\mathrm{d}x\mathrm{d}y\mathrm{d}z$，其中 Ω 是由曲面 $z=xy$，平面 $y=x$，$x=1$ 和 $z=0$ 所围成的闭区域；

(2) $\iiint\limits_{\Omega}\frac{xyz}{1+x^2+y^2+z^2}\mathrm{d}x\mathrm{d}y\mathrm{d}z$，其中 $\Omega=\{(x,y,z)\mid x\geqslant 0,z\geqslant 0,x^2+y^2+z^2\leqslant 1\}$.

解 (1)利用直角坐标中的投影法进行计算，$\Omega=\{(x,y,z)\mid 0\leqslant x\leqslant 1,0\leqslant y\leqslant x,0\leqslant z\leqslant xy\}$.

$$\iiint\limits_{\Omega} xy^2z^3\mathrm{d}x\mathrm{d}y\mathrm{d}z = \int_0^1\mathrm{d}x\int_0^x\mathrm{d}y\int_0^{xy}xy^2z^3\mathrm{d}z$$

$$= \int_0^1\mathrm{d}x\int_0^x\frac{1}{4}x^5y^6\mathrm{d}y = \int_0^1\frac{1}{28}x^{12}\mathrm{d}x = \frac{1}{364}.$$

(2)利用球面坐标进行计算，$\Omega=\left\{(r,\varphi,\theta)\,\middle|\,0\leqslant\theta\leqslant\pi,0\leqslant\varphi\leqslant\frac{\pi}{2},0\leqslant r\leqslant 1\right\}$.

由 $\iiint\limits_{\Omega} f(x,y,z)\mathrm{d}x\mathrm{d}y\mathrm{d}z = \iiint\limits_{\Omega} f(r\sin\varphi\cos\theta,r\sin\varphi\sin\theta,r\cos\varphi)r^2\sin\varphi\mathrm{d}r\mathrm{d}\varphi\mathrm{d}\theta$ 可得

$$\iiint\limits_{\Omega}\frac{xyz}{1+x^2+y^2+z^2}\mathrm{d}x\mathrm{d}y\mathrm{d}z = \iiint\limits_{\Omega}\frac{r^5\sin^3\varphi\cos\varphi\sin\theta\cos\theta}{1+r^2}\mathrm{d}r\mathrm{d}\varphi\mathrm{d}\theta$$

$$= \int_0^{\pi}\sin\theta\cos\theta\mathrm{d}\theta\int_0^{\frac{\pi}{2}}\sin^3\varphi\cos\varphi\mathrm{d}\varphi\int_0^1\frac{r^5}{1+r^2}\mathrm{d}r = 0.$$

5. 利用柱面坐标计算下列三重积分：

(1) $\iiint\limits_{\Omega} z\,\mathrm{d}v$，其中 Ω 是由曲面 $z=\sqrt{2-x^2-y^2}$ 及 $z=x^2+y^2$ 所围成的闭区域；

(2) $\iiint\limits_{\Omega} x^2\,\mathrm{d}v$，其中 $\Omega=\{(x,y,z)\mid x^2+y^2\leqslant 1,0\leqslant z\leqslant\sqrt{4x^2+4y^2}\}$.

解 (1)积分区域如图 6-30 所示，曲面方程换成柱面坐标中的表示形式：

$$z=\sqrt{2-r^2}\quad 和\quad z=r^2.$$

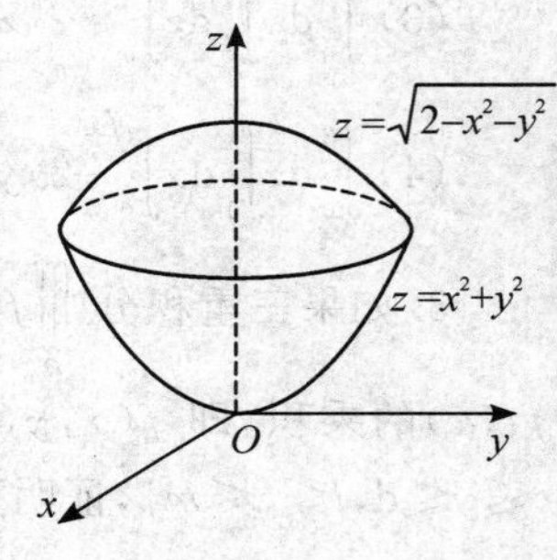

图 6-30

解方程组 $\begin{cases} z=r^2 \\ z=\sqrt{2-r^2} \end{cases}$，可得 Ω 在 xOy 面上的投影区域

$$D=\{(r,\theta)\mid 0\leqslant\theta\leqslant 2\pi,0\leqslant r\leqslant 1\}.$$

$$\iiint\limits_{\Omega} z\,\mathrm{d}v = \iiint\limits_{\Omega} zr\,\mathrm{d}r\mathrm{d}\theta\mathrm{d}z = \int_0^{2\pi}\mathrm{d}\theta\int_0^1\mathrm{d}r\int_{r^2}^{\sqrt{2-r^2}}zr\,\mathrm{d}z = \frac{7}{12}\pi.$$

(2)积分区域如图 6-31 所示，曲面方程换成柱面坐标中的表示形式：

$$z=2r,\quad r^2=1.$$

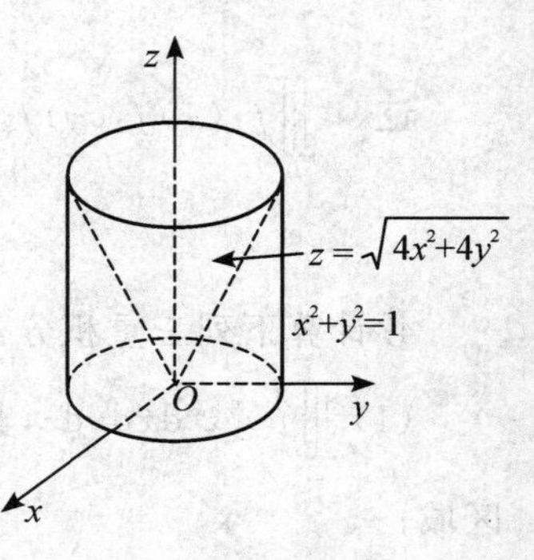

图 6-31

解方程组 $\begin{cases} z=2r \\ r^2=1 \end{cases}$，可得 Ω 在 xOy 面上的投影区域

$$D=\{(r,\theta)\mid 0\leqslant\theta\leqslant 2\pi,0\leqslant r\leqslant 1\}.$$

$$\iiint\limits_{\Omega} x^2\,\mathrm{d}v = \iiint\limits_{\Omega} r^3\cos^2\theta\mathrm{d}r\mathrm{d}\theta\mathrm{d}z = \int_0^{2\pi}\cos^2\theta\mathrm{d}\theta\int_0^1 r^3\mathrm{d}r\int_0^{2r}\mathrm{d}z = \frac{2\pi}{5}.$$

6. 利用球面坐标计算下列三重积分：

(1) $\iiint\limits_{\Omega}\sqrt{x^2+y^2+z^2}\,\mathrm{d}v$，其中 Ω 是锥面 $\varphi=\dfrac{\pi}{6}$ 上方，球面 $r=2$ 下方所围成的闭区域；

(2) $\iiint\limits_{\Omega}x\mathrm{e}^{(x^2+y^2+z^2)^2}\,\mathrm{d}v$，其中 Ω 是第一卦限中球面 $x^2+y^2+z^2=1$ 与 $x^2+y^2+z^2=4$ 所围成的闭区域.

分析 球面坐标与直角坐标间的转化公式：

$$x=r\sin\varphi\cos\theta,\quad y=r\sin\varphi\sin\theta,\quad z=r\cos\varphi.$$

$$\iiint\limits_{\Omega}f(x,y,z)\,\mathrm{d}x\mathrm{d}y\mathrm{d}z=\iiint\limits_{\Omega}f(r\sin\varphi\cos\theta,r\sin\varphi\sin\theta,r\cos\varphi)r^2\sin\varphi\,\mathrm{d}r\mathrm{d}\varphi\mathrm{d}\theta.$$

解 (1)积分区域 Ω 如图 6-32 所示.

$$\iiint\limits_{\Omega}\sqrt{x^2+y^2+z^2}\,\mathrm{d}v=\int_0^{2\pi}\mathrm{d}\theta\int_0^{\frac{\pi}{6}}\sin\varphi\,\mathrm{d}\varphi\int_0^2 r^3\,\mathrm{d}r=4(2-\sqrt{3})\pi.$$

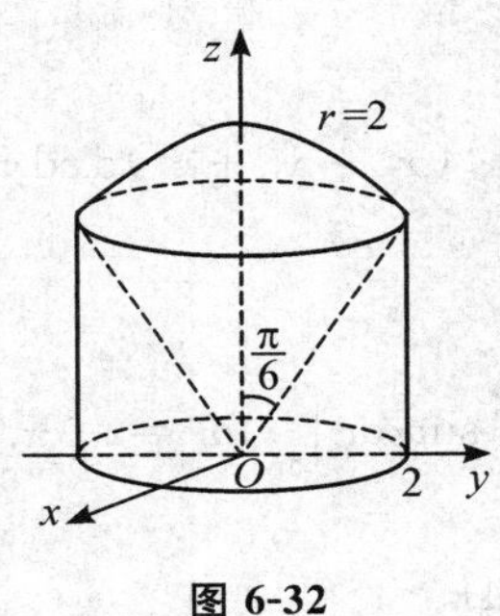

图 6-32

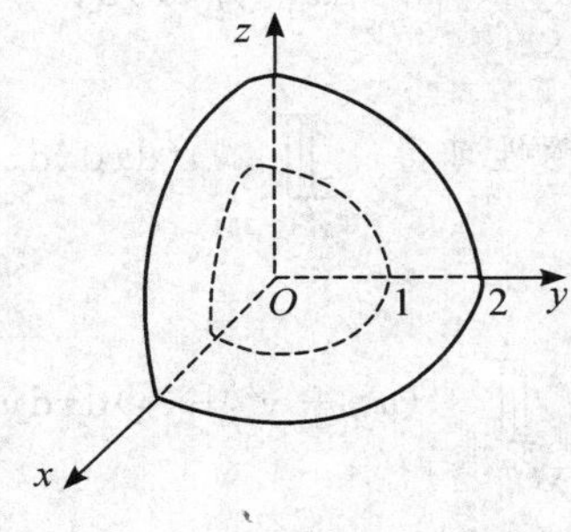

图 6-33

(2)积分区域 Ω 如图 6-33 所示.

$$\iiint\limits_{\Omega}x\mathrm{e}^{(x^2+y^2+z^2)^2}\,\mathrm{d}v=\iiint\limits_{\Omega}r^3\cdot\sin^2\varphi\cdot\cos\theta\cdot\mathrm{e}^{r^4}\,\mathrm{d}r\mathrm{d}\varphi\mathrm{d}\theta$$

$$=\int_0^{\frac{\pi}{2}}\cos\theta\,\mathrm{d}\theta\int_0^{\frac{\pi}{2}}\sin^2\varphi\,\mathrm{d}\varphi\int_1^2 r^3\mathrm{e}^{r^4}\,\mathrm{d}r=\frac{\mathrm{e}^{16}-\mathrm{e}}{16}\pi.$$

□ 总习题 6

1. 填空题

(1)设 $D=\{(x,y)\mid 0\leqslant x\leqslant 1,0\leqslant y\leqslant 1\}$，则 $\iint\limits_{D}(x+y)\,\mathrm{d}x\mathrm{d}y=$ ________.

(2)交换积分次序 $\int_0^1\mathrm{d}x\int_x^{\sqrt{2x-x^2}}f(x,y)\,\mathrm{d}y=$ ________.

(3) 设 $\int_{-1}^0\mathrm{d}x\int_0^{\sqrt{1-x^2}}f(x,y)\,\mathrm{d}y=\int_\alpha^\beta\mathrm{d}\theta\int_0^1 f(r\cos\theta,r\sin\theta)r\,\mathrm{d}r$，则 $(\alpha,\beta)=$ ________.

(4)设 $D=\{(x,y)\mid 2\,009\leqslant x\leqslant 2\,010,0\leqslant y\leqslant 1\}$,且 $\iint\limits_D yf(x)\mathrm{d}x\mathrm{d}y=1$,则 $\int_{2\,009}^{2\,010}f(x)\mathrm{d}x=$______.

*(5) $\iiint\limits_{x^2+y^2+z^2\leqslant 1}x^2\mathrm{d}x\mathrm{d}y\mathrm{d}z=$________.

解 (1) $\iint\limits_D(x+y)\mathrm{d}x\mathrm{d}y=\int_0^1\mathrm{d}x\int_0^1(x+y)\mathrm{d}y=\int_0^1\left(x+\frac{1}{2}\right)\mathrm{d}x=1$.

(2)积分区域既是 X-型又是 Y-型区域,题中是把积分当作 X-型区域计算的,换成 Y-型可得 $\int_0^1\mathrm{d}x\int_x^{\sqrt{2x-x^2}}f(x,y)\mathrm{d}y=\int_0^1\mathrm{d}y\int_{1-\sqrt{1-y^2}}^{y}f(x,y)\mathrm{d}x$.

(3)二重积分在直角坐标下的计算转化到极坐标中进行计算,在直角坐标中画出积分区域,确定 θ 的范围:$(\alpha,\beta)=\left(\frac{\pi}{2},\pi\right)$.

(4)D 既是 X-型又是 Y-型区域,把 D 当成 X-型区域计算可得

$$\iint\limits_D yf(x)\mathrm{d}x\mathrm{d}y=\int_{2\,009}^{2\,010}\mathrm{d}x\int_0^1 yf(x)\mathrm{d}y=\int_{2\,009}^{2\,010}\frac{1}{2}f(x)\mathrm{d}x=1,\text{所以}\int_{2\,009}^{2\,010}f(x)\mathrm{d}x=2.$$

*(5) 由对称性可得 $\iiint\limits_{x^2+y^2+z^2\leqslant 1}x^2\mathrm{d}x\mathrm{d}y\mathrm{d}z=\frac{1}{3}\iiint\limits_{x^2+y^2+z^2\leqslant 1}(x^2+y^2+z^2)\mathrm{d}x\mathrm{d}y\mathrm{d}z$. 再利用球坐标计算

$$\iiint\limits_{x^2+y^2+z^2\leqslant 1}(x^2+y^2+z^2)\mathrm{d}x\mathrm{d}y\mathrm{d}z=\int_0^{2\pi}\mathrm{d}\theta\int_0^{\pi}\sin\varphi\mathrm{d}\varphi\int_0^1 r^4\mathrm{d}r=\frac{4}{5}\pi.$$

由此可得 $$\iiint\limits_{x^2+y^2+z^2\leqslant 1}x^2\mathrm{d}x\mathrm{d}y\mathrm{d}z=\frac{4\pi}{15}.$$

2. 选择题

(1)设区域 D 由 $x=0,y=-1,y=-x$ 所围成. 则 $\iint\limits_D f(x,y)\mathrm{d}x\mathrm{d}y=($ $)$.

A. $\int_0^1\mathrm{d}x\int_{-1}^{0}f(x,y)\mathrm{d}y$ B. $\int_0^1\mathrm{d}x\int_0^{-x}f(x,y)\mathrm{d}y$

C. $\int_0^1\mathrm{d}x\int_{-1}^{-x}f(x,y)\mathrm{d}y$ D. $\int_0^{-1}\mathrm{d}y\int_0^{-y}f(x,y)\mathrm{d}x$

(2)已知 $\int_0^1 f(x)\mathrm{d}x=\int_0^1 xf(x)\mathrm{d}x$,则 $\iint\limits_D f(x)\mathrm{d}x\mathrm{d}y$(其中 $D:x+y\leqslant 1,x\geqslant 0,y\geqslant 0$)等于( ).

A. 2 B. 0 C. $\frac{1}{2}$ D. 1

(3)设区域 $D:(x-1)^2+y^2\leqslant 1$,则 $\iint\limits_D f(x,y)\mathrm{d}x\mathrm{d}y$ 化为极坐标形式为( ).

A. $\int_0^{\pi}\mathrm{d}\theta\int_0^{2\cos\theta}f(r\cos\theta,r\sin\theta)r\mathrm{d}r$ B. $\int_{-\pi}^{\pi}\mathrm{d}\theta\int_0^{2\cos\theta}f(r\cos\theta,r\sin\theta)\mathrm{d}r$

C. $\int_{-\frac{\pi}{2}}^{\frac{\pi}{2}}\mathrm{d}\theta\int_{0}^{2\cos\theta}f(r\cos\theta,r\sin\theta)r\mathrm{d}r$　　D. $\int_{-\frac{\pi}{2}}^{\frac{\pi}{2}}\mathrm{d}\theta\int_{0}^{2\cos\theta}f(r\cos\theta,r\sin\theta)\mathrm{d}r$

(4)设区域 $D:x^2+y^2\leqslant 1$,则 $\iint\limits_D f(\sqrt{x^2+y^2})\mathrm{d}x\mathrm{d}y=(\quad)$.

A. $2\pi\int_0^1 rf(r)\mathrm{d}r$　　B. $2\pi\int_0^1 f(r)\mathrm{d}r$

C. $2\pi\int_0^1 f(r^2)\mathrm{d}r$　　D. $4\pi\int_0^1 rf(r)\mathrm{d}r$

(5)设区域 D 由 $y=ax(a>0),y=0,x=1$ 所围成,且 $\iint\limits_D xy^2\mathrm{d}x\mathrm{d}y=\frac{1}{15}$,则 $a=(\quad)$.

A. 1　　B. $\sqrt[3]{\frac{4}{5}}$　　C. $\sqrt[3]{\frac{1}{15}}$　　D. $\sqrt[3]{\frac{2}{5}}$

解 (1)D 为三角形区域,既是 X-型又是 Y-型,正确的选项为 C.

(2)D 为三角形区域,既是 X-型又是 Y-型,选择 X-型区域进行计算.

$\iint\limits_D f(x)\mathrm{d}x\mathrm{d}y=\int_0^1\mathrm{d}x\int_0^{1-x}f(x)\mathrm{d}y=\int_0^1(1-x)f(x)\mathrm{d}x=0$. 选择 B.

(3)直角坐标与极坐标之间的转化.画出直角坐标下的积分区域,确定 r,θ 的范围.选择 C.

(4)直角坐标与极坐标之间的转化.画出直角坐标下的积分区域,确定 r,θ 的范围.选择 A.

(5)D 为三角形区域,既是 X-型又是 Y-型,计算易得,

$\iint\limits_D xy^2\mathrm{d}x\mathrm{d}y=\frac{1}{15}a^3$,又 $\iint\limits_D xy^2\mathrm{d}x\mathrm{d}y=\frac{1}{15}$,所以 $a=1$. 故选 A.

3. 计算下列二重积分:

(1) $\iint\limits_D\frac{x^2}{y^2}\mathrm{d}\sigma$,其中 D 是由 $y=\frac{1}{x},y=x,x=2$ 所围成的闭区域;

(2) $\iint\limits_D xy\mathrm{d}\sigma$,其中 $D:0\leqslant y\leqslant x\leqslant\sqrt{4-y^2}$;

(3) $\iint\limits_D\sqrt{1+y^3}\mathrm{d}\sigma$,其中 D 是由 $x=0,y=1,y^2=x$ 所围成的闭区域.

解 (1)积分区域为 X-型区域,$y=\frac{1}{x}$ 与 $y=x$ 的交点坐标为(1,1).

$$\iint\limits_D\frac{x^2}{y^2}\mathrm{d}\sigma=\int_1^2\mathrm{d}x\int_{\frac{1}{x}}^{x}\frac{x^2}{y^2}\mathrm{d}y=\int_1^2(x^3-x)\mathrm{d}x=\frac{9}{4}.$$

(2)利用极坐标进行二重积分的计算.由题意易知:$0\leqslant r\leqslant 2,0\leqslant\theta\leqslant\frac{\pi}{4}$.

$$\iint\limits_D xy\mathrm{d}\sigma=\iint\limits_D r^3\sin\theta\cos\theta\mathrm{d}r\mathrm{d}\theta=\int_0^{\frac{\pi}{4}}\sin\theta\cos\theta\mathrm{d}\theta\int_0^2 r^3\mathrm{d}r=1.$$

(3)积分区域 D 既是 X-型又是 Y-型,作为 Y-型区域较容易计算.

$$\iint_D \sqrt{1+y^3}\,d\sigma = \int_0^1 dy\int_0^{y^2}\sqrt{1+y^3}\,dx = \int_0^1 y^2\sqrt{1+y^3}\,dy$$
$$= \frac{2}{9}(2\sqrt{2}-1).$$

4. 计算下列二重积分：

(1) $\iint\limits_D \sqrt{4-x^2-y^2}\,d\sigma$，其中 D 是由 $y=1-\sqrt{1-x^2}$，$y=x$ 所围成的闭区域；

(2) $\iint\limits_D \cos\sqrt{x^2+y^2}\,d\sigma$，其中 $D=\{(x,y)\mid x^2+y^2\leqslant 1, y\geqslant 0\}$；

(3) $\iint\limits_D \frac{e^{-\sqrt{x^2+y^2}}}{\sqrt{x^2+y^2}}dxdy$，其中 D：$1\leqslant x^2+y^2\leqslant 4$.

解 (1)积分区域如图 6-34 所示. $y=1-\sqrt{1-x^2}$ 和 $y=x$ 在极坐标中的表达式应为

$$r=2\cos\theta \quad 和 \quad \theta=\frac{\pi}{4}.$$

$$\iint_D \sqrt{4-x^2-y^2}\,d\sigma = \iint_D \sqrt{4-r^2}\,r\,dr\,d\theta = \int_0^{\frac{\pi}{4}}d\theta\int_0^{2\cos\theta}\sqrt{4-r^2}\,r\,dr$$
$$= -\frac{8}{3}\int_0^{\frac{\pi}{4}}(\sin^3\theta-1)\,d\theta = \frac{2\pi}{3}-\frac{10\sqrt{2}}{9}.$$

(2)积分区域如图 6-35 所示.

$$\iint_D \cos\sqrt{x^2+y^2}\,d\sigma = \iint_D r\cos r\,dr\,d\theta = \int_0^{\pi}d\theta\int_0^1 r\cos r\,dr$$
$$= \pi(\sin 1+\cos 1-1).$$

(3)积分区域如图 6-36 所示.

$$\iint_D \frac{e^{-\sqrt{x^2+y^2}}}{\sqrt{x^2+y^2}}dxdy = \iint_D e^{-r}\,dr\,d\theta = \int_0^{2\pi}d\theta\int_1^2 e^{-r}\,dr$$
$$= 2\pi(e^{-1}-e^{-2}).$$

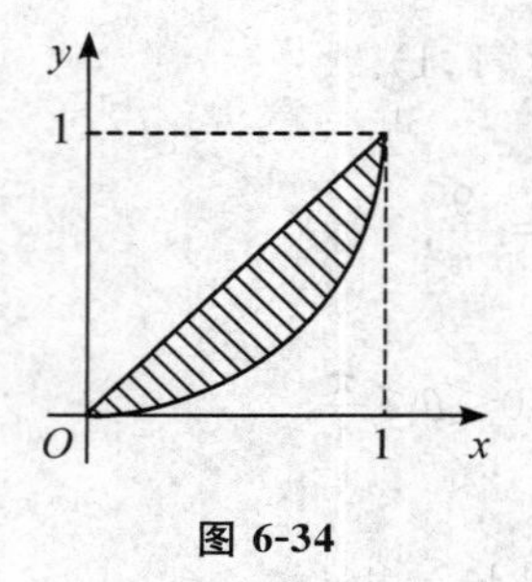

图 6-34

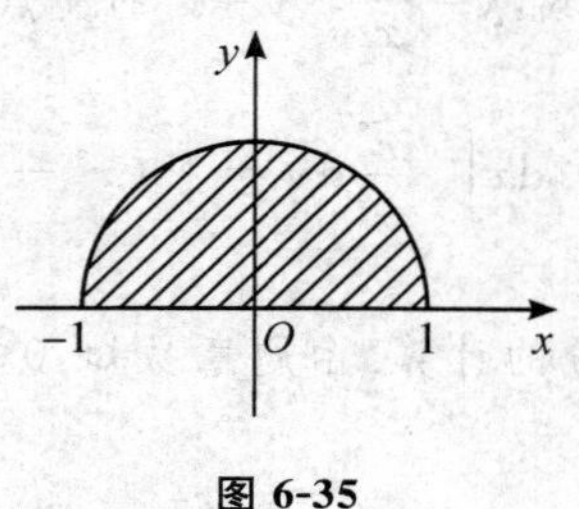

图 6-35

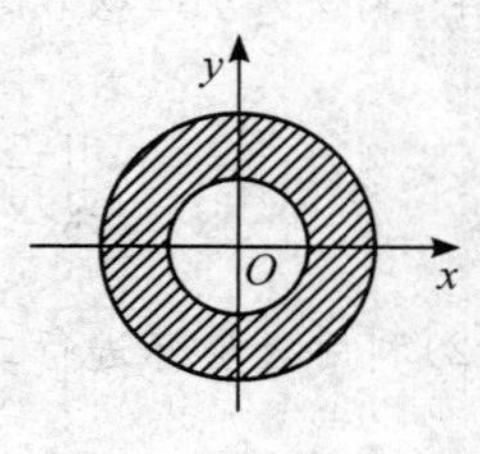

图 6-36

5. 求由平面 $x=0$，$y=0$，$x+y=1$ 所围成的柱体被平面 $z=0$ 及抛物面 $z=2-x^2-y^2$ 截得的立体的体积.

解 题中所述立体为一曲顶柱体,如图 6-37 所示. 利用二重积分可计算曲顶柱体的体积. 本题中,被积函数应选为曲顶方程 $z=2-x^2-y^2$,积分区域为 xOy 面上的三角形区域 D. 设所求立体体积为 V.

$$\begin{aligned}V&=\iint\limits_D(2-x^2-y^2)\mathrm{d}x\mathrm{d}y\\&=\int_0^1\mathrm{d}x\int_0^{1-x}(2-x^2-y^2)\mathrm{d}y\\&=\frac{5}{6}.\end{aligned}$$

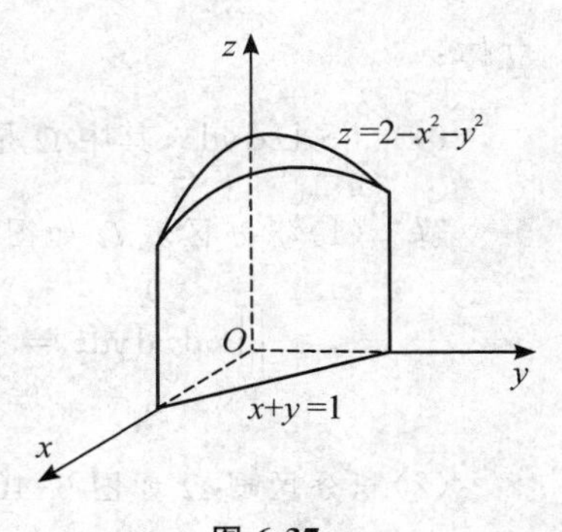

图 6-37

6. 设函数 $f(x)$ 为连续函数,证明:$\int_a^b\mathrm{d}x\int_a^x f(y)\mathrm{d}y=\int_a^b f(x)(b-x)\mathrm{d}x$.

证 由题意可知:$\int_a^b\mathrm{d}x\int_a^x f(y)\mathrm{d}y=\iint\limits_D f(y)\mathrm{d}x\mathrm{d}y$,积分区域 D 为如图 6-38 所示的区域. 积分区域 D 既是 X-型又是 Y-型区域. 将 D 看成 Y-型区域可得

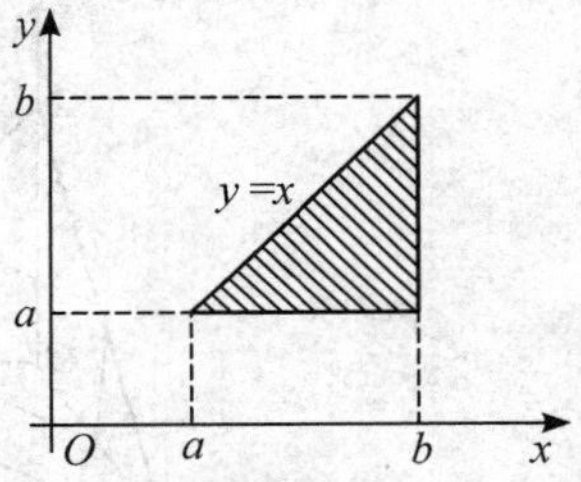

$$\iint\limits_D f(y)\mathrm{d}x\mathrm{d}y=\int_a^b\mathrm{d}y\int_y^b f(y)\mathrm{d}x=\int_a^b f(y)(b-y)\mathrm{d}y.$$

图 6-38

因为 $$\int_a^b f(y)(b-y)\mathrm{d}y=\int_a^b f(x)(b-x)\mathrm{d}x.$$

所以 $$\int_a^b\mathrm{d}x\int_a^x f(y)\mathrm{d}y=\iint\limits_D f(y)\mathrm{d}x\mathrm{d}y=\int_a^b f(x)(b-x)\mathrm{d}x.$$

7. 求锥面 $z=\sqrt{x^2+y^2}$ 被柱面 $x^2+y^2=x$ 所割下部分的面积.

解 利用二重积分可求曲面的面积. 由题意,显然要求面积的曲面方程为 $z=\sqrt{x^2+y^2}$. 易知所割下的部分在 xOy 面上的投影区域应为空间曲线 $\begin{cases}z=\sqrt{x^2+y^2}\\x^2+y^2=x\end{cases}$ 在 xOy 面上的投影曲线 $L:x^2+y^2=x$ 所围成的闭区域 D,所以

$$S=\iint\limits_D\sqrt{1+z_x'^2+z_y'^2}\mathrm{d}x\mathrm{d}y=\iint\limits_D\sqrt{2}\mathrm{d}x\mathrm{d}y=\sqrt{2}S_D=\frac{\sqrt{2}}{4}\pi.$$

*8. 计算下列三重积分:

(1) $\iiint\limits_\Omega x\mathrm{d}x\mathrm{d}y\mathrm{d}z$,其中 Ω 是由三个坐标面及平面 $x+y=1$,$x+y+z=2$ 所围成的空间区域;

(2) $\iiint\limits_\Omega z^2\mathrm{d}x\mathrm{d}y\mathrm{d}z$,其中 $\Omega:x^2+4y^2+z^2\leqslant 1$;

(3) $\iiint\limits_\Omega\sqrt{x^2+y^2}\mathrm{d}x\mathrm{d}y\mathrm{d}z$,其中 Ω 是曲面 $z=2-x^2-y^2$ 与曲面 $x^2+y^2=z$ 所围成的

立体；

(4) $\iiint\limits_{\Omega} z\,\mathrm{d}x\mathrm{d}y\mathrm{d}z$，其中 Ω 是 $x^2+y^2+z^2=2, z\geqslant 0$ 与 $z=\sqrt{x^2+y^2}$ 所围成的立体.

解 (1)积分区域 Ω 如图 6-39 所示.

$$\iiint\limits_{\Omega} x\,\mathrm{d}x\mathrm{d}y\mathrm{d}z=\iint\limits_{D}\mathrm{d}x\mathrm{d}y\int_0^{2-x-y}x\,\mathrm{d}z=\int_0^1\mathrm{d}x\int_0^{1-x}\mathrm{d}y\int_0^{2-x-y}x\,\mathrm{d}z=\frac{5}{24}.$$

(2)积分区域 Ω 如图 6-40 所示. 利用截面法计算，截面方程为 $\dfrac{x^2}{1-z^2}+\dfrac{4y^2}{1-z^2}\leqslant 1$.

$$\iiint\limits_{\Omega} z^2\,\mathrm{d}x\mathrm{d}y\mathrm{d}z=\int_{-1}^1\iint\limits_{D_z} z^2\,\mathrm{d}x\mathrm{d}y=\int_{-1}^1\frac{1}{2}\pi(1-z^2)z^2\,\mathrm{d}z=\frac{2\pi}{15}.$$

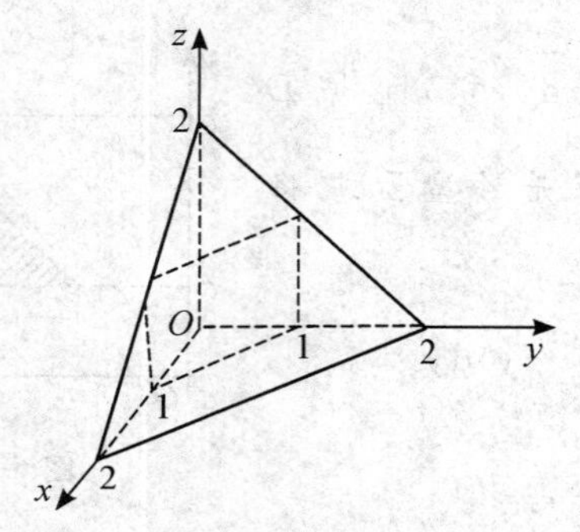

图 6-39

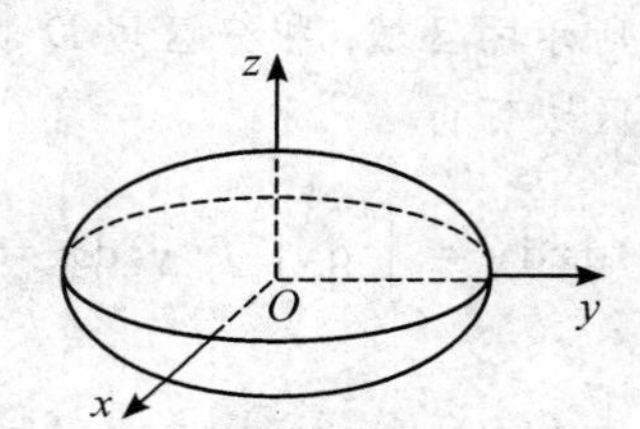

图 6-40

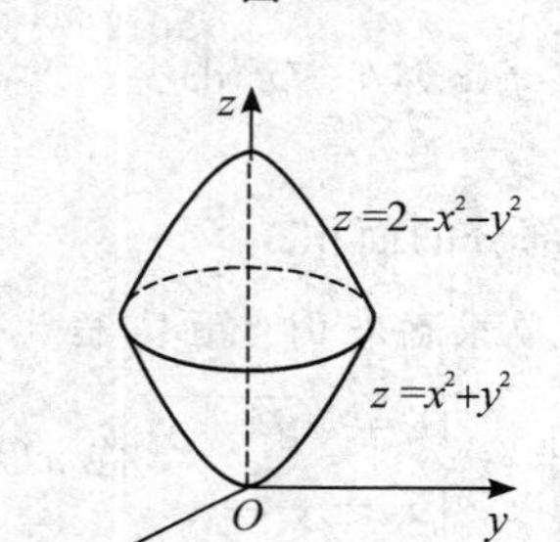

图 6-41

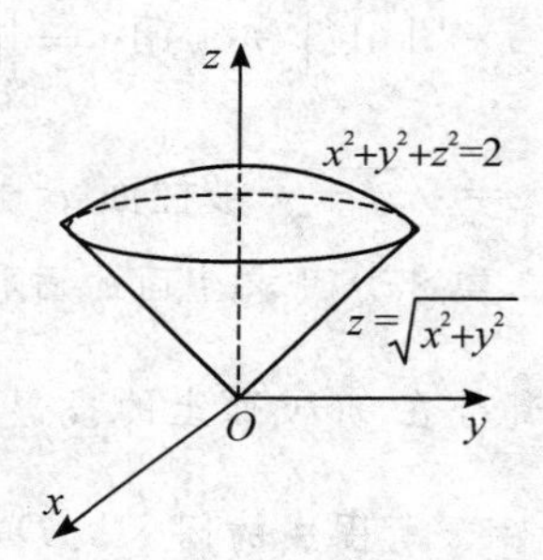

图 6-42

(3)积分区域 Ω 如图 6-41 所示. 利用柱面坐标计算：

$$\iiint\limits_{\Omega}\sqrt{x^2+y^2}\,\mathrm{d}x\mathrm{d}y\mathrm{d}z=\int_0^{2\pi}\mathrm{d}\theta\int_0^1\mathrm{d}r\int_{r^2}^{2-r^2}r^2\,\mathrm{d}z=\frac{8\pi}{15}.$$

(4)积分区域 Ω 如图 6-42 所示. 利用球面坐标进行计算：

$x^2+y^2+z^2=2$ 与 $z=\sqrt{x^2+y^2}$ 在球面坐标中的表达式应为 $r^2=2, \varphi=\dfrac{\pi}{4}$.

$$\iiint\limits_{\Omega} z\,\mathrm{d}x\mathrm{d}y\mathrm{d}z=\int_0^{2\pi}\mathrm{d}\theta\int_0^{\frac{\pi}{4}}\mathrm{d}\varphi\int_0^{\sqrt{2}}r^3\cos\varphi\sin\varphi\,\mathrm{d}r=\frac{\pi}{2}.$$

四、单元同步测验

1. 填空题

(1)交换二次积分次序$\int_0^1 dx\int_{x^2}^{x} f(x,y)dy=$ ________.

(2) $\int_0^2 dx\int_x^2 e^{-y^2}dy=$ ________.

(3) 设 $D=\{(x,y)\mid x^2+(y-1)^2\leqslant 2\}$,则$\iint\limits_D dxdy=$ ________.

(4) 设 $D=\{(x,y)\mid 0\leqslant x\leqslant 1,0\leqslant y\leqslant 1\}$,则$\iint\limits_D \min(x,y)dxdy=$ ________.

(5) $\iint\limits_{x^2+y^2\leqslant 1}|xy|dxdy=$ ________.

2. 选择题

(1)设区域 $D:x^2+y^2\leqslant 4a^2(a>0)$,$\iint\limits_D\sqrt{4a^2-x^2-y^2}dxdy=144\pi$ 时. 则 $a=$(　　).

A. $\sqrt[3]{9}$　　B. 3　　C. $\sqrt[3]{\frac{1}{9}}$　　D. $\frac{1}{3}$

(2)设 $f(x,y)$为连续函数,则$\int_0^{\frac{\pi}{4}}d\theta\int_0^1 f(r\cos\theta,r\sin\theta)rdr=$(　　).

A. $\int_0^{\frac{\sqrt{2}}{2}}dx\int_x^{\sqrt{1-x^2}}f(x,y)dy$　　B. $\int_0^{\frac{\sqrt{2}}{2}}dx\int_0^{\sqrt{1-x^2}}f(x,y)dy$

C. $\int_0^{\frac{\sqrt{2}}{2}}dy\int_y^{\sqrt{1-y^2}}f(x,y)dx$　　D. $\int_0^{\frac{\sqrt{2}}{2}}dy\int_0^{\sqrt{1-y^2}}f(x,y)dx$

(3)设函数 $z=f(x,y)$连续,则 $\int_1^2 dx\int_x^2 f(x,y)dy+\int_1^2 dy\int_y^{4-y}f(x,y)dx=$(　　).

A. $\int_1^2 dx\int_1^{4-x}f(x,y)dy$　　B. $\int_1^2 dx\int_x^{4-x}f(x,y)dy$

C. $\int_1^2 dy\int_1^{4-y}f(x,y)dx$　　D. $\int_1^2 dy\int_y^2 f(x,y)dx$

(4)设 $I_1=\iint\limits_D\cos\sqrt{x^2+y^2}d\sigma$, $I_2=\iint\limits_D\cos(x^2+y^2)d\sigma$, $I_3=\iint\limits_D\cos(x^2+y^2)^2d\sigma$, 其中 $D=\{(x,y)\mid x^2+y^2\leqslant 1\}$,则(　　).

A. $I_3>I_2>I_1$　　B. $I_1>I_2>I_3$

C. $I_2>I_1>I_3$　　D. $I_3>I_1>I_2$

(5)设 D 是 xOy 平面上以(1,1),(−1,1)和(−1,−1)为顶点的三角形区域,D_1是第一象限的部分,则$\iint\limits_D(xy+\cos x\sin y)dxdy=$(　　).

A. $2\iint\limits_{D_1}\cos x\sin ydxdy$　　B. $2\iint\limits_{D_1}xydxdy$

C. $4\iint\limits_{D_1}(xy+\cos x\sin y)\mathrm{d}x\mathrm{d}y$　　　　D. 0

3. 计算下列二重积分：

(1) $\iint\limits_D x\mathrm{e}^{xy}\mathrm{d}\sigma$，其中 D 是由 $y=\frac{1}{x}$，$y=1$，$x=2$ 所围成的闭区域；

(2) $\iint\limits_D (x+2y)\mathrm{d}\sigma$，其中 D 是由 $y=2x^2$，$y=x^2+1$ 所围成的闭区域；

(3) $\iint\limits_D \sin y^2\mathrm{d}\sigma$，其中 D 是由 $x=0$，$y=1$，$y=x$ 所围成的闭区域；

(4) $\iint\limits_D (3x^3+y)\mathrm{d}\sigma$，其中 D 是由两条抛物线 $y=x^2$，$y=4x^2$ 之间，直线 $y=1$ 以下所围成的闭区域.

4. 计算下列二重积分：

(1) $\iint\limits_D \frac{1}{\sqrt{4-x^2-y^2}}\mathrm{d}\sigma$，其中 D 是由 $y=-1+\sqrt{1-x^2}$，$y=-x$ 所围成的闭区域；

(2) $\iint\limits_D \frac{x+y}{x^2+y^2}\mathrm{d}\sigma$，其中 $D=\{(x,y)\mid x^2+y^2\leqslant 1, x+y\geqslant 1\}$；

(3) $\iint\limits_D (x+\sqrt{x^2+y^2})\mathrm{d}x\mathrm{d}y$，其中 D：$y\leqslant x^2+y^2\leqslant 2y$.

5. 设 $f(x)$ 为连续函数，且 $f(0)=0$，$f'(0)=3$，求 $\lim\limits_{t\to 0^+}\frac{1}{t^3}\iint\limits_{x^2+y^2\leqslant t^2} f(\sqrt{x^2+y^2})\mathrm{d}\sigma$.

6. 设函数 $f(x)$ 为连续函数，证明：$\int_0^a \mathrm{d}y\int_0^y \mathrm{e}^{m(a-x)}f(x)\mathrm{d}x=\int_0^a (a-x)\mathrm{e}^{m(a-x)}f(x)\mathrm{d}x$.

7. 设半径为 R 的球面 Σ 的球心在定球面 $x^2+y^2+z^2=a^2(a>0)$ 上，问当 R 为何值时，球面 Σ 在定球面内部的那部分的面积最大？

*8. 计算下列三重积分：

(1) $\iiint\limits_\Omega \mathrm{e}^{x+y+z}\mathrm{d}x\mathrm{d}y\mathrm{d}z$，其中 Ω 为平面 $x=0$，$y=0$，$z=0$，$x+y+z=1$ 所围成的空间区域；

(2) $\iiint\limits_\Omega z\mathrm{d}x\mathrm{d}y\mathrm{d}z$，其中 Ω 是曲面 $z=4-x^2-y^2$，$z=1$，$z=2$ 所围成的空间区域；

(3) $\iiint\limits_\Omega \cos\sqrt{x^2+y^2+z^2}\mathrm{d}x\mathrm{d}y\mathrm{d}z$，其中 Ω 是由球面 $x^2+y^2+z^2=1$ 所围成的立体.

单元同步测验答案

1. (1) $\int_0^1\mathrm{d}y\int_y^{\sqrt{y}}f(x,y)\mathrm{d}x$；　(2) $\frac{1}{2}(1-\mathrm{e}^{-4})$；　(3) 2π；　(4) $\frac{1}{3}$；　(5) $\frac{1}{2}$.

2. (1)B；　(2)C；　(3)C；　(4)A；　(5)A.

3. (1) e^2-2e；　(2) $\frac{32}{15}$；　(3) $\frac{1-\cos 1}{2}$；　(4) $\frac{2}{5}$.

4. (1) $\frac{\pi}{2}-\sqrt{2}$；　(2) $2-\frac{\pi}{2}$；　(3) $\frac{28}{9}$.

5. 2π.

7. $\frac{4}{3}a$.

*8. (1) $\frac{e}{2}-1$；　(2) $\frac{11\pi}{3}$；　(3) $4\pi(2\cos 1-\sin 1)$.

Chapter 7 第 7 章

微分方程

Differential Equation

一、内容要点

(一)微分方程的基本概念

微分方程 含有未知函数导数或微分的方程称为微分方程. 如果微分方程中的未知函数是一元函数,则称为常微分方程,一般简称为微分方程.

微分方程的阶 微分方程中出现的未知函数的最高阶导数的阶数,称为微分方程的阶.

微分方程的解 满足微分方程的函数,称为微分方程的解.

通解 微分方程的解中含有任意常数,且相互独立的任意常数的个数与微分方程的阶数相同,则称此解为该方程的通解. 通解也称为一般解. 但通解不一定是方程的全部解. 确定了通解中任意常数后的解,称为特解.

积分曲线和积分曲线族 微分方程的解 $y=f(x)$在 xOy 平面上的图形称为微分方程的积分曲线. 而通解在 xOy 面上的图形是一族曲线,称为积分曲线族.

初值问题 求微分方程满足初始条件的解的问题.

(二)一阶微分方程

1. 可分离变量的微分方程

$$g(y)\mathrm{d}y=f(x)\mathrm{d}x$$

解法: 设函数 $g(y)$和 $f(x)$是连续的,两边积分得

$$\int g(y)\mathrm{d}y=\int f(x)\mathrm{d}x.$$

2. 齐次方程

形如$\frac{\mathrm{d}y}{\mathrm{d}x}=f\left(\frac{y}{x}\right)$的微分方程称为齐次方程.

解法： 作变量代换 $u=\frac{y}{x}$，得可分离变量方程

$$\frac{\mathrm{d}u}{\mathrm{d}x}=\frac{f(u)-u}{x}$$

当 $f(u)-u\neq 0$ 时，得通解 $x=C\mathrm{e}^{\varphi\left(\frac{y}{x}\right)}$（$C$ 是任意常数）.

当存在 u_0 使 $f(u_0)-u_0=0$ 时，得 $y=u_0x$. 也为齐次方程的解.

3. 一阶线性微分方程

$$\frac{\mathrm{d}y}{\mathrm{d}x}+P(x)y=Q(x) \tag{1}$$

当 $Q(x)\equiv 0$ 时，上方程称为一阶线性齐次微分方程；如果 $Q(x)$ 不恒等于零，则上方程称为一阶线性非齐次微分方程.

4. 一阶线性齐次方程

$$\frac{\mathrm{d}y}{\mathrm{d}x}+P(x)y=0 \tag{2}$$

解法： 分离变量，得齐次方程的通解

$$y=C\mathrm{e}^{-\int P(x)\mathrm{d}x} \quad (C\text{ 是任意常数}).$$

5. 一阶线性非齐次方程

$$\frac{\mathrm{d}y}{\mathrm{d}x}+P(x)y=Q(x)$$

解法： 先求齐次方程(2)的通解，利用常数变易法，得一阶线性非齐次微分方程的通解.

$$y=\left(\int Q(x)\mathrm{e}^{\int P(x)\mathrm{d}x}\mathrm{d}x+C\right)\mathrm{e}^{-\int P(x)\mathrm{d}x} \quad (C\text{ 是任意常数}).$$

6. 伯努利(Bernoulli)方程

$$\frac{\mathrm{d}y}{\mathrm{d}x}+P(x)y=Q(x)y^n \quad (n\neq 0,1)$$

解法： 令 $z=y^{1-n}$，可化为一阶线性方程 $\frac{\mathrm{d}z}{\mathrm{d}x}+(1-n)P(x)z=(1-n)Q(x)$ 求其通解.

(三)高阶微分方程

可降阶的高阶微分方程

(1) $y''=f(x)$ 型

解法： 连续积分 2 次，可得通解.

(2) $y''=f(x,y')$ 型

特点： 右端不显含未知函数 y.

解法： 令 $y'=p(x)$，则 $y''=p'$，原方程可化为关于 x,p 的一阶微分方程求解.

(3) $y''=f(y,y')$ 型

特点： 右端不显含自变量 x.

解法： 令 $y'=p(y)$，则 $y''=\frac{\mathrm{d}p}{\mathrm{d}y}\cdot\frac{\mathrm{d}y}{\mathrm{d}x}=p\frac{\mathrm{d}P}{\mathrm{d}y}$，原方程可化为一阶微分方程求解.

(四)二阶线性微分方程

1. 二阶线性微分方程

$$\frac{\mathrm{d}^2y}{\mathrm{d}x^2}+P(x)\frac{\mathrm{d}y}{\mathrm{d}x}+Q(x)y=f(x) \tag{3}$$

当 $f(x)\equiv 0$ 时，方程(3)称为二阶线性齐次微分方程；$f(x)$ 不恒等于零时，则称为二阶线性非齐次微分方程.

(1)二阶线性齐次微分方程解的结构

$$y''+P(x)y'+Q(x)y=0 \tag{4}$$

定理1 如果函数 $y_1(x)$ 与 $y_2(x)$ 是方程(4)的两个解，那么 $y=C_1y_1(x)+C_2y_2(x)$ 也是(4)的解(C_1,C_2 是常数).

若在区间 I 上有 $\frac{y_1(x)}{y_2(x)}\neq$ 常数，则函数 $y_1(x)$ 与 $y_2(x)$ 在 I 上线性无关.

定理2 如果 $y_1(x)$ 与 $y_2(x)$ 是方程(4)的两个线性无关的解，那么 $y=C_1y_1+C_2y_2$ 就是方程(4)的通解(C_1,C_2 为任意常数).

(2)二阶线性非齐次方程的解的结构

定理3 设 y^* 是二阶非齐次线性方程(3)的一个特解，Y 是对应的齐次方程(4)的通解，那么 $y=Y+y^*$ 是二阶非齐次线性微分方程(3)的通解.

2. 二阶常系数齐次线性微分方程

二阶常系数齐次线性方程

$$y''+py'+qy=0 \tag{5}$$

二阶常系数非齐次线性方程

$$y''+py'+qy=f(x) \tag{6}$$

二阶常系数齐次线性方程解法——特征方程法

求其通解的步骤如下：

(1)写出微分方程(5)的特征方程 $r^2+pr+q=0$；

(2)特征方程的特征根 r_1,r_2，$r_{1,2}=\frac{-p\pm\sqrt{p^2-4q}}{2}$；

(3)根据特征根 r_1,r_2，按下列表格写出齐次微分方程的通解.

特征根 r_1, r_2	微分方程(5)的通解
两个相异实根 r_1, r_2 两个相等实根 $r_1=r_2$ 一对共轭复根 $r_1=\alpha+i\beta, r_2=\alpha-i\beta$	$y=C_1 e^{r_1 x}+C_2 e^{r_2 x}$ $y=(C_1+C_2 x)e^{r_1 x}$ $y=e^{\alpha x}(C_1\cos\beta x+C_2\sin\beta x)$ (其中 C_1, C_2 为任意常数)

3.二阶常系数非齐次线性微分方程 $f(x)=e^{\lambda x}P_m(x)$ 型

$P_m(x)$ 为 m 次的多项式,λ 为实数.

非齐次线性方程(6)的特解可设为

$$y^*=x^k e^{\lambda x}Q_m(x), k=\begin{cases}0, \lambda\text{ 不是特征根}\\ 1, \lambda\text{ 是特征单根.}\\ 2, \lambda\text{ 是特征重根}\end{cases}$$

4.二阶常系数非齐次线性微分方程 $f(x)=e^{\alpha x}[p_l(x)\cos\beta x+p_m(x)\sin\beta x]$ 型

$P_m(x), P_l(x)$ 分别为 m, l 次的多项式,λ 为实数.

非齐次线性方程(6)的特解可设为

$$y^*=x^k e^{\alpha x}[Q_n(x)\cos\beta x+R_n(x)\sin\beta x],$$

其中 $Q_n(x), R_n(x)$ 为 n 次多项式,$n=\max\{m, l\}$,$k=\begin{cases}0, \alpha\pm i\beta\text{ 不是特征根}\\ 1, \alpha\pm i\beta\text{ 是特征单根}\end{cases}$.

二、典型例题

例1 求以 $(x+C)^2+y^2=1$ 为通解的微分方程.

解 $(x+C)^2+y^2=1$ 两边求导,得 $2(x+C)+2yy'=0$,从而有 $C=-x-yy'$,代入 $(x+C)^2+y^2=1$,得到 $y^2(y'^2+1)=1$,即为所求.

例2 求微分方程 $xy'\ln x+y=x(\ln x+1)$ 的通解.

解 该方程为一阶线性微分方程

$$y'+\frac{1}{x\ln x}y=\frac{\ln x+1}{\ln x},$$

$P(x)=\dfrac{1}{x\ln x}, Q(x)=\dfrac{\ln x+1}{\ln x}$,代入一阶线性微分方程的求解公式,原方程的通解为

$$y=e^{-\int\frac{1}{x\ln x}dx}\left(\int\frac{\ln x+1}{\ln x}e^{\int\frac{1}{x\ln x}dx}dx+C\right)=\frac{1}{\ln x}(x\ln x+C)\quad(C\text{ 为任意常数}).$$

例3 求微分方程 $xdy+(x-2y)dx=0$ 的一个解 $y=y(x)$ 使得由曲线 $y=y(x)$ 与直线 $x=1, x=2$ 以及 x 轴所围成的平面图形绕 x 轴旋转一周所围成的旋转体体积最小.

解 原方程可化为一阶线性方程 $\dfrac{dy}{dx}-\dfrac{2}{x}y=-1$,其通解

$$y=\mathrm{e}^{\int\frac{2}{x}\mathrm{d}x}\left(-\int 1\cdot \mathrm{e}^{-\int\frac{2}{x}\mathrm{d}x}\mathrm{d}x+C\right)=x+Cx^2\quad(C\text{ 为任意常数}).$$

旋转体体积 $V(C)=\int_1^2\pi(x+Cx^2)^2\mathrm{d}x=\pi\left(\frac{31}{5}C^2+\frac{15}{2}C+\frac{7}{3}\right)$.

$$V'(C)=\pi\left(\frac{62}{5}C+\frac{15}{2}\right)=0,\text{得 } C=-\frac{75}{124}.$$

得 $y=x-\frac{75}{124}x^2$ 即为所求.

例 4 求初值问题 $\begin{cases}y''+y=-\sin x\\ y|_{x=0}=0,y'|_{x=0}=1\end{cases}$ 的解.

解 特征方程为 $\lambda^2+1=0$,特征根为 $\lambda=\pm i$.

对应齐次方程通解为 $y=C_1\sin x+C_2\cos x$.

又 $\lambda=\pm i$ 是特征单根,故设非齐次方程特解为 $y^*=x(a\sin x+b\cos x)$,代入 $y''+y=-\sin x$ 得 $a=0,b=\frac{1}{2}$;则非齐次方程通解为 $y=C_1\sin x+C_2\cos x+\frac{x}{2}\cos x$

由初始条件 $y|_{x=0}=0,y'|_{x=0}=1$,可知,$C_1=\frac{1}{2}$,$C_2=0$.

所求函数为 $y=\frac{1}{2}\sin x+\frac{x}{2}\cos x$.

例 5 已知 $f(x)$ 是 $(0,+\infty)$ 上的连续函数,且满足

$$\frac{x}{2}[1+f(x)]-\int_1^x f(t)\mathrm{d}t=\frac{x^3+2}{6},$$

求 $f(x)$.

解 由 $f(x)$ 是 $(0,+\infty)$ 上的连续函数,可知 $\int_1^x f(t)\mathrm{d}t$ 在 $(0,+\infty)$ 可导,方程两端对 x 求导,得

$$\frac{1}{2}[1+f(x)]+\frac{xf'(x)}{2}-f(x)=\frac{x^2}{2},$$

整理得 $xf'(x)-f(x)=x^2-1$,

得一阶线性微分方程

$$f'(x)-\frac{f(x)}{x}=\frac{x^2-1}{x},$$

满足条件 $f(1)=0$.

先求对应齐次线性方程 $\frac{\mathrm{d}y}{\mathrm{d}x}=\frac{y}{x}$ 通解,解得 $y=Cx$(C 为任意常数).

用常数变易法求非齐次方程的通解,解之得 $y=x^2+1+Cx$.

代入初始条件,得 $C=-2$,所求函数 $f(x)=x^2+1-2x=(x-1)^2\ (x>0)$.

例 6 设函数 $f(x)$ 在 $(-\infty,+\infty)$ 内具有连续导数，且满足

$$f(t)=2\iint\limits_{x^2+y^2\leqslant t^2}(x^2+y^2)f(\sqrt{x^2+y^2})\,\mathrm{d}x\mathrm{d}y+t^4,$$

求 $f(x)$.

解 因 $f(0)=0$，且 f 是偶函数，故只需讨论 $t>0$ 的情况.

当 $t>0$ 时，$f(t)=2\int_0^{2\pi}\mathrm{d}\theta\int_0^t r^3f(r)\mathrm{d}r+t^4=4\pi\int_0^t r^3f(r)\mathrm{d}r+t^4$.

等式两边求导，得 $f'(t)=4\pi t^3f(t)+4t^3$.

解此一阶线性微分方程，且 $f(0)=0$，得 $f(t)=\dfrac{1}{\pi}(\mathrm{e}^{\pi t^4}-1),t\geqslant 0$.

而 $f(t)$ 是偶函数，所以在 $(-\infty,+\infty)$ 内，有 $f(t)=\dfrac{1}{\pi}(\mathrm{e}^{\pi t^4}-1)$.

例 7 求一曲线，使曲线的切线、坐标轴以及过切点与 y 轴平行的直线所围成梯形的面积等于 a^2，且曲线过 (a,a) 点($a>0$ 为常数).

解 设所求曲线为 $y=f(x)$，设曲线 $y=f(x)$ 上 (x,y) 处的切线方程为

$$Y-y=y'(X-x).$$

令 $X=0$，即得 $y=f(x)$ 曲线在 Y 轴上的截距为

$$Y=y-xy'.$$

故所围成梯形的面积

$$S=\frac{1}{2}x(y-xy'+y)=\frac{x}{2}(2y-xy').$$

得一阶线性非齐次微分方程

$$x^2y'-2xy=-2a^2,y'-\frac{2}{x}y=-\frac{2a^2}{x^2}.$$

满足条件 $y(a)=a$，对应齐次线性方程 $\dfrac{\mathrm{d}y}{\mathrm{d}x}=\dfrac{2y}{x}$，通解 $y=Cx^2$(C 为任意常数).

常数变易法求非齐次线性方程的通解，解之得 $y=Cx^2+\dfrac{2a^2}{3x}$.

由条件 $y(a)=a$，知 $C=\dfrac{1}{3a}$，于是所求的曲线方程为 $y=\dfrac{1}{3a}x^2+\dfrac{2a^2}{3x}$.

例 8 在一个动物群体中，个体的生长率是平均出生率与平均死亡率之差. 设某群体的平均出生率为 $\beta>0$，由于拥挤及对食物的竞争等原因，个体的平均死亡率与群体的大小成正比，比例常数 $\delta>0$. 若以 $p(t)$ 表示 t 时刻的群体总量，则 $\dfrac{\mathrm{d}p}{\mathrm{d}t}$ 为该群体的生长率. 个体的生长率为 $\dfrac{1}{p}\dfrac{\mathrm{d}p}{\mathrm{d}t}$. 设 $p(0)=p_0$，写出描述群体总量 $p(t)$ 的微分方程，并解之.

解 由题意知，个体的平均死亡率为 δp，则个体的生长率为 $\beta-\delta p$，则得

$$\frac{1}{p}\frac{\mathrm{d}p}{\mathrm{d}t}=\beta-\delta p，即\ \frac{\mathrm{d}p}{\mathrm{d}t}=p(\beta-\delta p),$$

此为 Logistic 方程，满足初始条件 $p(0)=p_0$.

由 $\frac{1}{p}\frac{\mathrm{d}p}{\mathrm{d}t}=\beta-\delta p$，分离变量，得 $\frac{\mathrm{d}p}{p(\beta-\delta p)}=\mathrm{d}t$，两边积分，得通解 $\frac{p}{\beta-\delta p}=C\mathrm{e}^{\beta t}$，由 $p(0)=p_0$，得 $C=\frac{p_0}{\beta-\delta p_0}$.

整理可得 $p(t)=\frac{\beta}{\delta+[(\beta/p_0)-\delta]\mathrm{e}^{-\beta t}}$.

三、教材习题解析

□ 习题 7.1 微分方程的基本概念

1. 指出下列微分方程的阶数.

(1) $x(y')^2-2yy'+x=0$；　(2) $xy'''+2y''+x^2y=0$；

(3) $\frac{\mathrm{d}\rho}{\mathrm{d}\theta}+\rho=\sin^2\theta$；　(4) $L\frac{\mathrm{d}^2Q}{\mathrm{d}t^2}+R\frac{\mathrm{d}Q}{\mathrm{d}t}+\frac{Q}{c}=0$.

答 (1)一阶；(2)三阶；(3)一阶；(4)二阶.

2. 略.

3. 在下列各题中，对给定的曲线族，求出它所对应的微分方程.

(1) $y=x^2+Cx$；　(2) $xy=C_1\mathrm{e}^x+C_2\mathrm{e}^{-x}$.

解 (1)方程 $y=x^2+Cx$ 两边求导，得 $y'=2x+C$，因而得 $C=y'-2x$，代入原微分方程得 $y=y'x-x^2$.

(2)由方程 $xy=C_1\mathrm{e}^x+C_2\mathrm{e}^{-x}$，可得 $y+xy'=C_1\mathrm{e}^x-C_2\mathrm{e}^{-x}$，上式两端再求导得 $2y'+xy''=C_1\mathrm{e}^x+C_2\mathrm{e}^{-x}$，又 $xy=C_1\mathrm{e}^x+C_2\mathrm{e}^{-x}$，因而得微分方程：$2y'+xy''-xy=0$.

4. 已知曲线上点 $P(x,y)$ 处的法线与 x 轴交点为 Q，且线段 PQ 被 y 轴平分，求该曲线所满足的微分方程.

解 设该曲线方程为 $y=f(x)$，曲线上点 $p(x,y)$ 处的切线斜率为 y'，法线斜率为 $-\frac{1}{y'}$，所以曲线上点 $P(x,y)$ 处的法线方程 $Y-y=-\frac{1}{y'}(X-x)$，斜截式为 $Y=-\frac{1}{y'}X+\frac{1}{y'}x+y$.

设线段 PQ 与 y 轴交点为 $M(0,y_1)$，Q 点坐标为 $Q(x_2,0)$，又点 $M(0,y_1)$ 为 PQ 中点，由中点坐标公式有 $y_1=\frac{y}{2}$，所以有 $\frac{y}{2}=\frac{x}{y'}+y$，整理得：$2x+yy'=0$ 即为所求.

5. 用微分方程表示一物理命题：某种气体的气压 p 对于温度 T 的变化率与气压成正比，与气温的平方成反比.

解　$\frac{dp}{dT}=k\frac{p}{T^2}$.

6. 列车在水平直线上以 20 m/s 的速度行驶；当制动时列车获得加速度 $-0.4\ \text{m/s}^2$. 问开始制动后多少时间列车才能停住，以及列车在这段时间里行驶多少路程？

解　设列车开始制动后 t s 内行驶了 s m. 根据题意，反映制动阶段列车运动规律的函数 $s=s(t)$ 应满足方程 $\frac{d^2s}{dt^2}=-0.4$，未知函数 $s=s(t)$ 应满足下列条件

$$t=0, s=0, v=\frac{ds}{dt}=20.$$

方程 $\frac{d^2s}{dt^2}=-0.4$ 两端积分得 $v=\frac{ds}{dt}=-0.4t+C_1$，再积分得 $s=-0.2t^2+C_1t+C_2$，

这就是微分方程 $\frac{d^2s}{dt^2}=-0.4$ 的通解，C_1, C_2 为任意常数.

下面求满足初始条件的特解.

将条件 $t=0, v=20$ 代入式 $v=\frac{ds}{dt}=-0.4t+C_1$，得 $C_1=20$.

将条件 $t=0, s=0$ 代入 $s=-0.2t^2+C_1t+C_2$ 式，得 $C_2=0$.

将 C_1, C_2 的值代入，得 $v=-0.4t+20, s=-0.2t^2+20t$.

在 $v=-0.4t+20$ 式中令 $v=0$，得列车从开始制动到完全停止所需的时间

$$t=\frac{20}{0.4}=50(\text{s})$$

再把 $t=50$ 代入 $s=-0.2t^2+20t$，得到列车在制动阶段行驶的路程

$$s=-0.2\times 50^2+20\times 50=500(\text{m})$$

□ 习题 7.2　可分离变量的微分方程

1. 求下列微分方程的通解：

(1) $\sec^2 x\tan y dx+\sec^2 y\tan x dy=0$；　(2) $(e^{x+y}-e^x)dx+(e^{x+y}+e^y)dy=0$；

(3) $(y+1)^2y'+x^3=0$；　(4) $ydx+(x^2-4x)dy=0$；

(5) $x\frac{dy}{dx}=y+\sqrt{x^2-y^2}\ (x>0)$.

解　(1) 方程 $\sec^2 x\tan y dx+\sec^2 y\tan x dy=0$ 两端分离变量，得

$$\frac{\sec^2 x}{\tan x}dx=-\frac{\sec^2 y}{\tan y}dy,$$

两端积分得 $\int\frac{1}{\tan x}d\tan x=-\int\frac{1}{\tan y}d\tan y$，

$$\ln|\tan x|=-\ln|\tan y|+C_1\quad (C_1 \text{ 为任意常数}).$$

整理得：$\tan x\tan y=C$　(C 为任意常数).

(2)方程两端分离变量得

$$\frac{e^x}{1+e^x}dx=-\frac{e^y}{e^y-1}dy,$$

两端积分得

$$\int\frac{e^x}{1+e^x}dx=-\int\frac{e^y}{e^y-1}dy,$$

$\ln(1+e^x)=-\ln|e^y-1|+C_1$ （C_1 为任意常数）.

整理得$(1+e^x)(e^y-1)=C$ （C 为任意常数）.

(3)方程$(y+1)^2\frac{dy}{dx}+x^3=0$ 两端分离变量得

$$(1+y)^2dy=-x^3dx,$$

两端积分得$\frac{1}{3}(1+y)^3=-\frac{1}{4}x^4+C_1$ （C_1 为任意常数）.

整理得 $4(1+y)^3+3x^4=C$ （C 为任意常数）.

(4)方程 $ydx+(x^2-4x)dy=0$ 两端分离变量得

$$\int\frac{1}{x^2-4x}dx=-\int\frac{1}{y}dy,\ \text{即}\ -\frac{1}{4}\int\left(\frac{1}{x}-\frac{1}{x-4}\right)dx=-\int\frac{1}{y}dy,$$

两端积分得

$$\frac{1}{4}\ln\left|\frac{x-4}{x}\right|+\ln|y|=C_1,\ y^4(x-4)=Cx\quad (C\text{ 为任意常数}).$$

(5)方程两边同除以 x 得

$$\frac{dy}{dx}=\frac{y}{x}+\frac{1}{x}\sqrt{x^2-y^2}\ (x\neq 0).$$

当 $x>0$ 时，上式为

$$\frac{dy}{dx}=\frac{y}{x}+\sqrt{1-\left(\frac{y}{x}\right)^2},$$

此为$\frac{dy}{dx}=f\left(\frac{y}{x}\right)$型的齐次方程.

作变换$\frac{y}{x}=u$，或 $y=xu$，$\frac{dy}{dx}=u+x\frac{du}{dx}$，有

$$u+x\frac{du}{dx}=u+\sqrt{1-u^2}$$

或

$$x\frac{du}{dx}=\sqrt{1-u^2}$$

此为可分离变量的微分方程，其通解为

$$Cx=e^{\arcsin u}\quad (C\text{ 为任意常数}).$$

2.求下列微分方程满足所给初始条件的特解：

(1)$\cos x\sin y\mathrm{d}y=\cos y\sin x\mathrm{d}x$；$y|_{x=0}=\frac{\pi}{4}$；

(2)$\cos y\mathrm{d}x+(1+\mathrm{e}^{-x})\sin y\mathrm{d}y=0$，$y|_{x=0}=\frac{\pi}{4}$；

(3)$x\mathrm{d}y+2y\mathrm{d}x=0$，$y|_{x=2}=1$；　　(4)$y'=\mathrm{e}^{2x-y}$，$y|_{x=0}=0$.

解　(1)方程 $\cos x\sin y\mathrm{d}y=\cos y\sin x\mathrm{d}x$ 两端分离变量得到 $\tan y\mathrm{d}y=\tan x\mathrm{d}x$，两端积分得到通解 $\cos y=C\cos x$. 将 $x=0$，$y=\frac{\pi}{4}$ 代入有 $C=\frac{\sqrt{2}}{2}$，得到解$\sqrt{2}\cos y=\cos x$.

(2)两端分离变量得到 $\frac{\sin y}{\cos y}\mathrm{d}y=-\frac{\mathrm{d}x}{1+\mathrm{e}^{-x}}$，即有 $-\frac{\sin y}{\cos y}\mathrm{d}y=\frac{\mathrm{e}^x}{1+\mathrm{e}^x}\mathrm{d}x$，两边积分有 $\int\frac{\mathrm{d}\cos y}{\cos y}=\int\frac{\mathrm{d}(1+\mathrm{e}^x)}{1+\mathrm{e}^x}$，得到 $\ln|\cos y|=\ln(1+\mathrm{e}^x)+C_1$.

通解 $\cos y=C(1+\mathrm{e}^x)$，将 $x=0$，$y=\frac{\pi}{4}$ 代入有 $C=\frac{\sqrt{2}}{4}$，得 $2\sqrt{2}\cos y=1+\mathrm{e}^x$.

(3)分离变量得到$\frac{\mathrm{d}x}{x}=-\frac{\mathrm{d}y}{2y}$，两边积分有 $\ln|x|=-\frac{1}{2}\ln|y|+C_1$. 通解 $x^2y=C$.
将 $x=2$，$y=1$ 代入得到 $C=4$，故 $x^2y=4$.

(4)分离变量得到 $\mathrm{e}^y\mathrm{d}y=\mathrm{e}^{2x}\mathrm{d}x$，积分有 $\mathrm{e}^y=\frac{1}{2}\mathrm{e}^{2x}+C_1$.

将 $x=0$，$y=0$ 代入有 $C_1=\frac{1}{2}$，得到解 $2\mathrm{e}^y=\mathrm{e}^{2x}+1$.

3.求解微分方程：

(1)$\frac{\mathrm{d}y}{\mathrm{d}x}+\cos\frac{x-y}{2}=\cos\frac{x+y}{2}$；　　(2)$\frac{\mathrm{d}y}{\mathrm{d}x}=(x+y)^2$.

解　(1)$\cos\frac{x-y}{2}=\cos\frac{x}{2}\cos\frac{y}{2}+\sin\frac{x}{2}\sin\frac{y}{2}$，$\cos\frac{x+y}{2}=\cos\frac{x}{2}\cos\frac{y}{2}-\sin\frac{x}{2}\sin\frac{y}{2}$，

$\cos\frac{x+y}{2}-\cos\frac{x-y}{2}=-\sin\frac{x}{2}\sin\frac{y}{2}$，则得到方程 $\frac{\mathrm{d}y}{\mathrm{d}x}=-2\sin\frac{x}{2}\sin\frac{y}{2}$，

分离变量，得 $\frac{\mathrm{d}y}{\sin\frac{y}{2}}=-2\sin\frac{x}{2}\mathrm{d}x$，两边积分，得 $\int\frac{\mathrm{d}y}{\sin\frac{y}{2}}=\int-2\sin\frac{x}{2}\mathrm{d}x$.

由 $\int\frac{\mathrm{d}x}{\sin x}=\ln\left|\tan\frac{x}{2}\right|+C$，得 $\ln\left|\tan\frac{y}{4}\right|=2\cos\frac{x}{2}+C$（$C$ 为任意常数）.

(2)令 $x+y=u$，则$\frac{\mathrm{d}y}{\mathrm{d}x}=\frac{\mathrm{d}u}{\mathrm{d}x}-1$，代入原方程得

$$\frac{\mathrm{d}u}{\mathrm{d}x}=1+u^2\text{，分离变量，得 }\arctan u=x+C.$$

代回 $u=x+y$，得 $\arctan(x+y)=x+C$.

原方程的通解为 $y=\tan(x+C)-x$（C 为任意常数）.

4.衰变问题.衰变速度与未衰变原子含量 M 成正比，已知$M|_{t=0}=M_0$.求衰变过程中铀

含量 $M(t)$ 随时间 t 变化的规律.

解 衰变速度 $\frac{dM}{dt}$,由题设条件知

$$\frac{dM}{dt}=-\lambda M(\lambda>0),\frac{dM}{M}=-\lambda dt,$$

负号是由于当 t 增加时 M 单调减少.两边积分,得

$$\int\frac{dM}{M}=\int-\lambda dt,\text{得通解}\quad M=Ce^{-\lambda t}.$$

代入初始条件 $M|_{t=0}=M_0$,得 $M_0=Ce^0$.

得衰变问题的特解 $$M=M_0e^{-\lambda t}.$$

5.一曲线通过(2,3)点,它在两坐标轴间的任意切线段均被切点所平分,求曲线方程.

解 设曲线为 $y=f(x)$,在它上的一点 (x,y) 处切线斜率为 $k=y'$ 故切线方程为

$$Y-y=y'(X-x),$$

即 $\frac{Y}{y-y'x}-\frac{y'X}{y-y'x}=1$,截距分别为 $-\frac{y-y'x}{y'}$,$y-y'x$,由于 (x,y) 平分介于坐标轴间的切线段,故

$$x=-\frac{1}{2}\left(\frac{y-y'x}{y'}\right),y=\frac{1}{2}(y-y'x).$$

即 $2xy'=-y+xy'$,$2y=y-y'x$,所以 $y+xy'=0$,$y'=-\frac{y}{x}$.

即 $\frac{dx}{x}+\frac{dy}{y}=0$,故 $\ln x+\ln y=\ln C$,即 $xy=C$.又因为曲线过(2,3),故 $C=6$,则曲线为 $xy=6$.

6.质量为1 g的质点受外力作用作直线运动,这外力和时间成正比,和质点运动的速度成反比.在 $t=10$ s时,速度等于50 cm/s,外力为4 g·cm/s²,问从运动开始经过了1 min后的速度是多少?

解 因为 $F=k\frac{t}{v}$,又因为当 $t=10$ 时,$v=50$,$F=4$,故 $k=\frac{Fv}{t}=\frac{4\cdot 50}{10}=20$ 又由于 $F=m\cdot\frac{dv}{dt}$,$m=1$,得方程 $20\frac{t}{v}=\frac{dv}{dt}$,

所以 $v^2=20t^2+C$.因为 $t=10$ 时 $v=50$,所以 $C=(50)^2-20\times 10^2=500$.

故 $v^2=20t^2+500$,所以当 $t=60$s 时,$v=\sqrt{20\times 60^2+500}=\sqrt{72\,500}\approx 269.3$ cm/s.

7.设降落伞从跳伞塔下落后所受空气阻力与速度成正比,并设降落伞离开跳伞塔时 $(t=0)$ 速度为0,求降落伞下落速度与时间的函数关系.

解 设跳伞运动员的质量为 m,跳伞运动员下落的速度为 v,加速度为 a,F 为作用在跳伞运动员上的合力,$F=f_{\text{重力}}+f_{\text{浮力}}$,其中 $f_{\text{重力}}=mg$,由题意知 $f_{\text{浮力}}=-kv$.

根据牛顿第二定律 $F=ma$,列方程 $m\frac{dv}{dt}=mg-kv$,初始条件为 $v|_{t=0}=0$.

分离变量，两边积分，得 $\int \frac{dv}{mg-kv}=\int \frac{dt}{m}$，

通解 $-\frac{1}{k}\ln(mg-kv)=\frac{t}{m}+C(mg-kv>0)$.

利用初始条件 $v|_{t=0}=0$，得 $C=-\frac{1}{k}\ln(mg)$，

故得特解 $v=\frac{mg}{k}(1-e^{-\frac{k}{m}t})$.

8. 某车间体积为 12 000 m^3，开始时空气中含有 0.1% 的 CO_2，为了降低车间内空气中 CO_2 的含量，用一台风量为 2 000 m^3/min 的鼓风机通入含 0.03% 的 CO_2 的新鲜空气，同时以同样的风量将混合均匀的空气排出，问鼓风机开动 6 min 后，车间内 CO_2 的百分比降低到多少？

解 设鼓风机开动后 t 时刻 CO_2 的含量为 $x(t)$%，在微小时间间隔 $[t,t+dt]$ 内，

$$CO_2 \text{ 的通入量}=2\,000dt\cdot 0.03;\ CO_2 \text{ 的排出量}=2\,000dt\cdot x(t),$$

CO_2 的改变量 $=$ CO_2 的通入量 $-$ CO_2 的排出量. 根据题意列出微分方程

$$12\,000dx=2\,000dt\cdot 0.03-2\,000dt\cdot x(t)$$

满足初始条件 $x|_{t=0}=0.1$，分离变量，得 $\frac{dx}{x-0.03}=-\frac{1}{6}dt$，两边积分得微分方程的通解 $x=0.03+Ce^{-\frac{1}{6}t}$（$C$ 为任意常数）.

满足初始条件的特解：$C=0.07$，$x=0.03+0.07e^{-\frac{1}{6}t}$.

鼓风机开动 6min 后，车间内 CO_2 的百分比降低到 $x|_{t=6}=0.03+0.07e^{-1}\approx 0.056$.

习题 7.3 齐次微分方程

1. 求下列齐次方程的通解：

(1) $xy'-x\sin\frac{y}{x}-y=0$；　　(2) $y'=\frac{y}{y-x}$.

解 (1) 原方程变形为 $y'=\sin\frac{y}{x}+\frac{y}{x}$. 令 $\frac{y}{x}=v$，则 $y'=v+x\frac{dv}{dx}$，

所以 $v+x\frac{dv}{dx}=\sin v+v$，则 $\frac{dx}{x}=\frac{dv}{\sin v}$. 故有 $\ln x+\ln C=\ln\tan\frac{v}{2}$.

所以 $\tan\frac{v}{2}=Cx$，即 $y=2x\arctan(Cx)$ （C 为任意常数）.

(2) 原方程变形为 $y'=\frac{\frac{y}{x}}{\frac{y}{x}-1}$. 令 $\frac{y}{x}=v$ 则 $v+x\frac{dv}{dx}=y'$，所以 $v+x\frac{dv}{dx}=\frac{v}{v-1}$，整理得 $x\frac{dv}{dx}=\frac{-v^2+2v}{v-1}$，故 $\frac{dx}{x}=-\frac{v-1}{v^2-2v}dv$，所以 $\ln x+\ln C_1=-\frac{1}{2}\ln[v(v-2)]$，即 $x^2v(v-2)=C_2$，所以得解为 $2xy-y^2=C$ （C 为任意常数）.

2. 求下列齐次方程满足所给初始条件的特解：

(1) $y'=\frac{y}{x}\ln\frac{y}{x}, y|_{x=1}=1$；　　(2) $(y+\sqrt{x^2+y^2})dx-xdy=0, y|_{x=1}=0$.

解 (1) 令 $\frac{y}{x}=v$，则 $y'=v+x\frac{dv}{dx}$，所以 $v+x\frac{dv}{dx}=v\cdot\ln v$，即 $\frac{dv}{v(\ln v-1)}=\frac{dx}{x}$.

解得 $\ln(\ln v-1)=\ln x+\ln C$，故 $v=e^{Cx+1}$，即 $y=xe^{Cx+1}$. 又因为 $y(1)=1$，所以得 $C=-1$，故满足初始条件特解为 $y=xe^{-x+1}$.

(2) 原方程变形为 $\frac{dy}{dx}=\frac{y}{x}+\sqrt{1+\left(\frac{y}{x}\right)^2}$.

令 $\frac{y}{x}=v$，则 $y'=v+x\frac{dv}{dx}$，所以 $v+x\frac{dv}{dx}=v+\sqrt{1+v^2}$，

即 $\frac{dv}{\sqrt{1+v^2}}=\frac{dx}{x}$，两边积分，得 $\ln(\sqrt{1+v^2}+v)=\ln x+\ln C$，

即 $\sqrt{x^2+y^2}+y=Cx^2$，变形为 $y=\frac{C}{2}x^2-\frac{1}{2}$（$C$ 为任意常数）.

由 $y(1)=0$ 得 $C=1$，故满足初始条件的特解为 $y=\frac{1}{2}x^2-\frac{1}{2}$.

3. 验证形如 $yf(xy)dx+xg(xy)dy=0$ 的微分方程，可经变量代换 $v=xy$ 化为分离变量方程，并求其通解.

证 由 $v=xy$，得 $dv=xdy+ydx$，代入方程 $yf(xy)dx+xg(xy)dy=0$，

得可分离变量方程 $[f(v)-g(v)]\frac{v}{x}dx+g(v)dv=0$.

分离变量得 $\frac{g(v)}{v[f(v)-g(v)]}dv=-\frac{dx}{x}$，积分有

$$\int\frac{g(v)}{v[f(v)-g(v)]}dv+\ln x=C.$$

将 $v=xy$ 回代，得通解 $\int\frac{g(xy)}{xy[f(xy)-g(xy)]}d(xy)+\ln x=C$（$C$ 为任意常数）.

4. 求下列方程通解：

(1) $\frac{dy}{dx}=\frac{1}{x\sin^2(xy)}-\frac{y}{x}$；　　(2) $\frac{dy}{dx}=\frac{1}{x+y}$.

解 (1) 令 $u=xy$，则 $\frac{du}{dx}=y+x\frac{dy}{dx}$，

因而可得 $\frac{du}{dx}=y+x\left[\frac{1}{x\sin^2(xy)}-\frac{y}{x}\right]=\frac{1}{\sin^2 u}$，得可分离变量方程 $\frac{du}{dx}=\frac{1}{\sin^2 u}$，分离变量，两边积分，得通解 $2u-\sin 2u=4x+C$，将 $u=xy$ 回代，得通解 $2xy-\sin(2xy)=4x+C$（C 为任意常数）.

(2) 令 $x+y=u$，则 $\frac{dy}{dx}=\frac{du}{dx}-1$，因而得可分离变量方程 $\frac{du}{dx}-1=\frac{1}{u}$，

分离变量，两边积分，得通解 $u-\ln(u+1)=x+C$，将 $x+y=u$ 回代，得通解 $y-\ln(x+y+1)=C$（C 为任意常数）.

5. 求一曲线的方程，该曲线通过点(0,1)且曲线上任意点处的切线垂直于此点与原点的连线.

解 设曲线方程为 $y=f(x)$，且满足初始条件：$y\big|_{x=0}=1$.

由题意知 $y'\cdot\dfrac{y}{x}=-1$，即 $\dfrac{\mathrm{d}y}{\mathrm{d}x}=-\dfrac{x}{y}$，分离变量，两边积分，得 $x^2+y^2=C$，

由 $y\big|_{x=0}=1$，得 $C=1$，所求曲线方程 $x^2+y^2=1$.

6. 若曲线 $y=f(x)(f(x)\geqslant 0)$ 与以 $[0,x]$ 为底围成的曲边梯形的面积与纵坐标 y 的 $n+1$ 次幂成正比，知 $f(0)=0$，$f(1)=1$，求此曲线方程.

解 由题设可得方程 $ky^{n+1}=\int_0^x y\mathrm{d}x$，两边对 x 求导，有 $k(n+1)y^n\cdot y'=y$，这是可分离变量方程，分离变量得 $k(n+1)y^{n-1}\mathrm{d}y=\mathrm{d}x$，两边积分，得通解 $\dfrac{k(n+1)}{n}y^n=x+C$（C 为任意常数），由初始条件 $y(0)=0$，$y(1)=1$，得 $C=0$. 所以有 $k=\dfrac{n+1}{n}$，故得特解 $x=y^n$.

□ 习题 7.4 一阶线性微分方程

1. 下列微分方程中哪些是线性方程？

(1) $y'+x^2y=y^2$； (2) $x^2y'-y+x=0$；

(3) $xy'=x-y$； (4) $yy'=\sin x$.

解 (2)，(3)是线性方程；(1)，(4)是非线性方程.

2. 求下列微分方程的通解：

(1) $y'+\dfrac{1}{x}y=\sin x$； (2) $y'+y\cos x=\mathrm{e}^{-\sin x}$；

(3) $y\ln y\mathrm{d}x+(x-\ln y)\mathrm{d}y=0$； (4) $y'=\dfrac{1}{x}+\mathrm{e}^y$.

解 (1) 因为 $P(x)=\dfrac{1}{x}$，$Q(x)=\sin x$，所以通解

$$y=\mathrm{e}^{-\int P(x)\mathrm{d}x}\left[C+\int Q(x)\cdot \mathrm{e}^{\int P(x)\mathrm{d}x}\mathrm{d}x\right]$$

$$=\mathrm{e}^{-\int\frac{1}{x}\mathrm{d}x}\left[C+\int \sin x\cdot \mathrm{e}^{\int\frac{1}{x}\mathrm{d}x}\mathrm{d}x\right]=\frac{1}{x}[C+(-x\cos x+\sin x)]\quad (C\text{ 为任意常数}).$$

(2) 因为 $P(x)=\cos x$，$Q(x)=\mathrm{e}^{-\sin x}$，所以

$$y=\mathrm{e}^{-\int P(x)\mathrm{d}x}\cdot\left[C+\int Q(x)\cdot \mathrm{e}^{\int P(x)\mathrm{d}x}\mathrm{d}x\right]=\mathrm{e}^{-\int\cos x\mathrm{d}x}\cdot\left[C+\int \mathrm{e}^{-\sin x}\cdot \mathrm{e}^{\int\cos x\mathrm{d}x}\mathrm{d}x\right]$$

$$=\mathrm{e}^{-\sin x}\cdot\left[C+\int \mathrm{e}^{-\sin x}\cdot \mathrm{e}^{\sin x}\mathrm{d}x\right]=\mathrm{e}^{-\sin x}[C+x]\quad (C\text{ 为任意常数}).$$

(3) 原方程化为 $\dfrac{\mathrm{d}y}{\mathrm{d}x}=-\dfrac{y\ln y}{x-\ln y}$，可变形为 $\dfrac{\mathrm{d}x}{\mathrm{d}y}=-\dfrac{x-\ln y}{y\ln y}$，即 $\dfrac{\mathrm{d}x}{\mathrm{d}y}+\dfrac{1}{y\ln y}x=\dfrac{1}{y}$，以 x 为未知函数 y 为自变量的一阶非齐次线性方程.

其通解 $x=e^{-\int\frac{1}{y\ln y}dy}\left(\int\frac{1}{y}e^{\int\frac{1}{y\ln y}dy}dy+C\right)=\frac{1}{\ln y}\left(\int\frac{1}{y}\ln y dy+C\right)=\frac{1}{2}\ln y+\frac{C}{\ln y}$（$C$ 为任意常数）. 此外，$y=1$ 也是原方程的解.

(4)这不是前面的典型类型中的任何一种，可仿照伯努利方程的解法，以 e^{-y} 通乘等式两边，得 $e^{-y}\frac{dy}{dx}-\frac{1}{x}e^{-y}=1$ 可化为线性方程.

因此，令 $u=e^{-y}$，则 $\frac{du}{dx}=-e^{-y}\frac{dy}{dx}$，原方程化为一阶线性方程 $\frac{du}{dx}+\frac{1}{x}u=-1$，得其通解 $u=e^{-\int\frac{1}{x}dx}\left[-\int e^{\int\frac{1}{x}dx}dx+C\right]=-\frac{x}{2}+\frac{C}{x}$.

回代 $e^{-y}=u$，得 $y=-\ln\left(-\frac{x}{2}+\frac{C}{x}\right)$（$C$ 为任意常数）.

3. 解下列初值问题：

(1) $y'+\frac{1-2x}{x^2}y=1, y|_{x=1}=0$；　　(2) $y'+\frac{y}{x}=\frac{\sin x}{x}, y|_{x=\pi}=1$.

解 (1)因为 $P(x)=\frac{1-2x}{x^2}=\frac{1}{x^2}-\frac{2}{x}, Q(x)=1$，所以

$$y=e^{-\int P(x)dx}\cdot\left[C+\int Q(x)e^{\int P(x)dx}dx\right]=e^{-\int\left(\frac{1}{x^2}-\frac{2}{x}\right)dx}\cdot\left[C+\int e^{\int\left(\frac{1}{x^2}-\frac{2}{x}\right)dx}dx\right]$$

$$=e^{\frac{1}{x}+\ln x^2}\left[C+\int e^{-\frac{1}{x}}\cdot\frac{1}{x^2}dx\right]=x^2e^{\frac{1}{x}}[C+e^{-\frac{1}{x}}]=x^2+Cx^2e^{\frac{1}{x}}.$$

因为 $y(1)=0$，则 $C=-\frac{1}{e}$，所以特解为 $y=x^2(1-e^{\frac{1}{x}-1})$.

(2) $y=e^{-\int P(x)dx}\left[C+\int Q(x)\cdot e^{\int P(x)dx}dx\right]$

$$=e^{-\int\frac{1}{x}dx}\cdot\left[C+\int\frac{\sin x}{x}\cdot e^{\int\frac{1}{x}dx}dx\right]=\frac{C}{x}-\frac{1}{x}\cos x\text{（}C\text{ 为任意常数）}.$$

4. 求下列伯努利方程的解：

(1) $y'-3xy=xy^2$；　　(2) $xdy-[y+xy^3(1+\ln x)]dx=0$.

解(1)原方程变形为 $-\frac{1}{y^2}y'+\frac{3x}{y}=-x$.

令 $z=\frac{1}{y}$，则 $z'=-\frac{1}{y^2}y'$，又有 $z'+3xz=-x$，所以

$$z=e^{-\int 3xdx}\left[C+\int -x\cdot e^{\int 3xdx}dx\right]$$

$$=e^{-\frac{3}{2}x^2}\left[C-\int xe^{\frac{3}{2}x^2}dx\right]=e^{-\frac{3}{2}x^2}\left[C-\frac{1}{3}e^{\frac{3}{2}x^2}\right]=Ce^{-\frac{3}{2}x^2}-\frac{1}{3},$$

即 $\frac{1}{y}=Ce^{-\frac{3}{2}x^2}-\frac{1}{3}$ 或 $\left(1+\frac{3}{y}\right)e^{\frac{3}{2}x^2}=C$（$C$ 为任意常数）.

(2)原方程变形为 $y'-y^3-y^3\ln x-\frac{y}{x}=0$，即 $-\frac{2}{y^3}y'+\frac{2}{xy^2}=-2(1+\ln x)$.

令 $u=\frac{1}{y^2}$，则 $u'=-\frac{2}{y^3}y'$，且有 $u'+\frac{2}{x}u=-2(1+\ln x)$，所以有

$$u=\mathrm{e}^{-\int\frac{2}{x}\mathrm{d}x}\cdot\left[C-\int 2(1+\ln x)\mathrm{e}^{\int\frac{2}{x}\mathrm{d}x}\mathrm{d}x\right]$$

$$=\frac{1}{x^2}\left[C-2\int(x^2+x^2\ln x)\mathrm{d}x\right]=\frac{C}{x^2}-\frac{2}{3}\left(\frac{2}{3}x+x\ln x\right),$$

则 $\frac{1}{y^2}=\frac{C}{x^2}-\frac{2}{3}x\left(\frac{2}{3}+\ln x\right)$，即 $\left(\frac{x}{y}\right)^2=C-\frac{2}{3}x^3\left(\frac{2}{3}+\ln x\right)$（$C$ 为任意常数）.

5. 设 $y=\mathrm{e}^x$ 是微分方程 $xy'+P(x)y=x$ 的一个解，求此微分方程满足初始条件 $y|_{x=\ln 2}=0$ 的特解.

解　将 $y=\mathrm{e}^x$ 代入微分方程 $xy'+P(x)y=x$，得 $P(x)=x\mathrm{e}^{-x}-x$，原方程化为 $xy'+(x\mathrm{e}^{-x}-x)y=x$，解此方程，得其通解为 $y=\mathrm{e}^x+C\mathrm{e}^{\mathrm{e}^{-x}+x}$.

将初始条件 $y|_{x=\ln 2}=0$代入，得 $C=-\mathrm{e}^{-\frac{1}{2}}$，所求特解为 $y=\mathrm{e}^x-\mathrm{e}^{\mathrm{e}^{-x}+x-\frac{1}{2}}$.

6. 求一曲线族，使其上任意点 P 处的切线在 y 轴上的截距等于原点到 P 的距离.

解　设曲线族为 $y=f(x,c)$，则在其上 $P(x,y)$ 点处的切线为

$$Y-y=y'(X-x).$$

所以切线在 y 轴上的截距为 $-y'x+y$ 由题意有

$$-xy'+y=|OP|=\sqrt{x^2+y^2},\ y'=-\frac{y}{x}-\frac{1}{x}\sqrt{x^2+y^2}=\frac{y}{x}\pm\sqrt{1+\left(\frac{y}{x}\right)^2}.$$

设 $v=\frac{y}{x}$ 则 $v'x+v=y'$，原方程化为 $v+xv'=v\pm\sqrt{1+v^2}$，故分离变量为 $\frac{\mathrm{d}x}{x}=\pm\frac{\mathrm{d}v}{\sqrt{1+v^2}}$，

解得

$$\pm\ln(v+\sqrt{1+v^2})=\ln x+\ln C，即\ C_1x=v+\sqrt{1+v^2}$$

或

$$C_2x=\frac{1}{v+\sqrt{1+v^2}}.$$

可变形得到

$$x^2-2\cdot\frac{1}{C_1}y-\left(\frac{1}{C_1}\right)^2=0$$

或

$$x^2+\frac{2y}{C_2}-\frac{1}{C_2^2}=0.$$

由于 C 的任意性，故两者实际上是同一族曲线，故所求的曲线族方程为

$$x^2+2Cy-C^2=0\quad（C\ 为任意常数）.$$

7. 考虑线性齐次方程

$$\frac{\mathrm{d}y}{\mathrm{d}x}+P(x)y=0,\tag{1}$$

其中，$P(x)$在$-\infty<x<+\infty$上连续.

若 $P(x)=a$(a 常数),设 $\varphi(x)$ 是 $\frac{dy}{dx}+P(x)y=0$ 的解,说明 $\varphi(x+C_1)$ 也是方程(1)的解,其中 C_1 是常数.

证 现用解的定义来证明.

若 $P(x)=a$,方程(1)即为

$$\frac{dy}{dx}+ay=0. \tag{2}$$

因为 $\varphi(x)$ 是(2)的解,故

$$\frac{d\varphi(x)}{dx}+a\varphi(x)=0. \tag{3}$$

现把函数 $\varphi(x+C_1)$ 直接代入式(2)左端,记 $u=x+C_1$,则有

$$\frac{d\varphi(u)}{dx}+a\varphi(u)=\frac{d\varphi(u)}{du}\frac{du}{dx}+a\varphi(u)=\frac{d\varphi(u)}{du}+a\varphi(u).$$

由式(3)知上式右端等于零,故

$$\frac{d\varphi(x+C_1)}{dx}+a\varphi(x+C_1)=0,\text{即 } \varphi(x+C_1)\text{ 是方程(2)的解}.$$

另法,利用方程(2)的通解公式:$y=Ce^{-ax}$.

因为 $\varphi(x)=\varphi(0)e^{-ax}$,故

$$\varphi(x+C_1)=\varphi(0)e^{-a(x+C_1)}=\varphi(0)e^{-ax}e^{-aC_1},$$

记 $\varphi(0)e^{-aC_1}=C_2$,则 $\varphi(x+C_1)=C_2e^{-ax}$,是方程(2)的解.

此结果表示常系数线性齐次方程(2)的任何一条积分曲线经过左右平移以后,仍是积分曲线.

□ 习题 7.5 可降阶的二阶微分方程

1. 求下列微分方程的通解:

(1) $y''=x+\sin x$; (2) $y''=1+y'^2$.

解 (1) 因为 $y'=\int(x+\sin x)dx=\frac{x^2}{2}-\cos x+C_1$,所以

$$y=\int\left(\frac{x^2}{2}-\cos x+C_1\right)dx=\frac{x^3}{6}-\sin x+C_1x+C_2\ (C_1,C_2\text{ 为任意常数}).$$

(2) 令 $y'=p$,则有 $p'=y''=1+p^2$,所以有 $\frac{dp}{1+p^2}=dx$,

所以 $\arctan p=x+C_1$,则 $p=\tan(x+C_1)$.

即有 $y'=\tan(x+C_1)$,则有 $y=-\ln\cos(x+C_1)+C_2$.

故通解为 $y=-\ln\cos(x+C_1)+C_2$(C_1,C_2 为任意常数).

2. 求下列初值问题的解：

(1) $y''=3\sqrt{y}, y|_{x=0}=1, y'|_{x=0}=2$；　　(2) $\begin{cases}(1+x^2)y''=2xy' \\ y|_{x=0}=1, y'|_{x=0}=3\end{cases}$.

解　(1) 令 $y'=p(y)$，$p\cdot\dfrac{dp}{dy}=y''$，所以有 $p\cdot\dfrac{dp}{dy}=3\sqrt{y}$.

分离变量 $pdp=3\sqrt{y}dy$，所以 $p^2=4y^{\frac{3}{2}}+C_1$，

因为 $y(0)=1, y'(0)=2$，所以 $C_1=0$，即有 $p^2=4y^{\frac{3}{2}}$，

所以 $\dfrac{dy}{dx}=2y^{\frac{3}{4}}$，分离变量为 $\dfrac{dy}{y^{\frac{3}{4}}}=2dx$，

解得 $y^{\frac{1}{4}}=\dfrac{x}{2}+C_2$. 因为 $y(0)=1$，则 $C_2=1$，所以方程的特解为 $y=\left(\dfrac{x}{2}+1\right)^4$.

(2) 所给方程为 $y''=f(x,y')$ 型. 设 $y'=p(x)$，有 $y''=p'(x)$，代入原方程得到一阶微分方程，并分离变量，得

$$\frac{dp}{p}=\frac{2x}{1+x^2}dx,$$

两端积分，得 $\ln|p|=\ln(1+x^2)+\ln|C_1|$，即 $p=C_1(1+x^2)$.

利用 $y'|_{x=0}=3$，得 $C_1=3$，于是有一阶微分方程 $y'=3(1+x^2)$，

两端再积分，得 $y=x^3+3x+C_2$.

利用 $y|_{x=0}=1$，得 $C_2=1$，因此所求初值问题的特解为 $y=x^3+3x+1$.

3. 试求 $y''=x$ 的经过点 $M(0,1)$ 且在此点与直线 $y=\dfrac{x}{2}+1$ 相切的积分曲线.

解　由题意知 $y(0)=1, y'(0)=\dfrac{1}{2}$，所以据 $y''=x$ 有 $y'=\dfrac{1}{2}x^2+C_1$.

代入初始条件 $y'(0)=\dfrac{1}{2}$，得 $C_1=\dfrac{1}{2}$，所以 $y'=\dfrac{1}{2}x^2+\dfrac{1}{2}$，得到 $dy=\left(\dfrac{1}{2}x^2+\dfrac{1}{2}\right)dx$，解得 $y=\dfrac{1}{6}x^3+\dfrac{1}{2}x+C_2$.

因为 $y(0)=1$，所以有 $C_2=1$，方程特解为 $y=\dfrac{1}{6}x^3+\dfrac{1}{2}x+1$.

4. 求微分方程 $y^2y''+1=0$ 的积分曲线，使该积分曲线过点 $\left(0,\dfrac{1}{2}\right)$，且在该点的切线斜率为 2.

解　此方程是一个不显含自变量 x 的二阶微分方程，且满足初始条件

$$y|_{x=0}=\frac{1}{2}, y'|_{x=0}=2.$$

设 $y'=p(y)$，则有 $y''=p\dfrac{dp}{dy}$，代入方程 $y^2y''+1=0$，得 $y^2p\dfrac{dp}{dy}=-1$，这是可分离变量方程，分离变量，得 $pdp=-\dfrac{dy}{y^2}$，两边积分，得 $\dfrac{1}{2}p^2=\dfrac{1}{y}+C_1$.

由初始条件 $y(0)=\frac{1}{2}$，$y'(0)=2$，得 $C_1=0$. 因此得一阶微分方程 $\frac{\mathrm{d}y}{\mathrm{d}x}=\sqrt{\frac{2}{y}}$，分离变量，两边积分得其解为，$\frac{2}{3}y^{\frac{3}{2}}=\sqrt{2}x+C_2$.

由初始条件 $y(0)=\frac{1}{2}$，得 $C_2=\frac{2}{3}\left(\frac{1}{2}\right)^{\frac{3}{2}}$，因此所求积分曲线为

$$y^{\frac{3}{2}}=\frac{3\sqrt{2}}{2}x+\left(\frac{1}{2}\right)^{\frac{3}{2}}.$$

5. 求解微分方程 $y''=\mathrm{e}^{3x}-\cos x$.

解 两边积分，得

$$y'=\int(\mathrm{e}^{3x}-\cos x)\mathrm{d}x+C_1=\frac{1}{3}\mathrm{e}^{3x}-\sin x+C_1$$

两端再积分，得 一阶微分方程

$$y=\frac{1}{9}\mathrm{e}^{3x}+\cos x+C_1x+C_2(C_1,C_2\text{ 为任意常数}).$$

6. 设函数 $y(x)(x\geqslant 0)$ 二阶可导，且 $y'(x)>0$，$y(0)=1$. 过曲线 $y=y(x)$ 上任一点 $P(x,y)$ 作该曲线的切线及 x 轴的垂线，上述两直线与 x 轴围成的三角形面积记为 S_1，区间 $[0,x]$ 上以 $y(x)$ 为曲边的曲边梯形面积记为 S_2，且 $2S_1-S_2=1$，求 $y=y(x)$ 满足的方程.

解 因为 $y(0)=1$，$y'(x)>0$，所以 $y(x)>0$.

设曲线 $y=y(x)$ 在点 $P(x,y)$ 处的切线倾角为 α，则

$$S_1=\frac{1}{2}y^2\cot\alpha=\frac{y^2}{2y'},S_2=\int_0^x y(t)\mathrm{d}t.$$

由 $2S_1-S_2=1$，得 $\frac{y^2}{y'}-\int_0^x y(t)\mathrm{d}t=1$，

两边对 x 求导，得 $yy''=(y')^2$，$y(0)=1$，$y'(0)=1$，

令 $y'=p(y)$，则 $y''=p\frac{\mathrm{d}p}{\mathrm{d}y}$，

方程化为 $yp\frac{\mathrm{d}p}{\mathrm{d}y}=p^2$，即 $\frac{\mathrm{d}p}{p}=\frac{\mathrm{d}y}{y}$.

解得 $p=C_1y$，利用定解条件得 $C_1=1$，再解 $y'=y$，得 $y=C_2\mathrm{e}^x$，

再利用 $y(0)=1$，得 $C_2=1$，故所求曲线方程为 $y=\mathrm{e}^x$.

7. 求证克莱洛(Clairaut)方程 $y=xy'+f(y')$ 的通解是 $y=Cx+f(C)$（C 为任意常数）.

证 由 $y=Cx+f(C)$ 得：$y'=C$，可验证 $y=Cx+f(C)$ 满足方程 $y=xy'+f(y')$，所以 $y=Cx+f(C)$ 是方程 $y=xy'+f(y')$ 的解，又 $y=Cx+f(C)$ 含有一个任意常数，故 $y=Cx+f(C)$ 是 $y=xy'+f(y')$ 的通解.

□ 习题 7.6　二阶线性微分方程解的结构

1. 验证 $y_1=\mathrm{e}^{x^2}$ 及 $y_2=x\mathrm{e}^{x^2}$ 都是方程 $y''-4xy'+(4x^2-2)y=0$ 的解，并写出该方程的

通解.

解　$y_1=e^{x^2}$ 与 $y_2=xe^{x^2}$ 线性无关,故通解 $y=C_1e^{x^2}+C_2xe^{x^2}$(C_1、C_2 为任意常数).

2.已知 $y_1=3$,$y_2=3+x^2$,$y_3=3+x^2+e^x$ 均为方程 $(x^2-2x)y''-(x^2-2)y'+(2x-2)y=6x-6$ 的解,求此微分方程通解.

解　由二阶常系数非齐次线性微分方程解的结构定理知,所求二阶线性微分方程通解可表示为

$$y=C_1(y_3-y_1)+C_2(y_3-y_2)+y_2$$

即 $y=C_1(e^x+x^2)+C_2e^x+3+x^2$($C_1$,$C_2$ 为任意常数).

3*.求微分方程 $(x^2\ln x)y''-xy'+y=0$ 的通解.

解　通过观察知 $y_1=x$ 为原方程的一个特解.令 $y_2=u(x)y_1=xu(x)$ 为另外一个解.将 $y_2=xu(x)$ 代入原方程,得

$$(x^2\ln x)[xu''(x)+2u'(x)]-x[xu'(x)+u(x)]+xu(x)=0,$$

整理得 $(x^3\ln x)u''(x)+x^2(2\ln x-1)u'(x)=0$.

令 $p(x)=u'(x)$,化简得 $x\ln x\dfrac{dp}{dx}+(2\ln x-1)p=0$,

方程分离变量得 $\dfrac{dp}{p}=\left(\dfrac{1+\ln x}{x\ln x}-\dfrac{3}{x}\right)dx$,

积分得 $\ln p=\ln(x\ln x)-3\ln x+\ln C_1=\ln\left(\dfrac{\ln x}{x^2}\right)+\ln C_1$.

不妨设 $C_1=1$,得 $p=\dfrac{\ln x}{x^2}$. 故 $u=\int p\,dx=\int\dfrac{\ln x}{x^2}dx=-\dfrac{\ln x+1}{x}+C$.

不妨取 $C=0$,得 $u(x)=-\dfrac{\ln x+1}{x}$,从而 $y_2=-(\ln x+1)$.

得原方程的两个线性无关的特解 x 和 $-\ln(x+1)$,

因此,原方程通解为 $y=C_1x-C_2(\ln x+1)$(C_1,C_2 为任意常数).

4.设 $y_1(x)$,$y_2(x)$ 均为非齐次线性方程 $y''+p_1(x)y'+p_2(x)y=Q(x)$ 的特解,其中,$p_1(x)$,$p_2(x)$,$Q(x)$ 为已知函数,且 $\dfrac{y_2(x)-y_1(x)}{y_3(x)-y_1(x)}\neq$ 常数.证明:$y(x)=(1-C_1-C_2)y_1(x)+C_1y_2(x)+C_2y_3(x)$ 为给定方程的通解(C_1,C_2 为任意常数).

证　由题意知 $y_2(x)-y_1(x)$,$y_3(x)-y_1(x)$ 线性无关,由二阶常系数非齐次线性微分方程解的结构定理知,所求二阶线性微分方程通解可表示为

$$y(x)=C_1[y_2(x)-y_1(x)]+C_2[y_3(x)-y_1(x)]+y_1(x),$$

即 $y(x)=(1-C_1-C_2)y_1(x)+C_1y_2(x)+C_2y_3(x)$.

5.设 $y''+p(x)y'=f(x)$ 有一特解 $\dfrac{1}{x}$,对应齐次线性微分方程有一特解 x^2,试求:

---

* 这是一个二阶变系数齐次线性微分方程.可以求出两个线性无关的特解,然后求出通解.

(1) $p(x)$, $f(x)$ 的表达式；　　(2) 此方程通解.

解　(1) 由题意知 $\begin{cases} 2+p(x)2x=0 \\ \dfrac{2}{x^3}+p(x)\left(-\dfrac{1}{x^2}\right)=f(x) \end{cases}$，得 $p(x)=-\dfrac{1}{x}$，$f(x)=\dfrac{3}{x^3}$.

(2) 原方程为 $y''-\dfrac{1}{x}y'=\dfrac{3}{x^3}$. 显见 $y_1=1$，$y_2=x^2$ 是齐次方程两个线性无关的解，故齐次方程的通解 $Y=C_1+C_2x^2$.

又 $y^*=\dfrac{1}{x}$ 是原方程的一特解，由解的结构定理得方程的通解为

$$y=C_1+C_2x^2+\frac{1}{x}\quad (C_1, C_2 \text{ 为任意常数}).$$

□ 习题 7.7　二阶常系数齐次线性微分方程

1. 求下列微分方程的通解：

(1) $y''-4y'=0$；　　(2) $4y''-20y'+25y=0$；

(3) $y''+6y'+13y=0$；　　(4) $y''+\lambda y'+y=0(\lambda\in\mathbf{R})$.

解　(1) 因为特征方程 $r^2-4r=0$，则特征根 $r_1=0$，$r_2=4$，所以通解为 $y=C_1+C_2\mathrm{e}^{4x}$ (C_1, C_2 为任意常数).

(2) 特征方程 $4r^2-20r+25=0$，特征根 $r=\dfrac{5}{2}$，所以通解为 $y=(C_1+C_2x)\mathrm{e}^{\frac{5}{2}x}$ (C_1, C_2 为任意常数).

(3) 因为特征方程 $r^2+6r+13=0$，则特征根 $r_1=-3-3i$，$r_2=-3+3i$，所以通解为 $y=\mathrm{e}^{-3x}(C_1\sin3x+C_2\cos3x)$ (C_1, C_2 为任意常数).

(4) 因为特征方程 $r^2+\lambda r+1=0$，则特征根 $r=\dfrac{1}{2}(-\lambda\pm\sqrt{\lambda^2-4})$，所以通解为

$$|\lambda|>2,\ y=C_1\mathrm{e}^{\frac{-\lambda+\sqrt{\lambda^2-4x}}{2}}+C_2\mathrm{e}^{\frac{-\lambda-\sqrt{\lambda^2-4x}}{2}},$$

$$|\lambda|=2,\ y=\mathrm{e}^{-\frac{\lambda}{2}x}(C_1+C_2x),$$

$$|\lambda|<2,\ y=\mathrm{e}^{-\frac{\lambda}{2}x}\left(C_1\cos\frac{\sqrt{4-\lambda^2}}{2}+C_2\sin\frac{\sqrt{4-\lambda^2}}{2}x\right)(C_1, C_2 \text{ 为任意常数}).$$

2. 求下列初值问题的解：

(1) $4y''+4y'+y=0$，$y|_{x=0}=2$，$y'|_{x=0}=0$；

(2) $y''-2y'+y=0$，$y|_{x=2}=1$，$y'|_{x=2}=-2$；

(3) $y''+2y'+10y=0$，$y|_{x=0}=1$，$y'|_{x=0}=2$.

解　(1) 因为特征方程 $4r^2+4r+1=0$，故特征根 $r_1=r_2=-\dfrac{1}{2}$，所以通解为

$$y=\mathrm{e}^{-\frac{x}{2}}(C_1+C_2x),\ y'=\mathrm{e}^{-\frac{x}{2}}\left(-\frac{C_1}{2}+C_2-\frac{C_2}{2}x\right).$$

又因为 $y(0)=2, y'(0)=0$，所以有 $C_1=2, C_2=1$，故特解为 $y=e^{-\frac{x}{2}}(2+x)$.

(2)因为特征方程 $r^2-2r+1=0$，故特征根 $r_1=r_2=1$，所以通解为 $y=e^x(C_1+C_2x)$，且 $y'=e^x(C_1+C_2+C_2x)$.

又因为 $y(2)=1, y'(2)=-2$，故 $C_1=7e^{-2}, C_2=-3e^{-2}$，所以特解为 $y=e^{x-2}(7-3x)$.

(3)特征方程 $r^2+2r+10=0$，所以 $r_1=-1+3i, r_2=-1-3i$，所以通解为 $y=e^{-x}[(3C_2-C_1)\cos 3x+(C_2-3C_1)\sin 3x]$.

又因为 $y(0)=1, y'(0)=2$，故解得 $C_1=1, C_2=1$，所以特解为 $y=e^{-x}(\cos 3x+\sin 3x)$.

3. 求以 $y=C_1e^x+C_2e^{2x}$ 为通解的微分方程.

解 可知 $r_1=1, r_2=2$ 为特征根，因此特征方程为

$$r^2-3r+2=0.$$

则对应的二阶常系数线性齐次方程为 $y''-3y'+2y=0$.

4. 试确定以 $y=\sin 3x$ 为特解的二阶常系数线性齐次微分方程.

解 已知 $y=\sin 3x$ 为二阶常系数齐次方程的特解，可知 $r=\pm 3i$ 为特征根，因此特征方程为 $r^2+9=0$，则对应的二阶常系数线性齐次方程为 $y''+9y=0$.

5. 微分方程 $y''+9y=0$ 的一条积分曲线通过点 $(\pi,-1)$，且该点和直线 $y+1=x-\pi$ 相切，求曲线方程.

解 因为特征方程 $r^2+9=0$，故特征根 $r=\pm 3i$，所以通解为 $y=3C_2\cos 3x-3C_1\sin 3x$ (C_1, C_2 为任意常数).

因为 $y(\pi)=-1, y'(\pi)=1$，得 $C_1=1, C_2=-\dfrac{1}{3}$，所以 $y=\cos 3x-\dfrac{1}{3}\sin 3x$.

□ 习题 7.8 二阶常系数非齐次线性微分方程

1. 求下列微分方程的通解：

(1) $y''-4y=2x+1$；
(2) $y''+y'-2y=8\sin 2x$；
(3) $y''-5y'+6y=xe^{2x}$；
(4) $y''-8y'+16y=x+e^{4x}$.

解 (1)因为特征方程 $r^2-4=0$，则 $r_1=-2, r_2=2$，所以相应的齐次方程通解为

$$\bar{y}=C_1e^{-2x}+C_2e^{2x}.$$

因为 $f(x)=2x+1$，所以特解 $y^*=Ax+B$，则 $y^{*\prime}=A, y^{*\prime\prime}=0$，得 $-4(Ax+B)=2x+1$，比较系数得 $-4A=2, -4B=1$，则 $A=-\dfrac{1}{2}, B=-\dfrac{1}{4}$，故特解 $y^*=-\dfrac{1}{2}x-\dfrac{1}{4}$.

原方程通解为 $y=\bar{y}+y^*=C_1e^{-2x}+C_2e^{2x}-\dfrac{1}{2}\left(x+\dfrac{1}{2}\right)$ (C_1, C_2 为任意常数).

(2)因为特征方程 $r^2+r-2=0$，故 $r_1=1, r_2=-2$，所以相应的齐次方程组通解为 $\bar{y}=C_1e^x+C_2e^{-2x}$.

因为 $f(x)=8\sin 2x$，所以设特解 $y^*=A\sin 2x+B\cos 2x$，于是 $y^{*\prime}=2A\cos 2x-2B\sin 2x$，$y^{*\prime\prime}=-4A\sin 2x-4B\cos 2x$，代入原方程得 $-(6A+2B)\sin 2x+(2A-6B)\cos 2x=8\sin 2x$.

比较系数，得 $-6A-2B=8$，$2A-6B=0$，解得 $A=-\frac{6}{5}$，$B=-\frac{2}{5}$.

特解为 $y^*=-\frac{1}{5}(6\sin 2x+2\cos 2x)$. 方程通解为

$$y=\bar{y}+y^*=C_1e^x+C_2e^{-2x}-\frac{2}{5}(3\sin 2x+\cos 2x)\quad (C_1,C_2\text{ 为任意常数}).$$

(3)特征方程 $r^2-5r+6=0$，特征根为 $r_1=2$，$r_2=3$，对应齐次方程的通解为

$$y=C_1e^{2x}+C_2e^{3x}.$$

$\lambda=2$ 是特征单根，故设非齐次方程特解为 $y^*=x(b_0x+b_1)e^{2x}$，代入方程，比较等式两端 x 的同次幂的系数，得 $b_0=-\frac{1}{2}$，$b_1=-1$.

特解为 $y^*=x\left(-\frac{1}{2}x-1\right)e^{2x}$. 所求通解为

$$y=C_1e^{2x}+C_2e^{3x}-x\left(\frac{1}{2}x+1\right)e^{2x}\quad (C_1,C_2\text{ 为任意常数}).$$

(4)特征方程为 $r^2-8r+16=0$，$(r-4)^2=0$，则 $r_1=4$，$r_2=4$.

因为 $f(x)=x+e^{4x}$，所以设特解 $y^*=(Ax+B)+Cx^2e^{4x}$，$y^{*\prime}=A+2Cxe^{4x}+4Cx^2e^{4x}$，$y^{*\prime\prime}=2Ce^{4x}+16Cxe^{4x}+16Cx^2e^{4x}$，代入原方程，得到 $2Ce^{4x}+16Ax+(16B-8A)=x+e^{4x}$，所以有 $A=\frac{1}{16}$，$B=\frac{1}{32}$，$C=\frac{1}{2}$. 所以特解 $y^*=\frac{1}{32}(2x+1)+\frac{x^2}{2}e^{4x}$.

通解 $y=e^{4x}\left(C_1+C_2x+\frac{x^2}{2}\right)+\frac{1}{32}(2x+1)$（$C_1,C_2$ 为任意常数）.

2. 求解下列初值问题：

(1) $y''+y'-2y=2x$，$y|_{x=0}=0$，$y'|_{x=0}=1$；

(2) $y''+9y=\cos x$，$y|_{x=\frac{\pi}{2}}=y'|_{x=\frac{\pi}{2}}=0$；

(3) $y''+2y'+2y=xe^{-x}$，$y|_{x=0}=y'|_{x=0}=0$.

解 (1)特征方程 $r^2+r-2=0$，$(r+2)(r-1)=0$，则 $r_1=1$，$r_2=-2$.

因为 $f(x)=2x$，设 $y^*=Ax+B$，则 $y^{*\prime}=A$，$y^{*\prime\prime}=0$，代入原方程，有 $(A-2B)-2Ax=2x$，所以 $A-2B=0$，$-2A=2$，得 $A=-1$，$B=-\frac{1}{2}$，故 $y^*=-x-\frac{1}{2}$，所以通解为 $y=C_1e^x+C_2e^{-2x}-x-\frac{1}{2}$，$y'=C_1e^x-2C_2e^{-2x}-1$.

因为 $y(0)=0$，$y'(0)=1$，解得 $C_1=1$，$C_2=-\frac{1}{2}$，所以满足初始条件的特解为

$$y=e^x-\frac{1}{2}e^{-2x}-x-\frac{1}{2}.$$

(2)特征方程为 $r^2+9=0$，$r^2=-9$，则 $r=-3i$，$r=3i$.

因为 $f(x)=\cos x$，所以设特解 $y^*=C_1\cos x+C_2\sin x$，$y^{*\prime}=-C_1\sin x+C_2\cos x$，$y^{*\prime\prime}=-C_1\cos x-C_2\sin x$，代入原方程，有 $8C_1\cos x+8C_2\sin x=\cos x$，得 $C_1=\frac{1}{8}$，$C_2=0$.

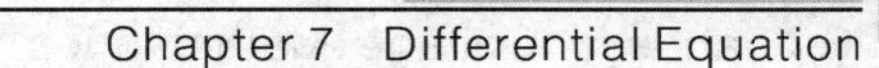

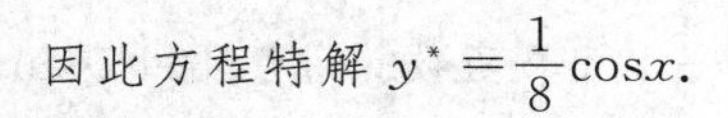

因此方程特解 $y^* = \frac{1}{8}\cos x$.

所以通解 $y = C_1\cos 3x + C_2\sin 3x + \frac{1}{8}\cos x, y' = -3C_1\sin 3x + 3C_2\cos 3x - \frac{1}{8}\sin x$.

因为 $y\left(\frac{\pi}{2}\right) = y'\left(\frac{\pi}{2}\right) = 0$，所以有 $C_1 = \frac{1}{24}, C_2 = \frac{1}{8}$ 故满足初始条件的特解为

$$y = \frac{1}{24}\cos 3x + \frac{1}{8}\sin 3x + \frac{1}{8}\cos x.$$

(3)特征方程为 $r^2 + 2r + 2 = 0$，则 $r_1 = -1 + i, r_2 = -1 - i$.

因为 $f(x) = xe^{-x}$，所以设特解 $y^* = (Ax + B)e^{-x}$，$y^{*\prime} = [(A - B) - Ax]e^{-x}$，$y^{*\prime\prime} = (B - 2A)e^{-x} + Axe^{-x}$，代入原方程，则有 $B + Ax = x$，于是 $A = 1, B = 0$，故特解为 $y^* = xe^{-x}$.

所以通解为 $y = e^{-x}(x + C_1\sin x + C_2\cos x)$.

因为 $y' = e^{-x}(C_1\cos x - C_2\sin x - C_1\sin x - C_2\cos x - x + 1)$，$y(0) = y'(0) = 0$，有 $C_1 = -1, C_2 = 0$，则满足初始条件的特解为 $y = e^{-x}(x - \sin x)$.

3. 已知二阶常微分方程 $y'' + ay' + by = ce^x$ 有特解 $y = e^{-x}(1 + xe^{2x})$. 求微分方程的通解.

解　由 $y = e^{-x}(1 + xe^{2x})$，得 $y = e^{-x} + xe^x, y' = -e^{-x} + e^x + xe^x, y'' = e^{-x} + 2e^x + xe^x$.

将 y, y', y'' 代入方程 $y'' + ay' + by = ce^x$，得

$$(e^{-x} + 2e^x + xe^x) + a(-e^{-x} + e^x + xe^x) + b(e^{-x} + xe^x) = ce^x.$$

比较两端系数，得 $a = 0, b = -1, c = 2$，故原二阶常微分方程化为

$$y'' - y = 2e^x.$$

特征方程 $r^2 - 1 = 0$，特征根 $r = \pm 1$，对应齐次方程通解为 $Y = C_1e^{-x} + C_2e^x$，所求非齐次微分方程的通解

$$Y = C_1e^{-x} + C_2e^x + e^{-x}(1 + xe^{2x}) = (C_1 + 1)e^{-x} + C_2e^x + xe^x \quad (C_1 与 C_2 为任意常数)$$

4. 设 $f(x) = e^x - \int_0^x (x - t)f(t)\mathrm{d}t$ 其中 f 为连续函数，求 $f(x)$.

解　原方程可化为 $f(x) = e^x - x\int_0^x f(t)\mathrm{d}t + \int_0^x tf(t)\mathrm{d}t$.

上式两端对 x 求导得 $f'(x) = e^x - \int_0^x f(t)\mathrm{d}t - xf(x) + xf(x) = e^x - \int_0^x f(t)\mathrm{d}t$.

两端再对 x 求导得 $f''(x) = e^x - f(x)$，即 $f''(x) + f(x) = e^x$，这是一个二阶线性常系数非齐次方程，由原方程知 $f(0) = 1, f'(0) = 1$.

特征方程为 $\lambda^2 + 1 = 0$，特征根为 $\lambda = \pm i$，对应齐次方程通解为 $\overline{Y} = C_1\sin x + C_2\cos x$，设非齐次方程特解为 $y^* = Ae^x$，得 $A = \frac{1}{2}$，则非齐次方程通解为 $f(x) = C_1\sin x + C_2\cos x + \frac{1}{2}e^x$.

由初始条件 $f(0)=1$ 和 $f'(0)=1$ 可知 $C_1=\frac{1}{2}$，$C_2=\frac{1}{2}$，所求函数为 $f(x)=\frac{1}{2}\sin x+\frac{1}{2}\cos x+\frac{1}{2}e^x$.

5. 设函数 $y=y(x)$ 满足微分方程 $y''-3y'+2y=2e^x$，其图形在点(0,1)处的切线与曲线 $y=x^2-x+1$ 在该点的切线重合，求函数 $y=y(x)$.

解 由 $y=x^2-x+1$，得 $y'=2x-1$，则曲线 $y=x^2-x+1$ 在点(0,1)处的切线斜率 $y'|_{x=0}=-1$，因此得初值问题

$$\begin{cases}y''-3y'+2y=2e^x\\ y|_{x=0}=1,y'|_{x=0}=-1\end{cases}.$$

微分方程 $y''-3y'+2y=2e^x$ 的特征方程：$r^2-3r+2=0$，特征根 $r_1=1,r_2=2$. 对应齐次方程通解为 $Y=C_1e^x+C_2e^{2x}$.

因为 $f(x)=2e^x$，所以设特解 $y^*=Axe^x$，$y^{*\prime}=A(e^x+xe^x)$，$y^{*\prime\prime}=A(2e^x+xe^x)$，代入原方程，则有 $A=-2$，故特解为 $y^*=-2xe^x$，则非齐次方程通解为 $y=C_1e^x+C_2e^{2x}-2xe^x$.

由初始条件 $y(0)=1$，$y'(0)=-1$ 可知 $C_1=1$，$C_2=0$，所求函数为 $y=(1-2x)e^x$.

6. 求一个以 $y_1=e^x$，$y_2=2xe^x$，$y_3=\cos 2x$，$y_4=3\sin 2x$ 为特解的 4 阶常系数线性齐次微分方程，并求其通解.

解 根据给定的特解知，特征根：$r_1=r_2=1$，$r_{3,4}=\pm 2i$. 因此，特征方程 $(r-1)^2(r^2+4)=0$，即 $r^4-2r^3+5r^2-8r+4=0$.

故所求方程为 $y^{(4)}-2y'''+5y''-8y'+4y=0$.

其通解为 $y=(C_1+C_2x)e^x+C_3\cos 2x+C_4\sin 2x$.

7. 求以 $y=(C_1+C_2x+x^2)e^{-2x}$（C_1 与 C_2 为任意常数）为通解的线性微分方程.

解法 1 通过对 $y=(C_1+C_2x+x^2)e^{-2x}$ 求导，并消去 C_1，C_2 确定函数 y 满足的线性微分方程.

$$y'=-2y+(C_2+2x)e^{-2x},\quad y''=-2y'+2e^{-2x}-2(C_2+2x)e^{-2x},$$

两式联立，得到所求线性微分方程 $y''+4y'+4y=2e^{-2x}$.

解法 2 由题意知，所求线性微分方程的通解可表示为

$$y=C_1e^{-2x}+C_2xe^{-2x}+x^2e^{-2x},$$

它含有两个任意常数，由解的结构定理知，所求线性微分方程为二阶常系数非齐次线性微分方程，且对应齐次微分方程有两个特解 e^{-2x}，xe^{-2x}. 故其特征方程有二重特征根 $r_1=r_2=-2$，于是特征方程为 $(r+2)^2=0$.

因此，对应齐次微分方程 $y^2+4y+4=0$.

故所求非齐次微分方程 $y^2+4y+4=f(x)$.

因函数 x^2e^{-2x} 为其一个特解，故 x^2e^{-2x} 满足非齐次微分方程

$$f(x)=(xe^{-2x})''+4(xe^{-2x})'+4xe^{-2x},$$

可得 $f(x)=2e^{-2x}$，故所求非齐次微分方程 $y''+4y'+4y=2e^{-2x}$.

总习题 7

1. 填空题

(1)微分方程 $y'+y\tan x=\cos x$ 的通解为________.

(2)设 y_1,y_2,y_3 为 $y'+p(x)y=q(x)$ 的解,且 $y_1+y_2=2x^2\mathrm{e}^{-x^2}$,$y_3=x^2\mathrm{e}^{-x^2}+\frac{1}{2}\mathrm{e}^{-x^2}$,则它的通解为________.

(3)过点 $\left(\frac{1}{2},0\right)$ 且满足关系式 $y'\arcsin x+\frac{y}{\sqrt{1-x^2}}=1$ 的曲线方程为________.

(4)$(y-x^3)\mathrm{d}x-2x\mathrm{d}y=0$ 的通解为________.

(5)以 $y=C_1\mathrm{e}^x+C_2\mathrm{e}^{2x}$ 为通解的微分方程为________.

解 (1)此为一阶线性非齐次微分方程.代入通解公式得:$y=(x+C)\cos x$(C 为任意常数).

(2)由叠加定理知:$2y_3-(y_1+y_2)$ 为齐次方程 $y'+p(x)=0$ 的解.又 $2y_3-(y_1+y_2)=\mathrm{e}^{-x^2}$,故 $y'+p(x)y=q(x)$ 通解为:$y=C\mathrm{e}^{-x^2}+x^2\mathrm{e}^{-x^2}+\frac{1}{2}\mathrm{e}^{-x^2}$($C$ 为任意常数).

(3)此为初值问题,先求方程 $y'\arcsin x+\frac{y}{\sqrt{1-x^2}}=1$ 的通解,再确定通解中任意常数的值.所求曲线方程为:$y\arcsin x=x-\frac{1}{2}$.

(4)整理得:$y'-\frac{1}{2x}y=-\frac{x}{2}$,此为一阶线性非齐次方程,代入通解公式得:$y=C\sqrt{|x|}-\frac{x^3}{5}$($C$ 为任意常数).

(5)可知 $r_1=1,r_2=2$ 为特征根,因此特征方程为 $r^2-3r+2=0$,则对应的二阶常系数线性齐次方程为 $y''-3y'+2y=0$.

2. 选择题

(1)若 $f(x)=\int_0^{2x}f\left(\frac{t}{2}\right)\mathrm{d}t+\ln 2$,则 $f(x)=$(　　).

A. $\mathrm{e}^x\ln 2$　　B. $\mathrm{e}^{2x}\ln 2$　　C. $\mathrm{e}^x+\ln 2$　　D. $\mathrm{e}^{2x}+\ln 2$

(2)微分方程 $y''-y=\mathrm{e}^x+1$ 的一个特解(　　).

A. $a\mathrm{e}^x+b$　　B. $ax\mathrm{e}^x+b$　　C. $a\mathrm{e}^x+bx$　　D. $ax\mathrm{e}^x+bx$

(3)设非齐次线性方程 $y'+p(x)y=q(x)$ 有两个不同的解 $y_1(x),y_2(x)$,C 为任意常数,则该方程的通解为(　　).

A. $C[y_1(x)-y_2(x)]$　　B. $C[y_1(x)+y_2(x)]$

C. $C\left[\frac{3}{2}y_1(x)-\frac{1}{2}y_2(x)\right]+y_1(x)$　　D. $y_2(x)+C[y_1(x)-y_2(x)]$

(4)设 $f(x)$ 连续且满足 $f(x)=2\int_0^x f(t)\mathrm{d}t+1$,则满足条件的 $f(x)$ 为(　　).

A. e^x　　B. e^{2x}　　C. $\frac{e^x}{2}+1$　　D. xe^x

(5)设函数 $y=f(x)$ 是微分方程 $y''-2y'+4y=0$ 的一个解且 $f(x_0)>0, f'(x_0)=0$，则函数 $y=f(x)$ 在 x_0 处(　　).

A. 有极大值　　B. 有极小值

C. 某邻域内单调增加　　D. 某邻域内单调减少

解　(1) $f(x)=\int_0^{2x} f\left(\frac{t}{2}\right)dt+\ln 2$.

令 $t=2u$，得 $u=\frac{t}{2}$，则 $f(x)=\int_0^x f(u)2du+\ln 2=2\int_0^x f(u)du+\ln 2$.

求导得：

$$\begin{cases} f'(x)=2f(x) \\ f(0)=\ln 2 \end{cases},$$

解得：$f(x)=e^{2x}\ln 2$.

(2)将选项代入可知 axe^x+b 为方程 $y''-y=e^x+1$ 的特解.

(3) $y_1(x)-y_2(x)$ 为齐次方程 $y'+p(x)=0$ 的解，所以 $y'+p(x)y=q(x)$ 的通解为：$y_2(x)+C[y_1(x)-y_2(x)]$.

(4)对方程 $f(x)=2\int_0^x f(t)dt+1$ 求导得：

$$\begin{cases} f'(x)=2f(x) \\ f(0)=1 \end{cases},$$

可知 $f(x)=e^{2x}$ 为其解.

(5)由题意可知：$y''(0)-2y'(0)+4y(0)=0$，则 $y''(0)=-4y(0)<0$，所以 $y=f(x)$ 在 x_0 处取极小值.

3. 求解下列微分方程：

(1) $ydx+(x^2-4x)dy=0$；　　(2) $x\frac{dy}{dx}=y(\ln y-\ln x)$；

(3) $y'+y\cos x=e^{-\sin x}$；　　(4) $y'=\frac{1}{x\cos y+\sin 2y}$；

(5) $y''-2y'+3y=(x+1)e^{2x}$；　　(6) $y''+y=x+e^x$；

(7) $\begin{cases} y''=\frac{3x^2y'}{1+x^3} \\ y|_{x=0}=1, y'|_{x=0}=4 \end{cases}$；　　(8) $y''-e^{2y}=0, y|_{x=0}=0, y'|_{x=0}=1$.

解　(1)这是一个可分离变量的微分方程，分离变量，得

$$\frac{1}{(x^2-4x)}dx+\frac{1}{y}dy=0,$$

两边积分得

$$\int\frac{1}{(x^2-4x)}dx+\int\frac{1}{y}dy=C_1,$$

即

$$\frac{1}{4}\ln\left|\frac{x-4}{x}\right|+\ln|y|=C_1,$$

化简得通解 $y^4(x-4)=Cx$ （C为任意常数）.

(2)原方程化为$\frac{dy}{dx}=\frac{y}{x}\ln\frac{y}{x}$，这是一个齐次方程，令$y=ux$，则$\frac{dy}{dx}=u+x\frac{du}{dx}$，代入原方程得$u+x\frac{du}{dx}=u\ln u$，分离变量得$\frac{du}{u(\ln u-1)}=\frac{dx}{x}$，积分得$\ln(\ln u-1)=\ln x+\ln C$，

即$\ln u-1=Cx$，代回原变量，得$\frac{y}{x}=e^{Cx+1}$，因此所求通解为$y=xe^{Cx+1}$（C为任意常数）.

(3)对应齐次方程为$y'+y\cos x=0$，齐次方程通解为$y=C_1e^{-\sin x}$.

令$y=ue^{-\sin x}$为$y'+y\cos x=e^{-\sin x}$的解，将其代入得，$u'=1$，得$u(x)=x+C_1$，

故$y'+y\cos x=e^{-\sin x}$的通解为$y=(x+C_1)e^{-\sin x}$.

或$y=e^{-\int P(x)dx}\left[\int Q(x)e^{\int P(x)dx}dx+C_2\right]=(x+C_1)e^{-\sin x}$.

(4)原方程变形为$\frac{dx}{dy}=x\cos y+\sin 2y$，即$x'-\cos y\cdot x=\sin 2y$. 所求通解

$$x=e^{-\int P(y)dy}\cdot\left[C+\int Q(x)\cdot e^{\int P(y)dy}dy\right]$$
$$=e^{-\int(-\cos y)dy}\cdot\left[C+\int\sin 2y\cdot e^{\int(-\cos y)dy}dy\right]=Ce^{\sin y}-2(1+\sin y)\text{（}C\text{为任意常数）}.$$

(5)对应齐次方程的特征方程为$r^2-2r+3=0$，其解为$r_{1,2}=1\pm\sqrt{2}i$，所以，对应齐次方程的通解为$Y=e^x(C_1\cos\sqrt{2}x+C_2\sin\sqrt{2}x)$.

又$\lambda=2$，不是特征根，故设该微分方程的特解为$y^*=(Ax+B)e^{2x}$，则有

$$y^{*\prime}=Ae^{2x}+2(Ax+B)e^{2x},\quad y^{*\prime\prime}=4Ae^{2x}+4(Ax+B)e^{2x},$$

代入原方程，比较等式两端x的同次幂的系数，得$A=\frac{1}{3}$，$B=\frac{1}{9}$，所以，微分方程的特解为$y^*=\left(\frac{1}{3}x+\frac{1}{9}\right)e^{2x}$，则原方程的通解为

$$y=e^x(C_1\cos\sqrt{2}x+C_2\sin\sqrt{2}x)+\left(\frac{1}{3}x+\frac{1}{9}\right)e^{2x}\quad\text{（}C_1,C_2\text{为任意常数）}.$$

(6)特征方程为$r^2+1=0$，特征根$r_1=i$，$r_2=-i$，$y''+y=0$的通解为$y=C_1\cos x+C_2\sin x$.

$y''+y=x$的一个特解为$y_1^*=x$，$y''+y=e^x$的一个特解为$y_2^*=\frac{1}{2}e^x$，所以原方程的通解为$y=C_1\cos x+C_2\sin x+x+\frac{1}{2}e^x$（$C_1,C_2$为任意常数）.

(7)所给方程为$y''=f(x,y')$型. 设$y'=p(x)$，有$y''=p'(x)$，代入原方程得到一阶微分方程$p'=\frac{3x^2p}{1+x^3}$，分离变量得$\frac{dp}{p}=\frac{3x^2}{1+x^3}dx$，两端积分，得$\ln p=\ln(1+x^3)+\ln C_1$，即$p=C_1(1+x^3)$.

利用$y'|_{x=0}=4$，得$C_1=4$，于是有一阶微分方程$y'=4(1+x^3)$，两端再积分，得$y=x^4+$

$4x+C_2$，再由初始条件 $y|_{x=0}=1$，得 $C_2=1$. 因此所求初值问题的特解为 $y=x^4+4x+1$.

(8)令 $y'=p(y)$，则 $y''=p\dfrac{dp}{dy}$，代入方程得 $pdp=e^{2y}dy$，两端积分，得 $\dfrac{1}{2}p^2=\dfrac{1}{2}e^{2y}+C_1$.

利用初始条件，得 $C_1=0$，又 $p|_{y=0}=y'|_{x=0}=1>0$，得 $\dfrac{dy}{dx}=p=e^y$，两端再积分，得 $-e^{-y}=x+C_2$，又 $y|_{x=0}=0$，得 $C_2=-1$，所求特解 $1-e^{-y}=x$.

4. 设二阶常系数线性微分方程 $y''+\alpha y'+\beta y=\gamma e^x$ 的一个特解为 $y=e^{2x}+(1+x)e^x$，试确定常数 α,β,γ，并求该方程的通解.

解 由于 $y=e^{2x}+(1+x)e^x$ 为原方程的特解，由线性微分方程解的结构定理知，e^{2x}，e^x 为原方程所对应的齐次方程的两个线性无关的特解. 特征根为 $r_1=1,r_2=2$，特征方程为 $r^2-3r+2=0$.

齐次方程为 $y''-3y'+2y=0$，则 $\alpha=-3,\beta=2$.

由于 $y^*=xe^x$ 为原方程的一个特解，将 $y^*=xe^x$ 代入原方程得，$2e^x+xe^x-3e^x-3xe^x+2xe^x=\gamma e^x\Rightarrow\gamma=-1$.

原方程为 $y''-3y'+2y=-e^x$，通解为 $y=C_1e^{2x}+C_2e^x+xe^x$（C_1,C_2 为任意常数）.

5. 设函数 $\varphi(x)$ 连续，且满足

$$\varphi(x)=e^x+\int_0^x t\varphi(t)dt-x\int_0^x\varphi(t)dt.$$

求函数 $\varphi(x)$.

解 方程 $\varphi(x)=e^x+\int_0^x t\varphi(t)dt-x\int_0^x\varphi(t)dt$，两边对 x 求导，得

$$\varphi'(x)=e^x-\int_0^x\varphi(t)dt,$$

两边再求导，得二阶常系数非齐次微分方程 $\varphi''(x)+\varphi(x)=e^x$，满足条件：$\varphi(0)=1,\varphi'(0)=1$，特征方程 $r^2+1=0$，特征根 $r_1=i,r_2=-i$，齐次微分方程的通解：$\varphi(x)=C_1\cos x+C_2\sin x$.

由条件 $\varphi(0)=1,\varphi'(0)=1$，得 $C_1=1,C_2=1$，所以 $\varphi(x)=\cos x+\sin x$.

6. 对 $x>0$，过曲线 $y=f(x)$ 上点 $(x,f(x))$ 处的切线在 y 轴上的截距等于 $\dfrac{1}{x}\int_0^x f(t)dt$，求 $f(x)$ 的一般表达式.

解 过曲线 $y=f(x)$ 上点 $(x,f(x))$ 处的切线方程为 $Y-f(x)=f'(x)(X-x)$.

令 $X=0$，得切线在 y 轴上的截距 $Y=f(x)-xf'(x)=\dfrac{1}{x}\int_0^x f(t)dt$，即 $\int_0^x f(t)dt=x[f(x)-xf'(x)]$. 两边对 x 求导，得 $xf''(x)+f'(x)=0$，属于 $y''=f(x,y')$ 型可降阶的方程.

令 $f'(x)=p(x)$，则 $f''(x)=p'(x)$ 代入上式，得可分离变量方程 $xp'(x)+p(x)=0$，分离变量并积分得 $\int\dfrac{1}{p}dp=-\int\dfrac{1}{x}dx$，

$$\ln p=-\ln x+\ln C_1=\ln\frac{C_1}{x}，即\ p=\frac{C_1}{x},f'(x)=\frac{C_1}{x},$$

再积分得 $\int f'(x)\mathrm{d}x=\int \frac{C_1}{x}\mathrm{d}x$，$f(x)=C_1\ln x+C_2$（$C_1$ 与 C_2 为任意常数）即为所求.

7. 设函数 $f(u)$ 具有二阶连续的导函数，而且 $z=f(\mathrm{e}^x\sin y)$ 满足方程

$$\frac{\partial^2 z}{\partial x^2}+\frac{\partial^2 z}{\partial y^2}=\mathrm{e}^{2x}z,$$

试求函数 $f(u)$.

解 设 $u=\mathrm{e}^x\sin y$，则有 $\frac{\partial z}{\partial x}=f'(u)\mathrm{e}^x\sin y$，$\frac{\partial z}{\partial y}=f'(u)\mathrm{e}^x\cos y$，

$$所以\frac{\partial^2 z}{\partial x^2}=f''(u)\mathrm{e}^{2x}\sin^2 y+f'(u)\mathrm{e}^x\sin y,$$

$$\frac{\partial^2 z}{\partial y^2}=f''(u)\mathrm{e}^{2x}\cos^2 y-f'(u)\mathrm{e}^x\sin y,$$

代入方程 $\frac{\partial^2 z}{\partial x^2}+\frac{\partial^2 z}{\partial y^2}=\mathrm{e}^{2x}z$ 得 $f''(u)\mathrm{e}^{2x}\sin^2 y+f'(u)\mathrm{e}^x\sin y+f''(u)\mathrm{e}^{2x}\cos^2 y-f'(u)\mathrm{e}^x\sin y=\mathrm{e}^{2x}z$，即 $f''(u)\mathrm{e}^{2x}=f(u)\mathrm{e}^{2x}$，由此二阶常系数线性微分方程 $f''(u)-f(u)=0$，

特征方程 $r^2-1=0$，特征根 $r_1=1,r_2=-1$，得其通解为

$$f(u)=C_1\mathrm{e}^u+C_2\mathrm{e}^{-u}\quad（C_1与C_2为任意常数）.$$

8. 设 $F(x)=f(x)g(x)$，其中函数 $f(x)$，$g(x)$ 在 $(-\infty,+\infty)$ 内满足以下条件：$f'(x)=g(x)$，$g'(x)=f(x)$，且 $f(0)=0$，$f(x)+g(x)=2\mathrm{e}^x$. 求：

(1) $F(x)$ 所满足的一阶微分方程；

(2) $F(x)$ 的表达式.

解 (1)
$$\begin{aligned}F'(x)&=f'(x)g(x)+f(x)g'(x)=g^2(x)+f^2(x)\\&=[g(x)+f(x)]^2-2f(x)g(x)\\&=(2\mathrm{e}^x)^2-2F(x).\end{aligned}$$

所以 $F(x)$ 满足的一阶线性非齐次微分方程：$F'(x)+2F(x)=4\mathrm{e}^{2x}$.

(2) 由一阶线性微分方程解的公式得

$$F(x)=\mathrm{e}^{-\int 2\mathrm{d}x}\left[\int 4\mathrm{e}^{2x}\cdot e^{\int 2\mathrm{d}x}\mathrm{d}x+C\right]=\mathrm{e}^{-2x}\left[\int 4\mathrm{e}^{4x}\mathrm{d}x+C\right]=\mathrm{e}^{2x}+C\mathrm{e}^{-2x},$$

将 $F(0)=f(0)g(0)=0$ 代入上式，得 $C=-1$，于是 $F(x)=\mathrm{e}^{2x}-\mathrm{e}^{-2x}$.

9. 在 xOy 坐标平面上，连续曲线 L 过点 $M(1,0)$，其上任意点 $P(x,y)(x>0)$ 处切线斜率与直线 OP 的斜率之差等于 x，求 L 的方程.

解 设 L 的方程为：$y=y(x)$，依题意可列出如下一阶线性微分方程

$$\begin{cases}y'-\frac{y}{x}=x\\y(1)=0\end{cases}.$$

利用公式法得一阶非齐次线性方程的通解

$$y=e^{\int\frac{1}{x}dx}\left(\int xe^{-\int\frac{1}{x}dx}dx+C\right)=x(x+C).$$

由 $y(1)=0$，可知 $C=-1$，于是所求的曲线方程为 $y=x(x-1)$.

10. 当轮船的前进速度为 v_0 时，推进器停止工作，已知受水的阻力与船速的平方成正比(比例系数为 mk，其中 $k>0$ 为常数，m 为船的质量). 问经过多少时间，船的速度减为原速度的一半.

解 设时刻 t 轮船的前进速度为 v，由题意建立一阶微分方程

$$m\frac{dv}{dt}=-mkv^2\text{，满足初始条件 } v(0)=v_0.$$

微分方程两端积分，得 $\frac{1}{v}=kt+C$ (C 为任意常数).

由初始条件 $v(0)=v_0$，得 $C=\frac{1}{v_0}$，因此，得微分方程满足初始条件的特解 $\frac{1}{v}=kt+\frac{1}{v_0}$.

当 $v=\frac{v_0}{2}$ 时，$t=\frac{1}{kv_0}$，即经过时间 $t=\frac{1}{kv_0}$，轮船的速度减为原速度的一半.

四、单元同步测验

1. 填空题

(1) 方程 $x^2dx+(y-2xy-2x^2)dy=0$，且 $y(1)=2$ 的特解________.

(2) 已知 $y=1,y=x,y=x^2$ 是某二阶非齐次线性方程的解，该方程的通解________.

(3) 设 y_1,y_2 分别为 $y'+p(x)y=q(x)$ 的解，则 $C_1y_1+C_2y_2$ 为非齐次方程的解，$C_1y_1-C_2y_2$ 为齐次方程的解，则 $C_1=$________，$C_2=$________.

(4) 设 $y'+ry=e^x$ (r 为常数)的特解为 $y=\frac{e^x}{3}$，则其通解为________.

(5) $y''=1+y'^2$ 的通解________.

2. 选择题

(1) 下列微分方程________是一阶线性常微分方程.

A. $x(y')^2-2yy'+x=0$ B. $xy'''+2y''+x^2y=0$

C. $\frac{d\rho}{d\theta}+\rho=\sin^2\theta$ D. $L\frac{d^2Q}{dt^2}+R\frac{dQ}{dt}+\frac{Q}{c}=0$

(2) 下列微分方程________是二阶常微分方程.

A. $\frac{\partial^2x}{\partial t^2}+2x=0$ B. $x\left(\frac{dy}{dx}\right)^2-2\frac{dy}{dx}+4x=0$

C. $\cos(y'')+\ln y=x+1$ D. $(y+1)^2\frac{dy}{dx}+x^3=0$

(3) 设 $y_1(x),y_2(x),y_3(x)$ 是非齐次方程 $y'+p(x)y=q(x)$ 的三个解，则下列为齐次方程的解为________.

A. $y_1(x)+y_2(x)-y_3(x)$ B. $y_1(x)+y_2(x)+y_3(x)$

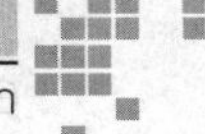

C. $y_1(x)+y_2(x)-2y_3(x)$　　　　D. $y_1(x)-y_2(x)+2y_3(x)$

(4)具有特解 $y_2=2e^{-x}$，$y_3=3e^x$ 的二阶常系数齐次线性微分方程是________.

A. $y''-y'+y=0$　　　　B. $y''-y=0$

C. $y''+y'-2y=0$　　　　D. $2y''-y'+2y=0$.

(5)已知 $y_1=\cos\omega x$ 与 $y_2=3\cos\omega x$ 是微分方程 $y''+\omega^2 y=0$ 的解，则 $y=C_1y_1+C_2y_2$(C_1 与 C_2 为任意常数)________.

A. 是该方程的通解　　　　B. 是该方程的解，但不是通解

C. 是该方程的一个特解　　　　D 不一定是该方程的解

3. 求连续函数 $f(x)$，使它满足 $f(x)+2\int_0^x f(t)\mathrm{d}t=x^2$.

4. 设 $F(x)$ 为 $f(x)$ 的原函数，且当 $x\geqslant 0$，$f(x)F(x)=\dfrac{xe^x}{2(1+x)^2}$，已知 $F(0)=1$，$F(x)>0$，试求 $f(x)$.

5. 设函数 $f(x)$ 可微，且满足 $f(x)-1=\int_1^x\left[f^2(t)\ln t-\dfrac{f(t)}{t}\right]\mathrm{d}t$，求 $f(x)$.

6. 求 $y''-a(y')^2=0$ 且满足 $y|_{x=0}=0$，$y'|_{x=0}=-1$ 的特解.

7. 求微分方程 $y''+4y'+4y=e^{-2x}$ 的通解.

8. 设 $f(x)=\sin x-\int_0^x(x-t)f(t)\mathrm{d}t$ 其中 f 为连续函数，求 $f(x)$.

9. 在 xOy 坐标平面上，连续曲线 L 过点 $M(1,0)$，其上任意点 $P(x,y)(x\neq 0)$ 处的切线斜率与直线 OP 的斜率之差等于 $ax(a>0)$.

(1)求 L 的方程；(2)当 L 与直线 $y=ax$ 所围成的面积为 $\dfrac{8}{3}$ 时，求 a 的值.

10. 有一种医疗手段，是把示踪染色注射到胰脏里去以检查其功能. 正常胰脏每分钟吸收掉染色的40%，现内科医生给某人注射了0.3 g染色，30 min后还剩0.1 g，试问此人的胰脏是否正常?

□ 单元同步测验答案

1. (1) $y=2x^2$；　(2) $y=C_1(x-1)+C_2(x^2-x)+1$；　(3) $C_1=C_2=\dfrac{1}{2}$；

(4) $\dfrac{e^x}{3}+Ce^{-2x}$；　(5) $y=-\ln\cos(x+C_1)+C_2$.

2. (1)A；　(2)C；　(3)C；　(4)B；　(5)B.

3. $f(x)=\dfrac{1}{2}e^{-2x}+x-\dfrac{1}{2}$.

4. $f(x)=\dfrac{xe^{\frac{x}{2}}}{2(1+x)^{\frac{3}{2}}}$.

5. 伯努利方程，$f(x)=\dfrac{1}{x\left(1-\dfrac{1}{2}\ln^2 x\right)}$.

6. $y=-\dfrac{1}{a}\ln(ax+1)$.

7. 通解为 $y=(C_1+C_2x)\mathrm{e}^{-2x}+\dfrac{x^2}{2}\mathrm{e}^{-2x}$.

8. $f(x)=\dfrac{1}{2}\sin x+\dfrac{x}{2}\cos x$.

9. $y=ax(x-1)$，$a=2$.

10. 计算得 30 min 后还剩 0 g 染色，故此人胰脏不正常.

Chapter 8 第 8 章

无穷级数

Infinite Series

一、内容要点

1. 无穷级数的有关概念、性质，几个重要的级数，级数收敛的必要条件.

2. 正项级数的概念、收敛与发散；交错级数的收敛与发散，绝对收敛与条件收敛.

3. 函数项级数的概念，幂级数的概念、性质、收敛性和泰勒级数.

4. 函数展开成幂级数的条件、方法及应用.

5. 傅立叶级数的相关概念和收敛定理，周期为 2π 的函数的傅立叶级数展开，奇偶函数的傅立叶级数展开，一般周期函数的傅立叶级数展开.

二、典型例题

例 1 根据级数收敛与发散的定义判断下列级数的收敛性：

$$\sin\frac{\pi}{6}+\sin\frac{2\pi}{6}+\sin\frac{3\pi}{6}+\cdots+\sin\frac{n\pi}{6}+\cdots.$$

解 $S_n=\sin\frac{\pi}{6}+\sin\frac{2\pi}{6}+\sin\frac{3\pi}{6}+\cdots+\sin\frac{n\pi}{6}=\frac{1}{2\sin\frac{\pi}{12}}\left[\cos\frac{\pi}{12}-\cos(2n+1)\frac{\pi}{12}\right]$,

当 $n\to\infty$ 时，$\cos(2n+1)\frac{\pi}{12}$ 是振荡的，其极限不存在，所以 $\lim\limits_{n\to\infty}S_n$ 不存在，题设级数发散.

例 2 判断下列级数的收敛性：

(1) $-\frac{8}{9}+\frac{8^2}{9^2}-\frac{8^3}{9^3}+\cdots+(-1)^n\frac{8^n}{9^n}+\cdots$;

(2) $\left(\frac{1}{2}+\frac{1}{3}\right)+\left(\frac{1}{2^2}+\frac{1}{3^2}\right)+\left(\frac{1}{2^3}+\frac{1}{3^3}\right)+\cdots+\left(\frac{1}{2^n}+\frac{1}{3^n}\right)+\cdots$.

解 (1) 此为等比级数，公比 $q=-\frac{8}{9}$，$|q|<1$，故此级数收敛于 $\frac{-\frac{8}{9}}{1-q}=\frac{-\frac{8}{9}}{1+\frac{8}{9}}=-\frac{8}{17}$;

(2)将此级数看成两个等比(几何)级数之和：$\sum_{n=1}^{\infty}\left(\frac{1}{2}\right)^n+\sum_{n=1}^{\infty}\left(\frac{1}{3}\right)^n$，这两个几何级数的公比 $q_1=\frac{1}{2},q_2=\frac{1}{3},|q_1|<1,|q_2|<1$，故这两个几何级数收敛，从而原级数也收敛，且其和

$$S_n=\frac{\frac{1}{2}}{1-\frac{1}{2}}+\frac{\frac{1}{3}}{1-\frac{1}{3}}=\frac{3}{2}.$$

例 3 用比较审敛法或极限形式的比较审敛法判断下列级数的收敛性：

(1) $1+\frac{1}{3}+\frac{1}{5}+\frac{1}{7}+\cdots+\frac{1}{2n-1}+\cdots$；　　(2) $\sin\frac{\pi}{2}+\sin\frac{\pi}{2^2}+\sin\frac{\pi}{2^3}+\cdots+\sin\frac{\pi}{2^n}+\cdots$.

解 (1)级数的通项 $u_n=\frac{1}{2n-1}$，与调和级数比较，因为

$$\lim_{n\to\infty}\left(\frac{\frac{1}{2n-1}}{\frac{1}{n}}\right)=\lim_{n\to\infty}\frac{n}{2n-1}=\frac{1}{2},$$

而调和级数发散，所以题设级数也发散.

(2)通项 $u_n=\sin\frac{\pi}{2^n}$ 与几何级数 $\sum_{n=1}^{\infty}\frac{\pi}{2^n}$ 比较，因为

$$\lim_{n\to\infty}\left(\frac{\sin\frac{\pi}{2^n}}{\frac{\pi}{2^n}}\right)=1,$$

由几何级数 $\sum_{n=1}^{\infty}\frac{\pi}{2^n}$ 收敛，知题设级数收敛.

例 4 用比值审敛法或根值审敛法判断下列级数的收敛性：

(1) $\sum_{n=1}^{\infty}\frac{n^2}{3^n}$；　　(2) $\sum_{n=1}^{\infty}\left(\frac{n}{2n+1}\right)^n$.

解 (1) $\lim_{n\to\infty}\frac{u_{n+1}}{u_n}=\lim_{n\to\infty}\left[\frac{\frac{(n+1)^2}{3^{n+1}}}{\frac{n^2}{3^n}}\right]=\lim_{n\to\infty}\frac{1}{3}\cdot\left(\frac{n+1}{n}\right)^2=\frac{1}{3}<1$，由比值审敛法知题设级数收敛.

(2) $\lim_{n\to\infty}\sqrt[n]{u_n}=\lim_{n\to\infty}\sqrt[n]{\left(\frac{n}{2n+1}\right)^n}=\lim_{n\to\infty}\frac{n}{2n+1}=\frac{1}{2}<1$，由根值审敛法知该级数收敛.

例 5 判断下列级数是否收敛？如果收敛，是绝对收敛还是条件收敛？

(1) $1-\frac{1}{\sqrt{2}}+\frac{1}{\sqrt{3}}-\frac{1}{\sqrt{4}}+\cdots$；　　(2) $\frac{1}{3}\cdot\frac{1}{2}-\frac{1}{3}\cdot\frac{1}{2^2}+\frac{1}{3}\cdot\frac{1}{2^3}-\frac{1}{3}\cdot\frac{1}{2^4}+\cdots$.

解 (1)此级数的绝对值是发散的 p-级数；但是自身又是莱布尼兹型交错级数，事实上，$u_n=\frac{1}{\sqrt{n}}>\frac{1}{\sqrt{n+1}}=u_{n+1}$，$\lim_{n\to\infty}u_n=\lim_{n\to\infty}\frac{1}{\sqrt{n}}=0$，所以题设交错级数收敛，但是条件收敛.

(2)题设级数为 $\frac{1}{3}\sum_{n=1}^{\infty}(-1)^{n-1}\frac{1}{2^n}$，显见此级数的绝对值级数是收敛的几何级数 $\left(公比\ r, 0<r=\frac{1}{2}<1\right)$，故此级数绝对收敛，乘以 $\frac{1}{3}$ 仍绝对收敛，故原级数绝对收敛.

例 6　求下列幂级数的收敛区间：

(1) $\frac{x}{1\cdot 3}+\frac{x^2}{2\cdot 3^2}+\frac{x^3}{3\cdot 3^3}+\cdots+\frac{x^n}{n\cdot 3^n}+\cdots$；　　(2) $\sum_{n=1}^{\infty}\frac{2n-1}{2^n}x^{2n-2}$；

(3) $\sum_{n=1}^{\infty}\frac{(x-5)^n}{\sqrt{n}}$.

解　(1) $R=\lim\limits_{n\to\infty}\left|\frac{a_n}{a_{n+1}}\right|=\lim\limits_{n\to\infty}\left|\frac{\frac{1}{3^n\cdot n}}{\frac{1}{3^{n+1}\cdot(n+1)}}\right|=\lim\limits_{n\to\infty}\left(3\cdot\frac{n+1}{n}\right)=3$，所以收敛区间为 $(-3,3)$.

(2)使用换元法：令 $y=x^2$，则原级数变为 $\sum_{n=0}^{+\infty}\frac{2n-1}{2^n}y^{n+1}$.

由于 $R=\lim\limits_{n\to\infty}\left|\frac{\frac{2n-1}{2^n}}{\frac{2n+1}{2^{n+1}}}\right|=2\lim\limits_{n\to\infty}\frac{2n-1}{2n+1}=2$，所以 $|y|<2$，因此 $0\leqslant x^2<2$，最终收敛区间为 $-\sqrt{2}<x<\sqrt{2}$.

(3)使用换元法：令 $y=x-5$，原级数为 $\sum_{n=0}^{+\infty}\frac{1}{\sqrt{n}}y^n$.

由 $R=\lim\limits_{n\to\infty}\left|\frac{\sqrt{n+1}}{\sqrt{n}}\right|=1$ 知：$|y|=|x-5|<1$，即收敛区间为 $4<x<6$.

例 7　将函数 $f(x)=\frac{1}{x^2+3x+2}$ 展开成 $(x+4)$ 的幂级数.

解

$$\begin{aligned}f(x)&=\frac{1}{x^2+3x+2}=\frac{1}{(x+1)(x+2)}=\frac{1}{x+1}-\frac{1}{x+2}\\&=\frac{1}{-3+(x+4)}-\frac{1}{-2+(x+4)}=\frac{1}{2}\frac{1}{1-\frac{(x+4)}{2}}-\frac{1}{3}\frac{1}{1-\frac{(x+4)}{3}}\\&=\frac{1}{2}\sum_{n=0}^{\infty}\left(\frac{x+4}{2}\right)^n-\frac{1}{3}\sum_{n=0}^{\infty}\left(\frac{x+4}{3}\right)^n=\sum_{n=0}^{\infty}\left(\frac{1}{2^{n+1}}-\frac{1}{3^{n+1}}\right)(x+4)^n;\end{aligned}$$

$$-1<\frac{x+4}{2}<1\quad 且\quad -1<\frac{x+4}{3}<1,$$

得 $-6<x<-2$　且　$-7<x<-1$，即 $-6<x<-2$.

例 8　下列周期函数 $f(x)$ 的周期为 2π，试将 $f(x)$ 展开成傅立叶级数，如果 $f(x)$ 在 $[-\pi,\pi)$ 上的表达式为 $f(x)=3x^2+1(-\pi\leqslant x\leqslant\pi)$.

解　$a_0=\frac{1}{\pi}\int_{-\pi}^{\pi}(3x^2+1)\mathrm{d}x=2(\pi^2+1)$,

$$a_n=\frac{1}{\pi}\int_{-\pi}^{\pi}(3x^2+1)\cos nx\,\mathrm{d}x=(-1)^n\frac{12}{n^2},$$

$$b_n=\frac{1}{\pi}\int_{-\pi}^{\pi}f(x)\sin nx\,\mathrm{d}x=\frac{1}{\pi}\int_{-\pi}^{\pi}(3x^2+1)\sin nx\,\mathrm{d}x=0.$$

故
$$f(x)=\pi^2+1+12\sum_{n=1}^{\infty}\frac{(-1)^n}{n^2}\cos nx,\quad x\in(-\infty,+\infty).$$

例 9 将下列函数 $f(x)$ 展开成傅立叶级数：$f(x)=2\sin\frac{x}{3}(-\pi\leqslant x\leqslant\pi)$.

解 设 $F(x)$ 为 $f(x)$ 周期延拓而得到的新函数，$F(x)$ 在 $(-\pi,\pi)$ 中连续，$x=\pm\pi$ 是 $f(x)$ 的间断点，且 $\frac{F(-\pi-0)+F(-\pi+0)}{2}\neq f(-\pi)$，$\frac{F(\pi-0)+F(\pi+0)}{2}\neq f(\pi)$. 故在 $(-\pi,\pi)$ 中，$F(x)$ 的傅立叶级数收敛于 $f(x)$，在 $x=\pm\pi$ $F(x)$ 的傅立叶级数不收敛于 $f(x)$，计算傅立叶系数：

$$a_n=0\quad(n=0,1,2,\cdots),$$

$$b_n=\frac{2}{\pi}\int_0^{\pi}2\sin\frac{x}{3}\sin nx\,\mathrm{d}x=\frac{2}{\pi}\int_0^{\pi}\left[\cos\left(\frac{1}{3}-n\right)x-\cos\left(\frac{1}{3}+n\right)x\right]\mathrm{d}x$$
$$=(-1)^{n+1}\frac{18\sqrt{3}}{\pi}\frac{n}{9n^2-1}.$$

因此
$$f(x)=\frac{18\sqrt{3}}{\pi}\sum_{n=1}^{\infty}(-1)^{n+1}\frac{n\sin nx}{9n^2-1}\quad(-\pi<x<\pi).$$

例 10 将函数 $f(x)=x-1(0\leqslant x\leqslant 2)$ 展开成周期为 4 的余弦级数.

解 $a_0=\int_0^2(x-1)\mathrm{d}x=0,$

$$a_n=\int_0^2(x-1)\cos\frac{n\pi x}{2}\mathrm{d}x=\frac{4}{n^2\pi^2}[(-1)^n-1]\quad(n=1,2,\cdots).$$

故
$$f(x)=-\frac{8}{\pi^2}\sum_{k=1}^{\infty}\frac{1}{(2k-1)^2}\cos\frac{(2k-1)\pi x}{2},\quad x\in[0,2].$$

三、教材习题解析

□ 习题 8.1 常数项级数及性质

1. 根据级数收敛与发散的定义判别下列级数的收敛性：

(1) $\sum_{n=1}^{\infty}(\sqrt{n+1}-\sqrt{n})$；　　(2) $\frac{1}{1\cdot 3}+\frac{1}{3\cdot 5}+\frac{1}{5\cdot 7}+\cdots+\frac{1}{(2n-1)(2n+1)}+\cdots$.

解 (1) $S_n=(\sqrt{2}-\sqrt{1})+(\sqrt{3}-\sqrt{2})+\cdots+(\sqrt{n+1}-\sqrt{n})=\sqrt{n+1}-1$，所以 $\lim\limits_{n\to\infty}S_n=\lim\limits_{n\to\infty}(\sqrt{n+1}-1)=+\infty$，级数发散.

(2) $S_n=\frac{1}{1\cdot 3}+\frac{1}{3\cdot 5}+\frac{1}{5\cdot 7}+\cdots+\frac{1}{(2n-1)(2n+1)}$

$=\frac{1}{2}\left[\left(1-\frac{1}{3}\right)+\left(\frac{1}{3}-\frac{1}{5}\right)+\cdots+\left(\frac{1}{2n-1}-\frac{1}{2n+1}\right)\right]$

$=\frac{1}{2}\left(1-\frac{1}{2n+1}\right)\to\frac{1}{2}\quad(n\to\infty)$,

所以级数收敛于$\frac{1}{2}$.

2. 判别下列级数的收敛性：

(1) $-\frac{5}{9}+\frac{5^2}{9^2}+\cdots+(-1)^n\frac{5^n}{9^n}+\cdots$；　(2) $\left(\frac{4}{5}+\frac{3}{4}\right)+\left(\frac{4^2}{5^2}+\frac{3^2}{4^2}\right)+\cdots+\left(\frac{4^n}{5^n}+\frac{3^n}{4^n}\right)+\cdots$；

(3) $\sqrt{2}+\sqrt{\frac{3}{2}}+\cdots+\sqrt{\frac{n+1}{n}}+\cdots$；　(4) $\frac{1}{2}+\frac{1}{10}+\frac{1}{4}+\frac{1}{20}+\cdots+\frac{1}{2^n}+\frac{1}{10\cdot n}+\cdots$.

解 (1)此为等比级数，公比$q=-\frac{5}{9}$，$|q|<1$，故此级数收敛；

(2)将此级数看成两个等比(几何)级数之和：$\sum_{n=1}^{\infty}\left(\frac{4}{5}\right)^n+\sum_{n=1}^{\infty}\left(\frac{3}{4}\right)^n$，这两个几何级数的公比$q_1=\frac{4}{5}$，$q_2=\frac{3}{4}$，$|q_1|<1$，$|q_2|<1$，故这两个几何级数收敛，从而原级数也收敛；

(3)级数一般项$\lim\limits_{n\to\infty}u_n=\lim\limits_{n\to\infty}\sqrt{\frac{n+1}{n}}=1\neq 0$，不满足级数收敛的必要条件，所以该级数发散；

(4)级数的一般项$u_n=\frac{1}{10}\cdot\frac{1}{n}$，又调和级数$\sum_{n=1}^{\infty}\frac{1}{n}$发散，知题设级数发散.

3. 求下列级数的和：

(1) $\sum_{n=1}^{\infty}\frac{1}{n(n+1)(n+2)}$；　(2) $1-\frac{1}{2}+\frac{1}{4}-\frac{1}{8}+\cdots+(-1)^{n-1}\frac{1}{2^{n-1}}+\cdots$.

解 (1) $a_n=\frac{1}{n(n+1)(n+2)}=\frac{1}{2}\left[\left(\frac{1}{n}-\frac{1}{n+1}\right)-\left(\frac{1}{n+1}-\frac{1}{n+2}\right)\right]$.

$S_n=\frac{1}{2}\left[\left(1-\frac{1}{2}\right)-\left(\frac{1}{2}-\frac{1}{3}\right)+\left(\frac{1}{2}-\frac{1}{3}\right)-\left(\frac{1}{3}-\frac{1}{4}\right)+\cdots\left(\frac{1}{n}-\frac{1}{n+1}\right)-\left(\frac{1}{n+1}-\frac{1}{n+2}\right)\right]$

$=\frac{1}{2}\left[\left(1-\frac{1}{2}\right)-\left(\frac{1}{n+1}-\frac{1}{n+2}\right)\right]\to\frac{1}{4}\quad(n\to\infty)$.

(2)此为等比级数，公比$q=-\frac{1}{2}$，$|q|<1$，故此级数收敛于$\frac{1}{1-q}=\frac{1}{1+\frac{1}{2}}=\frac{2}{3}$.

□ 习题 8.2 常数项级数收敛性的判别法

1. 用比较审敛法判别下列级数的收敛性：

(1) $\sum_{n=2}^{\infty}\frac{n}{\sqrt{n^2+1}}$；　(2) $\sum_{n=1}^{\infty}\frac{1}{(n+1)(n+4)}$；

(3) $\sum\limits_{n=1}^{\infty}\dfrac{1}{1+a^n}\quad(a>0)$； (4) $\sum\limits_{n=1}^{\infty}\dfrac{1+n}{1+n^2}$.

解 (1)因为 $u_n=\dfrac{n}{\sqrt{1+n^2}}>\dfrac{n}{n+1}$，由级数 $\sum\limits_{n=2}^{\infty}\dfrac{n}{n+1}$ 发散，知题设级数也发散.

(2)因为 $\lim\limits_{n\to\infty}\left[\dfrac{\dfrac{1}{(n+1)(n+4)}}{\dfrac{1}{n^2}}\right]=\lim\limits_{n\to\infty}\dfrac{n^2}{(n+1)(n+4)}=1$，由 $p=2$ 的 p-级数的收敛性，知题设级数收敛.

(3)需要讨论参数 a 不同的取值情况：

当 $a\leqslant 1$ 时，通项 $u_n=\dfrac{1}{1+a^n}\geqslant\dfrac{1}{1+1}=\dfrac{1}{2}$，所以 $\lim\limits_{n\to\infty}u_n\neq 0$，不满足级数收敛的必要条件，这时题设级数发散.

当 $a>1$ 时，$\dfrac{1}{a}<1$，这时 $u_n=\dfrac{1}{1+a^n}<\dfrac{1}{a^n}=\left(\dfrac{1}{a}\right)^n$，由几何级数 $\sum\limits_{n=1}^{\infty}\left(\dfrac{1}{a}\right)^n\left(0<\dfrac{1}{a}<1\right)$ 收敛，知题设级数也收敛.

(4)因为 $u_n=\dfrac{1+n}{1+n^2}>\dfrac{1+n}{n+n^2}=\dfrac{1}{n}$，由调和级数发散性和比较法，知题设级数也发散.

2.用比值审敛法判别下列级数的收敛性：

(1) $\sum\limits_{n=1}^{\infty}\dfrac{3^n}{n!}$； (2) $\sum\limits_{n=1}^{\infty}\dfrac{3^n}{n2^n}$； (3) $\sum\limits_{n=1}^{\infty}\dfrac{n!}{n^n}$； (4) $\sum\limits_{n=1}^{\infty}n\tan\dfrac{\pi}{2^{n+1}}$.

解 (1) $\lim\limits_{n\to\infty}\dfrac{u_{n+1}}{u_n}=\lim\limits_{n\to\infty}\left[\dfrac{\dfrac{3^{n+1}}{(n+1)!}}{\dfrac{3^n}{n!}}\right]=\lim\limits_{n\to\infty}\dfrac{3}{n+1}=0<1$，由比值审敛法，知题设级数收敛.

(2) $\lim\limits_{n\to\infty}\dfrac{u_{n+1}}{u_n}=\lim\limits_{n\to\infty}\left[\dfrac{\dfrac{3^{n+1}}{(n+1)2^{n+1}}}{\dfrac{3^n}{n\cdot 2^n}}\right]=\lim\limits_{n\to\infty}\left(\dfrac{3}{2}\cdot\dfrac{n}{n+1}\right)=\dfrac{3}{2}>1$，由比值审敛法，知题设级数发散.

(3) $\lim\limits_{n\to\infty}\dfrac{u_{n+1}}{u_n}=\lim\limits_{n\to\infty}\left[\dfrac{\dfrac{(n+1)!}{(n+1)^{n+1}}}{\dfrac{n!}{n^n}}\right]=\lim\limits_{n\to\infty}\left(\dfrac{n}{n+1}\right)^n=\dfrac{1}{\mathrm{e}}<1$，由比值审敛法，知题设级数收敛.

(4) $\lim\limits_{n\to\infty}\dfrac{u_{n+1}}{u_n}=\lim\limits_{n\to\infty}\left[\dfrac{(n+1)\tan\dfrac{\pi}{2^{n+2}}}{n\tan\dfrac{\pi}{2^{n+1}}}\right]=\lim\limits_{n\to\infty}\left[\dfrac{n+1}{n}\cdot\left(\dfrac{\dfrac{\pi}{2^{n+2}}}{\dfrac{\pi}{2^{n+1}}}\right)\right]=\dfrac{1}{2}<1$，由比值审敛法，知题设级数收敛.

3.判别下列级数是否收敛？如果是收敛的，是绝对收敛还是条件收敛？

(1) $\sum\limits_{n=1}^{\infty}(-1)^{n+1}\dfrac{1}{2n-1}$；　　(2) $\sum\limits_{n=1}^{\infty}(-1)^{n-1}\dfrac{n}{3^{n-1}}$.

解　(1)级数 $\sum\limits_{n=1}^{\infty}\dfrac{1}{2n-1}$ 发散，由于 $\dfrac{1}{2n-1}>\dfrac{1}{2n+1}$ 且 $\lim\limits_{n\to\infty}\dfrac{1}{2n-1}=0$，根据莱布尼兹判别法知原级数收敛，故级数条件收敛.

(2) $\lim\limits_{n\to\infty}\dfrac{|u_{n+1}|}{|u_n|}=\lim\limits_{n\to\infty}\dfrac{\dfrac{n+1}{3^n}}{\dfrac{n}{3^{n-1}}}=\lim\limits_{n\to\infty}\dfrac{1}{3}\cdot\left(1+\dfrac{1}{n}\right)=\dfrac{1}{3}<1$，所以级数 $\sum\limits_{n=1}^{\infty}|u_n|$ 收敛，从而原级数绝对收敛.

习题 8.3　幂级数

1. 求下列幂级数的收敛半径和收敛区间：

(1) $\sum\limits_{n=1}^{\infty}n^n x^n$；　　(2) $\sum\limits_{n=1}^{\infty}\dfrac{x^n}{n^2 2^n}$；

(3) $\sum\limits_{n=0}^{\infty}(-1)^n\dfrac{x^{2n}}{n+1}$；　　(4) $\sum\limits_{n=1}^{\infty}(-1)^{n-1}\dfrac{(x+2)^n}{n}$.

解　(1) $R=\lim\limits_{n\to\infty}\left|\dfrac{a_{n+1}}{a_n}\right|=\lim\limits_{n\to\infty}\left|\dfrac{(n+1)^{n+1}}{n^n}\right|=\lim\limits_{n\to\infty}\left(1+\dfrac{1}{n}\right)^n(n+1)=+\infty$.

$R=0$，仅在 $x=0$ 处收敛.

(2) $R=\lim\limits_{n\to\infty}\left|\dfrac{a_n}{a_{n+1}}\right|=\lim\limits_{n\to\infty}\left|\dfrac{\dfrac{1}{2^n\cdot n^2}}{\dfrac{1}{2^{n+1}\cdot(n+1)^2}}\right|=2$.

所以收敛区间为$(-2,2)$.

(3) $\lim\limits_{n\to\infty}\left|\dfrac{a_{n+1}}{a_n}\right|=\lim\limits_{n\to\infty}\left|\dfrac{\dfrac{x^{2n+2}}{n+2}}{\dfrac{x^{2n}}{n+1}}\right|=x^2\lim\limits_{n\to\infty}\dfrac{n+1}{n+2}=x^2$.

所以，当 $x^2<1$ 即 $|x|<1$ 时，级数绝对收敛，$R=1$，收敛区间为$(-1,1)$.

(4)使用换元法：令 $y=x+2$，原级数为 $\sum\limits_{n=1}^{\infty}(-1)^{n-1}\dfrac{y^n}{n}$.

由 $R=\lim\limits_{n\to\infty}\left|\dfrac{\dfrac{1}{n}}{\dfrac{1}{n+1}}\right|=1$ 知：$|y|=|x+2|<1$，即收敛半径为 $R=1$，收敛区间为$(-3,-1)$.

2. 求下列幂级数的收敛域：

(1) $\sum\limits_{n=0}^{\infty}\dfrac{2^n}{n^2+1}x^n$；　　(2) $\sum\limits_{n=0}^{\infty}\dfrac{(-1)^n}{2^n}x^n$；

(3) $\sum\limits_{n=1}^{\infty}\dfrac{\ln(n+1)}{n+1}x^n$.

解 (1)$R=\lim\limits_{n\to\infty}\left|\dfrac{a_n}{a_{n+1}}\right|=\lim\limits_{n\to\infty}\left|\dfrac{\dfrac{2^n}{n^2+1}}{\dfrac{2^{n+1}}{(n+1)^2+1}}\right|=\dfrac{1}{2}$.

当 $x=\dfrac{1}{2}$ 时，级数 $\sum\limits_{n=0}^{\infty}\dfrac{1}{n^2+1}$ 收敛，当 $x=-\dfrac{1}{2}$ 时，级数 $\sum\limits_{n=0}^{\infty}\dfrac{(-1)^n}{n^2+1}$ 绝对收敛，故收敛域为 $\left[-\dfrac{1}{2},\dfrac{1}{2}\right]$.

(2)$R=\lim\limits_{n\to\infty}\left|\dfrac{a_n}{a_{n+1}}\right|=\lim\limits_{n\to\infty}\left|\dfrac{\dfrac{1}{2^n}}{\dfrac{1}{2^{n+1}}}\right|=2$.

当 $x=2$ 时，级数 $\sum\limits_{n=0}^{\infty}(-1)^n$ 发散，当 $x=-2$ 时，级数 $\sum\limits_{n=0}^{\infty}1$ 发散，故收敛域为 $(-2,2)$.

(3)$R=\lim\limits_{n\to\infty}\left|\dfrac{a_n}{a_{n+1}}\right|=\lim\limits_{n\to\infty}\left|\dfrac{\dfrac{\ln(n+1)}{n+1}}{\dfrac{\ln(n+2)}{n+2}}\right|=1$.

当 $x=1$ 时，对于级数 $\sum\limits_{n=1}^{\infty}\dfrac{\ln(n+1)}{n+1}$，由比值审敛法 $\left(\lim\limits_{n\to\infty}\dfrac{\dfrac{\ln(n+1)}{n+1}}{\dfrac{1}{n+1}}=\infty\right)$ 知其发散；

当 $x=-1$ 时，对于级数 $\sum\limits_{n=1}^{\infty}\dfrac{\ln(n+1)}{n+1}(-1)^n$，$\lim\limits_{n\to\infty}u_n=\lim\limits_{n\to\infty}\dfrac{\ln(n+1)}{n+1}=\lim\limits_{n\to\infty}\dfrac{1}{\dfrac{n+1}{1}}=0$，

$u_n=\dfrac{\ln(n+1)}{n+1}\geqslant\dfrac{\ln(n+2)}{n+2}u_{n+1}\ (n>2)$，这是因为 $\dfrac{\ln x}{x}(x>2)$ 是减函数. 由莱布尼兹审敛法知其收敛，故收敛域为 $[-1,1)$.

3. 利用逐项求导或逐项积分，求下列级数的和函数：

(1) $\sum\limits_{n=1}^{\infty}\dfrac{x^{2n-1}}{2n-1}$；

(2) $\sum\limits_{n=1}^{\infty}nx^{n-1}$；

(3) $\sum\limits_{n=1}^{\infty}(-1)^n\dfrac{x^n}{n}$.

解 (1)由于 $\left(\sum\limits_{n=1}^{\infty}\dfrac{x^{2n-1}}{2n-1}\right)'=\sum\limits_{n=1}^{\infty}\left(\dfrac{x^{2n-1}}{2n-1}\right)'=\sum\limits_{n=1}^{\infty}x^{2n-2}=\dfrac{1}{1-x^2}$，

所以 $\sum\limits_{n=1}^{\infty}\dfrac{x^{2n-1}}{2n-1}=\int_0^x\left(\sum\limits_{n=1}^{\infty}\dfrac{x^{2n-1}}{2n-1}\right)'\mathrm{d}x=\int_0^x\dfrac{1}{1-x^2}\mathrm{d}x=\dfrac{1}{2}\ln\dfrac{1+x}{1-x},\quad x\in(-1,1)$.

(2)由于 $\dfrac{1}{1-x}=1+x+x^2+x^3+\cdots+x^n+\cdots=\sum\limits_{n=0}^{+\infty}x^n,\quad x\in(-1,1)$，

所以
$$\sum_{n=1}^{\infty}nx^{n-1}=\left(\int_0^x\sum_{n=1}^{\infty}nx^{n-1}\mathrm{d}x\right)'=\left(\sum_{n=1}^{\infty}\int_0^x nx^{n-1}\mathrm{d}x\right)'=\left(\sum_{n=1}^{\infty}x^n\right)'=\left(\frac{x}{1-x}\right)'$$
$$=\frac{1}{(1-x)^2},\quad x\in(-1,1).$$

(3) 由于 $\left[\sum_{n=1}^{\infty}(-1)^n\frac{x^n}{n}\right]'=\sum_{n=1}^{\infty}\left[(-1)^n\frac{x^n}{n}\right]'=\sum_{n=1}^{\infty}(-1)^n x^{n-1}=\frac{-1}{1+x}$,

所以 $\sum_{n=1}^{\infty}(-1)^n\frac{x^n}{n}=\int_0^x\left[\sum_{n=1}^{\infty}(-1)^n\frac{x^n}{n}\right]'\mathrm{d}x=\int_0^x\frac{-1}{1+x}\mathrm{d}x=-\ln(x+1),\quad x\in(-1,1]$.

□ 习题 8.4 函数的幂级数展开

1. 将下列函数展开成 x 的幂级数,并求展开式成立的区间:

(1) e^{x^2}; (2) $\sin^2 x$; (3) $\frac{x}{1+x-2x^2}$.

解 (1) $e^{x^2}=\sum_{n=0}^{\infty}\frac{x^{2n}}{n!},\quad x\in\mathbf{R}$.

(2) $\sin^2 x=\frac{1}{2}(1-\cos 2x)=\frac{1}{2}\left[1-\sum_{n=0}^{\infty}(-1)^n\frac{2^{2n}}{(2n)!}x^{2n}\right]$

$$=\sum_{n=1}^{\infty}(-1)^n\frac{2^{2n-1}}{(2n)!}x^{2n},\quad x\in\mathbf{R}.$$

(3) $\frac{x}{1+x-2x^2}=\frac{1}{3}\left(\frac{1}{1-x}-\frac{1}{1+2x}\right)=\frac{1}{3}\left[\sum_{n=0}^{\infty}x^n-\sum_{n=0}^{\infty}(-2)^n x^n\right]$

$$=\frac{1}{3}\sum_{n=0}^{\infty}[1-(-2)^n]x^n,\quad x\in\left(-\frac{1}{2},\frac{1}{2}\right).$$

2. 将下列函数在指定的点处展为泰勒级数,并指出收敛域:

(1) $\frac{1}{3-x}$ 在 $x_0=2$ 处; (2) $\frac{1}{x^2+3x+2}$ 在 $x_0=-4$ 处.

解 (1) $\frac{1}{3-x}=\frac{1}{1-(x-2)}=\sum_{n=0}^{\infty}(x-2)^n$,由 $-1<x-2<1$ 知 $1<x<3$.

(2) $\frac{1}{x^2+3x+2}=\frac{1}{x+1}-\frac{1}{x+2}=-\frac{1}{3}\frac{1}{1-\frac{x+4}{3}}+\frac{1}{2}\frac{1}{1-\frac{x+4}{2}}$

$$=-\frac{1}{3}\sum_{n=0}^{\infty}\frac{(x+4)^n}{3^n}+\frac{1}{2}\sum_{n=0}^{\infty}\frac{(x+4)^n}{2^n}$$

$$=\sum_{n=0}^{\infty}\left(\frac{1}{2^{n+1}}-\frac{1}{3^{n+1}}\right)(x+4)^n,$$

由 $-1<\frac{x+4}{3}<1$ 及 $-1<\frac{x+4}{2}<1$ 知 $-6<x<-2$.

3. 将函数 $f(x)=\arctan\frac{1-2x}{1+2x}$ 展为 x 的幂级数,并求 $\sum_{n=0}^{\infty}\frac{(-1)^n}{2n+1}$.

解 $f'(x)=\frac{-2}{1+4x^2}$,由 $\frac{1}{1+x}=\sum_{n=0}^{\infty}(-1)^n x^n, x\in(-1,1)$ 得

$$f'(x)=-2\sum_{n=0}^{\infty}(-1)^n 4^n x^{2n},$$

逐项积分得 $f(x)=-2\sum_{n=0}^{\infty}(-1)^n 4^n \frac{x^{2n+1}}{2n+1}+C$，由 $f(0)=\frac{\pi}{4}$ 得 $C=\frac{\pi}{4}$.

故 $f(x)=\frac{\pi}{4}-2\sum_{n=0}^{\infty}(-1)^n 4^n \frac{x^{2n+1}}{2n+1},\quad x\in\left(-\frac{1}{2},\frac{1}{2}\right)$.

当 $x=\frac{1}{2}$ 时，$f\left(\frac{1}{2}\right)=0$，即 $0=\frac{\pi}{4}-\sum_{n=0}^{\infty}(-1)^n\frac{1}{2n+1}$ 或者 $\sum_{n=0}^{\infty}\frac{(-1)^n}{2n+1}=\frac{\pi}{4}$.

□ 习题 8.5 傅立叶级数

1. 将下列函数 $f(x)$ 展开成傅立叶级数：

$$f(x)=\begin{cases}e^x & (-\pi\leqslant x<0)\\ 1 & (0\leqslant x\leqslant\pi)\end{cases}.$$

解 将 $f(x)$ 延拓为周期函数 $F(x)$，在 $(-\pi,\pi)$ 中 $F(x)$ 连续，$x=\pm\pi$ 是 $f(x)$ 的间断点，且 $\frac{F(-\pi-0)+F(-\pi+0)}{2}\neq f(-\pi)$，$\frac{F(\pi-0)+F(\pi+0)}{2}\neq f(\pi)$，故在 $(-\pi,\pi)$ 中，$F(x)$ 的傅立叶级数收敛于 $f(x)$，在 $x=\pm\pi$ 时，$F(x)$ 的傅立叶级数不收敛于 $f(x)$. 计算傅立叶系数：

$$a_0=\frac{1}{\pi}\left(\int_{-\pi}^{0}e^x\mathrm{d}x+\int_0^{\pi}1\mathrm{d}x\right)=\frac{1+\pi-e^{-\pi}}{\pi},$$

$$a_n=\frac{1}{\pi}\left(\int_{-\pi}^{0}e^x\cos nx\,\mathrm{d}x+\int_0^{\pi}\cos nx\,\mathrm{d}x\right)=\frac{1-(-1)^n e^{-\pi}}{\pi(1+n^2)}\quad(n=1,2,\cdots),$$

$$b_n=\frac{1}{\pi}\left(\int_{-\pi}^{0}e^x\sin nx\,\mathrm{d}x+\int_0^{\pi}\sin nx\,\mathrm{d}x\right)$$

$$=\frac{1}{\pi}\left[\frac{-n+(-1)^n e^{-\pi}}{1+n^2}+\frac{1-(-1)^n}{n}\right]\quad(n=1,2,\cdots).$$

因此 $f(x)=\frac{1+\pi-e^{-\pi}}{2\pi}+\frac{1}{\pi}\sum_{n=1}^{\infty}\left[\frac{1-(-1)^n e^{-\pi}}{1+n^2}\right]\cos nx+\frac{1}{\pi}\sum_{n=1}^{\infty}\left[\frac{-n+(-1)^n n e^{-\pi}}{1+n^2}+\frac{1-(-1)^n}{n}\right]\sin nx\quad(-\pi<x<\pi)$.

2. 将函数 $f(x)=\cos\frac{x}{2}\ (-\pi\leqslant x\leqslant\pi)$ 展开成傅立叶级数.

解 因为 $f(x)=\cos\frac{x}{2}$ 为偶函数，故

$$b_n=0\quad(n=1,2,\cdots),$$

$$a_0=\frac{2}{\pi}\int_0^{\pi}\cos\frac{x}{2}\mathrm{d}x=\frac{4}{\pi},$$

$$a_n=\frac{1}{\pi}\int_{-\pi}^{\pi}\cos\frac{x}{2}\cos nx\,\mathrm{d}x=\frac{2}{\pi}\int_0^{\pi}\cos\frac{x}{2}\cos nx\,\mathrm{d}x$$

$$=(-1)^{n+1}\frac{4}{\pi}\left(\frac{1}{4n^2-1}\right)\quad(n=1,2,\cdots).$$

由于 $f(x)=\cos\dfrac{x}{2}$ 在 $[-\pi,\pi]$ 上连续，所以

$$\cos\frac{x}{2}=\frac{2}{\pi}+\frac{4}{\pi}\sum_{n=1}^{\infty}(-1)^{n+1}\frac{\cos nx}{4n^2-1}\quad(-\pi\leqslant x\leqslant\pi).$$

3. 将下列周期函数展开成傅立叶级数，函数在一个周期内的表达式为

$$f(x)=\begin{cases}2x+1 & (-3\leqslant x<0)\\ 1 & (0\leqslant x<3)\end{cases}.$$

解　$a_0=\dfrac{1}{3}\displaystyle\int_{-3}^{3}f(x)\mathrm{d}x=\dfrac{1}{3}\left[\int_{-3}^{0}(2x+1)\mathrm{d}x+\int_{0}^{3}\mathrm{d}x\right]=-1,$

$$a_n=\frac{1}{3}\int_{-3}^{3}f(x)\cos\frac{n\pi x}{3}\mathrm{d}x=\frac{6}{n^2\pi^2}[1-(-1)^n]\quad(n=1,2,\cdots),$$

$$b_n=\frac{1}{3}\int_{-3}^{3}f(x)\sin\frac{n\pi x}{3}\mathrm{d}x=\frac{6}{n\pi}(-1)^{n+1}\quad(n=1,2,\cdots).$$

而在 $(-\infty,+\infty)$ 上，$f(x)$ 的间断点为 $x=3(2k+1)$，$k=0,\pm1,\pm2,\cdots$，故 $f(x)=-\dfrac{1}{2}+$

$$\sum_{n=1}^{\infty}\left\{\frac{6}{n^2\pi^2}[1-(-1)^n]\cos\frac{n\pi x}{3}+(-1)^{n+1}\frac{6}{n\pi}\sin\frac{n\pi x}{3}\right\}\quad(x\neq3(2k+1),k=0,\pm1,\pm2,\cdots).$$

4. 将函数 $f(x)=x^2(0\leqslant x\leqslant2)$ 分别展开成正弦级数和余弦级数.

解　正弦级数：

将 $f(x)$ 奇延拓到 $(-2,2]$ 上得 $F(x)$，则 $F(x)=f(x)$，$x\in[0,2]$；再周期延拓到 $(-\infty,+\infty)$ 上，则 $F(x)$ 是一以 4 为周期的连续函数，其傅立叶系数如下：

$$a_n=0\quad(n=0,1,2,\cdots),$$

$$b_n=\frac{2}{2}\int_{0}^{2}x^2\sin\frac{n\pi x}{2}\mathrm{d}x=(-1)^{n+1}\frac{8}{n\pi}+\frac{16}{(n\pi)^3}[(-1)^n-1],$$

$$\begin{aligned}f(x)&=\sum_{n=1}^{\infty}\left\{(-1)^{n+1}\frac{8}{n\pi}+\frac{16}{(n\pi)^3}[(-1)^n-1]\right\}\sin\frac{n\pi x}{2}\\&=\frac{8}{\pi}\sum_{n=1}^{\infty}\left\{\frac{(-1)^n}{8}+\frac{2}{n^3\pi^2}[(-1)^n-1]\right\}\sin\frac{n\pi x}{2},\quad x\in[0,2).\end{aligned}$$

余弦级数：

将 $f(x)$ 偶延拓到 $(-2,2]$ 上得 $F(x)$，则 $F(x)=f(x)$，$x\in[0,2]$；再周期延拓到 $(-\infty,+\infty)$ 上，则 $F(x)$ 是一以 4 为周期的连续函数，其傅立叶系数如下：

$$b_n=0\quad(n=1,2,\cdots),$$

$$a_0=\frac{2}{2}\int_{0}^{2}x^2\mathrm{d}x=\frac{8}{3},$$

$$a_n=\frac{2}{2}\int_{0}^{2}x^2\cos\frac{n\pi x}{2}\mathrm{d}x=(-1)^n\frac{16}{(n\pi)^2}.$$

故 $f(x)=\dfrac{4}{3}+\displaystyle\sum_{n=1}^{\infty}(-1)^n\frac{16}{(n\pi)^2}\cos\frac{n\pi x}{2}=\frac{4}{3}+\frac{16}{\pi^2}\sum_{n=1}^{\infty}\frac{(-1)^n}{n^2}\cos\frac{n\pi x}{2},\quad x\in[0,2].$

总习题 8

1. 判断题

(1) 若$\lim\limits_{n\to\infty}u_n=0$,则级数$\sum\limits_{n=1}^{\infty}u_n$一定收敛. (　　)

(2) 若$u_n,v_n>0$,且$\lim\limits_{n\to\infty}\dfrac{u_n}{v_n}=l(0<l<\infty)$,则$\sum\limits_{n=1}^{\infty}u_n$和$\sum\limits_{n=1}^{\infty}v_n$有相同的收敛性. (　　)

(3) 若正项级数$\sum\limits_{n=1}^{\infty}u_n$收敛,则$\lim\limits_{n\to\infty}\dfrac{u_{n+1}}{u_n}=\rho<1$. (　　)

(4) $\sum\limits_{n=1}^{\infty}u_n$发散,$\sum\limits_{n=1}^{\infty}v_n$发散,则$\sum\limits_{n=1}^{\infty}(u_n-v_n)$也发散. (　　)

解　(1)×;　(2)√;　(3)×;　(4)×.

2. 填空题

(1) 对级数$\sum\limits_{n=1}^{\infty}u_n$,$\lim\limits_{n\to\infty}u_n=0$是它收敛的________条件,不是它收敛的________条件.

(2) 级数$\sum\limits_{n=1}^{\infty}\dfrac{1}{n^p}$,当________时收敛,当________时发散.

(3) 幂级数$\sum\limits_{n=1}^{\infty}(-1)^{n-1}\dfrac{x^n}{n}$的收敛半径为________,收敛域为________.

(4) $f(x)=xe^x$的幂级数展开式是________________.

解　(1)必要、充分;　(2)$p>1,p\leqslant1$;　(3)1,$(-1,1]$;　(4)$\sum\limits_{n=0}^{\infty}\dfrac{x^{n+1}}{n!}\quad(-\infty<x<+\infty)$.

3. 选择题

(1)若级数$\sum\limits_{n=1}^{\infty}u_n$发散,则$\sum\limits_{n=1}^{\infty}au_n(a\neq0)$(　　).

A. 一定发散　　B. 可能发散,也可能收敛

C. $a>0$时收敛,$a<0$时发散　　D. $|a|<1$时收敛,$|a|>1$时发散

(2)$a_1+(a_2+a_3)+(a_4+a_5+a_6)+\cdots$为收敛的常数项级数,则去括号后得到的新级数$a_1+a_2+\cdots$(　　).

A. 必收敛于原来级数之和　　B. 必定发散

C. 必收敛,但不一定收敛于原来级数　　D. 不一定收敛

(3)正项级数$\sum\limits_{n=1}^{\infty}a_n$发散,则其部分和数列$S_n=a_1+a_2+\cdots+a_n(n=1,2\cdots)$(　　).

A. 单调增上有界　　B. 单调增上无界

C. 单调减下有界　　D. 单调减下无界

(4)设$q>0$,正项级数$\sum\limits_{n=0}^{\infty}(n+1)(2q)^n$收敛,则由比值判别法可确定出(　　).

A. $q<2$　　B. $q<\dfrac{1}{2}$　　C. $q\leqslant2$　　D. $q\leqslant\dfrac{1}{2}$

解　(1)A；　(2)D；　(3)B；　(4)B.

4.判断下列级数的收敛性：

(1) $\sum\limits_{n=1}^{\infty}\dfrac{1}{n\sqrt[n]{n}}$；　　　(2) $\sum\limits_{n=1}^{\infty}\dfrac{(n!)^2}{2n^2}$.

解　(1)由$\lim\limits_{n\to\infty}nu_n=\lim\dfrac{1}{\sqrt[n]{n}}=1$,得级数发散.

(2)$\lim\limits_{n\to\infty}\dfrac{u_{n+1}}{u_n}=\lim\dfrac{[(n+1)!]^2}{2(n+1)^2}\dfrac{2n^2}{(n!)^2}=\lim\limits_{n\to\infty}n^2=+\infty$,由比值审敛法知级数发散.

5.讨论下列级数的绝对收敛性与条件收敛性：

(1) $\sum\limits_{n=1}^{\infty}(-1)^n\dfrac{1}{n^p}$；　　　(2) $\sum\limits_{n=1}^{\infty}(-1)^n\ln\dfrac{n+1}{n}$.

解　(1) $\sum\limits_{n=1}^{\infty}|u_n|=\sum\limits_{n=1}^{\infty}\dfrac{1}{n^p}$,这是$p$-级数.

当$p>1$时级数$\sum\limits_{n=1}^{\infty}|u_n|$收敛,级数$\sum\limits_{n=1}^{\infty}(-1)^n\dfrac{1}{n^p}$绝对收敛；当$p\leqslant 1$时级数$\sum\limits_{n=1}^{\infty}|u_n|$发散；当$0<p\leqslant 1$时,级数$\sum\limits_{n=1}^{\infty}(-1)^n\dfrac{1}{n^p}$是交错级数,且满足莱布尼兹定理的条件,因而收敛,这时是条件收敛；当$p\leqslant 0$时,由于$\lim\limits_{n\to\infty}(-1)^n\dfrac{1}{n^p}\neq 0$,所以级数发散.

综上所述,当$p>1$时级数$\sum\limits_{n=1}^{\infty}(-1)^n\dfrac{1}{n^p}$绝对收敛,当$0<p\leqslant 1$时条件收敛,当$p\leqslant 0$时发散.

(2)$u_n=(-1)^n\ln\dfrac{n+1}{n}$.

因为$\lim\limits_{n\to\infty}\dfrac{|u_n|}{\dfrac{1}{n}}=\lim\limits_{n\to\infty}n\ln\dfrac{n+1}{n}=\lim\limits_{n\to\infty}\ln\left(1+\dfrac{1}{n}\right)^n=\ln e=1$.又级数$\sum\limits_{n=1}^{\infty}\dfrac{1}{n}$发散,故由比较审敛法知级数$\sum\limits_{n=1}^{\infty}|u_n|$发散.另一方面,由于级数$\sum\limits_{n=1}^{\infty}(-1)^n\ln\dfrac{n+1}{n}$是交错级数,且满足莱布尼兹定理的条件,所以该级数收敛,因此原级数条件收敛.

6.求极限：$\lim\limits_{n\to\infty}\dfrac{1}{n}\sum\limits_{k=1}^{n}\dfrac{1}{3^k}\left(1+\dfrac{1}{k}\right)^{k^2}$.

解　由根值审敛法知级数$\sum\limits_{n=1}^{\infty}\dfrac{1}{3^n}\left(1+\dfrac{1}{n}\right)^{n^2}$收敛,故$\lim\limits_{n\to\infty}\dfrac{1}{n}\sum\limits_{k=1}^{\infty}\dfrac{1}{3^k}\left(1+\dfrac{1}{k}\right)^{k^2}=0$.

7.求下列级数的收敛区间：

(1) $\sum\limits_{n=1}^{\infty}\dfrac{3^n+5^n}{n}x^n$；　　　(2) $\sum\limits_{n=1}^{\infty}\left(1+\dfrac{1}{n}\right)^{n^2}x^n$.

解　(1)$u_n=\dfrac{3^n+5^n}{n}x^n$,$a_n=\dfrac{3^n+5^n}{n}$,$\lim\limits_{n\to\infty}\sqrt[n]{a_n}=5$,所以收敛半径为$R=\dfrac{1}{5}$.

当$x=\dfrac{1}{5}$时,幂级数成为$\sum\limits_{n=1}^{\infty}\dfrac{1}{n}\left[\left(\dfrac{3}{5}\right)^n+1\right]$,由比较审敛法知,该级数发散；当$x=-\dfrac{1}{5}$

时，幂级数成为 $\sum_{n=1}^{\infty}(-1)^n\frac{1}{n}\left[\left(\frac{3}{5}\right)^n+1\right]$，这是收敛的交错级数. 因此该级数的收敛区间为 $\left[-\frac{1}{5},\frac{1}{5}\right)$.

(2) $u_n=\left(1+\frac{1}{n}\right)^{n^2}x^n$，$\lim\limits_{n\to\infty}\sqrt[n]{|u_n|}=\lim\limits_{n\to\infty}\left(1+\frac{1}{n}\right)^n|x|=\mathrm{e}|x|$.

由根值审敛法知，当 $\mathrm{e}|x|<1$，即 $|x|<\frac{1}{\mathrm{e}}$ 时，幂级数收敛；而当 $\mathrm{e}|x|>1$，即 $|x|>\frac{1}{\mathrm{e}}$ 时幂级数发散；当 $x=\frac{1}{\mathrm{e}}$ 时，幂级数成为 $\sum_{n=1}^{\infty}\left(1+\frac{1}{n}\right)^{n^2}\left(\frac{1}{\mathrm{e}}\right)^n$；当 $x=-\frac{1}{\mathrm{e}}$ 时，幂级数成为 $\sum_{n=1}^{\infty}(-1)^n\left(1+\frac{1}{n}\right)^{n^2}\left(\frac{1}{\mathrm{e}}\right)^n$. 因为 $\lim\limits_{n\to\infty}\left(1+\frac{1}{n}\right)^{n^2}\cdot\left(\frac{1}{\mathrm{e}}\right)^n=\mathrm{e}^{\lim\limits_{n\to\infty}\left[n^2\ln\left(1+\frac{1}{n}\right)-n\right]}=\mathrm{e}^{\lim\limits_{n\to\infty}\left[-\frac{1}{2}+o\left(\frac{1}{n}\right)\right]}=\mathrm{e}^{-\frac{1}{2}}\neq0$，从而 $\sum_{n=1}^{\infty}\left(1+\frac{1}{n}\right)^{n^2}\left(\frac{1}{\mathrm{e}}\right)^n$ 和 $\sum_{n=1}^{\infty}(-1)^n\left(1+\frac{1}{n}\right)^{n^2}\left(\frac{1}{\mathrm{e}}\right)^n$ 均发散. 因此，原级数的收敛区间为 $\left(-\frac{1}{\mathrm{e}},\frac{1}{\mathrm{e}}\right)$.

8. 求下列幂级数的和函数：

(1) $\sum_{n=1}^{\infty}\frac{2n-1}{2^n}x^{2(n-1)}$；　　(2) $\sum_{n=1}^{\infty}\frac{(-1)^{n-1}}{2n-1}x^{2n-1}$.

解 (1)
$$S(x)=\sum_{n=1}^{\infty}\frac{2n-1}{2^n}x^{2(n-1)}=\frac{1}{2}\sum_{n=1}^{\infty}(2n-1)\left(\frac{x}{\sqrt{2}}\right)^{2n-2}$$
$$=\frac{\sqrt{2}}{2}\sum_{n=1}^{\infty}\left[\left(\frac{x}{\sqrt{2}}\right)^{2n-1}\right]'=\frac{\sqrt{2}}{2}\left\{\frac{x}{\sqrt{2}}\cdot\sum_{n=0}^{\infty}\left[\left(\frac{x}{\sqrt{2}}\right)^2\right]^{n-1}\right\}'$$
$$=\left(\frac{x}{2-x^2}\right)'=\frac{2+x^2}{(2-x^2)^2},\quad x\in(-\sqrt{2},\sqrt{2}).$$

(2) $S(x)=\sum_{n=1}^{\infty}\frac{(-1)^{n-1}}{2n-1}x^{2n-1}$，$S(0)=0$，逐项求导得
$$S'(x)=\sum_{n=1}^{\infty}(-1)^{n-1}x^{2n-2}=\frac{1}{1+x^2}\quad(-1<x<1),$$
积分得
$$S(x)-S(0)=\int_0^x\frac{1}{1+x^2}\mathrm{d}x=\arctan x,$$
即
$$S(x)=\arctan x,x\in(-1,1).$$

9. 设 $f(x)$ 是周期为 2π 的函数，它在 $[-\pi,\pi)$ 上的表达式为 $f(x)=\begin{cases}0 & (-\pi\leqslant x<0)\\ \mathrm{e}^x & (0\leqslant x<\pi)\end{cases}$. 将 $f(x)$ 展开成傅立叶级数.

解
$$a_0=\frac{1}{\pi}\int_{-\pi}^{\pi}f(x)\mathrm{d}x=\frac{1}{\pi}\int_0^{\pi}\mathrm{e}^x\mathrm{d}x=\frac{\mathrm{e}^{\pi}-1}{\pi},$$
$$a_n=\frac{1}{\pi}\int_{-\pi}^{\pi}f(x)\cos nx\mathrm{d}x=\frac{1}{\pi}\int_0^{\pi}\mathrm{e}^x\cos nx\mathrm{d}x=\frac{(-1)^n\mathrm{e}^{\pi}-1}{\pi}-n^2a_n,$$

即　$$a_n=\frac{(-1)^n e^{\pi}-1}{(n^2+1)\pi}-n^2\quad(n\geqslant 1),$$

$$b_n=\frac{1}{\pi}\int_{-\pi}^{\pi}f(x)\sin nx\,dx=\frac{1}{\pi}\int_0^{x}e^x\sin nx\,dx=(-n)a_n\quad(n\geqslant 1).$$

因此 $f(x)$ 的傅立叶级数展开式为

$$f(x)=\frac{e^{\pi}-1}{2\pi}+\sum_{n=1}^{\infty}\frac{(-1)^n e^{\pi}-1}{(n^2+1)\pi}(\cos nx-n\sin nx)$$
$$(-\infty<x<+\infty\text{ 且 }x\neq n\pi,n=0,\pm1,\pm2\cdots).$$

10. 将函数 $f(x)=\begin{cases}1 & (0\leqslant x\leqslant h)\\ 0 & (h<x\leqslant \pi)\end{cases}$ 分别展开成正弦级数和余弦级数.

解　(1)将 $f(x)$ 进行奇延拓到 $[-\pi,\pi]$ 上,再做周期延拓到整个数轴上.

$$a_n=0\quad(n=0,1,2,\cdots),$$
$$b_n=\frac{2}{\pi}\int_0^{\pi}f(x)\sin nx\,dx=\frac{2}{\pi}\int_0^{h}\sin nx\,dx=\frac{2}{n\pi}(1-\cos nh),$$

$x=h$ 处为间断点.

故有 $f(x)=\frac{2}{\pi}\sum_{n=1}^{\infty}\frac{1-\cos nh}{n}\sin nx,\quad x\in(0,h)\cup(h,\pi]$.

(2)将 $f(x)$ 进行偶延拓到 $[-\pi,\pi]$ 上,再做周期延拓到整个数轴上.

$$b_n=0\quad(n=1,2,\cdots),$$
$$a_n=\frac{2}{\pi}\int_0^{h}\cos nx\,dx=\frac{2}{n\pi}\sin nh,$$
$$a_0=\frac{2}{\pi}\int_0^{h}dx=\frac{2h}{\pi}.$$

故 $f(x)$ 的余弦级数为 $f(x)=\frac{h}{\pi}+\frac{2}{\pi}\sum_{n=1}^{\infty}\frac{\sin nh}{n}\cos nx,\quad x\in[0,h)\cup(h,\pi]$.

四、单元同步测验

1. 填空题

(1)级数 $\sum_{n=1}^{\infty}(\sqrt{n+1}-\sqrt{n})$ 的部分和 $S_n=$________,则该级数的敛散性为________.

(2)①级数 $\sum_{n=1}^{\infty}\frac{1}{n^p}$,当________时收敛,当________时发散.

②级数 $\sum_{n=1}^{\infty}aq^n$ 当 $|q|<1$ 时是________,此时 $\sum_{n=1}^{\infty}aq^n=$________,而当 $|q|\geqslant 1$ 级数是________,则级数 $\sum_{n=1}^{\infty}\left(\frac{1}{2^n}+\frac{1}{3^n}\right)=$________.

(3)① $\sum_{n=1}^{\infty}\ln\left(1+\frac{1}{n}\right)x^{n+1}$ 的收敛域是________.

②幂级数 $\sum_{n=1}^{\infty}(-1)^{n-1}\frac{(x-1)^n}{n}$ 的收敛域是________.

③级数 $\sum_{n=1}^{\infty}(-1)^n\frac{x^{2n+1}}{2n+1}$ 的收敛半径为________,收敛区间为________,其和为________.

(4)① $f(x)=\ln(1+x)$ 的幂级数展开式是________.

② $f(x)=x\mathrm{e}^x$ 的幂级数展开式是________.

③ $f(x)=\sin^2 x$ 的幂级数展开式是________.

(5)设 $f(x)$ 是以 2π 为周期的周期函数,且在$[-\pi,\pi)$上的表达式为:

$$f(x)=\begin{cases}x+1 & (-\pi\leqslant x<0)\\ x & (0\leqslant x<\pi)\end{cases},$$

则在$[-\pi,\pi)$上的傅立叶级数在 $x=0$ 处收敛于________,在 $x=1$ 处收敛于________.

2. 选择题

(1)判断级数的敛散性:$\sum_{n=1}^{\infty}\sin\frac{\pi}{n}$ (　　).

A. 收敛　　B. 发散　　C. 不确定　　D. 以上都不对

(2)若常数项级数 $\sum_{n=1}^{\infty}a_n$ 绝对收敛,$|b_n|<|a_n|$,则常数项级数 $\sum_{n=1}^{\infty}b_n$ (　　).

A. 发散　　B. 绝对收敛

C. 条件收敛　　D. 可能收敛也可能发散

(3)级数 $\sum_{n=1}^{\infty}\frac{1}{1+a^n}$ 收敛的条件是(　　).

A. $a\geqslant1$　　B. $a>1$　　C. $a\leqslant1$　　D. $a<1$

(4)已知幂级数 $\sum_{n=1}^{\infty}a_nx^n$ 在 $x=x_0$ 点收敛,$\lim_{n\to\infty}\left|\frac{a_n}{a_{n+1}}\right|=R(R>0)$,则(　　).

A. $0\leqslant x_0\leqslant R$　　B. $x_0>R$

C. $|x_0|\leqslant R$　　D. $|x_0|>R$

3. 判断下列级数的敛散性:

(1) $\sum_{n=1}^{\infty}\frac{(-1)^{n-1}}{3\cdot 2^n}$;　　(2) $\sum_{n=1}^{\infty}\frac{1}{\sqrt{n}}$;

(3) $\sum_{n=1}^{\infty}\frac{1}{n^2+a^2}$;　　(4) $\sum_{n=1}^{\infty}\left(\frac{3n}{2n+1}\right)^n$;

(5) $\sum_{n=1}^{\infty}(-1)^n\frac{4n}{6n+1}$;　　(6) $\sum_{n=1}^{\infty}\frac{\sin na}{n^2}$　$(a>0)$.

4. 将函数 $f(x)=\frac{1}{x}$ 展开成$(x-3)$的幂级数.

5. 求幂级数 $\sum_{n=0}^{\infty}\frac{x^n}{n+1}(-1<x<1)$ 的和函数.

6. 将函数 $f(x)=\begin{cases}1 & (0\leqslant x\leqslant 2)\\ 0 & (2<x\leqslant \pi)\end{cases}$ 展开成余弦级数.

单元同步测验答案

1. (1) $\sqrt{n+1}-1$,发散.

(2)①$p>1,p\leqslant 1$; ②收敛,$\frac{aq}{1-q}$,发散,$\frac{3}{2}$.

(3)①$[-1,1)$; ②$(0,2]$; ③$1,[-1,1],-x+\arctan x$.

(4)① $\sum_{n=0}^{\infty}\frac{(-1)^n x^{n+1}}{n+1}\quad(-1<x\leqslant 1)$; ② $\sum_{n=0}^{\infty}\frac{x^{n+1}}{n!}\quad(-\infty<x<+\infty)$;

③ $\sum_{n=1}^{\infty}\frac{(-1)^{n-1}(2x)^{2n}}{2(2n)!}\quad(-\infty<x<+\infty)$.

(5)$\frac{1}{2}$,1.

2. (1)B; (2)B; (3)B; (4)C.

3. (1)收敛; (2)发散; (3)收敛; (4)发散; (5)发散; (6)绝对收敛.

4. $\frac{1}{3}\sum_{n=0}^{\infty}(-1)^n\frac{(x-3)^n}{3^n}\quad(0<x<6)$.

5. $S(x)=\begin{cases}-\frac{1}{x}\ln(1-x), & 0<|x|<1\\ 1, & x=0\end{cases}$.

6. $f(x)=\frac{2}{\pi}+\sum_{n=1}^{\infty}\frac{2}{n\pi}\sin 2n\cos nx,\quad x\in[0,2)\cup(2,\pi]$.

参考文献

References

同济大学数学系.高等数学.7版.北京:高等教育出版社,2014.

王来生,卢恩双,等.高等数学.北京:中国农业大学出版社,2009.

王来生,卢恩双,等.高等数学.2版.北京:中国农业大学出版社,2017.

翟连林,尹宝一,等.高等数学习题集解答(上,下册).北京:机械工业出版社,1986.

李心灿.高等数学应用205例.北京:高等教育出版社,1997.

上海交通大学,同济大学,等.高等数学多元微积分及其软件.北京:科学出版社,2000.